电气控制与PLC应用技术

（第3版）

主　编　胡晓林

副主编　余　波　熊力维　石　宏
　　　　李绘英　周　军　王宇恺
　　　　陈　娟　邹　昊　彭　如

北京理工大学出版社
BEIJING INSTITUTE OF TECHNOLOGY PRESS

图书在版编目（CIP）数据

电气控制与 PLC 应用技术 / 胡晓林主编. -- 3 版. -- 北京 ：北京理工大学出版社，2019.9（2024.1 重印）
ISBN 978-7-5682-7644-3

Ⅰ. ①电…　Ⅱ. ①胡…　Ⅲ. ①电气控制-高等学校-教材②PLC 技术-高等学校-教材　Ⅳ. ①TM571.2 ②TM571.61

中国版本图书馆 CIP 数据核字（2019）第 220557 号

责任编辑：朱　婧　　文案编辑：朱　婧
责任校对：周瑞红　　责任印制：施胜娟

出版发行 / 北京理工大学出版社有限责任公司
社　　址 / 北京市丰台区四合庄路 6 号
邮　　编 / 100070
电　　话 /（010）68914026（教材售后服务热线）
（010）68944437（课件资源服务热线）
网　　址 / http://www.bitpress.com.cn

版 印 次 / 2024 年 1 月第 3 版第 10 次印刷
印　　刷 / 三河市天利华印刷装订有限公司
开　　本 / 787 mm × 1092 mm　1/16
印　　张 / 22.75
字　　数 / 520 千字
定　　价 / 62.00 元

前　言

随着我国制造业的不断发展，我国制造业规模稳居世界第一，实现了从“中国制造”走向“中国智造”、从制造大国迈向制造强国。党的二十大报告指出，要“推进新型工业化，加快建设制造强国，推进制造业高端化、智能化、绿色化发展”，这为工业自动化行业带来新机遇，对装备制造类专业高素质技术技能人才培养提出了新要求。“电气控制与 PLC 技术”作为高职装备制造类专业重要的一门专业课程，为学生后期从事工业自动化相关工作提供必备的电气控制和 PLC 知识及技能。

本书为满足国家对新时代高职教育提出的新要求，积极对接职业标准和岗位要求，以项目为导向、任务为驱动、工学结合、教学做一体化的教学模式而编写的，是长期教学中总结出的一门省级精品课程教案，在省级优势特色专业中应用了多年，取得了较好的教学成效，在满足学生对电气控制与 PLC 技术的知识和技能要求的同时，着力培养学生的创新意识和创新能力。

本书由 3 个核心能力模块、10 个项目子模块、多个任务单元以及与之相对应的专项技能考核标准等主体框架构成。主要涉及电气控制基础知识、PLC 技术的相关知识与应用以及 SIEMENS 公司 S7-200 系列 PLC 的相关知识与应用。内容覆盖面广，采用任务简述、相关知识、应用实施、操作技能考评的模式把知识的掌握融合到实践任务中，锻炼和强化学生的实践操作能力。本书第一部分为应知能力模块，包括项目一至项目五，重点介绍了电气控制与 PLC 技术基础知识，并对 S7-200 系列 PLC 的软、硬件安装、使用与维护等进行了介绍，这一部分从低压电器与 PLC 的基本知识入手，以三相异步电动机的多种控制线路为项目内容，让学生从实践过程中了解与掌握低压电器和 PLC 的相关知识与应用。第二部分为应会能力模块，包括项目六至项目八，重点介绍了机床电气控制系统，主要包括 CA6140 型普通车床、X62W 万能铣床和桥式起重机等电气控制线路及 PLC 技术的实际应用电路，让学生进一步了解电气控制的工业应用及 PLC 的应用实践。第三部分为应用能力模块，包括项目九和项目十，这一部分主要为 PLC 控制系统的综合应用，介绍了多种 PLC 控制系统的设计与应用，让学生通过参与控制系统的设计，熟悉一般 PLC 控制系统的设计流程与步骤，锻炼其分析问题与实际设计的能力。附录 A、B 为电气图形符号一览表及 S7-200 系列 PLC 指令表和功能，便于学生查阅使用。

本书由九江职业大学胡晓林教授任主编并负责全书审稿，九江职业大学余波、熊力维、石宏、李绘英、周军、王宇恺、陈娟、邹昊和彭如任副主编。其中，项目一至项目三及附录表由胡晓林、余波、邹昊编写，项目四和项目五由李绘英、石宏编写，项目六和项目七由王宇恺、周军编写，项目八由陈娟编写，项目九和项目十由熊力维、彭如编写。本书在编写过程中，参阅了许多同行专家的论著文献，同时得到了中船重工707研究所潘国良研究员等专家的支持，提供了大量的实际应用实例，并提出了宝贵的意见，在此一并表示衷心的感谢！

由于编者水平和实践经验有限，书中难免有不妥之处，欢迎广大读者提出宝贵意见。

编　者

目　录

第一部分　应知能力　电气控制与可编程序控制器（PLC）技术基础

第二部分　应会能力　机械设备电气控制系统

第三部分　应用能力　PLC 控制系统的综合应用

第一部分

应知能力　电气控制与可编程序控制器（PLC）技术基础

项目一　低压电器与 PLC 基本知识

本项目将分 5 个任务模块，按照工程实际应用的要求分别介绍常用低压电器，SIEMENS S7-200 系列 PLC 的基本结构、工作原理、功能特点、电气控制系统设计原则及绘图技巧等内容，系统地阐述了常用低压电器及 PLC 控制器的主要概念及应用等基本知识。

任务一　常用低压电器的基本结构原理与选用

■ 应知点：

1. 了解常用低压电器的结构、工作原理、功能特点和图文符号。
2. 了解常用低压电器的技术参数。
3. 了解常用低压电器的选用原则。

■ 应会点：

1. 掌握常用低压电器的正确选择、使用、操作和工程应用。
2. 掌握各类不同低压电器的区别及各自的适用场合。

一、任务简述

什么是低压电器？低压电器有何用途？要回答这些问题，首先要从了解常用低压电器的结构、工作原理、功能特点、技术参数、图文符号及选用原则等知识入手，着重掌握常用低压电器的正确选择、使用、操作及工程应用等实践性操作。

凡是对电能的生产、输送、分配和使用起控制、调节、检测、转换及保护等作用的电气设备都可称为电器。电器是所有电工器械的总称。我国现行标准将电器按电压等级分为高压电器和低压电器。凡工作在交流 50 Hz、额定电压 1 200 V 及以下和直流额定电压 1 500 V 及以下电路中的电器统称为低压电器。高压电器是超过这些电压等级标准的电器，本书不作介绍。总的来说，低压电器可以分为配电电器和控制电器两大类。低压电器成套设备中需要各种低压电器作为其基本组成元件。在工业、农业、交通、国防、科技以及人们日常生活中，低压供电和低压电器的使用比比皆是，无处不在。因此，了解和掌握低压电器的基本理论知识和实践操作极为重要。

二、相关知识

低压电器种类繁多，结构各异，这里重点介绍一些常用低压电器的相关内容和概念。

常用低压电器主要分为主令电器、开关电器、继电器、接触器和熔断器等，下面分别予以介绍。

（一）主令电器

主令电器是自动控制系统中一种专门用于发送控制命令、改变控制系统工作状态的电器。它可以直接作用于控制电路，也可以通过电磁式电器的转换对电路实现控制。按其作用可分为按钮、行程开关、万能转换开关等。

1. 按钮

按钮是一种靠手动操作，且具有自动复位功能的控制开关。其结构简单、应用广泛，触点允许通过的电流一般不超过 5 A，主要用来短时间接通或断开接触器、继电器等线圈回路。按钮结构有多种形式，适合于各种场合操作。主要分为点按式（用手进行点动操作）、旋钮式（用手进行旋转操作）、指示灯式（在按钮内装入信号指示灯点动操作）、钥匙式（为使用安全插入钥匙才能旋转操作）、蘑菇帽紧急式（点动操作外凸红色蘑菇帽）。为了适用于不同的工作环境的要求，按钮可以做成各种各样的结构外形，如图 1-1 所示。

图 1-1　常用按钮外形

1）结构原理

按钮主要由按钮帽、复位弹簧、常闭触点、常开触点、支柱连杆及外壳等部分组成。按国标要求，按钮的结构原理如图 1-2 所示。

图 1-2 中按钮是一个复合按钮，工作时常闭和常开触点是联动的，当按下按钮时，常闭触点先断开，常开触点随后闭合；松开按钮时，其动作过程与按下时相反。在分析实际控制电路过程时应特别注意的是：常闭和常开触点在改变工作状态时，先后有个很短的时间差不能被忽视。

2）电气图文符号

按国标要求，按钮在电路中的电气图文符号如图 1-3 所示。

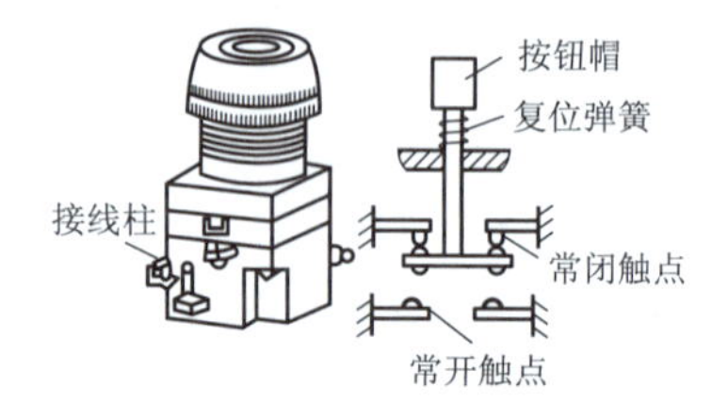

图 1-2　按钮开关的外形与结构

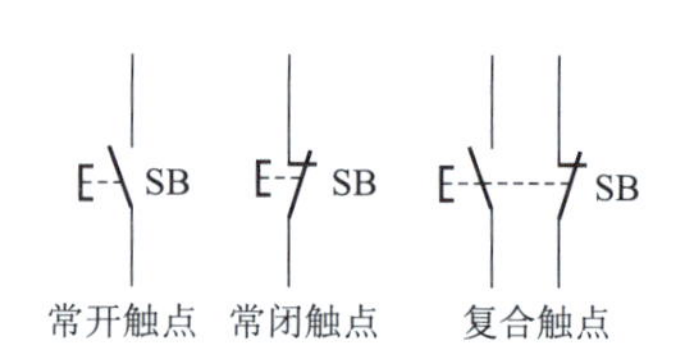

图 1-3　按钮开关的符号

3）型号含义

按钮按其点按式、旋钮式、指示灯式、钥匙式、蘑菇帽式进行分类的型号很多，为了便于操作人员识别，避免发生误操作，按国标要求，在生产实际中用不同的颜色和符号标志来区分按钮的功能及作用。通常将按钮的颜色分成黄、绿、红、黑、白、蓝等，供不同场合选用。按安全规程规定，一般选红色为停止按钮，绿色为启动按钮。

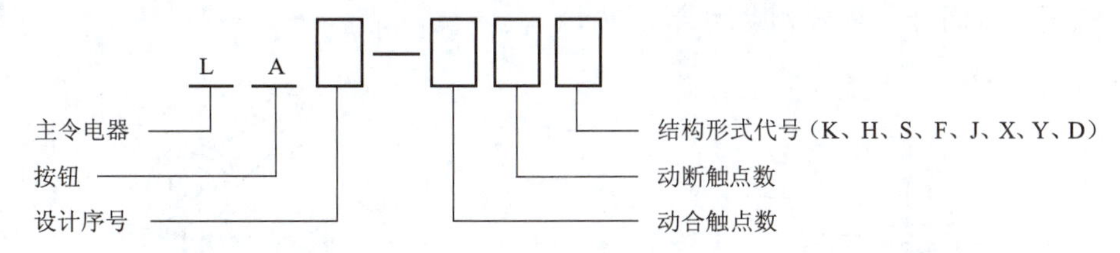

其中，结构形式代号的含义是：K—开启式，H—保护式，S—防水式，F—防腐式，J—紧急式，X—旋钮式，Y—钥匙操作式，D—光标按钮。

4）按钮的选用

（1）根据使用场合和具体用途的不同要求，按照电器产品选用手册来选择国产品牌、国际品牌的不同型号和规格的按钮。

（2）根据控制系统的设计方案对工作状态指示和工作情况要求合理选择按钮的颜色，如启动按钮选用绿色、停止按钮选择红色等。

（3）根据控制回路的需要选择按钮的数量，如单联钮、双联钮和三联钮等。

2. 行程开关

行程开关又叫限位开关，在机电设备的行程控制中其动作不需要人为操作，而是利用生产机械某些运动部件的碰撞或感应使其触点动作后，发出控制命令以实现近、远距离行程控制和限位保护。行程开关的主要结构大体由操作机构、触点系统和外壳 3 部分组成：按其结构可分为直动式、滚轮式及微动式；按其复位方式可分为自动及非自动复位；按其触头性质可分为触点式和无触点式。为了适用于不同的工作环境，行程开关可以做成各种各样的结构外形，如图 1-4 所示。

在生产实际中，还有一种无机械触点开关叫接近开关，它具有行程开关的功能，其动作原理是当物体接近到开关的一定距离时就发出“动作”信号，不需要施加机械外力。接近开关可广泛应用于产品计数、测速、液面控制、金属检测等领域中。由于接近开关具有体积小、可靠性高、使用寿命长、动作速度快以及无机械碰撞、无电气磨损等优点，因此在机电设备自动控制系统中得到了广泛应用。接近开关各种各样的结构外形如图 1-5 所示。

图 1-4　常用国产行程开关外形

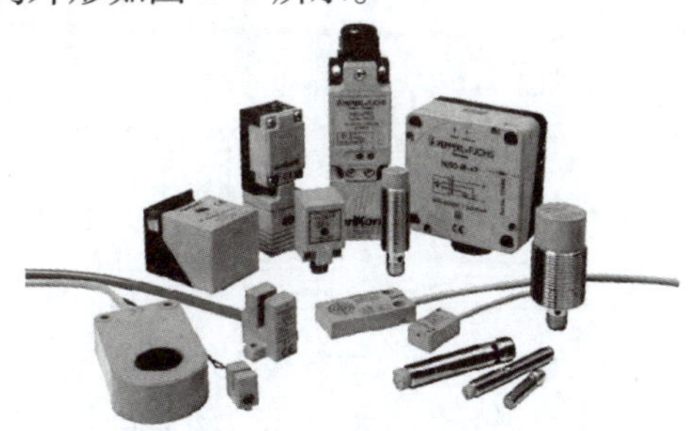

图 1-5　常用接近开关外形

1）结构原理

行程开关的结构与控制按钮有些类似，外形种类很多，但基本结构相同，都是由推杆及弹簧、常开常闭触点和外壳组成。直动式、滚轮旋转式、微动式行程开关内部结构分别如图 1-6、图 1-7、图 1-8 所示。其动作原理是当运动部件的挡铁碰压行程开关的滚轮时，推杆连同转轴一起转动，使凸轮推动撞块，当撞块被压到一定位置时，推动微动开关快速动作，使其常闭触点断开，常开触点闭合。

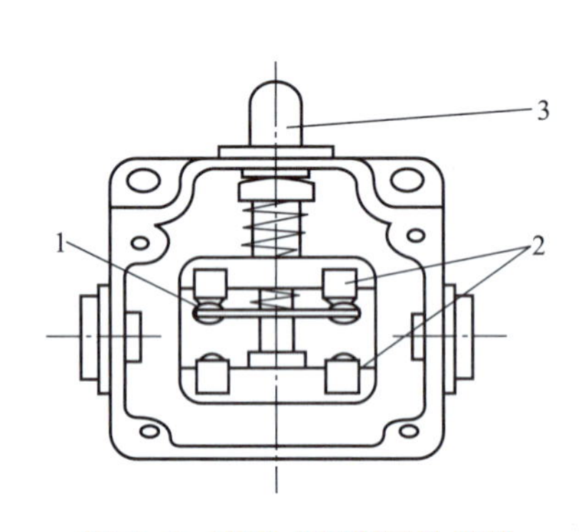

图 1-6　直动式行程开关结构

1—动触点；2—静触点；3—推杆

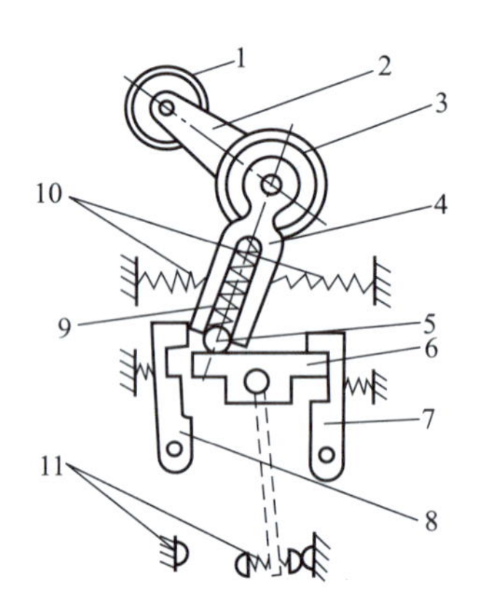

图 1-7　滚轮旋转式行程开关结构

1、3—滚轮；2—上转臂；4—套架；5—滚珠；6—横板；7、8—压板；9、10—弹簧；11—触点

直动式、滚动式、微动式行程开关是瞬动型，其基本工作原理是：当运动部件的挡铁碰压顶杆时，顶杆向下移动，使压缩弹簧储存一定的能量。当顶杆移动到一定位置时，弹簧的弹力方向发生改变，同时储存的能量得以释放，完成跳跃式快速换接动作。当挡铁离开顶杆时，顶杆在弹簧的作用下上移，上移到一定位置，接触桥瞬时进行快速换接，触点迅速恢复到原状态。

行程开关动作后，复位方式有自动复位和非自动复位两种。如图 1-6 所示的直动式、图 1-7 所示的滚轮旋转式、图 1-8 所示的微动式均为自动复位式，但有的行程开关动作后不能自动复位，如双轮旋转式行程开关，只有运动机械反向移动，挡铁从相反方向碰压另一滚轮时，触点才能复位。

2）电气图文符号

按国标要求，行程开关在电路中的电气图文符号如图 1-9 所示。

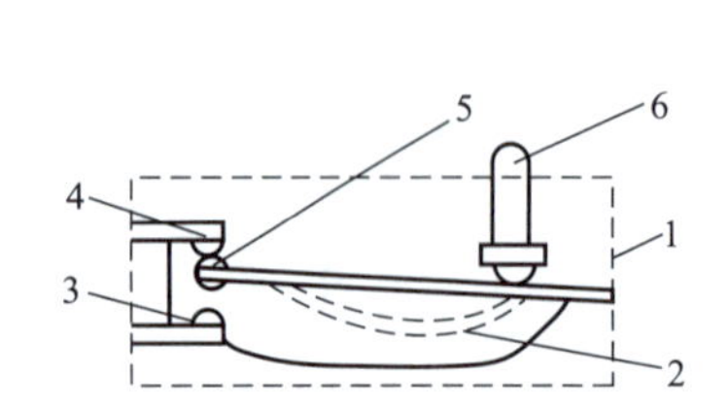

图 1-8　微动式行程开关结构

1—壳体；2—弓簧片；3—常开触点；4—常闭触点；5—动触点；6—推杆

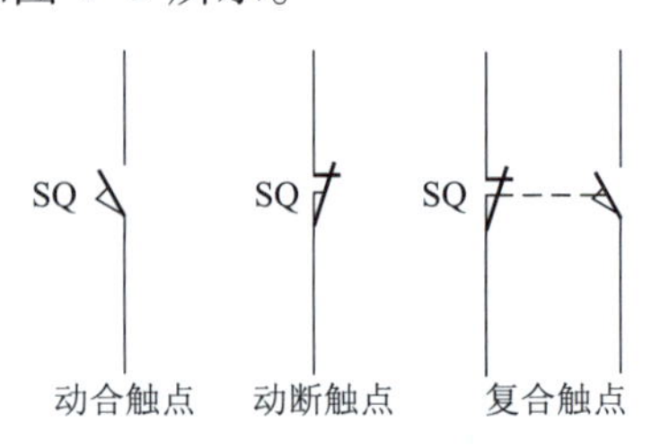

图 1-9　行程开关电气图文符号

3）型号含义

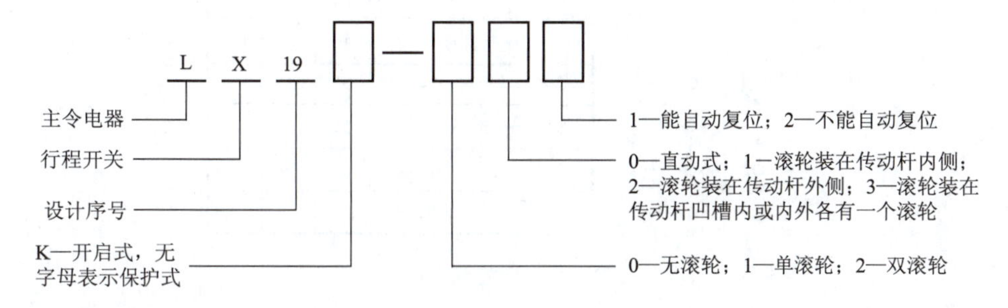

4）行程开关的选用

（1）根据使用场合和具体用途的不同要求，按照电器产品选用手册来选择国产品牌、国际品牌的不同型号和规格的行程开关。常用国产型号有 LX1、JLX1 系列，LX2、JLXK2 系列，LXW-11、JLXK1-11 系列以及 LX19、LXW5、LXK3、LXK32、LXK33 系列等。实际选用时可直接查阅电器产品样本手册。

（2）根据控制系统的设计方案对工作状态和工作情况要求合理选择行程开关的数量。

3. 万能转换开关

万能转换开关是一种多触点、多挡位结构、能够控制和转换多个电路的手动操作组合开关。主要用于小功率电动机调速启动换相控制、配电装置电源隔离、电流电压表换相等场合。由于其应用范围广、能控制多条回路，故称为“万能转换开关”。为了适用于不同的工作环境，转换开关可以做成各种各样的结构外形，如图 1-10 所示。

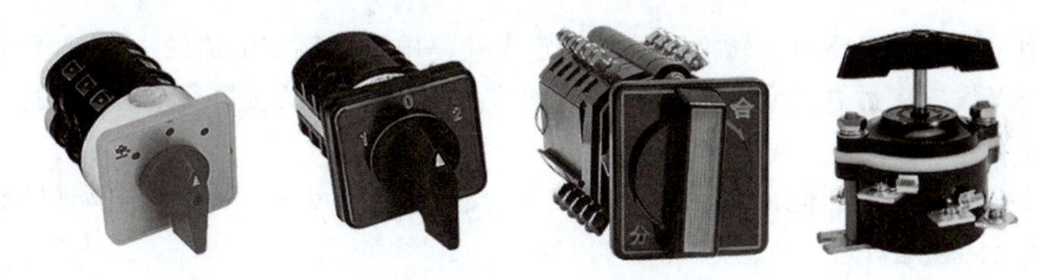

图 1-10　常用转换开关外形

1）结构原理

转换开关按其结构分为普通型、开启型、防护型和组合型。按其用途分为主令控制和电动机控制两种。主要由操作结构、手柄、面板、定位装置和触点系统等组成。手柄可向正反方向旋转，由各自的凸轮控制其触头通断。定位装置采取刺轮刺爪式结构，不同的刺轮和凸轮可组成不同的定位模式，使手柄在不同的转换角度时，触头的通断状态得以改变。其常用转换开关的结构如图 1-11 所示。

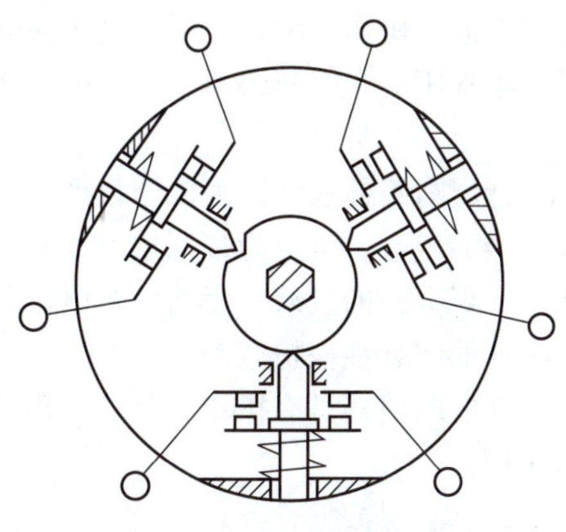

图 1-11　常用转换开关结构

2）电气图文符号

按国标要求，转换开关在电路中的图文符号如图 1-12 所示，表中“×”表示闭合。

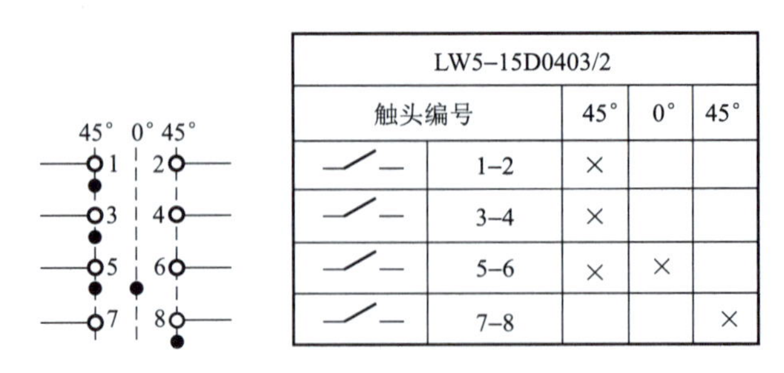

图 1-12　转换开关电气图文符号

3）型号含义

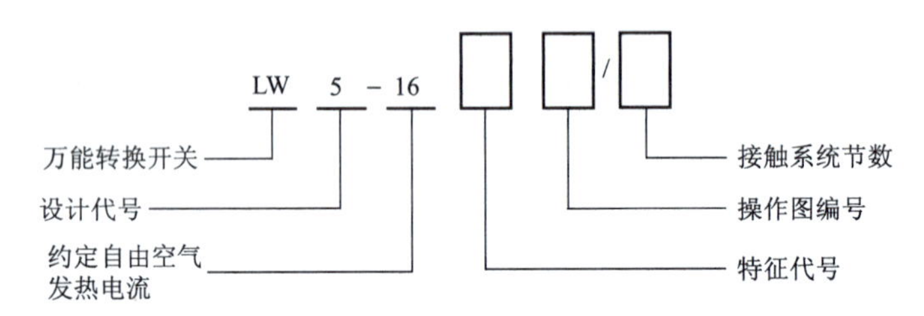

4）转换开关的选用

（1）转换开关的额定电压应不小于安装地点线路的电压等级。

（2）用于照明或电加热电路时，转换开关的额定电流应不小于被控制电路中的负载电流。

（3）用于电动机电路时，转换开关的额定电流是电动机额定电流的 1.5~2.5 倍。

（4）当操作频率过高或负载的功率因数较低时，转换开关要降低容量使用，否则会影响开关寿命。

（5）转换开关的通断能力差，控制电动机进行可逆运转时，必须在电动机完全停止转动后，才能反向接通。

（二）开关电器

开关是低压电器中极为常用的电器之一，常用的开关有空气断路器、刀开关、负荷开关、组合开关等。其作用都是分合电路，通断电流。可分为有载运行操作、无载运行操作、选择性运行操作 3 种，也可分为正面操作和背面操作，还可分为带灭弧和不带灭弧。下面着重介绍常用的空气断路器、刀开关、组合开关等开关电器。

1. 低压断路器

低压断路器通常称为低压自动空气开关，它相当于刀开关、熔断器、热继电器和欠电压继电器的组合，可分为带漏电和不带漏电型，既有手动开关作用又有自动分断故障电路功能，实现电路的过载、短路、失电压及欠电压保护等功能，是低压配电网络和电力拖动系统中重要的综合性保护电器之一。

低压断路器具有操作安全、工作可靠、动作值可调、分断能力较强等优点，因此得到广泛应用。

1）结构原理

低压断路器按其结构形式可分为塑壳式低压断路器（装置式）和框架式低压断路器

（万能式）两大类。框架式断路器主要用作配电网络的保护开关，而塑壳式断路器除用作配电网络的保护开关外，还用作电动机、照明线路的控制开关。常用低压断路器有各种各样的结构外形，如图 1-13 所示。

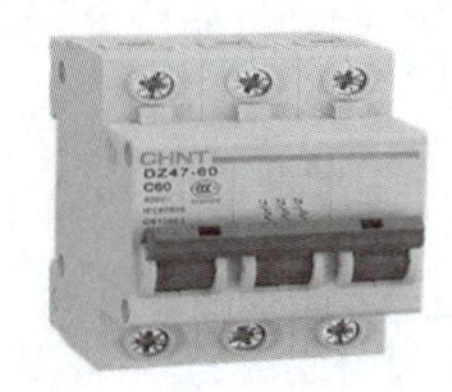
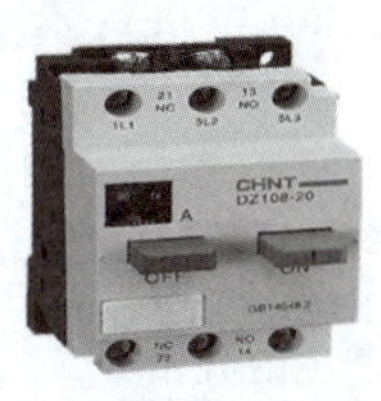

图 1-13　常用低压断路器外形

低压断路器种类繁多，这里以塑壳式低压断路器为例分别介绍其结构原理。塑壳式低压断路器把所有的部件都装在一个塑料外壳里，结构紧凑、安全可靠、轻巧美观、可以独立安装。它的形式很多，目前常用的国产型号有 DZ20、DZX10、DZ5、DZ15、DZ47 等系列。下面主要介绍 DZ5 系列塑壳式低压断路器。

（1）DZ5-20 型低压断路器。

DZ5-20 型低压断路器为小电流系列，其额定电流等级为 20 A，结构如图 1-14 所示。断路器主要由动触点、静触点、灭弧装置、操作机构、热脱扣器、电磁脱扣器及外壳等部分组成。其结构采用立体布置，操作机构在中间，上面是由加热元件和双金属片等构成的热脱扣器，用于过载保护。热脱扣器还配有电流调节装置，可以调节整定电流。下面是由线圈和铁芯等组成的电磁脱扣器，作为短路保护，它也有一个电流调节装置，调节瞬时脱扣整定电流。主触点在操作机构后面，由动触点和静触点组成，配有栅片灭弧装置，用以接通和分断主回路的大电流。另外，还有动合辅助触点、动断辅助触点各一对。常开、常闭指的是在电器没有外力作用、没有带电时触点的自然状态。当断路器未工作或线圈未通电时处于断开状

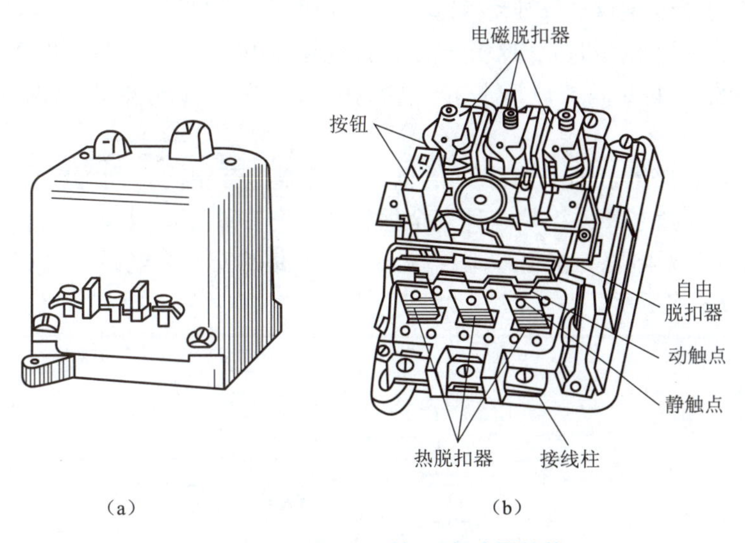

图 1-14　DZ5-20 型低压断路器结构

（a）外形；（b）结构

态的触点称为动合触点（也称常开触点），处于接通状态的触点称为动断触点（也称常闭触点）。辅助触点可作为信号指示或控制电路用。主触点、辅助触点的接线柱均伸出壳外，以便于接线。在外壳顶部还伸出接通（绿色）和分断（红色）按钮，通过储能弹簧和杠杆机构实现断路器的手动接通和分断操作。断路器的工作原理如图 1-15 所示。

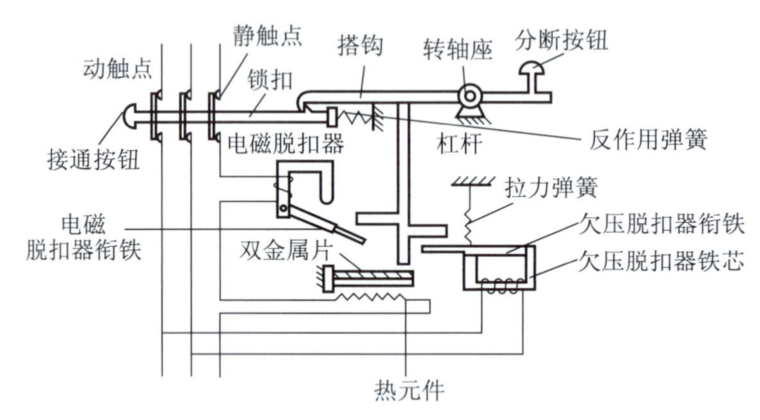

图 1-15　低压断路器工作原理示意图

使用时，断路器的 3 对主触点串联在被控制的三相主电路中，按下按钮接通电路时，外力使锁扣克服反作用弹簧的反力，将固定在锁扣上面的动触点与静触点闭合，并由锁扣锁住搭钩使动、静触点保持闭合，开关处于接通状态。

当线路发生过载时，过载电流流过热元件产生一定的热量，使双金属片受热向上弯曲，通过杠杆推动搭钩与锁扣脱开，在反作用弹簧的推动下，动、静触点分开，从而切断电路，使用电设备不致因过载而烧毁。

当线路发生短路故障时，短路电流超过电磁脱扣器的瞬时脱扣整定电流，电磁脱扣器产生足够大的吸力将衔铁吸合，通过杠杆推动搭钩与锁扣分开，从而切断电路，实现短路保护。低压断路器出厂时，电磁脱扣器的瞬时脱扣整定电流一般整定为 $10I_N$（I_N 为断路器的额定电流）。

欠压脱扣器的动作过程与电磁脱扣器恰好相反。需手动分断电路时，按下分断按钮即可。

（2）漏电保护断路器。所有各系列的低压断路器都有相同系列漏电保护断路器，漏电保护断路器通常称为漏电开关，是一种安全保护电器，在线路或设备出现对地漏电或人身触电时，可迅速自动断开电路，能有效地保护人身和线路的安全。电磁式电流动作型漏电断路器结构原理如图 1-16 所示。

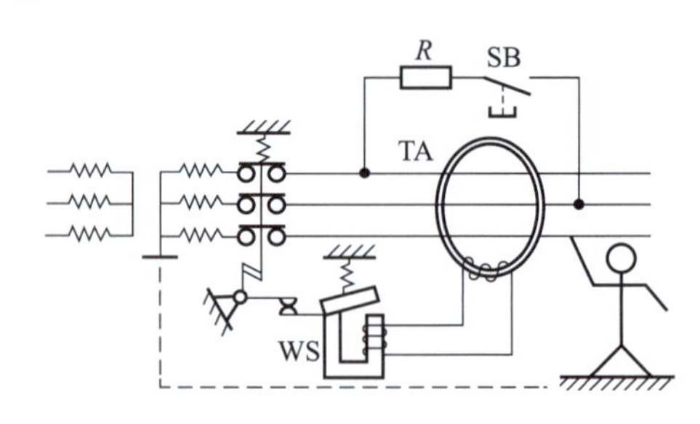

图 1-16　漏电保护断路器结构原理

漏电保护断路器主要由零序互感器 TA、漏电脱扣器 WS、试验按钮 SB、操作机构和外壳组成。实质上就是在一般的自动开关中增加一个能检测电流的感应元件零序互感器和漏电脱扣器。零序互感器是一个环形封闭的铁芯，主电路的三相电源线均穿过零序互感器的铁芯，作为互感器的一次绕组；环形铁芯上绕有二次绕组，其输出端与漏电脱扣器的线圈相接。在电路正常工作时，无论三相负载电流是否平衡，通过零序电流互感器一次侧的三相电流相量和为零，二次侧没有感应电流。当出现漏电或人身触电时，漏电或触电电流将经过大地流回电源的中性点，因此零序电流互感器一次侧三相电流的相量和不为零，互感器的二次侧将感应出电流，此电流流过漏电脱扣器线圈，使漏电脱扣器动作，则低压断路器分闸切断了主电路，从而保障了人身和设备安全。

为了经常检测漏电开关的可靠性，开关上设有试验按钮，与一个限流电阻 R 串联后跨接于两相线路上。当按下试验按钮 SB 后，漏电断路器立即分闸，证明该开关的保护功能良好。

2）电气图文符号

按国标要求，低压断路器在电路中的图文符号如图 1-17 所示。

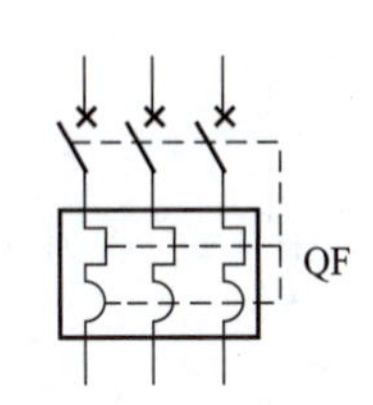

图 1-17 低压断路器的电气图文符号

3）型号含义

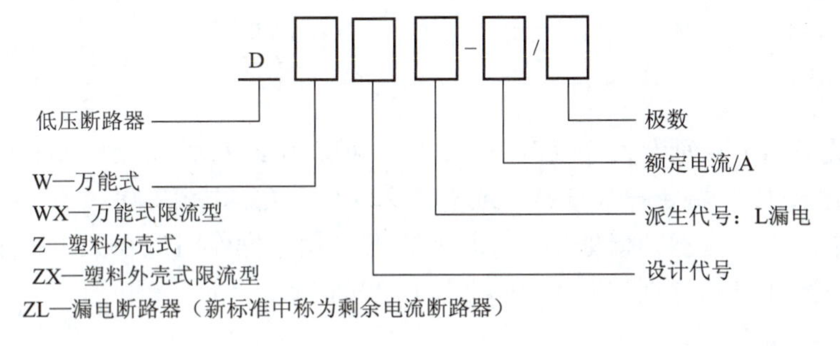

4）低压断路器的选用

选择低压断路器时主要从以下几个方面考虑：

（1）断路器额定电压、额定电流应不小于控制线路或设备的正常工作电压、工作电流。

（2）断路器极限通断能力不小于控制线路最大短路电流。

（3）欠电压脱扣器额定电压等于控制线路额定电压。

（4）过电流脱扣器的额定电流应不小于控制线路的最大负载电流。

2. 刀开关

刀开关又称闸刀开关，是一种结构最简单、广泛应用在低压电路中的一类手动电器。主要用来作为不频繁接通和分断电路，将电路与电源隔离。刀开关的种类很多，外形结构各异，刀开关按刀的极数可分为单极、双极和三极；按刀的转换方向可分为单掷和双掷；按灭弧情况可分为带灭弧罩和不带灭弧罩；按接线方式可分为板前接线式和板后接线式。下面仅介绍开启式负荷开关和板式刀开关两种。

1）开启式负荷开关

开启式负荷开关又称为瓷底胶盖刀开关，简称闸刀开关。生产中常用的是 HK 系列开启式负荷开关。适用于照明和小容量电动机控制线路中，供手动不频繁地接通和分断电路，并起短路保护作用。

开启式负荷开关在电路图中的结构及图文符号如图 1-18 所示。

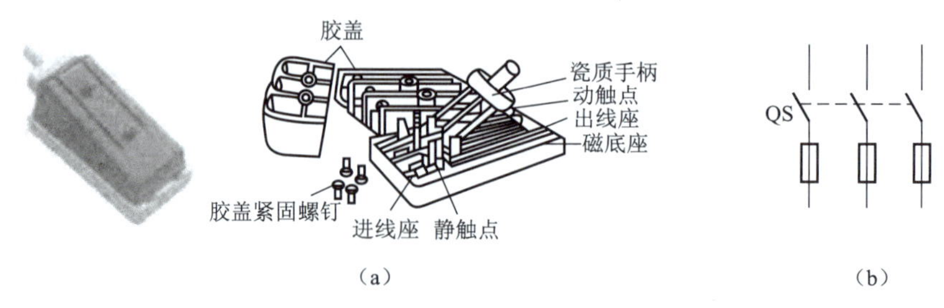

图 1-18 HK 系列开启式负荷开关

（a）结构；（b）图文符号

常用的国产牌开启式负荷开关，其型号含义如下。

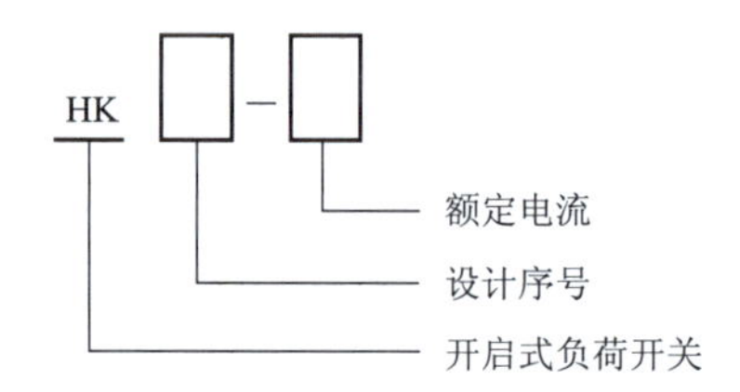

2）板式刀开关

板式刀开关 HD13 系列为大电流刀开关，是一种新型既有手动操作又有电动操作的刀开关，适用于交流 50 Hz，额定电压 380 V 或直流 220 V，额定电流200～6 000 A，主要用于配电设备的控制电路中，作不频繁地接通和切断电源之用，操作时应在无负荷下进行。板式刀开关结构外形及图文符号分别如图 1-19 和图 1-20 所示。

图 1-19 HD13 系列板式刀开关结构外形

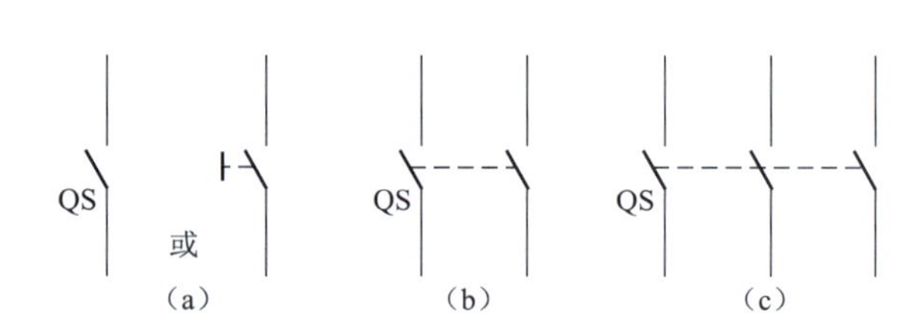

图 1-20 刀开关的电气图文符号

（a）单极；（b）双极；（c）三极

3）刀开关的选用及安装注意事项

（1）结构形式的选择。选用刀开关时首先根据刀开关的用途和安装位置选择合适的型号和操作方式。根据刀开关的作用和装置的安装形式来选择是否带灭弧装置。根据装置的安装形式来选择正面、背面、侧面等操作形式，以及是直接操作还是杠杆操作，是板前接线还是板后接线等结构形式。

（2）额定电流的选择。根据控制对象的类型和大小，计算出相应负载电流大小，选择相应额定电流的刀开关。一般应不小于所分断电路中各个负载电流的总和。对于电动机负

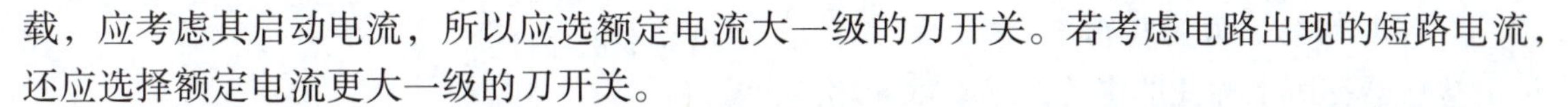

载，应考虑其启动电流，所以应选额定电流大一级的刀开关。若考虑电路出现的短路电流，还应选择额定电流更大一级的刀开关。

（3）安装注意事项。刀开关在安装时必须垂直安装，使闭合操作时的手柄操作方向应从下向上合，不允许平装或倒装，以防误合闸；电源进线应接在静触点一边的进线座，负载接在动触点一边的出线座；在分闸和合闸操作时，应动作迅速，使电弧尽快熄灭。

（三）接触器

接触器是一种能频繁地接通和断开中、远距离用电设备主回路及其他大容量用电负载的自动控制电路的低压器件，分为交流和直流两类，控制对象主要是电动机、电热设备、电焊机及电容器组等。由于交流接触器应用极为普遍，型号规格繁多，外形结构各异，这里予以重点介绍。其常用交流接触器的结构外形如图 1-21 所示。

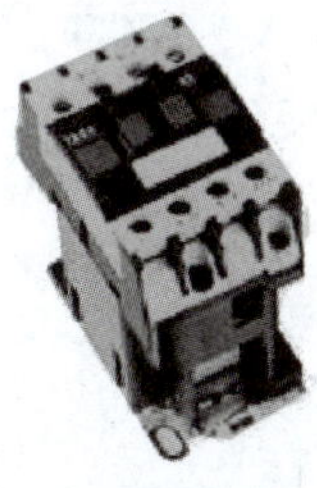

图 1-21　常用国产型号交流接触器外形

为了使应用具有代表性，这里以国产型号 CJ10-20 型交流接触器为例来介绍其结构原理。

1. 交流接触器的结构原理

交流接触器主要由电磁系统、触点系统、灭弧装置及辅助部件等组成。CJ10-20 型交流接触器的结构原理如图 1-22 所示。

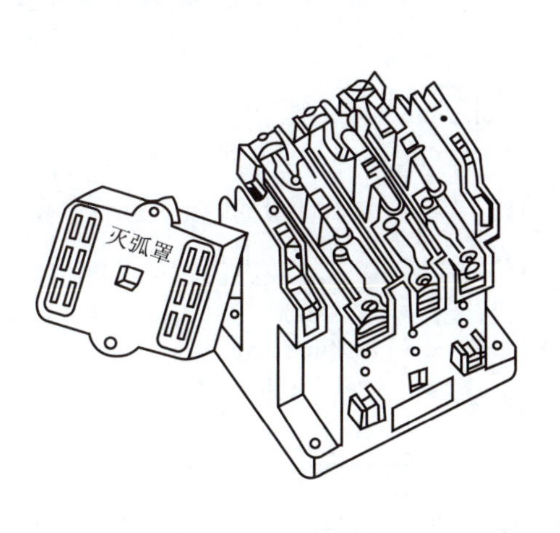

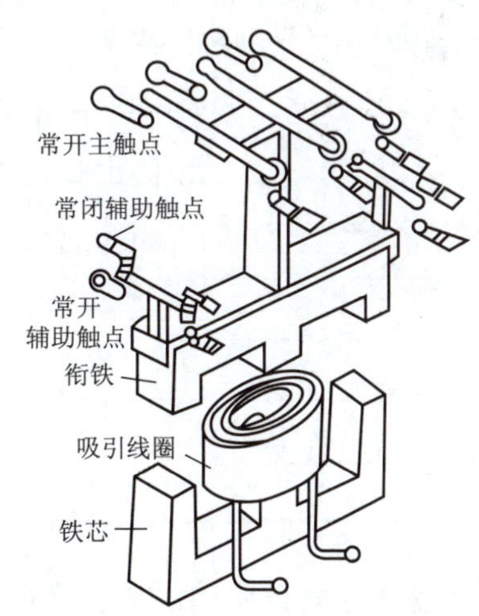

图 1-22　交流接触器结构原理

从如图 1-22 所示的典型的结构原理示意图可以清楚地了解到，交流接触器结构原理主要是：当线圈通电后，在电磁力的作用下，衔铁被吸向铁芯，衔铁被吸向铁芯的同时，带动动触点机构运动，动触点动作，动合触点闭合，动断触点断开。在主触点动作的同时，辅助触点也动作。当线圈断电后，衔铁释放，动合触点断开，动断触点闭合。

2. 接触器的主要技术参数

接触器铭牌上标注的主要技术参数介绍如下。

（1）额定电压。指接触器主触点上所承受的额定电压。电压等级通常有以下几种：

交流接触器：127 V、220 V、380 V、500 V 等。

直流接触器：110 V、220 V、440 V、660 V 等。

（2）额定电流。指接触器主触点上所通过的额定电流。电流等级通常有以下几种：

交流接触器：10 A、20 A、40 A、60 A、100 A、150 A、250 A、400 A、600 A。

直流接触器：25 A、40 A、60 A、100 A、250 A、400 A、600 A。

（3）线圈额定电压。指接触器线圈两端所加额定电压。电压等级通常有以下几种：

交流线圈：12 V、24 V、36 V、127 V、220 V、380 V。

直流线圈：12 V、24 V、48 V、220 V、440 V。

（4）接通与分断能力。指接触器的主触点在规定的条件下能可靠地接通和分断的电流值，而不应该发生熔焊、飞弧和过分磨损等现象。

（5）额定操作频率。指每小时接通的次数。交流接触器最高为 600 次/h；直流接触器可高达 1 200 次/h。

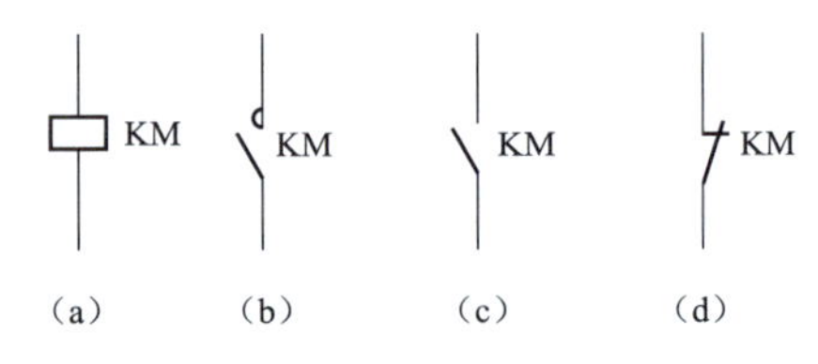

图 1-23　接触器的图文符号

（a）线圈；（b）主触点；
（c）动合辅助触点；（d）动断辅助触点

（6）动作值：指接触器的吸合电压与释放电压。国家标准规定接触器在额定电压 85% 以上时，应可靠吸合，释放电压不高于额定电压的 70%。

3. 接触器电气图文符号及型号含义

（1）交流接触器在电气控制系统中的图文符号如图 1-23 所示。

（2）型号含义。

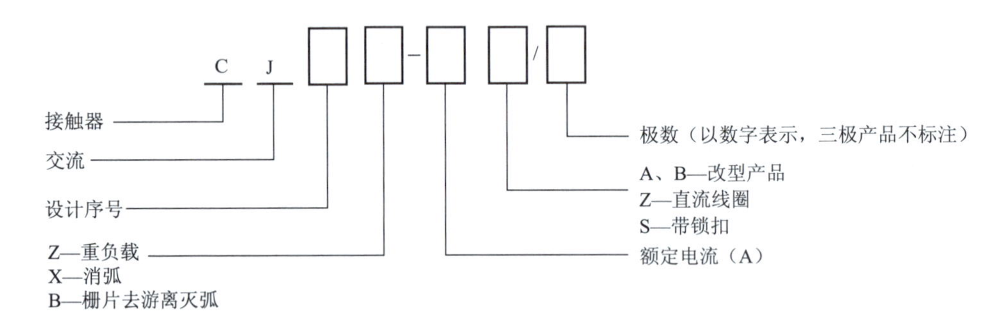

4. 接触器的选用

（1）根据控制对象所用电源类型选择接触器类型，一般交流负载用交流接触器，直流负载用直流接触器。

（2）所选接触器主触点的额定电压应不小于被控制对象线路的额定电压。

（3）应根据控制对象类型和使用场合，合理选择接触器主触点的额定电流。控制电阻性负载时，主触点的额定电流应等于负载的额定电流。控制电动机时，主触点的额定电流应稍大于电动机的额定电流。当接触器使用在频繁启动、制动及正反转的场合时，主触点的额定电流应选用高一个等级。

（4）接触器线圈电压的选择。当控制线路简单并且使用电器较少时，应根据电源等级选用 380 V 或 220 V 的电压。当线路复杂时，从人身和设备安全角度考虑，可以选择 36 V 或 110 V 电压的线圈，控制回路要增加相应变压器予以降压隔离。

（5）根据被控制对象的要求，合理选择接触器类型及触点数量。

（四）继电器

继电器主要用于各种控制电路中的信号传递、放大、转换、联锁等，控制主电路和辅助电路中的器件按预定的动作程序进行工作，实现自动控制和保护的目的。继电器种类繁多，按用途可分为控制和保护继电器；按动作原理可分为电磁式、感应式、电动式、电子式和机械式继电器；按输入量可分为电流、电压、时间、速度和压力继电器；按动作时间可分为瞬时、延时继电器；其共同特点是触点额定电流不大于 5 A。这里重点介绍以下几种继电器。

1. 中间继电器

中间继电器属于电压继电器种类，主要用在 500 V 及以下的小电流控制回路中，用来扩大辅助触点数量，进行信号传递、放大、转换、联锁等。它具有触点数量多，触点容量不大于 5 A，动作灵敏等特点，得到广泛的应用。

1）结构原理

中间继电器的工作原理及结构与接触器基本相似，不同的是中间继电器触点对数多，且没有主辅触点之分，触点允许通过的电流大小相同，且不大于 5 A，无灭弧装置。因此，对于工作电流小于 5 A 的电气控制线路，可用中间继电器代替接触器进行控制，其外形及结构如图 1-24 所示。

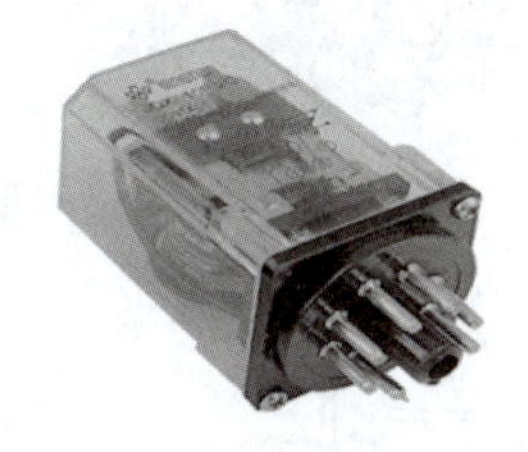

图 1-24　中间继电器结构外形

这里以 JZ7 系列交流中间继电器为例介绍其结构原理，JZ7 系列中间继电器采用立体布置，由铁芯、衔铁、线圈、触点系统、反作用弹簧和缓冲弹簧等组成。触点采用双触点桥式结构，上下两层各有 4 对触点，下层触点只能是常开触点。常见触点系统可分为八常开触点、六常开触点、两常闭触点、四常开触点及四常闭触点等组合形式。继电器吸引线圈额定电压等级有 12 V、36 V、110 V、220 V 和 380 V 等。

2）电气图文符号

按国标要求，继电器在电路图中的电气图文符号如图 1-25 所示。

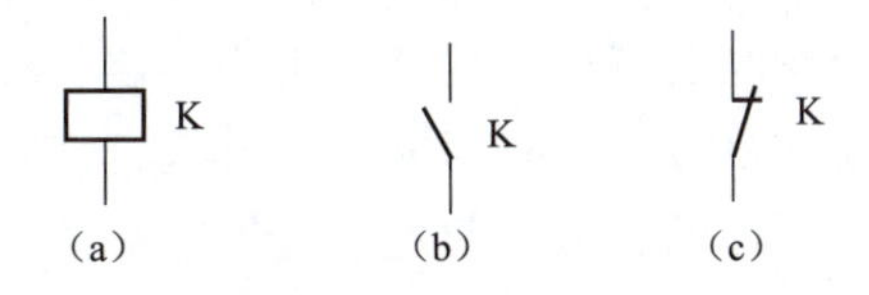

图 1-25　继电器电气图文符号

（a）线圈；（b）常开触点；（c）常闭触点

3）型号含义

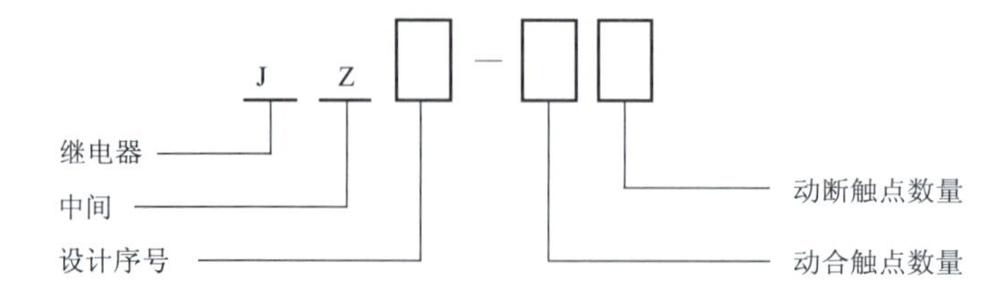

4）继电器的选用

中间继电器的选用主要依据被控制电路的电压等级、所需触点的数量、种类和容量等要求来进行选择。

2. 电流继电器

电流继电器分为过电流继电器和欠电流继电器，其特点是电流继电器的线圈串接于电路中，导线粗、匝数少、阻抗小。根据继电器线圈中电流的大小而接通或断开电路。电流继电器种类繁多，其外形结构如图 1-26 所示。

图 1-26　国产牌过电流、欠电流继电器外形及结构

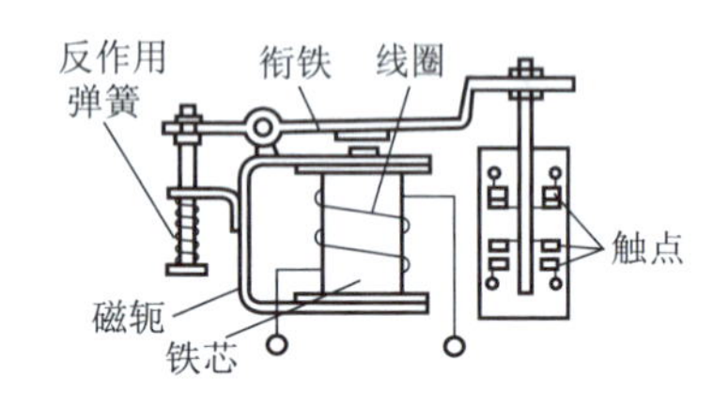

图 1-27　JL14 系列过电流继电器外形结构原理

1）过电流继电器

当电流超过预定值时，引起开关电器有延时或无延时的动作。它主要用于频繁启动和重载启动的场合，作为电动机主电路的过载和短路保护。

（1）过电流继电器结构原理。

JL14 系列过电流继电器的外形结构原理如图 1-27 所示。它主要由线圈、铁芯、衔铁、触点系统和反作用弹簧等组成。

当线圈通过的电流为额定值时，所产生的电磁吸力不足以克服弹簧的反作用力，此时衔铁不动作。当线圈通过的电流超过整定值时，电磁吸力大于弹簧的反作用力，铁芯吸引衔铁动作，带动动断触点断开，动合触点闭合。调整反作用弹簧的作用力，可整定继电器的动作电流值。该系列中有的过电流继电器带有手动复位机构，这类继电器过电流动作后，当电流再减小至零时，衔铁也不能自动复位，只有当操作人员检查并排除故障后，手动松掉锁扣机构，衔铁才能在复位弹簧作用下返回，从而避免重复过电流事故的发生。

（2）过电流继电器电气图文符号。

过电流继电器在电路图中的电气图文符号如图 1-28 所示。

2）欠电流继电器

欠电流继电器常用的有 JL14-Q 等系列产品，其结构与工作原理和 JL14 系列、JL18 系列继电器相似。这种继电器的动作电流为线圈额定电流的 30%～65%，释放电流为线圈额定电流的 10%～20%。因此，当通过欠电流继电器线圈的电流降低到额定电流的 10%～20%时，继电器即释放复位，其动合触点断开，动断触点闭合，给出控制信号，使控制电路做出相应的反应。

欠电流继电器的图文符号如图 1-29 所示。

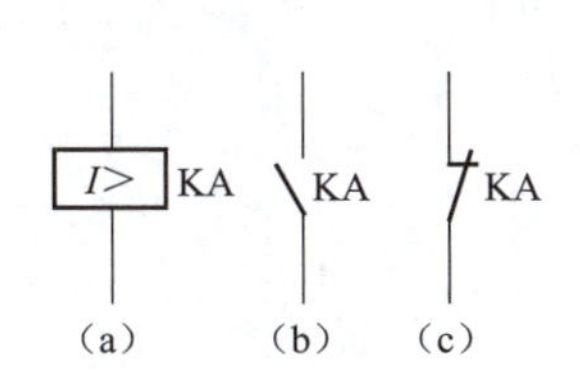

图 1-28　过电流继电器的图文符号

（a）过电流继电器线圈；（b）动合触点；（c）动断触点

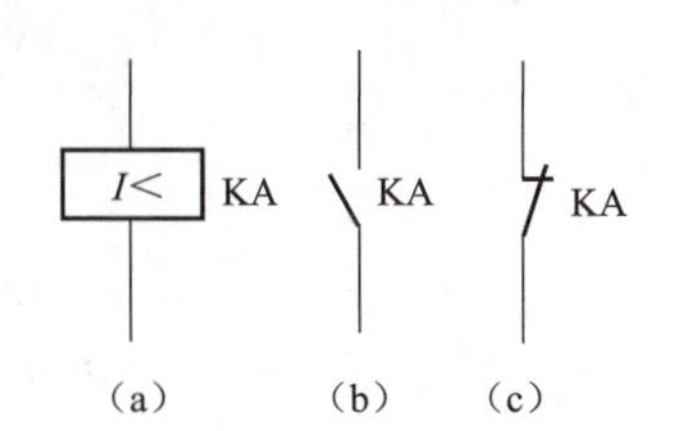

图 1-29　欠电流继电器的图文符号

（a）欠电流继电器线圈；（b）动合触点；（c）动断触点

3）型号含义

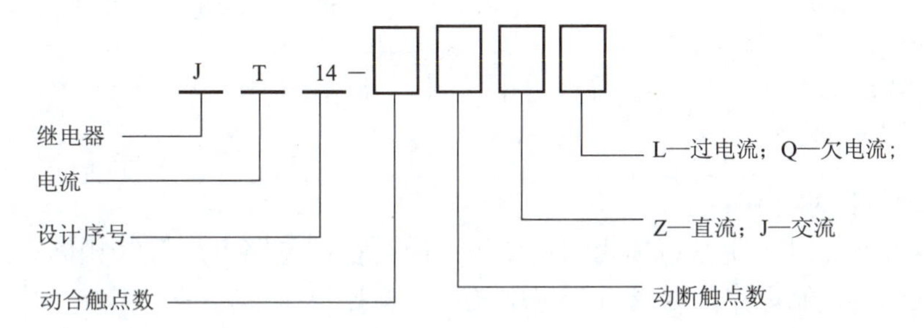

4）电流继电器的选用

电流继电器的选用主要依据被控制电路的电压等级、所需触点的数量、种类和容量等要求来进行选择。

3. 电压继电器

电压继电器分为过电压继电器和欠电压继电器，其线圈并联在电路中，根据线圈两端电压的大小而接通或断开电路。其特点是继电器线圈的导线细、匝数多、阻抗大。电压继电器种类繁多，其外形结构如图 1-30 所示。

图 1-30　电压继电器结构外形

1）结构原理

过电压继电器和欠电压继电器结构原理基本相同，过电压继电器是当电压大于整定值时动作的电压继电器，主要用于对电路或设备作过电压保护；欠电压继电器是当电压降至某一规定范围时动作的电压继电器，对电路实现欠电压或零电压保护。这里主要分析常见的 DY-30、LY-30 型电压继电器，它主要由线圈、铁芯、衔铁、触点系统和反作用弹簧等组成。主要用于检测电气控制线路电压信号的变化而提示报警。对常用的过电压继电器，其动作电压可在 105%～120% 额定电压范围内调整。对欠电压继电器来讲，其释放电压可在 40%～70% 额定电压范围内整定，欠电压继电器在线路正常工作时，铁芯与衔铁是吸合的，当电压降至低于整定值时，衔铁释放，带动触点复位。

2）电气图文符号

按国标要求，过电压、欠电压继电器在电路图中的电气图文符号如图 1-31 所示。

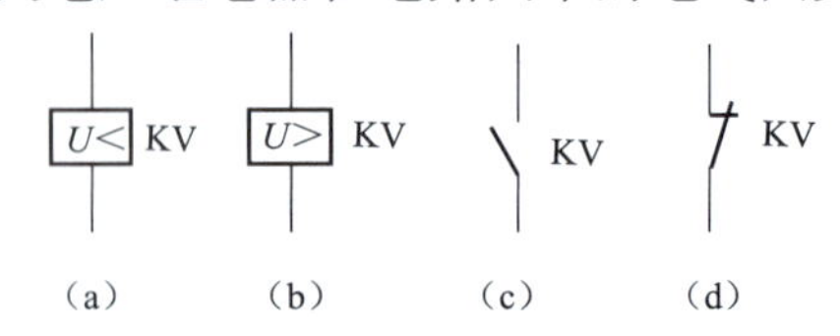

图 1-31　电压继电器电气图文符号

（a）欠电压继电器线圈；（b）过电压继电器线圈；（c）常开触点；（d）常闭触点

3）型号含义

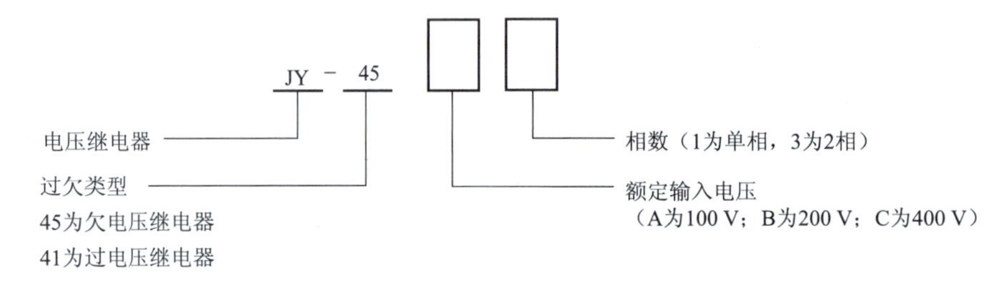

4）电压继电器的选用

选用电压继电器时应注意：其线圈电压等级应与控制电路电压等级相同；选择电压继电器时，主要依据由控制电路的要求选择过电压、欠电压继电器。

4. 热继电器

热继电器是利用流过继电器热元件的电流所产生的热效应而反时限动作的保护继电器。所谓反时限动作，是指热继电器动作时间随电流的增大而减小的性能。热继电器主要用于电动机的过载、断相、三相电流不平衡运行及其他电气设备发热引起的不良状态而进行的保护控制。其种类繁多，典型结构外形如图 1-32 所示。

图 1-32　国产牌热继电器典型结构外形

1）结构原理

热继电器的结构主要由加热元件、动作机构和复位机构 3 大部分组成。动作系统常设有温度补偿装置，保证在一定的温度范围内，热继电器的动作特性基本不变。典型的双金属片式热继电器结构如图 1-33 所示。

在图 1-33 中，主双金属片 1 与加热元件 2 串接在接触器负载（电动机电源端）的主回路中，当电动机过载时，主双金属片受热弯曲推动导板 3，并通过补偿双金属片 4 与推杆 6 将静触点 7 和动触点 8（即串接在接触器线圈回路的热继电器常闭触点）分开，以切断电路保护电动机。调节凸轮 10 是一个偏心轮。改变它的半径即可改变补偿双金属片 4 与导板 3 的接触距离，从而达到调节整定动作电流值的目的。此外，靠调节复位按钮 9 来改变常开静触点 7 的位置，使热继电器能动作在自动复位或手动复位两种状态。调成手动复位时，在排除故障后要按下手动复位按钮 9 才能使动触点 8 恢复与常闭静触点 7 相接触的位置。

2）电气图文符号

热继电器的常闭触点串入控制回路，常开触点可接入报警信号回路或 PLC 控制时的输入接口电路。按国标要求，热继电器在电路图中的电气图文符号如图 1-34 所示。

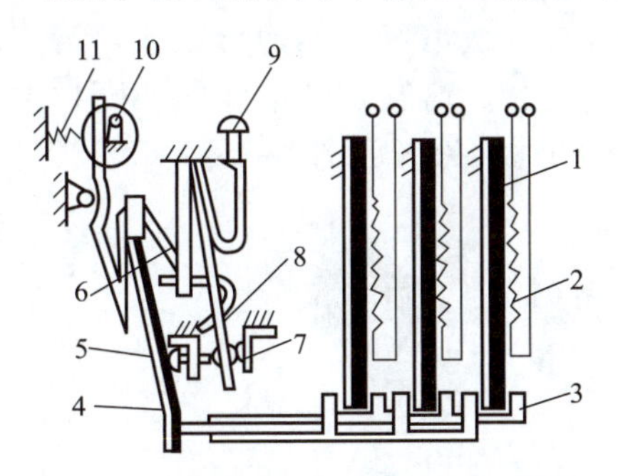

图 1-33　双金属片式热继电器结构原理

1—主双金属片；2—加热元件；3—导板；4—补偿双金属片；
5—螺钉；6—推杆；7—静触点；8—动触点；
9—复位按钮；10—调节凸轮；11—弹簧

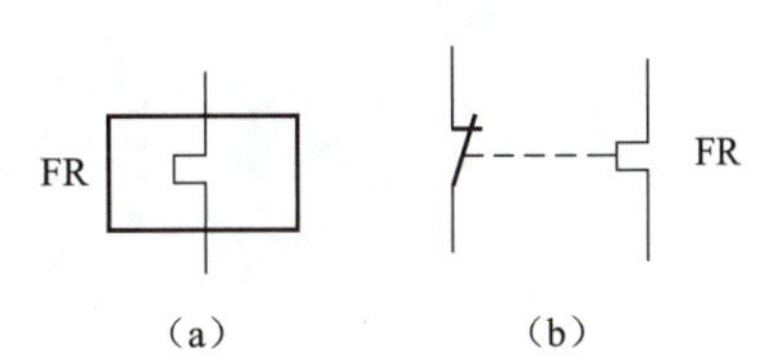

图 1-34　热继电器电气图文符号

（a）热元件；（b）动断触点

3）型号含义

热继电器的种类繁多，其中双金属片式热继电器应用最多。按极数划分，热继电器可分为单极、两极和三极 3 种，其中三极又包括带断相保护装置和不带断相保护装置；按复位方式划分，有自动复位式和手动复位式。目前常用的有国产的 JR36、JR20、JRS 等系列以及国外的 T 系列和 3UA 等系列产品。

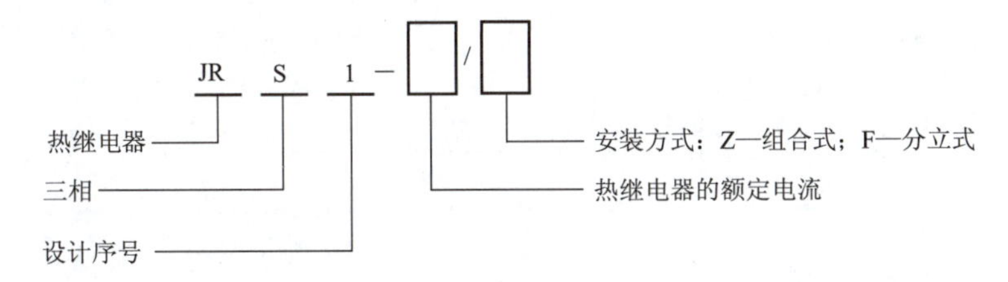

4）热继电器的选用

（1）热继电器有 3 种安装方式，应按实际安装情况选择其安装方式。

（2）原则上热继电器的额定电流应按略大于电动机的额定电流来选择。一般情况下，热继电器的整定值为电动机额定电流的 0.95~1.05 倍。但是如果电动机拖动的负载是冲击性负载或启动时间较长及拖动的设备不允许停电的场合，热继电器的整定值可取电动机额定电流的 1.1~1.5 倍。如果电动机的过载能力较差、热继电器的整定值可取电动机额定电流的

0.6~0.8 倍。同时，整定电流应留有一定的上、下限调整范围。

（3）在不频繁启动的场合，要保证热继电器在电动机启动过程中不产生误动作。若电动机 $I_s=6I_e$，启动时间小于 6 s，很少连续启动，可按电动机额定电流配置。

（4）对于三角形接法的电动机，应选用带断相保护装置的热继电器。

（5）当电动机工作于重复短时工作制时，要注意确定热继电器的允许操作频率。

5. 熔断器

熔断器主要是用来对控制线路作短路保护的电器，使用时串联在被保护的电路中。当电路发生短路故障，流过熔断器的电流达到或超过某一规定值时，使熔体产生热量而熔断，从而自动分断电路，起到保护作用。

1）结构原理

熔断器主要由熔体（俗称熔丝）和安装熔体的熔管（或熔座）两部分组成。熔体由铅、锡、锌、银、铜及其合金制成。常做成丝状、片状或栅状。熔管是装熔体的外壳，由陶瓷、绝缘钢纸制成，在熔体熔断时兼有灭弧作用。熔断器的结构外形如图 1-35 所示。

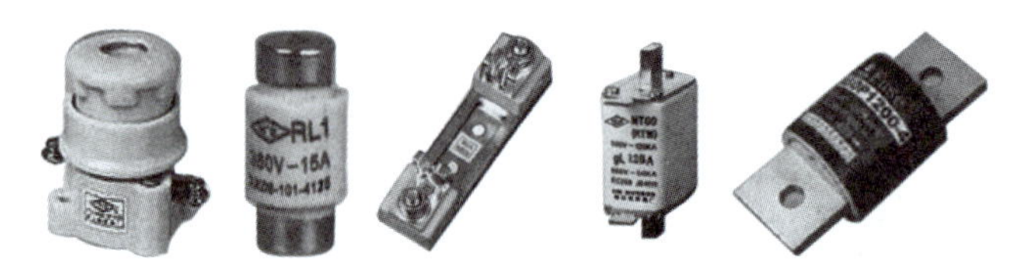

图 1-35　熔断器结构外形

2）电气图文符号

熔断器电气图文符号如图 1-36 所示。

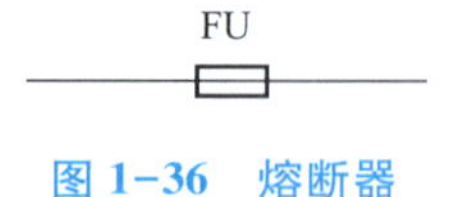

图 1-36　熔断器电气图文符号

3）型号含义

熔断器按结构形式分为半封闭插入式、无填料封闭管式、有填料封闭管式、螺旋式熔断器等。其中，有填料封闭管式熔断器又分为刀形触点熔断器、螺栓连接熔断器和圆筒形帽熔断器。

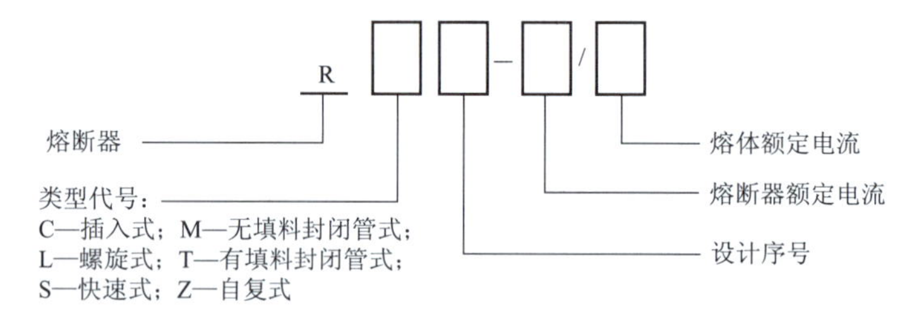

4）熔断器的主要技术参数

（1）额定电压。断路器额定电压是指能保证熔断器长期正常工作的电压。若熔断器的实际工作电压大于额定电压，熔体熔断时可能发生电弧不能熄灭的危险。

（2）额定电流。熔断器额定电流是指保证熔断器在长期工作下，各部件温升不超过极限允许温升所能承载的电流值。它与熔体的额定电流是两个不同的概念。熔体的额定电流：在规定工作条件下，长时间通过熔体而熔体不熔断的最大电流值。通常一个额定电流等级的熔断器可以配用若干个额定电流等级的熔体，但熔体的额定电流不能大于熔断器的额定电流值。

（3）分断能力。熔断器在规定的使用条件下，能可靠分断的最大短路电流值。通常用极限分断电流值来表示。

（4）时间-电流特性。时间 电流特性又称保护特性，表示熔断器的熔断时间与流过熔体电流的关系。熔断器的熔断时间随着电流的增大而减少，即反时限保护特性。

5）熔断器的选用

常用熔断器型号有 RC1A、RL1、RT0、RT15、RT16（NT）和 RT18 等，在选用时可根据使用场合酌情选择。选择熔断器的基本原则如下。

（1）根据使用场合确定熔断器的类型。

（2）熔断器的额定电压必须不低于线路的额定电压。额定电流必须不小于所装熔体的额定电流。

（3）熔体额定电流的选择应根据实际使用情况进行计算。

（4）熔断器的分断能力应大于电路中可能出现的最大短路电流。

三、应用实施

低压电器在日常生活中使用频繁、品种规格繁多，在了解低压电器基本知识后，下面结合实际应用，以三相异步电动机直接启动控制线路为例，简单介绍电气控制线路元器件的选用和安装操作等相关事项。

1. 三相异步电动机直接启动控制线路

三相异步电动机直接启动控制线路结构原理如图 1-37 所示。

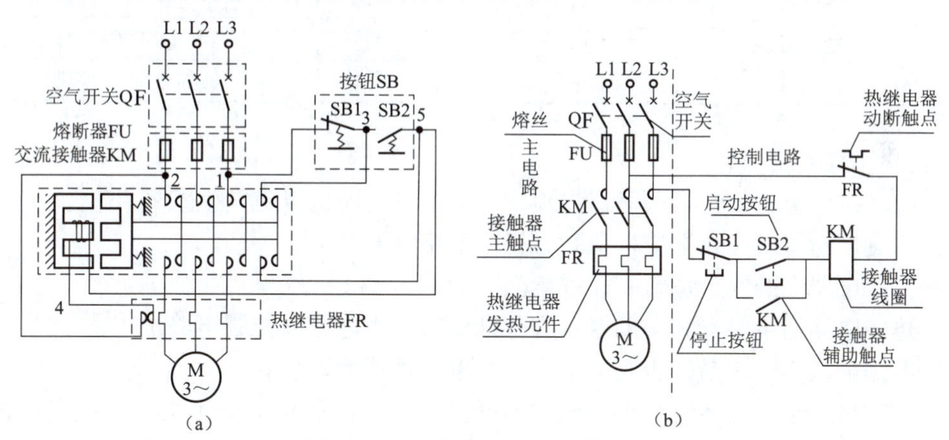

图 1-37　三相异步电动机直接启动控制线路结构原理

（a）结构；（b）原理

2. 电气元件选用

1）元器件及仪表选用

元器件及仪表的选用如表 1-1 所示。

表 1-1　元器件及仪表的选用

序号	名　称	型号规格	数量	备注
1	三相笼型异步电动机	Y-100L2-4　3 kW　6.8 A	1	
2	交流接触器	CJ20-10　线圈电压 380 V	1	

续表

序号	名　称	型号规格	数量	备注
3	热继电器	JR36B-20/3D 整定电流　6.8 A	1	
4	按钮开关	LAY37-11	2	
6	熔断器	RL1-15A 配 10A 熔体	5	
7	接线排	DT1010	2	
8	万用表		1	备用

2）安装工具及材料

安装工具及材料如表 1-2 所示。

表 1-2　安装工具及材料

序号	名　称	规　格	数量	备　注
1	测电笔		1	
2	电工钳		1	
3	剥线钳		1	
4	电工刀		1	
5	旋具	一字	1	
6	旋具	十字	1	
7	绝缘导线	BV2.5　mm^2		主电路（三色区别）
8	绝缘导线	BV1　mm^2		控制电路（两色区别）
9	绝缘导线	BVR1　mm^2		按钮线（三色区别）

3）安装注意事项

（1）电动机及金属外壳必须可靠接地，并固定好电动机以免发生意外。

（2）螺旋熔断器座螺壳端应接负载，另一端接电源。

（3）所有电器上的空余螺钉一律拧紧。

（4）热继电器的主触点和辅助触点应分别安装在主电路和控制电路中。

（5）互锁触点不能接错，否则会出现两相电源短路的事故。

（6）电动机在正、反转时会出现较大的反接制动电流和机械冲击力，因此电动机的正、反转不要过于频繁。

3. 低压电器的安装附件

电器元件选好安装时，要有安装附件，电气控制柜中元器件和导线的固定和安装中，常用的安装附件如下。

1）走线槽

由锯齿形的塑料槽和盖组成，有宽、窄等多种规格。用于导线和电缆的走线，可以使柜内走线美观整洁，如图 1-38 所示。

2）扎线带和固定盘

尼龙扎线带可以把一束导线扎紧到一起，根据长短和粗细有多种型号，如图 1-39 所示。固定盘上有小孔，背面有黏胶，它可以粘到其他屏幕物体上，用来配合扎线带的使用，如图 1-40 所示。

图 1-38　走线槽

图 1-39　扎线带

3）波纹管

用于控制柜中裸露出来的导线部分的缠绕或作为外套保护导线，一般由 PVC 软质塑料制成，如图 1-41 所示。

图 1-40　固定盘

图 1-41　波纹管

4）号码管

空白号码管由 PVC 软质塑料制成，号码管可用专门的打号机打印上各种需要的符号，套在导线的接头端，用来标记导线，如图 1-42 所示。

5）接线插、接线端子

接线插俗称线鼻子，用来连接导线，并使导线方便、可靠地连接到端子排或接线座上，它有各种型号和规格，如图 1-43 所示。接线端子为两段分断的导线提供连接。接线插可以方便地连接到它上面，现在新型的接线端子技术含量很高，接线更加方便快捷，导线直接可以连接到接线端子的插孔中，如图 1-44 所示。

图 1-42　号码管

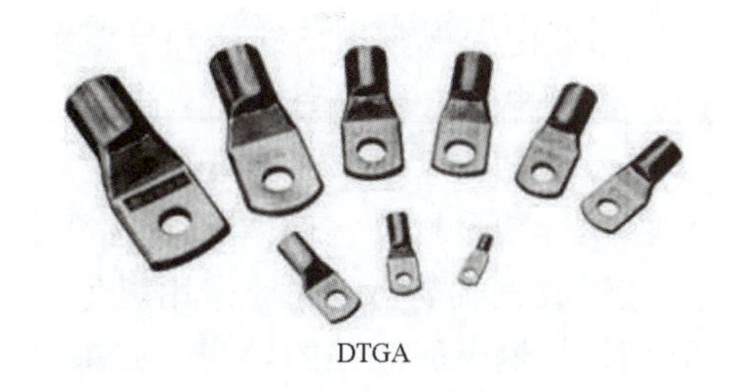

图 1-43　接线插

6）安装导轨

用来安装各种有卡槽的元器件，用合金或铝材料制成，如图 1-45 所示。

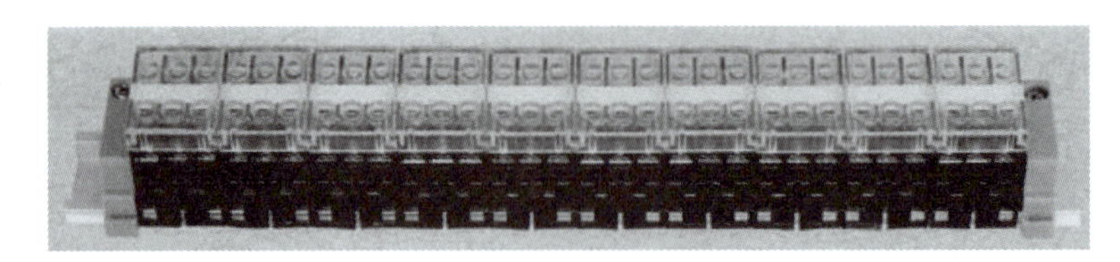

图 1-44　接线端子

7）热收缩管

遇热后能够收缩的特种塑料管，用来包裹导线或导体的裸露部分，起绝缘保护作用，如图 1-46 所示。

图 1-45　安装导轨

图 1-46　热收缩管

4. 低压电器的配线原则

（1）走线通道应尽可能少，按主、控电路分类集中，单层平行密排或成束，应紧贴敷设面。

（2）同一平面的导线应高低一致或前后一致，不能交叉。当必须交叉时，可水平架空跨越，但必须走线合理。

（3）布线应横平竖直，变换走向应垂直 90°。

（4）导线与接线端子或线桩连接时，应不压绝缘层、不反圈及露铜不大于 1 mm，并做到同一元件、同一回路的不同接点的导线间距离保持一致。

（5）一个电器元件接线端子上的连接导线不得超过两根，每节接线端子板上的连接导线一般只允许连接一根。

（6）布线时，严禁损伤线芯和导线绝缘层。

（7）控制电路必须要套编码套管。

（8）为了便于识别，导线应有相应的颜色标志：

① 保护导线（PE）必须采用黄绿双色，中性线（N）必须是浅蓝色。

② 交流或直流动力电路应采用黑色，交流控制电路采用红色，直流控制电路采用蓝色。

③ 用作控制电路联锁的导线，如果是与外边控制电路连接，而且当电源开关断开仍带电时，应采用橘黄色或黄色，与保护导线连接的电路采用白色。

5. 低压电器故障诊断

低压电器控制线路中按钮、熔断器、断路器、接触器、时间继电器、热继电器等元件在运行时会出现故障，这就要进行故障原因的诊断和分析。

1）低压断路器故障诊断

（1）低压断路器故障触点过热。可能是动触点松动引起触点过热。可调整操作机构，使动触点完全插入静触点。

（2）断路器触点断相。由于某相触点接触不好或接线端子上螺钉松动，使电动机缺相运行，此时电动机虽能转动，但发出“嗡嗡”声，应立即停车检修。

2）接触器、继电器故障诊断

交流接触器常见的故障就是线圈通电后，接触器不动作或动作不正常，以及线圈断电后，接触器不释放或延时释放这两类。

（1）线圈通电后，接触器不动作或动作不正常，主要故障原因有：

① 线圈线路断路。接线端子有没有断线或松脱现象，如有断线更换相应导线，如有松脱紧固相应接线端子。

② 线圈损坏。用万用表测线圈的电阻，如电阻为$+\infty$，则更换线圈。

③ 线圈额定电压比线路电压高。换上同等控制线路电压的线圈。

（2）线圈断电后，接触器不释放或延时释放，主要故障原因有：

① 使用的接触器铁芯表面有油或使用一段时间后有油腻。将铁芯表面防锈油脂擦干净，铁芯表面要求平整，但不宜过光，否则易于造成延时释放。

② 触点抗熔焊性能差，在启动电动机或线路短路时，大电流使触点焊牢而不能释放。

6. 控制电路通电测试

1）线路检查

先检查主回路，再检查控制回路，分别用万用表测量各电器与电路是否正常。

2）控制电路操作试车

经上述检查无误后，检查三相电源，接通主电路，按下对应的启动、停止按钮，各接触器等应有相应的动作。

3）试车运行

在控制电路操作试车后，合上主电路电源开关，按下启动按钮 SB2，电动机应动作运转，然后按下停止按钮 SB1，电动机应断电停车。

四、操作技能考评

通过对本任务相关知识的了解和应用操作实施，对本任务实际掌握情况进行操作技能考评，具体考核要求和考核标准如表 1-3 所示。

表 1-3　任务操作技能考核要求和考核标准

序号	主要内容	考核要求	评分标准	配分	扣分	得分
1	器件识别	能够正确识别各种器件	识别错误、名称错误均不给分	10		
2	电气符号	能够正确地画出各种器件的电气符号	符号错误、符号不明或符号标识错误均不给分	10		
3	器件特性	能够描述出给定器件的电气控制特性	描述模糊不清或不达要点均不给分	10		

续表

序号	主要内容	考核要求	评分标准	配分	扣分	得分
4	基本操作技能	（1）熟悉一般低压配电所的供电系统 （2）掌握配电装置的结构与电器元件的作用 （3）能简述常用电工材料的名称、规格及用途 （4）掌握导线的连接方法	描述模糊不清、不达要点或操作错误均不给分	10		
5	仪表、工具使用	（1）电压表、电流表、电度表、万用表的使用 （2）验电笔、旋具、钢丝钳、电工刀及剥线钳等电工工具的使用	常用电工工具名称、规格和用途描述错误、操作错误，每处扣 1 分	10		
6	元件安装	能够按照电路图的要求，正确使用工具和仪表，熟练的安装电气元件	（1）元件安装不牢固或安装元件时漏装螺钉，扣 2 分 （2）一旦发现损坏元件，每个扣 2 分 （3）一旦发现按钮盒固定在板上，扣 2 分	10		
7	布线	（1）接线要求外观美观、结构紧固、无毛刺，所有导线都要求进入行线槽 （2）电源和电动机的配线、按钮等接线要求接到端子排上，同时要求进出行线槽的导线必须有端子标号，引出端要用别径压好端子	（1）电动机运行正常，但未按照电路图要求接线，扣 5 分 （2）布线未进入行线槽，不美观，每处扣 2 分 （3）接线处接点松动、导线露铜过长、反圈、压绝缘层等情况，每处扣 2 分 （4）损伤导线绝缘或线芯，每处扣 2 分	20		

续表

序号	主要内容	考核要求	评分标准	配分	扣分	得分
8	通电运行	要求无任何设备故障且保证人身安全的前提下通电运行一次成功	一次试运行不成功扣5分，二次试运行不成功扣10分，三次试运行不成功不给分	20		
备注			指导老师签字 年　月　日			

教 学 小 结

1. 常用低压电器的用途、基本结构、工作原理及其主要技术参数和图形符号。

2. 基于电磁机构工作原理的电器大都由 3 个主要部分组成，即触点、灭弧装置和电磁机构。电磁机构是电磁式低压电器的感测部件，其工作原理常用吸力特性和反力特性来表征。

3. 每一种电器都有它一定的使用范围，要根据使用的具体条件正确选用，其技术参数是最主要的依据。

思考与练习

1. 常用的灭弧方法有哪些？
2. 接触器的作用是什么？根据结构特征如何区分交、直流接触器？
3. 中间继电器与接触器有何异同？
4. 熔断器的额定电流、熔体的额定电流和熔体的极限分断电流三者之间有何区别？

任务二　西门子 S7-200 系列 PLC 的结构原理与选用

■ **应知点：**

1. 了解 PLC 的基本组成与工作原理。
2. 了解西门子 S7-200 系列 PLC 的构造、工作原理、功能特点和技术参数。

■ **应会点：**

1. 掌握 PLC 各组成部分的功能。
2. 掌握西门子 S7-200 系列 PLC 的常用指令、编程技巧、选型及应用。

一、任务简述

可编程逻辑控制器（Programmable Logic Controller，PLC）是一种专门为工业环境下应用而设计的具有计算机功能的电子装置。可执行逻辑运算、顺序运算、定时、计数和算术运算等操作指令，通过数字式或模拟式的输入和输出，使外围设备与工业控制系统形成一个整体，实现对各类机械或生产过程的控制。

PLC 具有大规模、高速度、高性能、高可靠性、抗干扰能力强、编程简单直观、控制功能强、易于安装和维护等优点，从而使 PLC 快速步入产品系列化。目前常用的品牌有 A-B、GE-Fanuc、西门子、施耐德、三菱、欧姆龙等。PLC 已广泛应用于钢铁、石油、化工、电力、建材、机械制造、汽车、轻纺、交通运输、环保及文化娱乐等各个行业，成为当代电控装置的主导。由于其价格越来越低、功能越来越强，使得其应用越来越广泛，能够实现开关量逻辑控制、运动控制、过程控制、数据处理和通信联网等功能。

在众多的 PLC 产品中，德国 SIEMENS 公司生产的 S7-200、S7-1200、S7-300、S7-400 等系列 PLC 产品在市场上应用广泛。其中，S7-200、S7-1200 系列 PLC，因其性价比优越，功能强大，具有紧凑的设计、良好的拓展性、低廉的价格以及功能强大的指令集，使其可独立运行，也可连成网络实现复杂控制，在我国市场上占有较大应用份额。特别是 S7-200 系列 PLC 既符合初学者入门，易学易懂，又可以依托其知识基础拓展未来 PLC 发展方向的需求，所以，在此以 S7-200 系列 PLC 为基础作全面系统的介绍，其它产品不以赘述。为便于引导了解，在附录 C 中列举了 S7-1200 系列 PLC 功能特点及指令表和产品手册二维码，供查阅应用。

二、相关知识

着重了解 PLC 的分类、硬件系统的基本组成与工作原理、指令系统及软件编程技巧。

（一）PLC 的分类

1. 按硬件结构类型分类

按硬件结构主要分为整体式结构、模块式结构、叠装式结构 3 大类型。

1）整体式结构

整体式又叫单元式或箱体式，它的特点是将 PLC 的基本部件，如 CPU 模块、I/O 模块和电源等紧凑地安装在一个标准机壳内，组成 PLC 的一个基本单元或扩展单元。西门子 S7-200 系列、S7-1200 系列、三菱 FX2 系列、欧姆龙 C 系列等 PLC 产品都属于整体式结构。图 1-47 所示是西门子 S7-200 整体式 PLC 外形。

2）模块式结构

模块式结构又叫积木式。这种结构形式的特点是把 PLC 的每个工作单元都制成独立的模块，如 CPU 模块、输入模块、输出模块、通信模块等。另外用一块带有插槽的母板（实质上就是计算机总线）把这些模块按控制系统需要选取后插到母板上，就构成了一个完整的 PLC。这种结构的 PLC 的优点是系统构成非常灵活，安装、扩展、维修都很方便。缺点是体积比较大。西门子 S7-1500 系列、S7-300/400 系列，三菱 Q 系列、罗克韦尔等 PLC 都属于模块式结构。图 1-48 所示是西门子 S7-200 模块式 PLC 外形。

3）叠装式结构

叠装式 PLC 结构是单元式和模块式相结合的产物。把某个系列的 PLC 工作单元的外形

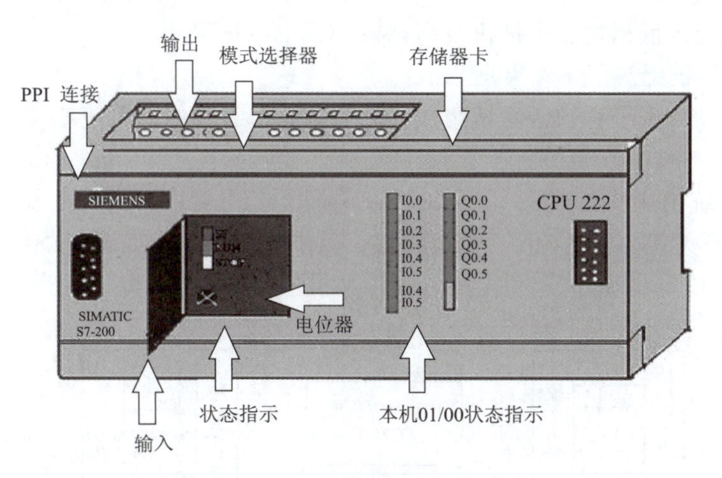

图 1-47　PLC 整体式结构外形

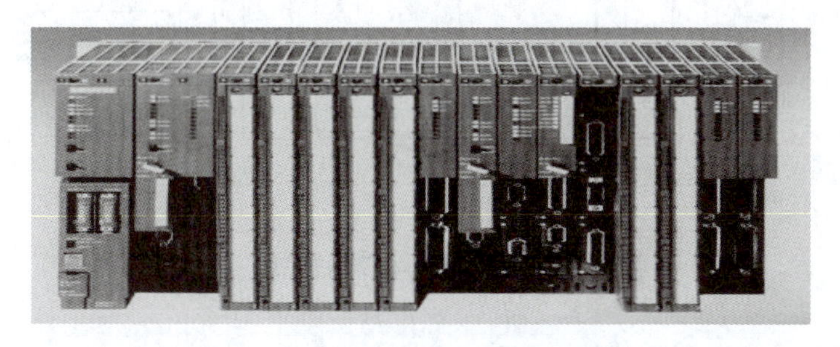

图 1-48　PLC 模块式结构外形

都制作成一致的外观尺寸，CPU、I/O 口及电源也可做成独立的，不使用模块式 PLC 中的母板，采用电缆连接各个单元，在控制设备中安装时可以一层层地叠装，就成了叠装式 PLC。图 1-49 所示是西门子 S7-200 叠装式 PLC 外形。

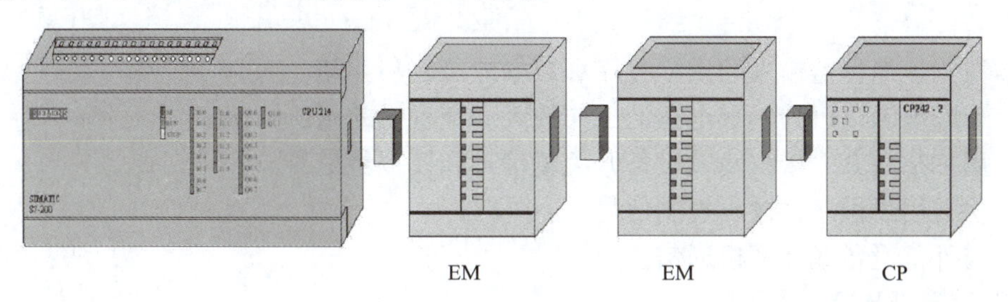

图 1-49　PLC 叠装式结构外形

2. 按应用规模及功能分类

PLC 按规模可分为超小型（64 点以下）、小型（64～256 点）、中型（256～1024 点）、大型（1024～8192 点）和超大型（8192 点以上）。诸如西门子 S7-200 系列、S7-1200 系列，三菱 FX 系列等 PLC 属于小型机，适合于单机控制或小型控制系统。西门子 S7-1500 系列、S7-300 系列，三菱 Q 系列等 PLC 属于中型机，适合于复杂的逻辑控制系统以及网络化生产过程控制场合。西门子 S7-400 系列、罗克韦尔 SLC5/05 等系列 PLC 属于大型机，适用于大规模生产线设备网络化生产过程自动化控制和过程监控系统等。

PLC 按功能分为低档机、中档机及高档机。

（二）PLC 系统组成及工作原理

PLC 主要由硬件系统和软件系统组成，它与计算机有类似的系统结构和工作原理。

1. PLC 硬件系统基本组成

PLC 硬件系统由中央处理单元（CPU）、存储器（RAM、ROM）、输入输出单元（I/O 接口）、电源（开关式稳压电源）4 部分组成，其硬件系统组成如图 1-50 所示。

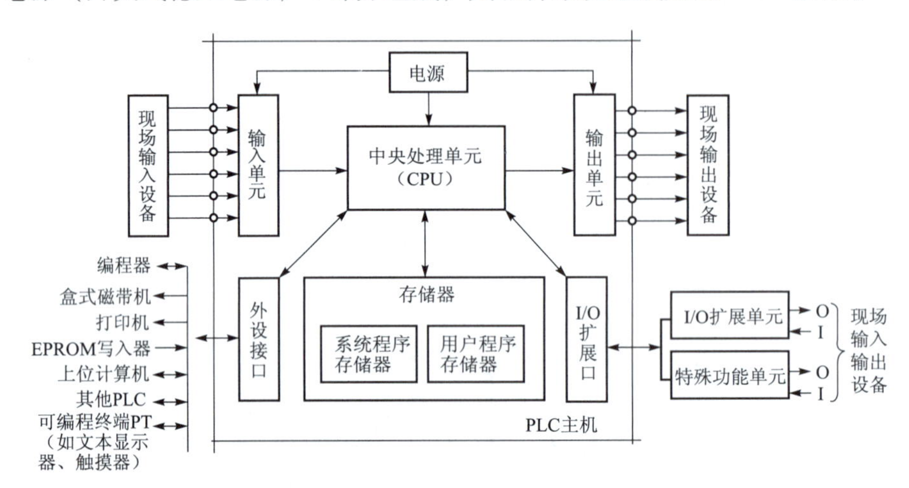

图 1-50　PLC 最小硬件系统组成框图

2. PLC 硬件系统各部分的功能

1）中央处理单元（CPU）

CPU 是 PLC 的核心部件。小型 PLC 多用 8 位微处理器或单片机，中型 PLC 多用 16 位微处理器或单片机，大型 PLC 多用 32 位微处理器或单片机。

CPU 是 PLC 控制系统的运算及控制中心，它按照 PLC 的系统程序所赋予的功能完成以下任务：

（1）控制从编程器输入的用户程序和数据的接收与存储。

（2）诊断电源、PLC 内部电路的工作故障和编程中的语法错误。

（3）用扫描的方式接收输入设备开关量信号和模拟量信号。

（4）执行用户程序，输出控制信号。

（5）与外部设备或计算机通信。

2）存储器（RAM、ROM）

PLC 的存储器有系统存储器和用户存储器两大类。存储器用来储存系统程序、用户程序与数据。

（1）系统存储器。PLC 中系统存储器使用可擦写只读存储器 EPROM，用于存放系统程序。

（2）用户存储器。用户存储器通常由用户程序存储器和功能存储器组成。

① 用户程序存储器。用户程序存储器一般用随机存储器 RAM，存放用户程序。用户程序调试好以后可固化在可擦写只读存储器 EPROM 或电可擦写只读存储器 E^2PROM 中。

② 功能存储器。功能存储器用随机存储器 RAM，存放 PLC 运行中的各种数据，如 I/O 状态、定时值、计数值、模拟量和各种状态标志的数据。

3）电源

PLC 配有开关式稳压电源，对 PLC 内部硬件系统进行供电。与普通电源相比，这种电源输入电压范围宽、稳定性好、抗干扰能力强、体积小、重量轻。有些机型还可向外提供 24 V DC 的稳压电源，用于对外部传感器供电。这就避免了由于电源污染或使用不合格电源产品引起的故障，使 PLC 系统的可靠性大大提高。

4）通信接口

通信接口是 PLC 与外界进行交换信息和写入程序的通道，S7-200 系列 PLC 的通信接口类型采用的是 RS-485。

5）输入接口

输入接口用来完成输入信号的引入、滤波及电平转换。输入接口电路的主要器件是光耦合器。光耦合器可进行高低电平（24 V/5 V）转换，提高 PLC 的抗干扰能力和安全性能。

6）输出端口

PLC 的输出端口有继电器输出、晶体管输出和晶闸管输出 3 种形式，如图 1-51 所示。

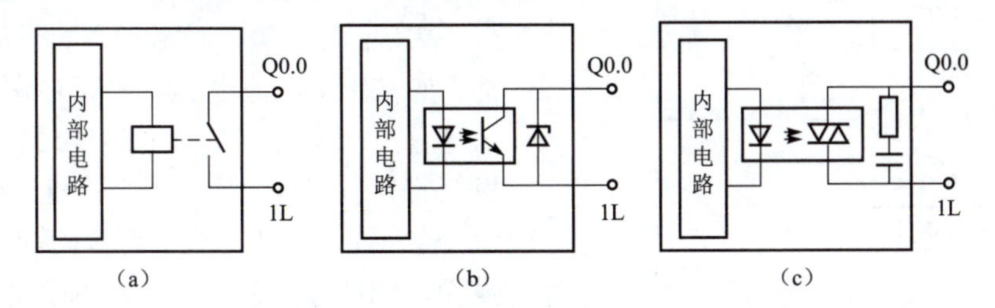

图 1-51　PLC 输出接口电路

（a）继电器输出；（b）晶体管输出；（c）晶闸管输出

输出接口电路的技术指标如表 1-4 所示。

表 1-4　输出接口电路的技术指标

项　目		继电器输出	晶体管输出	晶闸管输出
负载电源最大范围		5~250 V AC	20.4~28.8 V DC	40~264 V AC
额定负载电源		220 V AC，24 V DC	24 V DC	120/230 V AC
电路绝缘		机械绝缘	光电耦合绝缘	光电耦合绝缘
负载电流（最大）		2 A/点 10 A/公共点	0.75 A/点 6 A/公共点	0.5 A/点 0.5 A/公共点
响应时间	断→通	约 10 ms	2 μs（Q0.0，Q0.1） 15 μs（其他）	0.2 ms+1/2 AC 周期
	通→断	约 10 ms	10 μs（Q0.0，Q0.1） 130 μs（其他）	0.2 ms+1/2 AC 周期
脉冲频率（最大）		1 Hz	20 Hz	

3. PLC 的工作原理

PLC 的工作原理与计算机的工作原理基本上是一致的，可以简单地表述为在系统程序的管理下，通过运行应用程序完成用户所规定的任务。具体地讲，PLC 工作的全过程运行框图

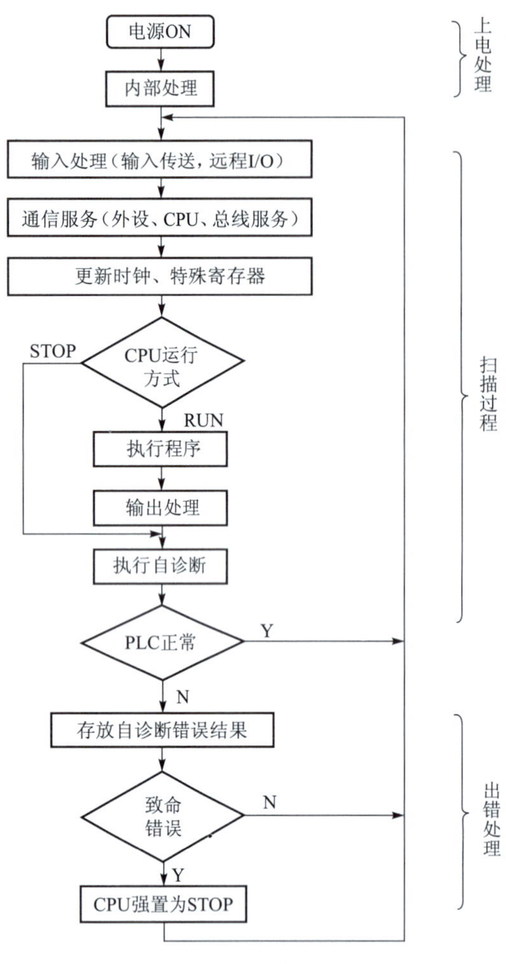

图 1-52　PLC 工作全过程运行框图

如图 1-52 所示，整个运行可分为 3 部分：

第一部分是上电处理。机器上电后对 PLC 系统进行一次初始化工作，包括硬件初始化、I/O 模块配置检查、停电保持范围设定及其他初始化处理等。

第二部分是扫描过程。PLC 上电处理完成后进入扫描工作过程。先完成输入处理，其次完成与其他外设的通信处理，再次进行时钟、特殊寄存器的更新。当 CPU 处于 STOP 方式时，转入执行自诊断检查。当 CPU 处于 RUN 方式时，还要完成用户程序的执行和输出处理，再转入执行自诊断检查。

第三部分是出错处理。PLC 每扫描一次，执行一次自诊断检查，确定 PLC 自身的动作是否正常，如 CPU、电池电压、程序存储器、I/O、通信等是否异常或出错，当检查出异常时，CPU 面板上的 LED 及异常继电器会接通，在特殊寄存器中会存入出错代码。当出现致命错误时，CPU 被强置为 STOP 方式，所有的扫描停止。

当 PLC 投入运行后，其工作过程一般分为 3 个阶段，即输入采样、程序执行和输出刷新 3 个阶段，如图 1-53 所示。在整个运行期间，PLC 的 CPU 以一定的扫描速度重复执行上述 3 个阶段。

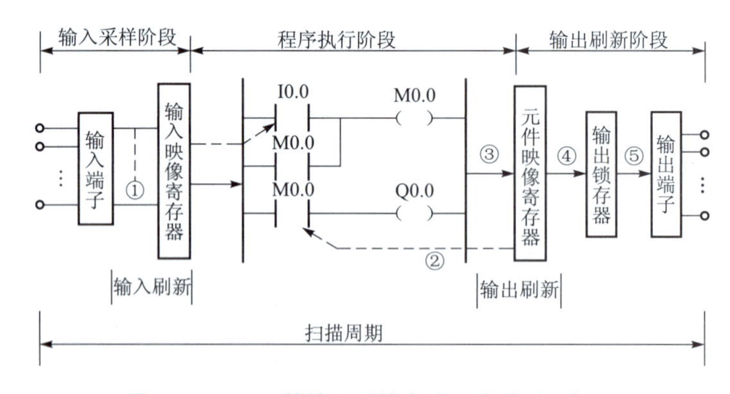

图 1-53　PLC 从输入到输出信号传递过程框图

1）输入采样阶段

PLC 在输入采样阶段，首先扫描所有输入端子，并将各输入状态存入内存中各对应的输入映像寄存器中。此时，输入映像寄存器被刷新。接着，进入程序执行阶段，在程序执行阶段或输出阶段，输入映像寄存器与外界隔离，无论输入信号如何变化，其内容保持不变，直

到下一个扫描周期的输入采样阶段，才重新写入输入端的新内容。

2）程序执行阶段

根据 PLC 梯形图程序扫描原则，PLC 按先左后右，先上后下的步序语句逐句扫描。但遇到程序跳转指令，则根据跳转条件是否满足来决定程序的跳转地址。当指令中涉及输入、输出状态时，PLC 就从输入映像寄存器中“读入”上一阶段采入的对应输入端子状态，从输出映像寄存器“读入”对应元件映像寄存器的当前状态。然后，进行相应的运算，运算结果再存入元件映像寄存器中。对元件映像寄存器来说，每一个元件（输出“软继电器”的状态）会随着程序执行过程而变化。

3）输出刷新阶段

在所有指令执行完毕后，输出映像寄存器中所有输出继电器的状态（接通/断开）在输出刷新阶段转存到输出锁存器中，通过一定方式输出，驱动外部负载。

4. PLC 软件系统

PLC 软件系统分为系统软件和应用软件两部分。系统软件主要提供 PLC 系统的运行、编辑、调试、管理、故障诊断和组态系统等功能。应用软件主要是设计人员根据控制系统的工艺控制要求，通过 PLC 编程语言编制的各种应用程序。

对 S7-200 系列 PLC 来说，配套的软件主要有 STEP7-Micro/WIN32 编程软件和 HMI 人机界面组态编程软件 ProTool、WinCC flexible。

应用程序的编制需使用 PLC 生产厂方提供的编程语言，虽然各国 PLC 的编程语言不完全相同，但其发展过程有类似之处，PLC 的编程语言及编程工具差异不大。根据国际电工委员会制定的工业控制编程语言标准（IEC1131-3），一般常见的有以下 5 种编程语言：梯形图（LAD）编程语言、指令表（STL）编程语言、功能块图（FBD）编程语言、顺序功能图（SFC）编程语言和结构文体（ST）编程语言。

1）梯形图（LAD）

梯形图（LAD）编程语言是一种以图形符号及其在图中的相互关系表示控制关系的编程语言，是从继电器控制系统原理图的基础上演变而来的。它的许多图形符号与继电器控制系统电路图有对应关系，如表 1-5 所示。

表 1-5　PLC 图形符号与继电器控制系统电路图对应关系

项　目	物理继电器	PLC 继电器
线圈	—□—	—( )
常开触点	—/—	⊣⊢
常闭触点	—⊥\—	⊣/⊢

PLC 梯形图的一个关键概念是“能流”，是一种假想的“能量流”，引入“能流”概念是为了和继电器—接触器控制系统相比较，告诉人们如何来理解梯形图各输出点的动作，实际上并不存在这种“能流”。内部的继电器也不是实际存在的继电器，应用时需要与原有继电器控制的概念区别对待。

2）指令表（STL）

指令表也叫语句（Statement List），它类似于计算机中的助记符语言，是 PLC 最基础的编程语言。所谓指令表编程，是用一系列的指令表达程序的控制要求。

一条典型指令往往由两部分组成：一部分用来代表 PLC 的某种操作功能的特定字符，如图 1-54 中的“LD”，称为助记符；另一部分为操作数或称为操作数的地址，如“I0.1”。指令与梯形图有一定的对应关系，如图 1-54 所示。

图 1-54 右边是指令表，图中 LD 指令为常开触点与左侧母线相连接，O 指令为常开触点与其他程序段相并联，AN 指令为常闭触点与其他程序段相串联，“=”指令为将运算结果输出到某个继电器，I0.1、I0.2 中 I 为输入继电器，后面数字为编号，Q1.1 中 Q 为输出继电器，后面数字为编号，M0.3 中 M 为内部标志位，也称位存储区，类似于继电器—接触器系统中的中间继电器。

指令表编程的特点是：采用助记符来表示操作功能，具有容易记忆，便于掌握；在手持编程器的键盘上采用助记符表示，便于操作，可在无计算机的场合进行编程设计；与梯形图有一一对应关系等特点。其特点与梯形图语言基本一致。

3）功能块图（FBD）

功能块图是一种类似于数字逻辑电路的编程语言，熟悉数字电路的人比较容易掌握。该编程语言用类似与门或门的方框来表示逻辑运算关系，方框的左侧为逻辑运算的输入变量，右侧为输出变量，信号自左向右流动。就像电路图一样，它们被“导线”连接在一起。在与控制元件之间的信息、数据流动有关的高级应用场合，FBD 是很有用的。图 1-55 所示是一个功能块图编程语言的表达方式。

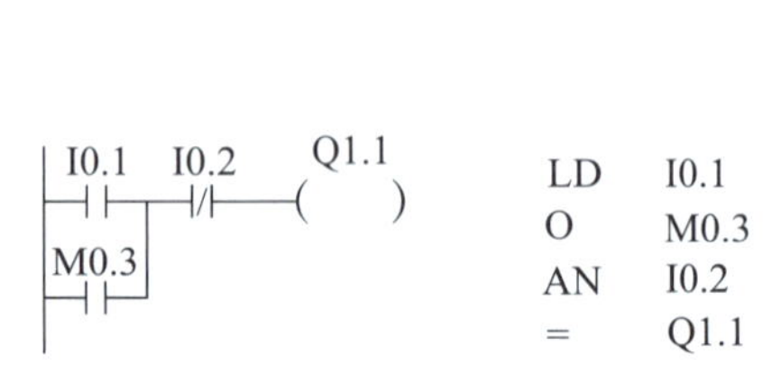

图 1-54　指令表与梯形图对应关系

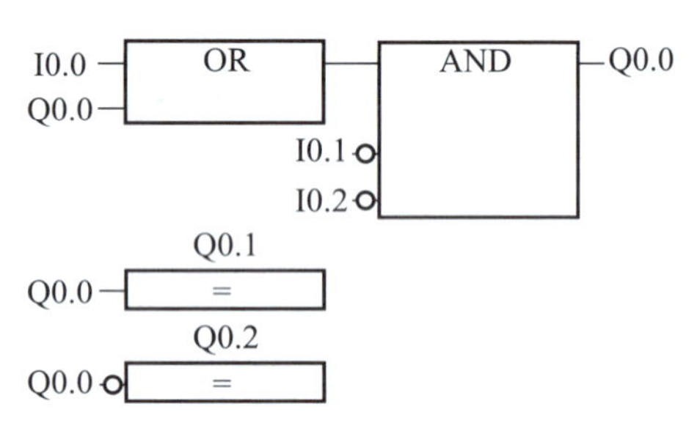

图 1-55　功能模块图

功能块图编程的特点是：以功能模块为单位，分析理解控制方案简单容易；功能模块是用图形的形式表达功能，直观性强，对于具有数字逻辑电路基础的设计人员来说很容易掌握；对规模大、控制逻辑关系复杂的控制系统来说，由于功能模块图能够清楚地表达功能关系，使编程调试时间大大减少。

4）顺序功能图（SFC）

顺序功能图常用来编制顺序控制类程序，它包含步、动作、转换 3 个要素。顺序功能编程法可将一个复杂的控制过程分解为一些小的工作状态，对这些小的工作状态的功能分别处理后再依一定的顺序控制要求连接组合成整体的控制程序。顺序功能图体现了一种编程思想，在程序的编制中有很重要的意义。图 1-56 所示是一个简单的顺序功能编程语言示意图。

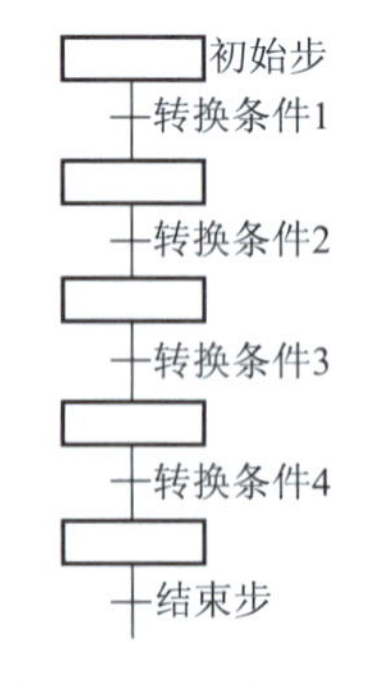

图 1-56　顺序功能编程语言示意图

顺序功能流程图编程的特点：以功能为主线，按照功能流程的顺

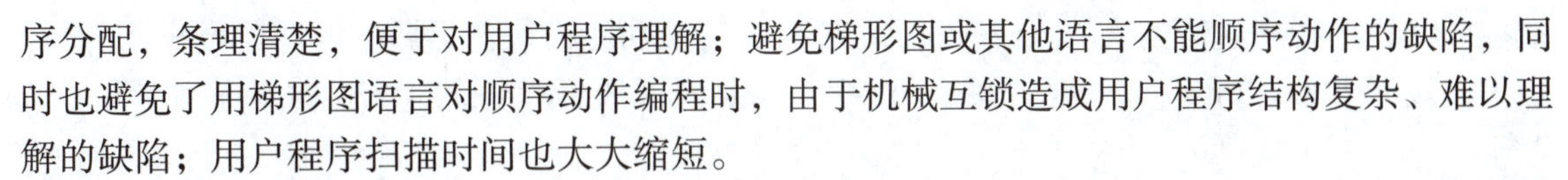

序分配，条理清楚，便于对用户程序理解；避免梯形图或其他语言不能顺序动作的缺陷，同时也避免了用梯形图语言对顺序动作编程时，由于机械互锁造成用户程序结构复杂、难以理解的缺陷；用户程序扫描时间也大大缩短。

5）结构文本（ST）

为了增强 PLC 的数学运算、数据处理、图表显示、报表打印等功能，许多大中型 PLC 都配备了 PASCAL、BASIC、C 等高级编程语言。这种编程方式叫做结构文本。与梯形图相比，结构文本有两大优点：一是能实现复杂的数学运算，二是非常简洁和紧凑，用结构文本编制极其复杂的数学运算程序是相当简洁的。结构文本用来编制逻辑运算程序也很容易。

结构文本编程的特点：采用高级语言进行编程，可以完成较复杂的控制运算；需要有一定的计算机高级语言的知识和编程技巧，对工程设计人员要求较高；直观性和操作性较差。

不同型号的 PLC 编程软件对以上 5 种编程语言的支持种类是不同的，早期的 PLC 仅仅支持梯形图编程语言和指令表编程语言。目前的 PLC 对梯形图、指令表、功能块图编程语言都予以支持，例如，SIMATIC STEP7 MicroWIN V3. 2。

（三）S7-200 系列 PLC

1. S7-200 系列 PLC 系统硬件结构

SIMATIC S7 系列 PLC 家族是西门子公司于 1995 年推出的新一代产品，S7 系列 PLC 分为 S7-200、S7-300 和 S7-400 等小、中、大 3 个子系列。其中 S7-200 系列 PLC 具有紧凑的设计、良好的扩展、低廉的价格等特点，能很好地满足小规模控制系统的要求，适用于不同场合的检测与自动控制，在集散控制系统中能充分发挥强大优势，广泛应用在机床、机械、电力设施、民用设施、环境保护设备等领域。

如图 1-57 所示，S7-200 系列 PLC 系统硬件由主机系统、扩展系统、特殊功能模块、相关设备等组成。各部分基本功能如下。

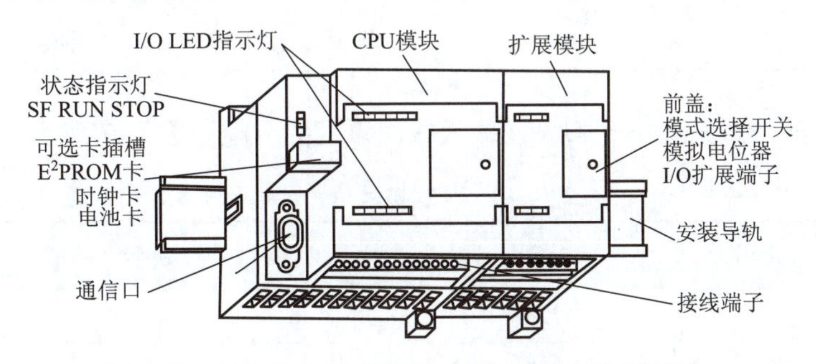

图 1-57　S7-200（CPU22X）系列 PLC 的外形结构

（1）主机系统（主机单元、基本单元或 CPU 模块）：由 CPU、存储器、基本 I/O 点和电源等组成。S7 - 200 CPU22X 系列产品：CPU221 模块、CPU222 模块、CPU224 模块、CPU226 模块和 CUP226XM 模块。

（2）扩展系统（扩展单元、扩展模块）：当主机模块 I/O 基本点数不能满足控制要求时，可带 I/O 扩展模块；S7-200 系列 PLC I/O 扩展模块产品：数字量输入扩展模块 EM221、数字量输出扩展模块 EM222、数字量输入/输出扩展模块 EM223、模拟量输入扩展模块 EM231、模拟量输出扩展模块 EM232 和模拟量输入/输出扩展模块 EM235。

（3）特殊功能模块：当用户需要完成特殊控制任务时，则可增加扩展功能模块，如运

动控制模块、特殊通信模块等。S7-200 系列 PLC 特殊功能模块包括调制解调器模块 EM241、定位模块 EM253、ProfiBus-DP 模块 EM277、以太网模块 CP243 和 AS-i 接口模块 CP243-2 等。

（4）相关设备：主要有编程设备、人机操作界面和网络设备等。S7-200 系列 PLC 人机操作界面 HMI 主要有文本显示器 TD200、TD400，触摸屏 TP170A、TP170B，覆膜键盘显示器 OP170A、OP170B、OP77A、OP77B 等。

从图 1-57 可见，S7-200 系列 PLC 外部结构提供了显示、通信、接口和接线端子排等功能部件。

S7-200 系列 PLC 中可提供 4 种不同的基本型号的 8 种 CPU 供选择使用，其输入输出点数的分配如表 1-6 所示。

表 1-6　S7-200 系列 PLC 中 CPU22X 的基本单元

型　号	输入点	输出点	可带扩展模块数
S7-200CPU221	6	4	—
S7-200CPU222	8	6	2 个扩展模块 128 路数字量 I/O 点或 16 路模拟量 I/O 点
S7-200CPU224	14	10	7 个扩展模块 128 路数字量 I/O 点或 32 路模拟量 I/O 点
S7-200CPU226	24	16	7 个扩展模块 128 路数字量 I/O 点或 32 路模拟量 I/O 点
S7-200CPU226XM	24	16	7 个扩展模块 128 路数字量 I/O 点或 32 路模拟量 I/O 点

S7-200 系列 PLC 扩展单元型号及输入输出点数的分配如表 1-7 所示。

表 1-7　S7-200 系列 PLC 扩展单元型号及输入输出点数

类　型	型　号	输入点	输出点
数字量扩展模块	EM221	8	无
	EM222	无	8
	EM223	4/8/16	4/8/16
模拟量扩展模块	EM231	3	无
	EM232	无	2
	EM235	3	1

2. S7-200 系列 PLC 的主要技术性能

S7-200 系列各主机的主要技术性能指标如表 1-8 所示。

表 1-8　S7-200 系列各主机的主要技术性能指标

性能指标	CPU221	CPU222	CPU224	CPU226
外形尺寸	90×80×62	90×80×62	120.5×80×62	190×80×62
本机数字量 I/O	6 个输入/ 4 个输出	8 个输入/ 6 个输出	14 个输入/ 10 个输出	24 个输入/ 16 个输出
程序空间	2 048 字节	2 048 字节	4 096 字节	4 096 字节
数据空间	1 024 字节	1 024 字节	2 560 字节	2 560 字节
用户存储器类型	E^2PROM	E^2PROM	E^2PROM	E^2PROM
扩展模块数量	不能扩展	2 个模块	7 个模块	7 个模块
数字量 I/O	128 输入/ 128 输出	128 输入/ 128 输出	128 输入/ 128 输出	128 输入/ 128 输出
模拟量 I/O	无	16 输入/ 16 输出	32 输入/ 32 输出	32 输入/ 32 输出
定时器/计数器	256/256	256/256	256/256	256/256
内部继电器	256	256	256	256
布尔指令 执行速度	0.371 μs/指令	0.371 μs/指令	0.371 μs/指令	0.371 μs/指令
通信口数量	1（RS-485）	1（RS-485）	1（RS-485）	1（RS-485）

3. S7-200 系列 PLC 的外部连线端子图

外部连线端子是 PLC 输入、输出及外部电源的连接点，S7-200 系列 PLC 的外部连线端子图基本相同，如图 1-58 所示。

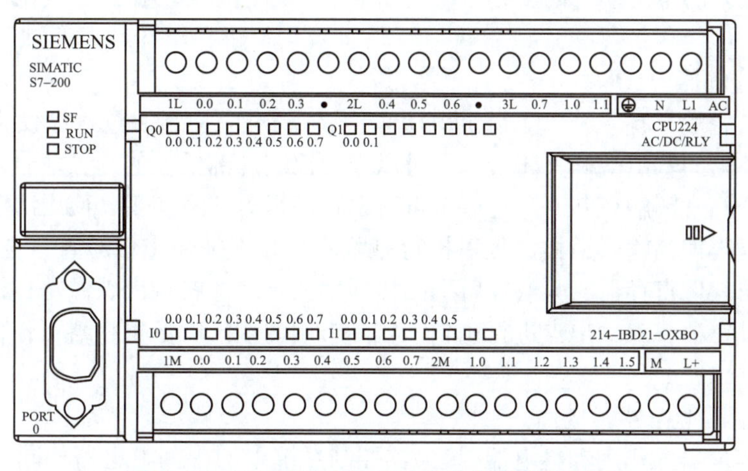

图 1-58　S7-200 系列 PLC 的外部连线端子图

1）底部端子（输入端子及传感器电源）

L+：内部 24 V DC 电源正极，为外部传感器或输入继电器供电。

M：内部 24 V DC 电源负极，接外部传感器负极或输入继电器公共端。

1M、2M：输入继电器的公共端口。

I0.0~I1.5：输入继电器端子，输入信号的接入端。

输入继电器用“I”表示，S7-200 系列 PLC 共 128 位，采用八进制（I0.0~I0.7，I1.0~I1.7，…，I15.0~I15.7）。

2）顶部端子（输出端子及供电电源）

交流电源供电：L1、N、⊥分别表示电源相线、中线和接地线。交流电压为 85~265 V。

直流电源供电：L+、M、⊥分别表示电源正极、电源负极和接地。直流电压为 24 V。

1L、2L、3L：输出继电器的公共端口。接输出端所使用的电源。输出各组之间是互相独立的，这样负载可以使用多个电压系列（如 220 VAC、24 VDC 等）。

Q0.0~Q1.1：输出继电器端子，负载接在该端子与输出端电源之间。

输出继电器用“Q”表示，S7-200 系列 PLC 共 128 位、采用八进制（Q0.0~Q0.7，Q1.0~Q1.7，…，Q15.0~Q15.7）。

4. S7-200 系列 PLC 的内部资源

1）软元件

软元件是 PLC 内部的具有一定功能的器件，这些器件实际上是由电子电路和寄存器及存储器单元等组成，其最大特点是寿命长，可以无限次使用。

下面对几种典型的软元件予以介绍。

（1）输入继电器（I）。

输入继电器一般都有个 PLC 的输入端子与之对应，它用于接收外部的开关信号。当外部的开关信号闭合时，输入继电器的线圈得电，在程序中其常开触点闭合，常闭触点断开。这些触点可以在编程时任意使用，使用次数不受限制。

在每个扫描周期的开始，PLC 对各输入点信号进行采样，并把采样值送到输入映像寄存器，PLC 在接下来的本周期各阶段不再改变输入映像寄存器中的值，直到下一个扫描周期的输入采样阶段。

（2）输出继电器（Q）。

输出继电器一般都有一个 PLC 上的输出端子与之对应。当通过程序使得输出继电器线圈得电时，PLC 上的输出端开关闭合，它可以作为控制外部负载的开关信号。同时在程序中其常开触点闭合，常闭触点断开。这些触点可以在编程时任意使用，使用次数不受限制。

在每个扫描周期的输入采样、程序执行等阶段，并不把输出信号直接送到输出继电器，而只是送到输出映像寄存器，只有在每个扫描周期的末尾才将输出映像寄存器中的结果几乎同时送到输出锁存器，对输出点进行刷新。实际未用的输出映像寄存器可作他用，用法与输入继电器相同。

（3）通用辅助继电器（M）。

通用辅助继电器的作用和继电器-接触器控制系统中的中间继电器相同。它在 PLC 中没有输入/输出端与之对应，因此它的触点不能驱动外部负载。这是与中间继电器的主要区别。

它主要起逻辑控制作用。

（4）特殊继电器（SM）。

有些辅助继电器具有特殊功能或用来存储系统的状态变量、有关的控制参数和信息，称其为特殊继电器。用户可以通过特殊标志来沟通 PLC 与被控对象之间的信息，如可以读取程序运行过程中的设备状态和运算结果信息，利用这些信息实现一定的控制动作。用户也可通过直接设置某些特殊继电器位来使设备实现某种功能。

（5）变量存储器（V）、局部变量存储器（L）。

变量存储器用来存储变量。它可以存放程序执行过程中控制逻辑操作的中间结果，也可以使用变量存储器来保存与工序或任务相关的其他数据。在进行数据处理时，变量存储器会被经常使用。

局部变量存储器用来存放局部变量。局部变量与变量存储器所存储的全局变量十分相似，主要区别在于全局变量是全局有效的，而局部变量是局部有效的。全局有效是指同一个变量可以被任何程序（包括主程序、子程序和中断程序）访问；而局部有效是指变量只和特定的程序相关联。

（6）顺序控制继电器（S）。

有些 PLC 中也把顺序控制继电器称为状态器。顺序控制继电器用在顺序控制或步进控制中。

（7）定时器（T）。

定时器是 PLC 中的重要编程元件，是累计时间增量的内部器件。电气自动控制的大部分领域都需要用定时器进行时间控制，灵活地使用定时器可以编制出具有复杂动作的控制程序。

定时器的工作过程与继电器—接触器控制系统的时间继电器基本相同，但它没有瞬动触点。使用时要提前输入时间预设值。当定时器的输入条件满足时开始计时，当前值从 0 开始按一定的时间单位增加；当定时器的当前值达到预设值时，定时器触点动作，利用定时器的触点就可以得到控制所需的延时时间。

（8）计数器（C）、高速计数器（HC）。

计数器用来累计输入脉冲的个数，经常用来对产品进行计数或进行特定功能的编程。使用时要提前输入它的设定值（计数的个数）。当输入触发条件满足时，计数器开始累计它的输入脉冲电位上升沿（正跳变）的个数；当计数器计数达到预定的设定值时，其常开触点闭合，常闭触点断开。

高速计数器的工作原理与普通计数器基本相同，它用来累计比主机扫描速率更快的高速脉冲。高速计数器的当前值是一个双字长（32 位）的整数，且为只读值。高速计数器的数量很少。编址时只用名称 HC 和编号，如 HC2。

（9）模拟量输入映像寄存器（AI）、模拟量输出映像寄存器（AQ）。

模拟量输入电路用以实现模拟量/数字量（A/D）之间的转换，而模拟量输出电路用以实现数字量/模拟量（D/A）之间的转换。

PLC 对这两种寄存器的存取方式是不同的，模拟量输入寄存器只能进行读取操作，而模拟量输出寄存器只能进行写入操作。

（10）累加器（AC）。

S7-200 系列 PLC 提供 4 个 32 位累加器，分别为 AC0、AC1、AC2、AC3。累加器

（AC）是用来暂存数据的寄存器。它可以用来存放数据，如运算数据、中间数据和结果数据，也可用来向子程序传递参数，或从子程序返回参数。使用时只表示出累加器的地址编号，如 AC0。累加器可进行读、写两种操作。累加器的可用长度为 32 位，数据长度可以是字节、字或双字，但实际应用时，数据长度取决于进出累加器的数据类型。

2）S7-200 系列 PLC 的指令系统

（1）基本指令。

S7-200 系列的基本逻辑指令如表 1-9 所示。

表 1-9　S7-200 系列的基本逻辑指令

指令名称	指令符	功　　能	操作数
装载指令	LD bit	对应梯形图从左侧母线开始，连接动合触点	Bit： I，Q，M，SM， T，C，V，S
装载指令	LDN bit	对应梯形图从左侧母线开始，连接动断触点	
与操作指令	A bit	用于动合触点的串联	
与非操作指令	AN bit	用于动断触点的串联	
或操作指令	O bit	用于动合触点的并联	
或非操作指令	ON bit	用于动断触点的并联	
电路块与指令	ALD	将梯形图中以 LD 起始的电路块与另一以 LD 起始的电路串联起来	无
电路块或指令	OLD	将梯形图中以 LD 起始的电路块和另一以 LD 起始的电路块并联起来	
线圈驱动指令	= bit	线圈输出	Bit： Q，M，SM， T，C，V，S
置位指令	S bit，N	置继电器状态为接通	Bit： Q，M，SM， V，S
复位指令	R bit，N	使继电器复位为断开	

上述基本指令分别用语句表和梯形图介绍如下。

LD、LDN、=指令梯形图及语句表如图 1-59 所示。

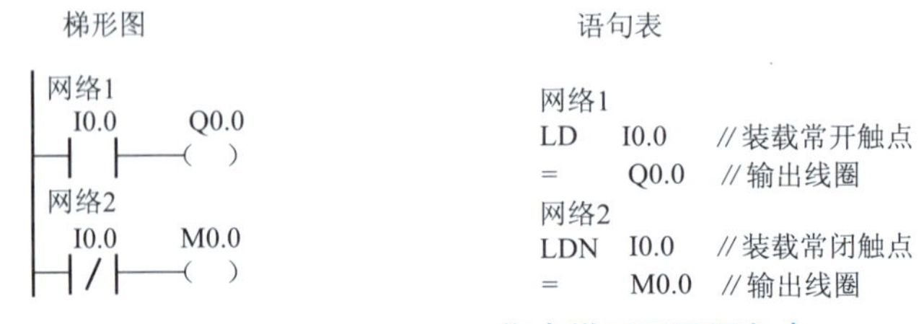

图 1-59　LD、LDN、= 指令梯形图及语句表

A、AN 指令梯形图及语句表如图 1-60 所示。

O、ON 指令梯形图及语句表如图 1-61 所示。

OLD 指令梯形图及语句表如图 1-62 所示。

ALD 指令梯形图及语句表如图 1-63 所示。

S、R 指令梯形图及语句表如图 1-64 所示。

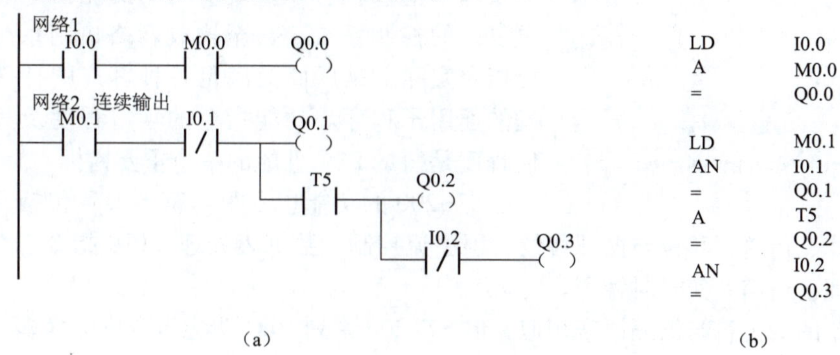

图 1-60　A、AN 指令梯形图及语句表

（a）梯形图；（b）语句表

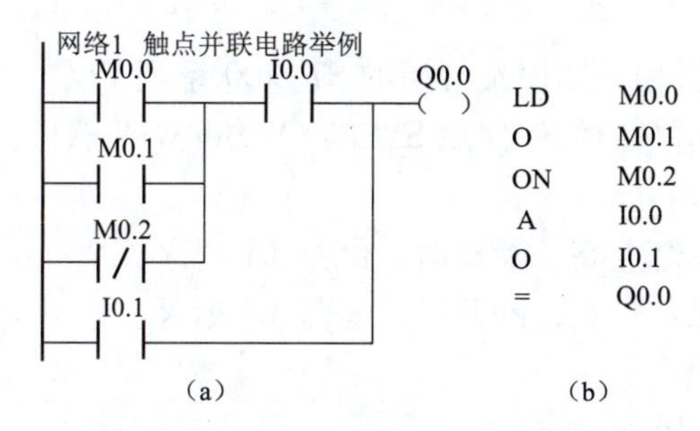

图 1-61　O、ON 指令梯形图及语句表

（a）梯形图；（b）语句表

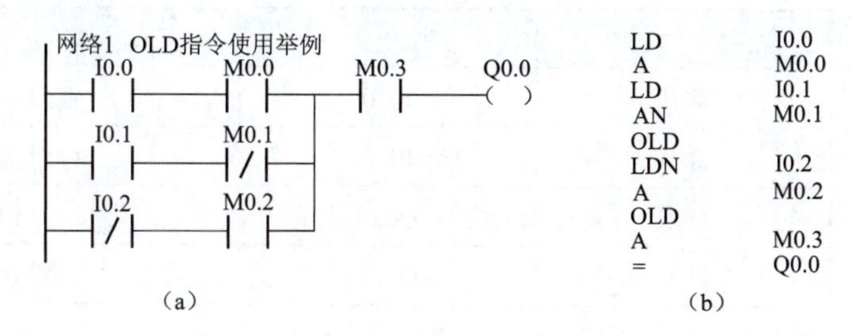

图 1-62　OLD 指令梯形图及语句表

（a）梯形图；（b）语句表

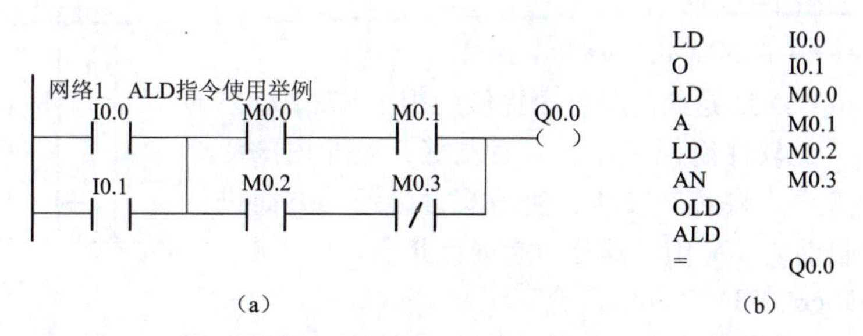

图 1-63　ALD 指令梯形图及语句表

（a）梯形图；（b）语句表

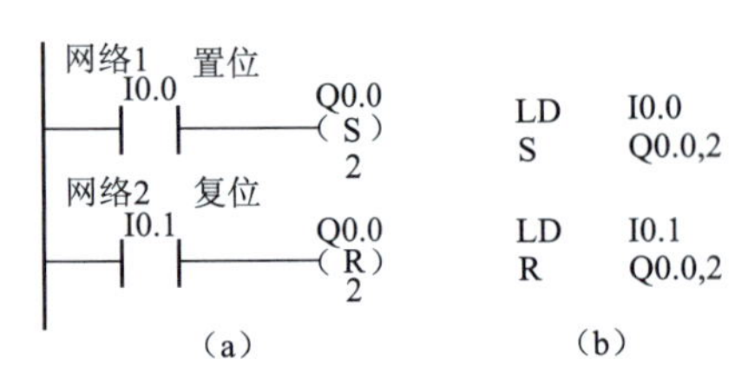

图 1-64 指令梯形图及语句表

（a）梯形图；（b）语句表

（2）功能指令。

一般的逻辑控制系统用软继电器、定时器和计数器及基本指令就可以实现。利用功能指令可以开发出更复杂的控制系统，甚至构成网络控制系统。这些功能指令实际上是厂商为满足各种客户的特殊需要而开发的通用子程序。功能指令的丰富程度及其使用的方便程度是衡量 PLC 性能的一个重要指标。

S7-200 的功能指令很丰富，大致包括几方面：算术与逻辑运算、传送、移位与循环移位、程序流控制、数据表处理、PID 指令、数据格式变换、高速处理、通信及实时时钟等。

功能指令的助记符与汇编语言相似，但 S7-200 系列 PLC 功能指令毕竟太多，一般情况下可不必准确记忆其详尽用法，需要时查阅产品手册即可。

三、应用实施

前一部分介绍了 PLC 的相关知识及常用的 S7-200 系列 PLC，下面将以一个简单彩灯点亮 PLC 控制系统为例，简单介绍如何使用 STEP7-Micro/WIN 软件。

1. 设计要求

按下按钮 SB1，要求红灯点亮，断开时，红灯 L1 熄灭。

按下按钮 SB2，要求绿灯点亮，断开时，绿灯 L2 熄灭。

2. I/O 分配表

I/O 分配表如表 1-10 所示。

表 1-10 I/O 分配表

符号名称	（接点、线圈）形式	I/O 点地址	说　明
SB1	常开	I0. 0	红灯点亮按钮
SB2	常开	I0. 1	绿灯点亮按钮
L1	灯泡	Q0. 0	红色灯泡
L2	灯泡	Q0. 1	绿色灯泡

3. 硬件连线图

硬件连线图如图 1-65 所示。

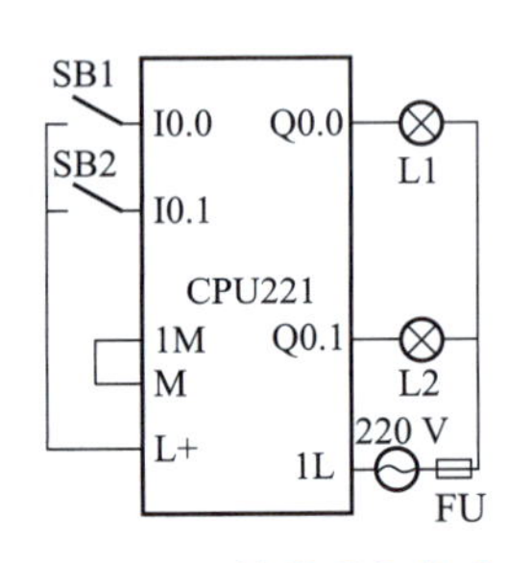

图 1-65 简单彩灯点亮 PLC 控制系统图

4. STEP7-Micro/WIN32 软件的基本操作

STEP7-Micro/WIN32 是西门子公司提供的用于 S7-200 系列 PLC 的编程软件，此软件简便易用、界面友好，被业内广泛应用，在后面的任务中，将对其安装、使用及自诊断等方面进行介绍，在此仅对目前需要应用的部分功能进行介绍。

1）STEP7-Micro/WIN32 功能简介

STEP7-Micro/WIN32 软件主界面如图 1-66 所示，窗口由菜单栏、工具栏及多种不同功能结构模块组成。

图 1-66 STEP7-Micro/WIN32 软件主界面

（1）浏览窗格：显示编程特性的按钮控制群组。

检视：选择该类别，包括程序块、符号表、状态图、数据块、系统块、交叉引用及通信显示按钮控制。

工具：选择该类别，显示指令向导、TD200 向导、位置控制向导、EM 253 控制板和调制解调器扩充向导的按钮控制。

注释：当浏览窗格包含的对象因为当前窗口大小无法显示时，浏览条显示滚动按钮，使用户能向上或向下移动至其他对象。

（2）指令树：提供所有项目对象和为当前程序编辑器（LAD、FBD 或 STL）提供的所有指令的树型视图。

（3）交叉引用：允许使用者检视程序的交叉引用和组件使用信息。

（4）数据块：允许使用者显示和编辑数据块内容。

（5）状态图：允许使用者将程序输入、输出或变量置入图表中，以便追踪其状态。使用者可以建立多个状态图，以便从程序的不同部分检视组件。每个状态图在状态图窗口中有自己的标记。

（6）符号表：全局变量表窗口，允许使用者分配和编辑全局符号（即可在任何 POU 中使用的符号值，不只是建立符号的 POU）。使用者可以建立多个符号表。可在项目中增加一个 S7-200 系统符号预定义表。

（7）输出窗口：在使用者编译程序时提供信息。当输出窗口列出程序错误时，可双击错误信息，会在程序编辑器窗口中显示对应的网络。

（8）状态条：提供使用者在 STEP 7-Micro/WIN32 中操作时的操作状态信息。

（9）程序编辑器：包含用于该项目的编辑器（LAD、FBD 或 STL）的局部变量表和程序视图。

（10）局部变量表：包含使用者对局部变量所作的赋值（即子例行程序和中断例行程序

使用的变量）。

2）梯形逻辑编辑器

STEP 7-Micro/WIN32 梯形逻辑（LAD）编辑器允许使用者建立与电气线路图相似的程序，如图 1-67 所示。梯形编程是很多 PLC 程序员和维护人员选用的方法。

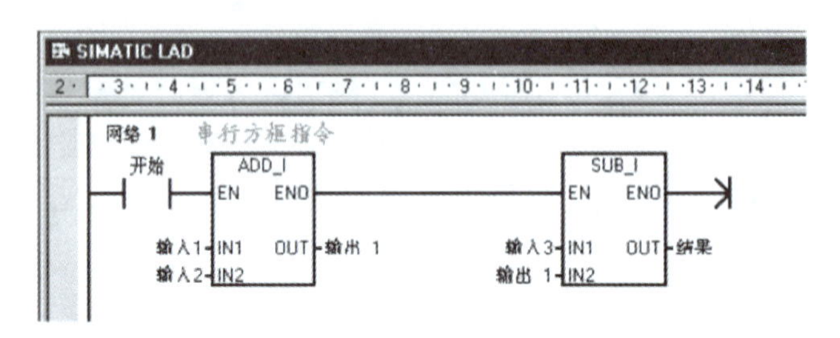

图 1-67　梯形图范例

由图形符号代表的各种指令可知，它包括 3 个基本形式：

（1）接点：代表逻辑输入条件模拟开关、按钮、内部条件等。

（2）线圈：通常代表逻辑输出结果模拟灯、马达启动器、干簧管中继、内部输出条件等。

（3）方框：代表附加指令，如计时器、计数器或数学指令。

3）语句表编辑器

STEP 7-Micro/WIN32 语句表（STL）编辑器允许用输入指令助记符的方法建立控制程序。针对语句表编辑器的应用，给出了语句表与对应的梯形图程序范例，如图 1-68 所示。这种基于文字的概念与汇编语言编程十分相似。CPU 按照程序记录的顺序，从顶部至底部，然后再从头重新开始执行每条指令。STL 和汇编语言在另一种意义上也很相似。

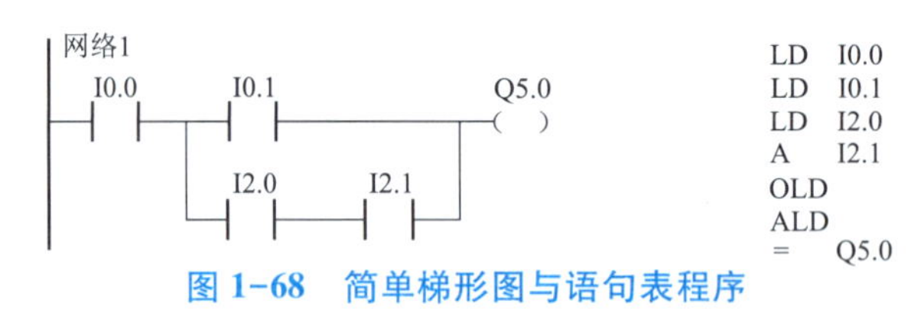

图 1-68　简单梯形图与语句表程序

4）建立通信和下载程序

（1）通信概述。

运行 STEP 7-Micro/WIN32，使用 PC/PPI 电缆连接计算机和 PLC，则只需连接电缆，安装 STEP 7-Micro/WIN32 软件时，在 STEP 7-Micro/WIN32 中为 PC 和 PLC 指定的默认参数即可。建立通信任务按以下步骤进行：

① 在 PLC 和运行 STEP 7-Micro/WIN32 的个人计算机之间连接一条电缆。

② 核实 STEP 7-Micro/WIN32 中的 PLC 类型选项是否与实际类型相符。

③ 如果使用简单的 PC/PPI 连接，可以接受安装 STEP 7-Micro/WIN32 时在“设置 PG/PC 接口”对话框中提供的默认通信协议；否则，在“设置 PG/PC 接口”对话框中为 PC 选择另一个通信协议，并核实参数（站址、波特率等）。

④ 核实系统块的端口标记中的 PLC 配置（站址、波特率等），以及修改和下载更改的系统块。

（2）测试通信网络。

① 在 STEP 7-Micro/WIN32 中，单击浏览窗格中的“通讯”图标，或从菜单选择“检视”>“元件”>“通讯”命令，如图 1-69 所示。

② 在弹出的“通讯”对话框的右侧窗格，双击显示“双击刷新”的蓝色文字，如图 1-70 所示。

如果在网络上的个人计算机与设备之间建立了通信，会显示一个设备列表及其模型类型和站址。

STEP 7-Micro/WIN32 在同一时间仅与一个 PLC 通信，会在 PLC 周围显示一个红色方框，说明该 PLC 目前正在与 STEP 7-Micro/WIN32 通信。使用者可以双击另一个 PLC，更改为与该 PLC 通信。

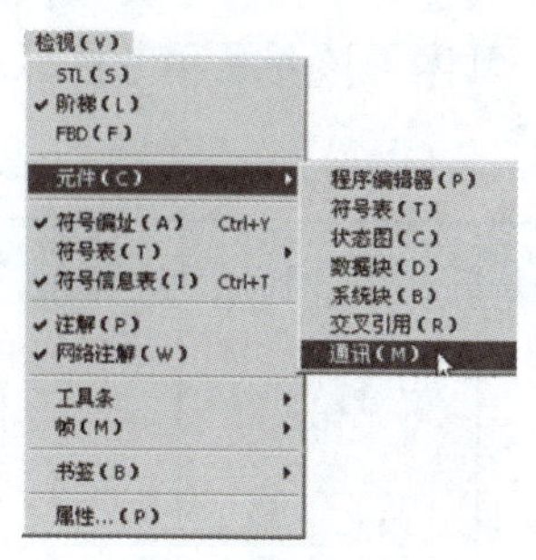

图 1-69　检视菜单

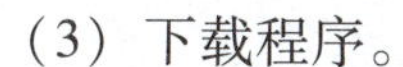

（3）下载程序。

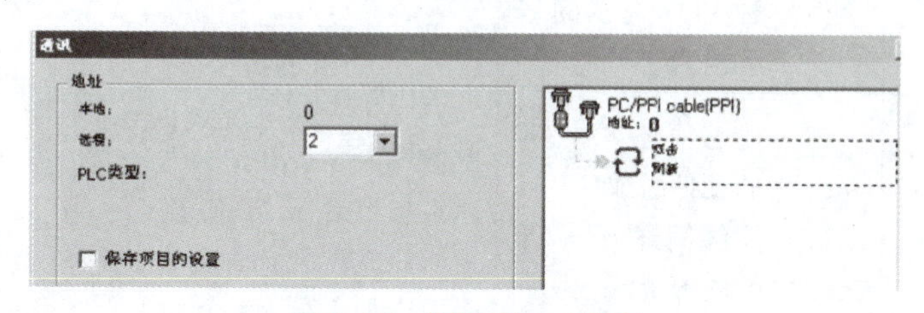

图 1-70　“通讯”对话框

在运行 STEP 7-Micro/WIN32 的 PC 和 PLC 之间建立通信后，可以将程序下载至该 PLC。请遵循下列步骤。

① 下载至 PLC 之前，必须核实 PLC 位于“停止”模式。检查 PLC 上的模式指示灯。如果 PLC 未设为“停止”模式，单击工具条中的“停止”按钮■，或选择“PLC”>“停止”命令。

② 单击工具栏中的“下载”按钮，或选择“文件”>“下载”命令，均会弹出“下载”对话框。

③ 根据默认值，初次发出下载命令时，“程序代码块”“数据块”和“CPU 配置”（系统块）复选框被选中。如果不需要下载某一特定的块，清除该复选框。单击“确定”按钮，开始下载程序。

④ 如果下载成功，会弹出一个确认框并显示以下信息：下载成功。

⑤ 一旦下载成功，在 PLC 中运行程序之前，必须将 PLC 从 STOP（停止）模式转换回 RUN（运行）模式。单击工具条中的“运行”按钮，或选择“PLC”>“运行”命令，转换回 RUN（运行）模式。

5. 使用 STEP7-Micro/WIN32 软件进行 PLC 程序编写

根据图 1-65，编写简单彩灯点亮 PLC 控制系统梯形图和语句表如图 1-71 所示。

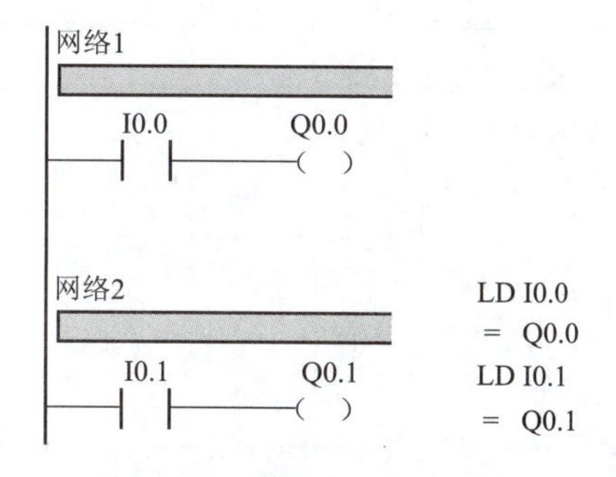

图 1-71　简单彩灯点亮 PLC 控制系统梯形图和语句表

四、操作技能考评

通过对本任务相关知识的了解和应用操作实施，对本任务实际掌握情况进行操作技能考评，具体考核要求和考核标准如表 1-11 所示。

表 1-11　任务操作技能考核要求和考核标准

序号	主要内容	考核要求	评分标准	配分	扣分	得分
1	PLC 基础知识	（1）能够简述 PLC 的基本组成 （2）能够简述 PLC 的工作原理 （3）能够简述出至少 3 种 PLC 基本的编程语言	叙述内容不清、不达重点均不给分，在考核要求（3）中，答出 4 种加 1 分、5 种加 2 分	10		
2	S7-200 基础知识	（1）能够简述 S7-200 的硬件组成 （2）能够简述 S7-200 的内部资源 （3）能够举出两个或以上的基本指令	叙述内容不清、不达重点均不给分，在考核要求（3）中，举出 4 个以内加 1 分、4 个以上加 2 分	10		
3	STEP7-Micro/WIN 软件的基本操作	能够使用 STEP7-Micro/WIN32 进行基本操作	不熟悉窗口各元件作用扣 2 分，控制程序作业过程出错扣 5 分，上载、下载操作出错扣 5 分	20		
4	PLC 接线	正确连接输入/输出端线及电源线	连线错误不给分，连线不够美观扣 5 分	20		
5	PLC 硬件运行	检查连线，并开启 S7-200 PLC 开关，确认其状态处于运行态	步骤错误、PLC 状态错误皆不得分	10		
6	梯形图编写	正确绘制梯形图，并能够顺利下载	梯形图绘制错误不得分，未下载或下载操作错误不给分	20		
7	PLC 程序运行	能够正确完成系统要求，实现按钮控制灯泡点亮	一次未成功扣 2 分，两次未成功扣 5 分，三次以上不给分	10		
备注			指导老师签字 年　　月　　日			

教学小结

1. PLC 硬件结构主要由 CPU、存储器、I/O 接口、通信接口和电源组成，软件系统包括系统程序和用户程序两部分。

2. PLC 是专为工业环境应用而设计制造的计算机，在实际应用时，其硬件要根据实际需要进行配置，其软件要根据用户的控制要求进行设计。

3. PLC 有多种编程语言，可根据需要选用。但最常用的是梯形图、SFC。PLC 编程语言的国际标准是 IEC61131-3。

4. S7-200 系列 PLC 属于小型 PLC，是整体式结构，除 CPU221 外，都可以进行 I/O 和功能模块的扩展。本系列 PLC 在许多方面，如输入/输出、存储系统、高速处理、实时时钟、网络通信等方面，具有自己的独特功能。

5. S7-200 系列 PLC 的编程语言有 3 种，即梯形图 LAD、语句表 STL 和功能块图 FBD。这几种编程语言都有其特点，最常用的是 LAD。功能图在 S7-200 系列 PLC 中不能算是一种独立的编程语言，但使用功能图方法编程会给大家带来极大的方便。

思考与练习

1. PLC 的最小系统由哪几部分组成？简述各部分的作用。
2. PLC 的编程器有哪几种？各有何功能？各用在什么场合？
3. 与继电器控制系统相比，PLC 控制系统有哪些优点？
4. S7-200 系列 PLC 的硬件系统主要由哪些部分组成？
5. S7-200 系列 PLC 中有哪些软元件？

任务三 S7-200 系列 PLC 软、硬件的安装使用

■ 应知点：

1. 了解 S7-200 系列 PLC 软件、硬件的安装使用。
2. 了解 S7-200 系列 PLC 使用注意事项。

■ 应会点：

1. 掌握 S7-200 系列 PLC 硬件安装过程中的注意事项。
2. 掌握 STEP7-Micro/WIN32 的基本操作界面的各项工具栏功能。
3. 掌握使用 STEP7-Micro/WIN32 进行基本的 PLC 梯形图绘制的能力。

一、任务简述

西门子 SIMATIC S7-200 系列小型 PLC（Micro PLC）可应用于各种自动化系统。其紧凑的结构、低廉的价格以及功能强大的指令使得其成为解决各种小型控制任务的理想工具。S7-200 产品的多样化以及基于 Windows 的编程工具，能够让使用者更加灵活地完成各种自动化任务。

S7-200 功能强、体积小，可使用交、直流电源，同时机内还设有 24 VDC 内置电源。

为了便于用户使用，西门子公司为 S7-200 系列 PLC 提供了良好的设计、编程和调试环境，这个环境就是 STEP7-Micro/WIN32 编程软件。

二、相关知识

（一）S7-200 硬件的安装

S7-200 装置的设计便于安装，可以使用安装孔将模块安装在面板上，也可以使用内装夹片将模块安装在标准（DIN）导轨上，S7-200 装置可以横放，也可以竖放。S7-200 的安装如图 1-72 所示。

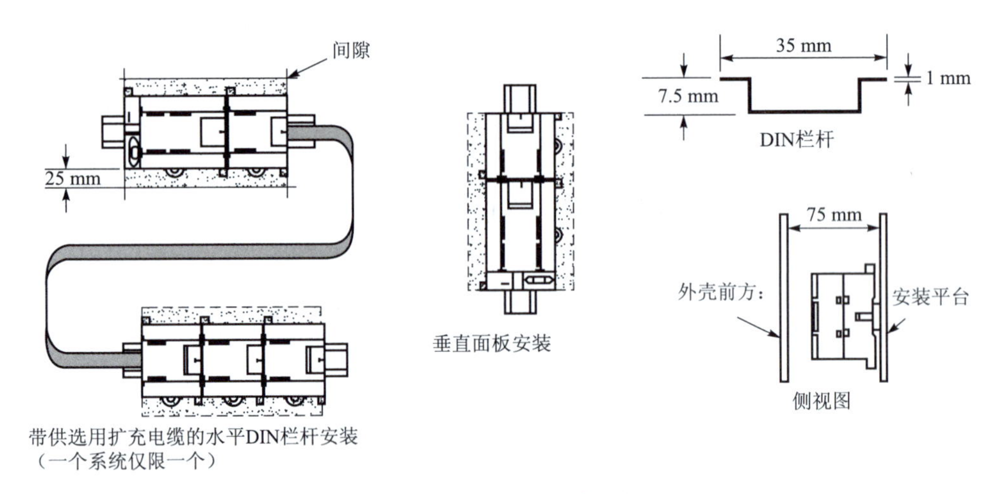

图 1-72　S7-200 的安装示意图

1. 安装注意事项

（1）严禁 S7-200 系列 PLC 与高温、高压和高噪声的设备安装在一起，在控制柜中安装布置 S7-200 系列 PLC 时，避免将高、低压信号线和通信电缆与高能快速切换直流电线放在同一个线槽内。

（2）提供适当的冷却和布线空间。S7-200 系列 PLC 的设计适用于自然对流冷却。为了达到适当的冷却目的，在安装时必须在其上方和下方至少留出 25 mm 的空间，至少留出 75 mm 的深度。在对 S7-200 系列 PLC 系统布局时，布线和通信电缆连接必须留出足够的空间。为了获得配置 S7-200 系列 PLC 系统布局的更大的灵活性，可以使用 I/O 扩展电缆。

2. 电源配置

S7-200 系列 PLC 都配有一个专用的电源模块，用于为 CPU、扩展模块和其他 24 VDC

用户供电。CPU 提供系统中任何扩展所需的 5 VDC 逻辑电源，如果配置要求超出 CPU 提供的电源范围，则必须移除一个模块，或选择一个功能更大的 CPU。CPU 还提供一个 24 VDC 电源向传感器供电，可为输入点、扩展模块上的中继线圈电源或其他要求提供 24 VDC。如果供给传感器电源不足时，则必须在系统中增加一个外接 24 VDC 电源模块，并不得与 CPU 传感器电源并联。为了确保不受电气噪声的影响，一般将不同电源的公共地线连接在一起。

3. 安装尺寸

S7-200 CPU 和扩展模块在面板上安装的安装孔尺寸如图 1-73 和表 1-12 所示。

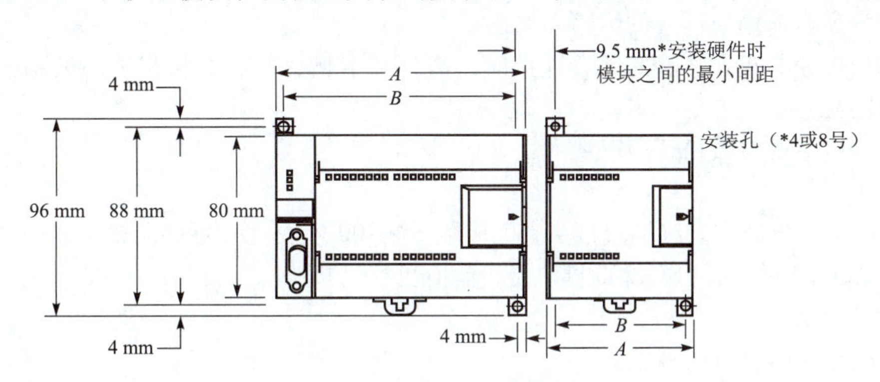

图 1-73　S7-200 模块安装示意图

表 1-12　S7-200 模块参考尺寸

S7-200 模块	宽度 A/mm	宽度 B/mm
CPU 221 和 CPU 222	90	82
CPU 224	120. 5	112. 5
CPU 226 和 CPU 226XM	196	188
扩展模块：8 针直流电和中继 I/O（8I、8Q 和 4I/4Q）	46	38
扩展模块：16 针数字 I/O（8I/8Q）、模拟 I/O（4AI、4AI/1AQ、2AQ）、RTD、热电偶、ProfiBus、AS 接口、8 针交流电（8I 和 8Q）、位置和调制解调器	71. 2	63. 2
扩展模块：32 点数字 I/O（16I/16Q）	137. 3	129. 3

4. 安装步骤

（1）安装 CPU 或扩展模块，需遵循以下步骤。

① 面板安装。

a. 使用表 1-12 中的尺寸，定位、钻孔和轻敲安装孔。

b. 用适当的螺钉将模块固定在面板上。

c. 使用扩展模块时，需将扩展模块带状电缆与扩展端口接头连接。

② DIN 横杆安装。

a. 每隔 75 mm 将横杆固定在安装面板上。

b. 打开 DIN 夹片（位于模块底部），并将模块背面扣在 DIN 横杆上。

c. 使用扩展模块时，需将扩展模块带状电缆与扩展端口接头连接。

d. 将模块向下旋转至 DIN 横杆位置，将夹片关闭。请仔细检查夹片是否夹紧，模块是否安全地固定在横杆上。为了避免损坏模块，按安装孔的标记，而不要直接按模块前侧。

如果 S7-200 位于的环境带有高振荡电位或者 S7-200 沿垂直方向安装，使用 DIN 横杆安装比较方便。

如果系统位于高振荡环境，则面板安装 S7-200 会提供较高的振荡保护水平。

（2）取出 CPU 或扩展模块，遵循以下步骤。

① 断开 S7-200 电源。

② 断开所有与模块连接的线路和电缆。

③ 扩展模块与正在移除的装置连接时，需打开卡槽盖门，并从相邻的模块上断开扩展模块带状电缆连接。

④ 松开安装螺钉或松开 DIN 夹片。

⑤ 取出模块。

（3）取出和重新安装终端块接头，大多数 S7-200 模块配有可移动接头，便于安装和替换模块。先确定所使用的 S7-200 模块是否配有可移动接头。

① 取出接头。

a. 打开接头门，可接触接头。

b. 在接头中部的槽口中插入一把小旋具。

c. 将旋具朝与 S7-200 外壳相反的方向旋转，取出终端接头，如图 1-74 所示。

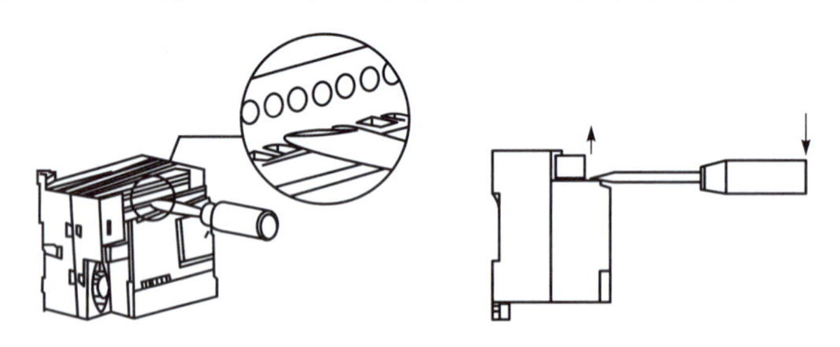

图 1-74　取出终端接头

② 重新安装接头。

a. 打开接头门。

b. 将接头与装置上的针对齐，并将接头底座轮圈中的接头布线边缘对齐。

c. 用力向下按，旋转接头，直至听到“咔嚓”一声就位。请仔细检查，核实接头已适当对齐，并完全就位。

5. 接地和布线

所有电气装置应当接地和合理布线，这样不仅对确保系统的最佳操作十分重要，还能为应用程序和 S7-200 提供附加电气噪声保护。

（1）安装要求。在电气设备接地或安装布线之前，需关闭电源。在为 S7-200 和相关装置布线时，务必遵循所有的电气安装标准，进行安装和操作。

（2）绝缘标准。S7-200 系列 PLC 只能在 1 200 VAC 以下线路工作，按照国际电气安全标准，一般有双倍安全绝缘保障措施，并满足 SELV、PELV、二类或有限电压的输出等标准等级。

（3）S7-200 接地。S7-200 及其相关装置的所有交流电公共导线的接地应接在同一个公共地线上，所有的直流电公共导线的接地应接在同一个公共地线上。所有的地线截面积不小于 2.5 mm^2，长度不宜太长。

（4）S7-200 布线。S7-200 设计布线时，应有一个专门的低压断路器作为供电开关，要设置防磁干扰和雷电浪涌抑制、过载、短路、欠过压等保护措施。PLC 的控制信号线与其他的所有交流线分槽敷设。应采取屏蔽措施，线路敷设整齐，线码号清晰。

（二）STEP 7-Micro/WIN32 软件的安装

1. 编程软件系统概述

STEP 7-Micro/WIN32 编程软件是西门子 S7-200 用户不可缺少的开发工具。具有编程简单、易学、高效，扩展功能强大，能够解决复杂的自动化问题，中国用户可在全汉化的界面下进行操作，使用起来极为方便。

2. 系统要求

操作系统：Windows 98、Windows ME、Windows 2000、Windows XP。

计算机及配置：IBM486 以上兼容机，内存 8 MB 以上，VGA 显示器，至少 50 MB 以上硬盘空间，Windows 支持的鼠标。

通信电缆：PC/PPI 电缆（或使用一个通信处理器卡），用于 PLC 和 PC（编程器）的连接。

若要运行 STEP 7-Micro/WIN32 以太网通信，系统还必须安装以下装置：

（1）网络卡（要求制造商安装磁盘）。

（2）TCP/IP 协议（要求 Windows95 安装磁盘）。

（3）Winsock2（该文件可从以下互联网网址下载）：

http：//qqq. microsoft. com/windows95/downloads/contents/WUAdminTools/S-QUNetworkingTools/W955Sockets2/Default. asp。

3. 软件安装

STEP 7-Micro/WIN32 编程软件安装与一般软件的安装大体差不多，一般有以下步骤。

（1）将 STEP 7-Micro/WIN32 安装光盘放入 CD-ROM 驱动器，系统自动进入安装向导。一般安装到 90%左右会变得很慢，这是正常的，只需等待即可。同时会跳出几个设置界面，直接单击“确定”按钮。等待它安装完成，选择重启或不重启都可。单击“确定”按钮后完成安装。

（2）如果安装程序没有自动启动，可在 CD-ROM 的光盘目录的/STEP 7 DISKI/setup. exe 找到安装程序。

（3）在安装目录里双击 setup. exe，进入安装向导。

（4）在安装向导的提示下完成软件的安装。

4. 对于安装不成功强行退出后无法安装的处理办法

STEP 7-Micro/WIN32 的安装过程因为意外中止，造成不能卸载，也不能再次安装。出现这种情况，可按以下步骤处理。

（1）单击 Windows 任务栏的“开始”按钮，选择“运行”命令。

（2）在文本框中输入 regedit，并单击“确定”按钮打开“注册表编辑器”。

（3）备份当前注册表。可以在注册表编辑器中选择“My Computer”，使用菜单命令

“文件” > “导出…” 保存注册表数据。

（4）打开注册表目录 HKEY_LOCAL_MACHINE \ Software \ Microsoft \ Windows \ CurrentVersion \ Uninstall。

（5）选中目录中的 Uninstall 文件，通过菜单命令“编辑” > “查找...” 打开“查找”对话框。

（6）输入查找项 STEP 7-Micro/WIN32。

（7）单击“查找”按钮开始搜索。

（8）找到相应的注册表项并删除键值，选择 STEP 7-Micro/WIN32 适当版本的 DisplayName 键值删除。如果在进行此项操作之前，已经对注册表进行了错误的操作，则可能需要把注册表中所有与 Micro/WIN32 相关的键值全部删除。如果此方法不能解决问题，建议重新安装 Windows 操作系统。

5. 硬件连接

目前 S7-200 及以上 PLC 的应用大多采用 PC/PPI 的电缆建立计算机与 PLC 之间的通信。单台 PLC 与 PC 的连接或通信，只需要一根 PC/PPI 电缆。把 PC/PPI 电缆的 PC 端连接到计算机的 RS-232 通信口（一般是 COM1），另一端连接到 PLC 的 RS-485 通信口即可。

6. 建立在线联系

前几步都顺利完成后，就可以建立与西门子 S7-200 CPU 的在线联系，步骤如下。

（1）在 STEP 7-Micro/WIN32 下，单击通信图标，或从“视图（View）”菜单中选择“通信”命令，则会出现一个“通信建立”结果对话框，显示是否连接了 CPU 主机。

（2）双击“通信建立”对话框中的刷新图标，STEP 7-Micro/WIN32 将检查所连接的所有 S7-200 CPU 站，并为每个站建立一个 CPU 图标。

（3）双击要进行通信的站，在“通信建立”对话框中可以显示所选的通信参数，此时可以建立与 S7-200 CPU 主机的在线联系，如主机组态、上装和下装用户程序等。

（三）S7-200 编程环境

1. STEP 7-Micro/WIN32 窗口组件

STEP 7-Micro/WIN32 窗口组件包括浏览条、指令树、交叉引用、数据块、局部变量表、程序编辑器窗口、输出窗口、状态条等，这些在本项目任务二中已介绍过，此处就略过。

2. 菜单栏

菜单栏内含了 S7-200 的全部命令项，并允许使用光标或键击执行操作，如图 1-75 所示。只需单击菜单栏中的相应子菜单项，就可以打开子菜单。

图 1-75　菜单栏

3. 工具栏

工具栏可以分为标准工具栏、调试工具栏、梯形图指令工具栏、功能块图指令工具栏和语句表指令工具栏。

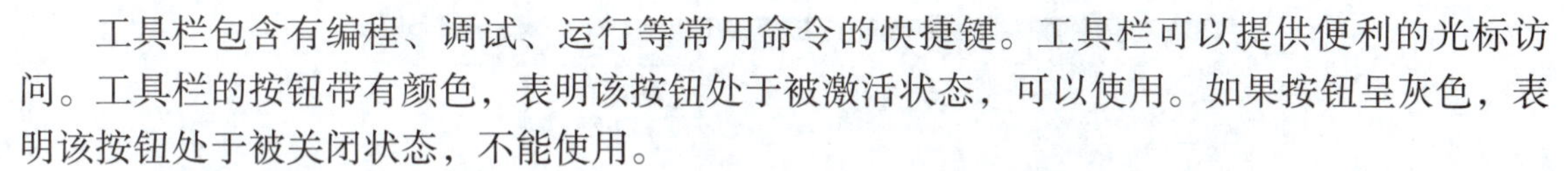

工具栏包含有编程、调试、运行等常用命令的快捷键。工具栏可以提供便利的光标访问。工具栏的按钮带有颜色，表明该按钮处于被激活状态，可以使用。如果按钮呈灰色，表明该按钮处于被关闭状态，不能使用。

4. 程序编辑器

程序编辑器窗口包含了编辑器的局部变量表和程序视图（梯形图、功能块图、语句表）。可以拖动分割条，展开程序视图并覆盖局部变量表。用户在主程序之外创造子程序或中断程序，制表符在程序编辑器窗口的底端出现。可在制表符上单击，从而在子程序、中断程序以及主程序之间移动。

三、应用实施

以上学习了 S7-200 的硬件及软件安装与使用，下面将通过简单的基本指令（LD、LDN）实验来练习编译调试软件的使用。

1. 硬件连接

用下载电缆将 PC 串口与 S7-200 CPU226 主机的 PORT1 端口连好，然后对实验箱通电，并打开 24 V 电源开关。主机和 24 V 电源的指示灯亮，表示工作正常，可进入下一步实验。

2. 启动编程软件

连接好电缆后，启动计算机，双击桌面的 STEP7-Micro/WIN32 编程软件图标，打开 STEP7-Micro/WIN32 主界面，如图 1-76 所示。

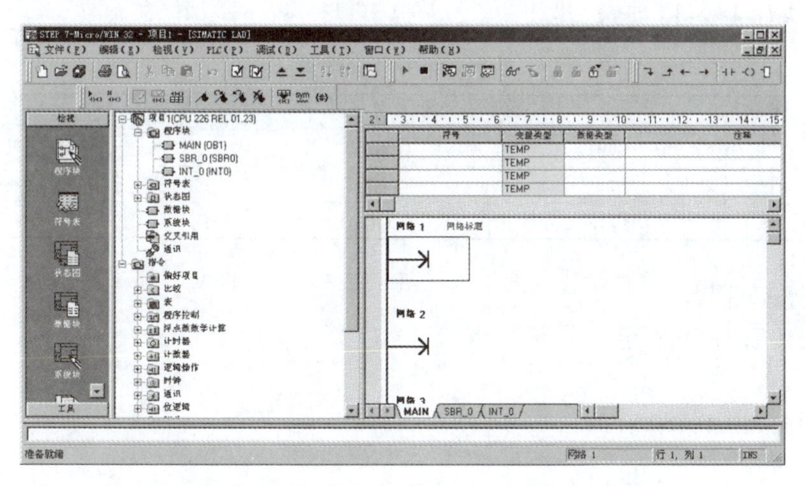

图 1-76　STEP7-Micro/WIN32 编程软件的主界面

3. 检查通信

为了后续实验的正常进行，需先对通信进行检测。以在工具栏上单击“通信”按钮或主界面浏览窗格上单击“通信”选项，弹出如图 1-77 所示的“通信”对话框。在“双击刷新”位置上双击，执行刷新操作，出现显示 PLC 类型和地址的画面则表示通信正常。如出现如图 1-78 所示的对话框，则表示通信失败。

若通信失败则应检查计算机的串口地址设置是否正确。检查步骤如下：在图的“PC/PPI cable（PPI）”上双击，会显示出通信参数设置对话框。在通信参数设置对话框中，单击“属

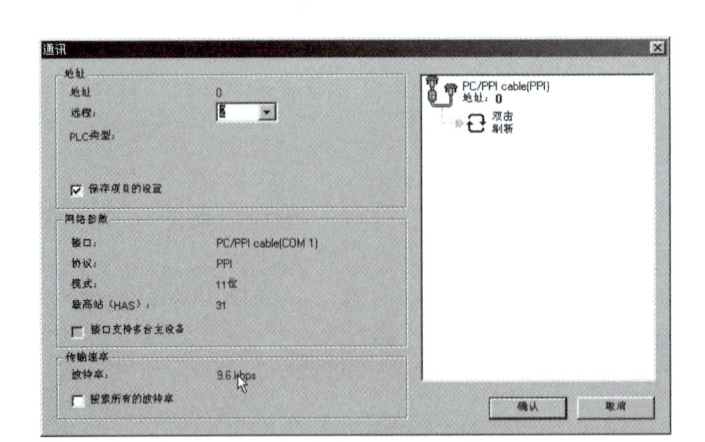

图 1-77　通信测试界面

性（Properties）”按钮，会进入参数设置。在此处需要检查计算机串口地址是否正确，波特率是否正确，PLC 通信口是否正确（这里主要指 CPU226 有两个口）。按照上述步骤进行操作后，再检测通信状况，直到通信正常。如果通信始终不能正常，则需要找专业人员进行维修。

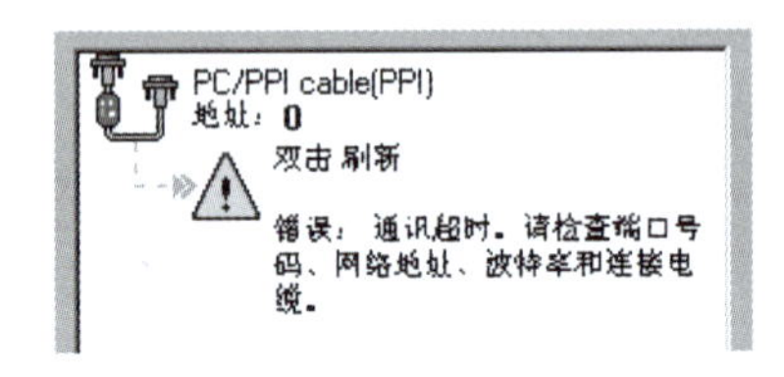

图 1-78　通信失败界面

4. 编写程序

1）I/O 分配表

I/O 分配表如表 1-13 所示。

表 1-13　I/O 分配表

符号名称	（触点、线圈）形式	I/O 点地址	说　明
SB1	常开	I0. 0	灯泡点亮按钮
SB2	常开	I0. 1	灯泡熄灭按钮
L1	灯泡	Q0. 0	灯泡

2）硬件连线图

硬件连线按图 1-79 所示。

3）梯形图

程序梯形图如图 1-80 所示。

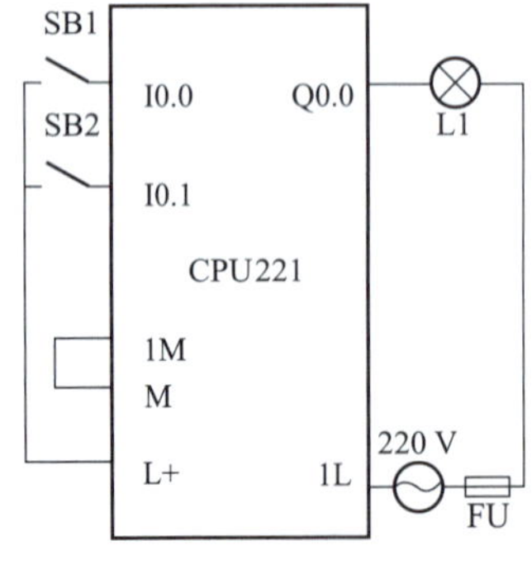

图 1-79　硬件连线

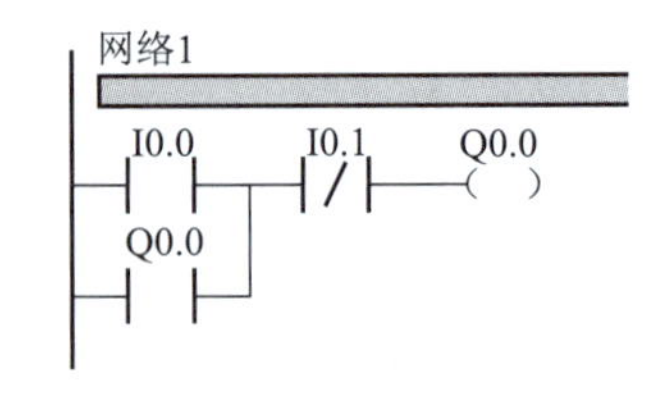

图 1-80　梯形图

5. 程序编译与下载

程序的编译与下载在先前的项目中也曾介绍过，故在此略过。

6. 运行程序

按下按钮 SB1，灯泡 L1 亮；松开按钮 SB1，灯泡并不熄灭而是保持发亮状态。

按下按钮 SB2，灯泡 L1 熄灭。

四、操作技能考评

通过对本任务相关知识的了解和应用操作实施，对本任务实际掌握情况进行操作技能考评，具体考核要求和考核标准如表 1-14 所示。

表 1-14　任务操作技能考核要求和考核标准

序号	主要内容	考核要求	评分标准	配分	扣分	得分
1	S7-200 安装基础知识	（1）能够简述 S7-200 的硬件安装的注意事项 （2）能够自主进行 S7-200 的软件安装	叙述内容不清、不达重点均不给分，安装不成功不给分	20		
2	STEP7-Micro/WIN 软件的基本操作	能够使用 STEP7-Micro/WIN32 进行基本操作	不熟悉窗口各元件作用扣 2 分，控制程序作业过程出错扣 5 分，上载、下载操作出错扣 5 分	30		
3	PLC 接线	正确连接输入/输出端线及电源线	连线错误不给分，连线不够美观扣 5 分	10		
4	PLC 硬件运行	检查连线，并开启S7-200 系列 PLC 开关，确认其状态处于运行态	步骤错误、PLC 状态错误皆不得分	10		
5	梯形图编写	正确绘制梯形图，并能够顺利下载	梯形图绘制错误不得分，未下载或下载操作错误不给分	20		
6	PLC 程序运行	能够正确完成系统要求，实现按钮控制灯泡点亮	一次未成功扣 2 分，两次未成功扣 5 分，三次以上不给分	10		
备注			指导老师签字 年　月　日			

教学小结

1. S7-200 硬件安装需要注意温度、环境、布线、电源等多种因素。
2. 安装 S7-200 的 CPU 或扩展模块有其规定的步骤。
3. STEP7-Micro/WIN32 是一款 PLC 编程软件，STEP 7-Micro/WIN32 软件的安装有一定的系统要求。
4. STEP 7-Micro/WIN32 软件可以在离线的方式下创建、编辑和修改用户程序。

思考与练习

1. S7-200 硬件安装的先决条件是什么?
2. STEP 7-Micro/WIN32 主要包括哪些窗口组件?
3. STEP 7-Micro/WIN32 里如何判断通信是否成功?
4. STEP 7-Micro/WIN32 里梯形图和功能块编程有何区别又有何相同之处?

任务四　S7-200 系列 PLC 的系统维护

■ 应知点：

1. S7-200 系列 PLC 的自诊断及故障诊断。
2. 了解 S7-200 系列 PLC 的定期检查和维护内容。

■ 应会点：

1. S7-200 系列 PLC 的故障检查与处理的一般流程。
2. 掌握 S7-200 系列 PLC 定期检查和维护的各项要求。

一、任务简述

PLC 的主要构成元件是以半导体器件为主体，考虑到环境的影响，随着使用时间的增长，元件总是要老化的。除了要经常进行故障诊断外，定期检修与做好日常维护是非常必要的。

二、相关知识

（一）PLC 的故障诊断

1. 故障的分类

系统故障可大体分类如下。

1）外部设备故障

外部设备就是与实际过程直接联系的各种开关、传感器、执行机构、负载等。这类故障

一般是由设备本身的质量和寿命所致。这部分设备发生故障，将直接影响系统的控制功能。

2）系统故障

系统故障是影响系统运行的全局性故障。系统故障可分为固定性故障和偶然性故障。这类故障一般是由系统设计不当或系统运行年限较长所致。如果故障发生，可重新启动系统恢复正常，则可认为是偶然性故障。相反，若重新启动不能恢复而需要更换硬件或软件，系统才能恢复正常，则可认为是固定故障。

3）硬件故障

这类故障主要指系统中的模板（特别是 I/O 模板）损坏而造成的故障。硬件故障一般比较明显，且影响也是局部的，它们主要是由于使用不当或使用时间较长，模板内元件老化所致。

4）软件故障

这类故障是由软件本身所包含的错误引起的，主要是软件设计考虑不周，在执行中一旦条件满足就会引发。在实际工程应用中，由于软件工作复杂，工作量大，因此软件错误几乎难以避免，这就提出了软件的可靠性问题。

2. 故障的自诊断

自诊断主要是采用软件方法分析来判断故障的部位和原因。PLC 都具有极强的自诊断测试功能，在系统发生故障时一定要充分利用这一功能。在进行自诊断测试时，都要使用诊断调试工具，也就是编程器。在实际应用中，可利用 PLC 本身所具有的各种功能自行编制软件，采取一定措施，结合具体分析确定故障原因。西门子 S7-200 系列 CPU 有几百点存储器位、定时器和计数器，有相当大的余量。可以把这些资源利用起来，用于故障检测。系统的自诊断测试功能包括下述内容。

（1）一般的 PLC 系统中都有状态字和控制字。状态字是显示系统各部分工作状态的，一般是一位对应一个设备；控制字则是由用户设定的控制操作的，一般是一位对应一种操作。状态字和控制字都要通过编程器来读写。

（2）PLC 具有块堆栈、中断堆栈和局部堆栈。块堆栈、中断堆栈和局部堆栈实际上是数据存储区，它们在系统自诊断软件作用下，自动生成并显示各部分状态。通过编程器调用系统的块堆栈、中断堆栈和局部堆栈，加以分析就可以确定故障原因和部位。

（3）除上述自诊断方法外，PLC 的编程器还具有状态测试、输入信号状态显示、输出信号状态控制，各种程序比较、内存比较，系统参数修改等功能。通过这些功能可迅速查找到故障原因。

3. 故障检查与处理流程

PLC 系统在长期运行中，难免会出现一些故障。PLC 自身故障可以靠自诊断判断，外部故障则主要根据程序分析。PLC 系统的常见故障有电源系统故障、主机故障、通信系统故障、模块故障和软件故障等。总体检查的目的是找出故障点大致是属于哪种大的类别，然后再逐步细化，确定具体故障的位置，来达到消除故障的目的。常见故障的总体检查与处理流程如图 1-81 所示。

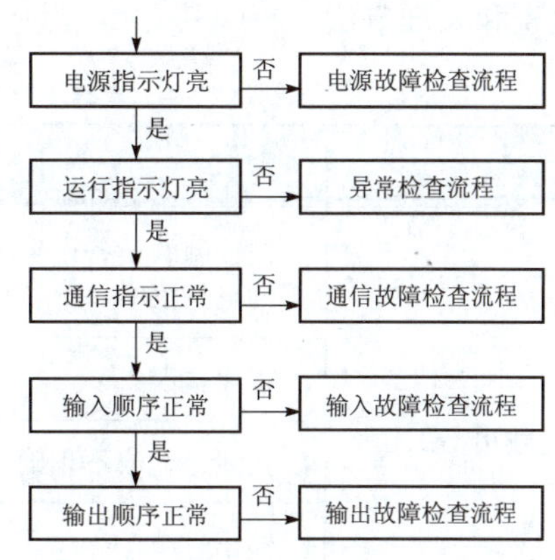

图 1-81　常见故障的总体检查与处理

（二）PLC的定期检查和维护

PLC的定期检查要求有一支具有一定技术水平、熟悉设备情况、掌握设备工作原理的检修队伍，做好对设备的日常维修。一般检修的内容如表1-15所示。

表1-15　定期检修的内容

检查项目	检查内容	标　　准
交流电源电压稳定度	（1）测量加在PLC上的电压是否为额定值 （2）电压电源是否出现频繁急剧的变化	（1）电源电压必须在工作电压范围内 （2）电源电压波动必须在允许范围内
环境条件 温度 湿度 振动 粉尘	温度和湿度是否在相应的范围内？（当PLC安装在仪表板上时，仪表板的温度可以认为是PLC的环境温度）	0~55 ℃ 相对湿度85%以下 振幅小于0.5 mm（10~55 Hz） 无大量灰尘、盐分和铁屑
安装条件	（1）基本单元和扩展单元是否安装牢固 （2）基本单元和扩展单元的连接电缆是否完全插好 （3）接线螺钉是否松动 （4）外部接线是否损坏	（1）安装螺钉必须上紧 （2）连接电缆不能松动 （3）连接螺钉不能松动 （4）外部接线不能有任何外观异常
使用寿命	（1）锂电池电压是否降低 （2）继电器输出触点是否正常动作	（1）工作5年左右 （2）寿命300万次（35 V以上）

三、应用实施

1. S7-200 PLC的故障处理指南

对于具体的PLC的故障检查可能有一定的特殊性。表1-16给出了有关S7-200的故障检查和处理方法。

表1-16　S7-200故障检查和处理方法

故障显示	故障可能原因	故障解决方法
输出不工作	被控制的设备产生了损坏，输出的电气浪涌	当接到感性负载时，需要接入抑制电路
	程序错误	修改程序
	接线松动或不正确	检查接线，如果不正确要改正
	输出过载	检查输出的负载
	输出被强制	检查CPU是否有被强制的I/O

续表

故障显示	故障可能原因	故障解决方法
CPU SF（系统故障）灯亮	用户程序错误： ① 0003 看门狗错误； ② 0011 间接寻址； ③ 0012 非法的浮点数	对于编程错误，检查 FOR、NEXT、JMP、LBL 和比较指令的用法
	电气干扰： 0001～0009	对于电气干扰，检查接线。控制盘良好接地和高电压与低电压不并行引线是很重要的 把 24 V DC 传感器电源的 M 端子接地
	元件损坏： 0001～0010	查出原因后，更换元件
电源损坏	电源线引入过电压	把电源分析器连接到系统，检查过电压尖锋的幅值和持续时间。根据检查的结果给系统配置抑制设备
电子干扰问题	不合适的接地	纠正不正确的接地系统
	在控制柜内交叉配线	纠正控制盘良好接地和高电压与低电压不合理的布线。把 24 V DC 传感器电源的 M 端子接地
	对快速信号配置了输入滤波器	增加系统数据块中的输入滤波器的延迟时间
当连接一个外部设备时通信网络损坏（计算机接口、PLC 的接口或 PC/PPI 电缆损坏）	如果所有的非隔离设备（如 PLC、计算机和其他设备）连到一个网络，而该网络没有一个共同的参考点，通信电缆提供了一个不期望的电流通路。这些不期望的电流可以造成通信错误或损坏电路	检查通信网络 更换隔离型 PC/PPI 电缆 当连接没有共同电气参考点的机器时，使用隔型 RS-485 to RS-485 中继器
STEP7-Micro/WIN32 通信问题		检查网络通信信息后处理
错误处理		检查错误代码信息后处理

2. S7-200 PLC 的维修

S7-200 PLC 的组件繁多，不可能一一介绍其组件的维修方法，下面只介绍几个典型问题的解决方法。

1）EM231 模块上的 SF 红灯闪烁

SF 红灯闪烁有两个原因：模块内部软件检测出外接热电阻断线，或者输入超出范围。由于上述检测是两个输入通道共用的，所以当只有一个通道外接热电阻时，SF 灯必然闪烁。

解决方法是将一个 100 Ω 的电阻，按照与已用通道相同的接线方式连接到空的通道。

2）CPU 的 SF（系统故障）灯亮

（1）CPU 运行错误或硬件元件损坏。此时如果 Micro/WIN32 还能在线，则可在命令菜单中进入 PLC Information 在线查看，可看到具体的错误描述。

（2）程序错误，如进入死循环，或编程造成扫描时间过长，“看门狗”超时也会造成 SF 灯亮。

（3）CPU 电源电压可能过低，请检查供电电压。

3）LED 灯全部不亮

可能是以下原因：

（1）电源接线不对，或 24 V 电源接反。

（2）熔丝烧断，需报修。

4）在设备正常的条件下，Micro/WIN32 不能与 CPU 通信

（1）Micro/WIN32 中设置的对方通信口地址与 CPU 的实际口地址不同。

（2）Micro/WIN32 中设置的本地（编程计算机）地址与 CPU 通信口的地址相同（应当将 Micro/WIN32 的本地地址设置为“0”）。

（3）Micro/WIN32 使用的通信波特率与 CPU 端口的实际通信速率设置不同。

（4）有些程序会将 CPU 上的通信口设置为自由口模式，此时不能进行编程通信。编程通信是 PPI 模式。而在“STOP”状态下，通信口永远是 PPI 从站模式。最好把 CPU 上的模式开关拨到“STOP”的位置。

5）清除设置的密码

如果不知道 CPU 的密码，则必须清除 CPU 内存，才能重新下载程序。执行清除 CPU 指令并不会改变 CPU 原有的网络地址、波特率和实时时钟。如果有外插程序存储卡，其内容也不会改变。清除密码后，CPU 中原有的程序将不存在。要清除密码，可按以下 3 种方法操作：

（1）在 Micro/WIN32 中选择菜单“PLCClear”中所有 3 种块，并按“OK”确认。

（2）另外一种方法是通过程序 wipeout. exe 来恢复 CPU 的默认设置。这个程序可在 STEP 7-Micro/WIN 32 安装光盘中找到。

（3）另外，还可以在 CPU 上插入一个含有未加密程序的外插存储卡，上电后此程序会自动装入 CPU 并且覆盖原有的带密码的程序，然后 CPU 可以自由访问。

四、操作技能考评

通过对本任务相关知识的了解和应用操作实施，对本任务实际掌握情况进行操作技能考评，具体考核要求和考核标准如表 1-17 所示。

表 1-17　任务操作技能考核要求和考核标准

序号	主要内容	考核要求	评分标准	配分	扣分	得分
1	S7-200 系列 PLC 的故障检查与处理	（1）能够简述 S7-200 系列 PLC 的故障分类 （2）掌握 S7-200 系列 PLC 常见故障检查与处理方法	随机给出各类每类 2 条故障现象，要求判断属于哪种故障，并给出处理方法，共 10 题，答错 1 题扣 4 分	40		

续表

序号	主要内容	考核要求	评分标准	配分	扣分	得分
2	S7-200系列PLC系统的定期检查	能够简述S7-200系列PLC系统的定期检查的检查项目与检查内容	项目叙述不完全或内容缺失需扣分，项目缺失扣10分，内容缺失扣2分	20		
3	S7-200系列PLC系统的定期维护	掌握S7-200系列PLC系统的定期维护的主要内容	维护对象错误或维护方法错误均不得分	20		
4	S7-200系列PLC系统的维修	随机给出4种故障现象，要求能判断其故障可能原因，并排除故障	每一故障可能原因答对得5分，顺利排除得5分	20		
备注			指导老师签字 年　月　日			

教学小结

1. S7-200系列PLC系统的定期检查涉及电源、环境、安装条件、使用寿命等多个方面。

2. S7-200系列PLC系统的定期维护主要在于锂电池的更换。

3. S7-200系列PLC系统的维修需要基于故障检查与处理，并对故障进行排除，对可能损坏的元件进行更换。

思考与练习

1. S7-200系列PLC系统定期检查的环境条件有哪些标准要求？

2. S7-200系列PLC系统定期维护电池电源跌落指示灯亮表示什么？此时电池还能保障多长正常工作时间？

3. S7-200系列PLC系统的CPU SF（系统故障）灯亮时，可能是发生了哪些故障？该如何解决？

任务五　PLC 电气控制系统的设计

■ **应知点：**

1. 了解 PLC 电气控制系统的构成原理。
2. 了解 PLC 电气控制线路的构成。

■ **应会点：**

1. 掌握电气控制线路图的分析和读图能力。
2. 掌握 PLC 电气控制系统的设计方法。

一、任务简述

在工、农业生产中广泛使用电气设备和生产机械，其电气控制系统大多是以电动机为被控对象，以继电器—接触器和 PLC 控制器等器件组成的自动控制系统。其作用是对被控对象实现自动控制，满足生产工艺的要求和实现生产过程自动化。

为了表达生产机械电气控制系统的结构、原理等设计意图，便于电气系统的安装、调试、使用和维修，通常用电气控制系统图表示各电器元件及其连接线路。电气控制系统图一般分为电气原理图、电器布置图和电气安装接线图。各种图有其不同的用途和规定画法，通常采用国标规定的图文符号和画法来绘制。熟练掌握电气原理图、电器布置图和电气安装接线图的画法，在实际工作中非常重要。

二、相关知识

（一）电气控制系统的构成

电气控制系统主要由受令部分、分析判断部分和执行部分构成，其功能与其他控制系统相同。从具体电路上看，电气控制电路可分为主回路和控制回路两部分。一般电气控制系统由以下几部分构成。

1. 测量和显示部分

测量部分由传感器、变换元件、各种仪器仪表等组成，专门检测和显示外部信号。例如，温度传感器是检测温度变化信号，位移传感器是检测位置移动距离信号，电流表是显示电流变化信号。

2. 控制部分

控制部分是整个控制系统中的核心部分，主要是由各种低压电器元件组成的主回路和控制回路，实现控制系统的输出，并具有各种保护功能。

3. 执行部分

执行部分是实现对控制部分输出的响应，驱动电机带动生产机械运行。

4. 电源部分

电源部分是为主回路和控制回路提供电源，并能够对主回路和控制回路电源进行保护，

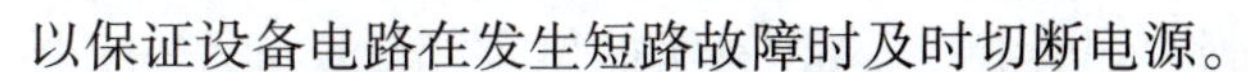

以保证设备电路在发生短路故障时及时切断电源。

（二）电气识图

电气识图是从事电气控制系统设计的基础，正确识读电气控制系统图，正确绘制电气图，才能完成控制功能，才能正确应用和维护。

1. 电气控制系统图的分类

按用途和表达方式的不同，电气控制系统图可分为电气原理图、电器布置图、电气安装接线图等几种。

1）电气原理图

电气原理图是采用国标规定的图文符号，以电器元件展开的形式绘制而成。它不按照电器元件的实际布置位置来绘制，也不反映电器元件的大小，但包含了所有电器元件的导电部件和接线端点。主要作用是便于了解电气控制系统的工作原理，方便电气设备的安装、调试与维修。

2）电器布置图

电器布置图主要是标示电气设备上电器元件的实际位置，方便电气控制设备的制造、安装。在实际应用中，一般将电器布置图与电气安装接线图组合在一起，以便于安装施工时一目了然。

3）电气安装接线图

电气安装接线图是采用国标规定的图文符号，按各电器元件相对位置绘制的实际接线图。绘图时不仅要把同一电器的各个部件画在一起，而且各个部件的布置要尽可能符合电器的实际情况。电气安装接线图中的回路标号是电气设备之间、电器元件之间、导线与导线之间的连接标记，它的图文符号应与原理图一致。

2. 电气图的图文符号

电气图是用电气图文符号绘制，用来描述电气控制设备结构、工作原理和技术要求的图。它必须符合国家制图标准或国际电工委员会（IEC）颁布的有关文件要求，用统一标准的图形符号、文字符号及规定的画法绘制。

1）图形符号

图形符号通常用图样或其他文件表示一个设备或概念的图形、标记或字符，由一般符号、符号要素、限定符号等组成。

（1）一般符号：表示某类产品及特征的一种简单标记代号，如电动机用 M 表示、发电机用 G 表示。

（2）符号要素：表示具有确定意义的简单图形，同其他图形组合构成一个设备或概念的完整符号。

（3）限定符号：限定符号是指用于提供附加信息的一种加在其他符号上的符号，一般不能单独使用，但它可以使图形符号更具多样性。例如，在电阻器一般符号的基础上加上不同的限定符号，可得到可变电阻器、热敏电阻器和压敏电阻器等。

2）文字符号

文字符号用于标明电气设备、装置和元器件的名称、功能和特征，文字符号分为基本文字符号和辅助文字符号。

（1）基本文字符号：分为单字母及双字母符号两种。单字母符号按拉丁字母将各种电气设备、装置和元器件划分为 23 大类，每一大类用一个专用单字母符号表示。如“C”表示电容器类，“R”表示电阻器类。双字母符号是由一个表示种类的单字母符号与另一字母组成，单字母符号在前，另一个字母在后。如“F”表示保护器类，而“FU”表示熔断器。

（2）辅助文字符号：辅助文字符号是用于表示电气设备、装置和元器件以及线路的功能、状态和特征等，如“L”表示限制，“RD”表示红色等。辅助文字符号也可放在表示种类的单字母符号后边组成双字母符号，如“YB”表示电磁制动器、“SP”表示压力传感器等。为简化文字符号起见，若辅助文字符号由两个以上字母组成时，允许只采用其第一位字母进行组合，如“MS”表示同步电动机。辅助文字符号还可以单独使用，如“ON”表示接通、“PE”表示保护接地。

3）线路和电气设备端标记

线路用字母、数字、符号及其组合标记。三相交流电源采用 L1、L2、L3 标记，中性线采用 N 标记。电源开关之后的三相交流电源主电路分别按 U、V、W 顺序标记。分级三相交流电源主电路采用三相文字代号 U、V、W 加上阿拉伯数字 1、2、3 等来标记，如 U1、V1、W1 或 U2、V2、W2 等。

（三）PLC 电气控制系统分析及设计方法

1. PLC 电气控制系统的分析方法

PLC 电气控制系统的分析是在掌握了机械设备及电气控制系统的构成、运行方式、相互关系，以及各电动机和执行电器的用途等基本条件之后，对设备控制线路进行具体的分析。分析的一般原则是：化整为零、先主后辅、集零为整、安全保护和全面检查。分析电气控制系统时，通常从电源开始，自上而下，自左而右，逐一分析其接通及断开的关系并区分出主令信号、联锁条件和保护要求等。根据图区坐标标注的检索，可以方便地分析出各控制条件与输出的因果关系。一般按照以下步骤进行。

1）了解生产工艺与执行电器的关系

在分析电气线路之前，应该熟悉生产机械的工艺情况，充分了解生产机械要完成哪些动作，明确生产机械的动作与执行电器的关系，画出简单的工艺流程图。

2）主电路分析

主电路的构造一般比较明确清晰，较容易看出采用了哪些电器及什么方法启动，是否要求正反转、有无调速和制动要求等。

3）控制电路分析

一般情况下控制电路较主电路要略微复杂些。但无论复杂与否，都可以根据主电路及辅助电路的控制要求，采取“化整为零”的方法，把控制电路分解为一些基本的熟悉的单元电路，得出其动作情况。

4）辅助电路分析

辅助电路中的电源、工作状态、照明和故障报警显示等，大多由控制电路中的元器件来控制，所以，对辅助电路进行分析是很有必要的。

5）分析联锁和保护环节

工业设备对于安全性和可靠性有很高的要求，为了实现这些要求，除了合理地选择控制方案外，在控制线路中必须设置电气保护和电气联锁。

6）总体检查

经过“化整为零”的局部分析，逐步分析每一个局部电路的工作原理以及各部分之间的控制关系之后，还必须用“集零为整”的方法，检查整个控制线路，看是否有遗漏，特别要从整体角度去进一步分析和理解各控制环节之间的联系及其作用。

2. PLC 电气控制系统的设计方法

PLC 电气控制系统的设计分为主电路设计和控制电路设计。通常有两种方法，即经验设计法和逻辑设计法。经验设计法主要是根据生产工艺要求，利用各种典型的线路环节，直接设计控制电路。这种方法比较简单，但要求设计人员具有丰富的经验。在设计过程中往往还要经过多次反复的修改、试验，才能使线路符合设计的要求。逻辑设计法是根据生产工艺的要求，利用逻辑代数来分析、设计控制线路。用这种方法设计出来的线路比较合理，特别适合完成较复杂的生产工艺所要求的控制线路设计。但是相对而言，逻辑设计法难度较大，不易掌握，所设计出来的电路不太直观。

PLC 电气控制系统的设计原则如下：

（1）最大限度地满足生产机械和工艺对电气控制线路的要求。

（2）控制线路力求简单、经济、安全可靠。应做到以下几点：

① 尽量减少电器的数量。尽量选用相同型号的电器和标准件，以减少备品量；尽量选用标准的、常用的或经过实际实验过的线路和环节。

② 尽量减少控制线路中电源的种类。

③ 尽量缩短连接导线的长度和数量。设计控制线路时，应考虑各个元件之间的实际接线。

如图 1-82 所示，图 1-82（a）所示接线是不合理的，因为按钮在操作台或面板上，而接触器在电气柜内，这样接线就需要由电气柜二次引出接到操作台的按钮上。改为图 1-82（b）后，可减少些引出线。

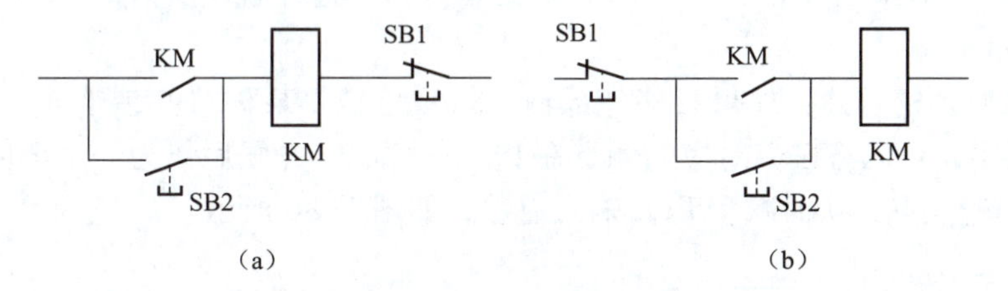

图 1-82　电器连接

（a）不合理；（b）合理

④ 正确连接触点。在控制电路中，应尽量将所有触点接在线圈的左端或上端，而线圈的右端或下端直接接到电源的另一根母线上，这样可以减少线路内产生虚假回路的可能性，还可以简化电气柜的出线。

⑤ 正确连接电器的线圈。在交流控制电路中不能串联两个电器的线圈，如图 1-83（a）所示。因为每一个线圈上所分到的电压与线圈阻抗成正比，两个电器动作总是有先有后，不可能同时吸合。两个电器需要同时动作时，其线圈应该并联起来，如图 1-83（b）所示。

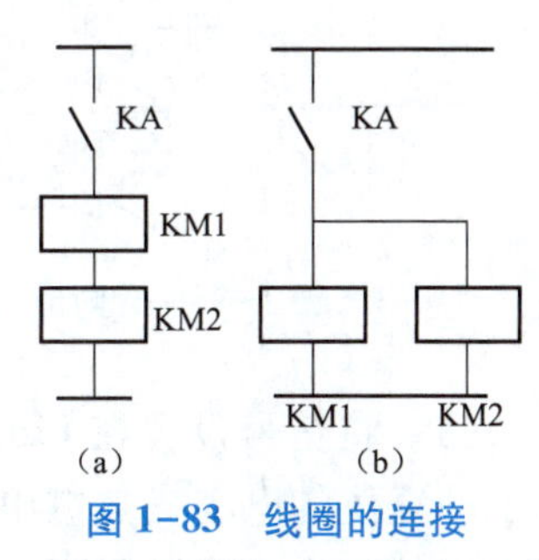

图 1-83　线圈的连接

（a）错误；（b）正确

⑥ 元器件的连接。应尽量减少多个元件依次通电后才接通另一个电器元件的情况。在图1-84（a）中，线圈KA3的接通要经过KA、KA1、KA2 3个常开触点，改接成图1-84（b）后，则每一对线圈通电只需要经过一对常开触点，工作较可靠。

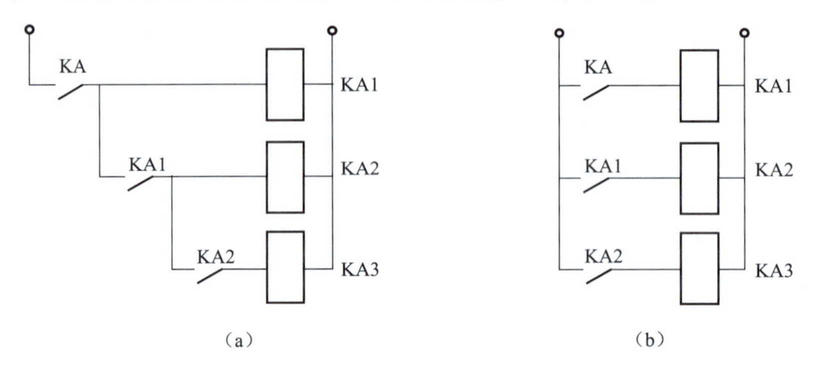

图1-84　元器件的连接

（a）错误；（b）正确

⑦ 控制电路必须具有联锁和安全保护环节。

3. 减少PLC输入和输出点数的方法

PLC控制系统设计中，PLC输入和输出数目的多少会影响程序的可读性和系统的明确性。下面介绍几种减少PLC输入和输出点数的方法。

1）减少PLC输入的方法

（1）分时分组输入：一般控制系统都存在多种工作方式，但各种工作方式又不可能同时运行。所以可将这几种工作方式分别使用的输入信号分成若干组，PLC运行时只会用到其中的一组信号。因此，各组输入可共用PLC的输入点，这样就使所需的PLC输入点数减少，如图1-85所示。

（2）输入触点的合并：如果某些外部输入信号总是以某种“与或非”组合的整体形式出现在梯形图中，可以将它们对应的触点在PLC外部串、并联后作为一个整体输入PLC，只占PLC的一个输入点，从而减少PLC输入点数，如图1-86所示。

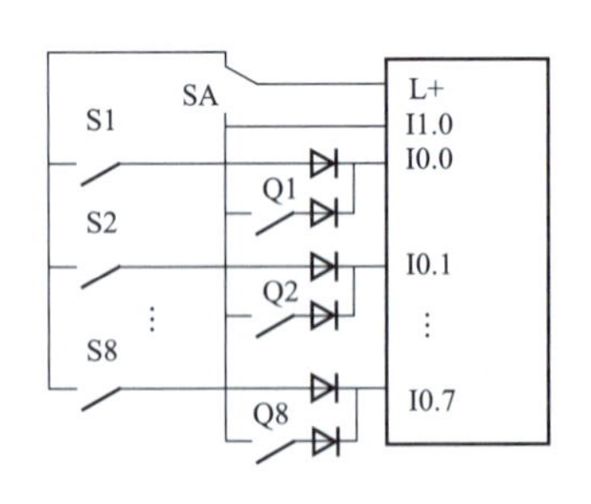

图1-85　分时分组输入

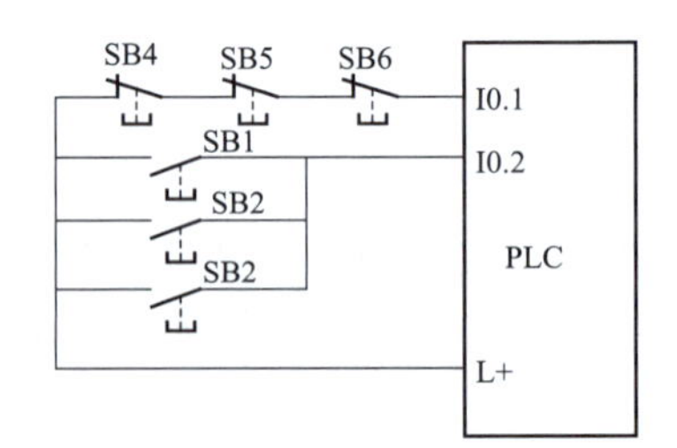

图1-86　输入触点合并

（3）将信号设置在PLC之外：系统的某些输入信号，如手动操作按钮、保护动作后需手动复位的电动机热继电器FR的常闭触点提供的信号，可以设置在PLC外部的硬件电路中。某些手动按钮需要串接一些安全联锁触点，如果外部硬件联锁电路过于复杂，则应考虑仍将有关信号送入PLC，用梯形图实现联锁。

2）减少 PLC 输出点数的方法

（1）矩阵输出：图 1-87 中采用 8 个输出组成 4×4 矩阵，可接 16 个输出。要使某个接触器线圈接通工作，只要控制它所在的行与列对应的输出继电器接通即可。这样用 8 个输出点就可控制 16 个不同控制要求的接触器线圈。

（2）分组输出：当两组负载不会同时工作时，可通过外部转换开关或通过受 PLC 控制的电器触点进行切换，这样 PLC 的每个输出点可以控制两个不同时工作的负载，如图 1-88 所示。KM1、KM3、KM5 和 KM2、KM4、KM6 这两组不会同时接通，可用外部转换开关 SA 进行切换。

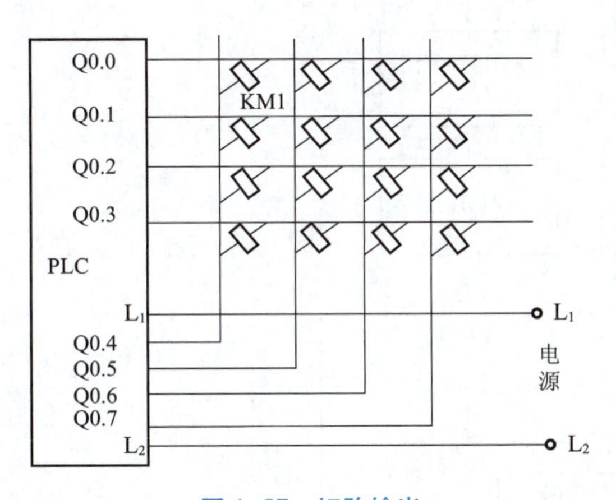

图 1-87　矩阵输出

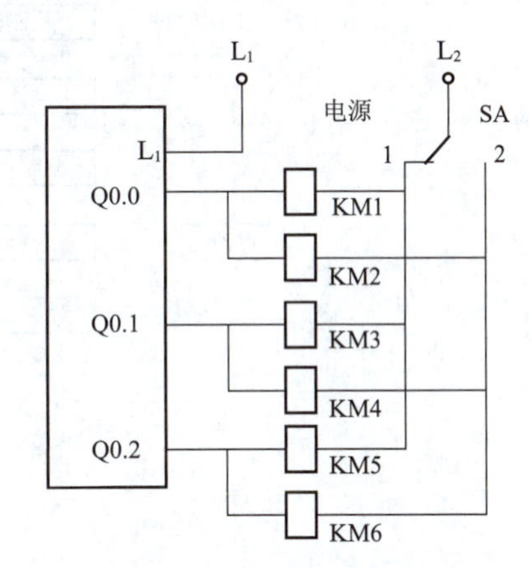

图 1-88　分组输出

（3）并联输出：当两个通断状态完全相同的负载，可并联后共用 PLC 的一个输出点。但要注意 PLC 输出点同时驱动多个负载时，应考虑 PLC 点的驱动能力是否足够。

（4）负载多功能化：一个负载实现多种用途。例如，在传统的继电器电路中，一个指示灯只指示一种状态。而在 PLC 系统中，利用 PLC 编程功能，很容易实现用一个输出点控制指示灯的常亮和闪烁，这样一个指示灯就可表示两种不同的信息，从而节省了输出点数。

（5）某些输出设备可不用 PLC 控制：系统中某些相对独立、比较简单的部分可考虑直接用继电器电路控制。

4. PLC 控制系统的设计流程

设计流程如图 1-89 所示。

三、应用实施

1. 电气原理图绘制

电气原理图是从整体上理解电气系统或装置的组成原理，能够详细理解电气作用、电气接线、分析和计算电路技术性能。电气原理图由以下几方面组成，如图 1-90 所示。

下面以图 1-91 所示的电气原理图为例，介绍电气原理图的绘制原则、方法及注意事项。

（1）原理图一般分主电路和辅助电路两部分。主电路就是从电源到电动机大电流通过的路径。辅助电路包括控制电路、照明电路、信号电路及保护电路等，由接触器和继电器的线圈、触点、按钮、照明灯、信号灯、控制变压器等电气元件组成。控制系统中的全部电机、电器和其他器械的带电部件，都应在原理图中表示出来。

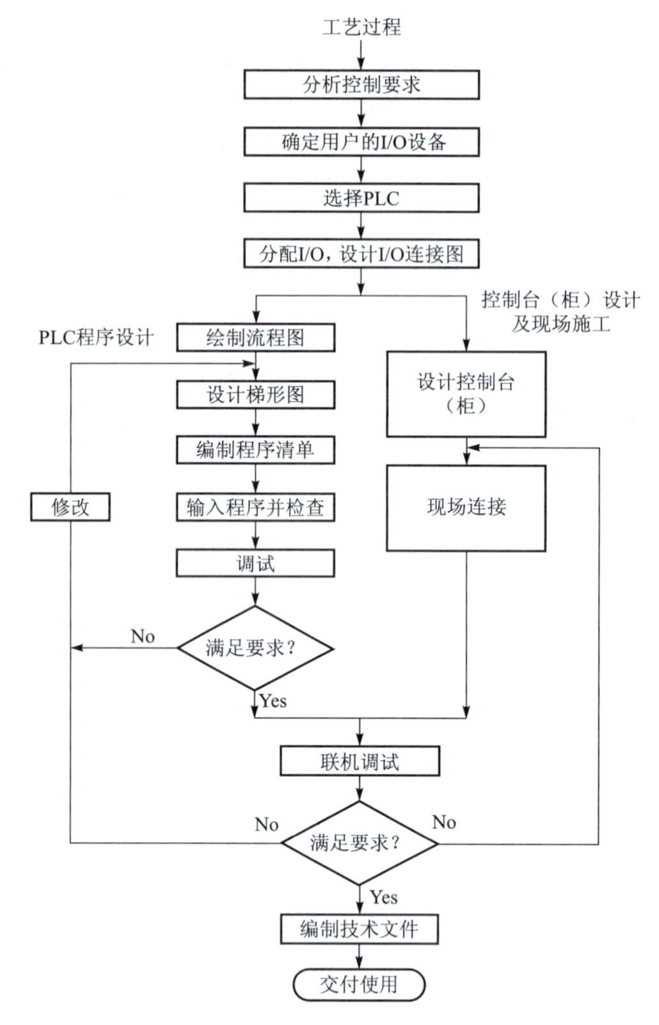

图 1-89　PLC 控制系统设计一般流程图

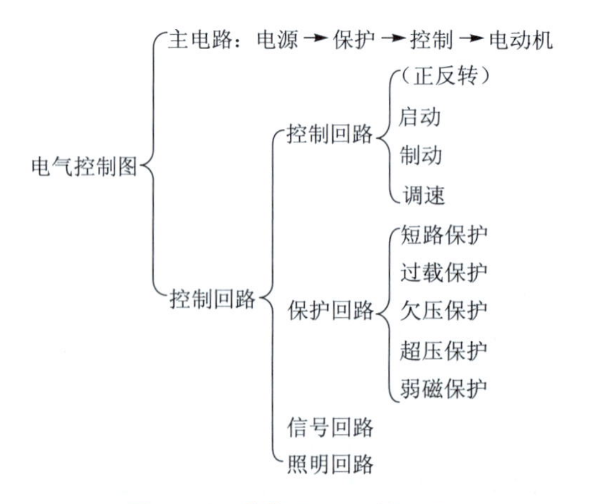

图 1-90　电气原理图的组成

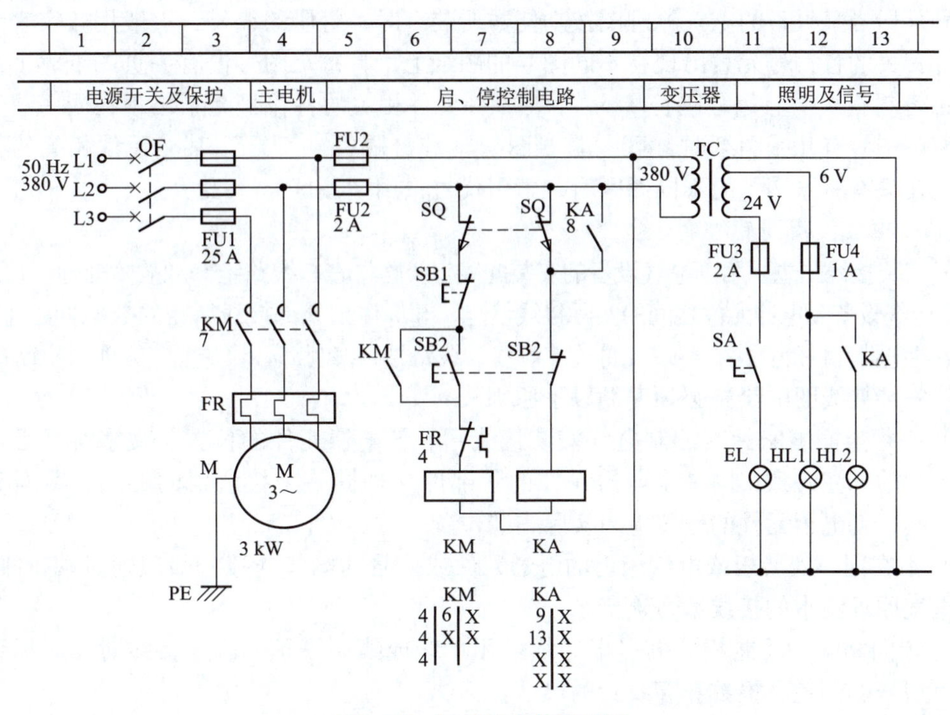

图 1-91　某机床电气原理图

（2）原理图中各电器元件不画实际的外形图，而采用国标规定的图形符号、文字符号。原理图中各个电器元件和部件在控制线路中的位置，应遵循便于阅读的原则。同一电器元件的各个部件可以不画在一起。

（3）原理图中元器件和设备的可动部分，均按照没有通电和没有外力作用时的开闭状态画出。

（4）原理图的绘制应该遵循自上而下、从左到右的原则，合理布局、排列均匀，为了便于看图，可以水平布置，也可以垂直布置。电路垂直布置时，类似项目宜横向对齐；水平布置时，类似项目应纵向对齐。电气原理图中，有直接联系的交叉导线连接点，要用黑圆点表示；无直接联系的交叉导线连接点不能画黑圆点。

（5）图面区域的划分。电气原理图上方的 1、2、3 等数字是图区的编号，它是为了便于检索电气线路，方便阅读分析从而避免遗漏设置的。图区编号也可设置在图的下方。

图区编号下方的文字表明它对应的下方元件或电路的功能，使读者能清楚地知道某个元件或某部分电路的功能，以利于理解全部电路的工作原理。

（6）符号位置的索引。符号位置的索引用图号、页次和图区编号的组合索引法，索引代号的组成如图 1-92 所示。

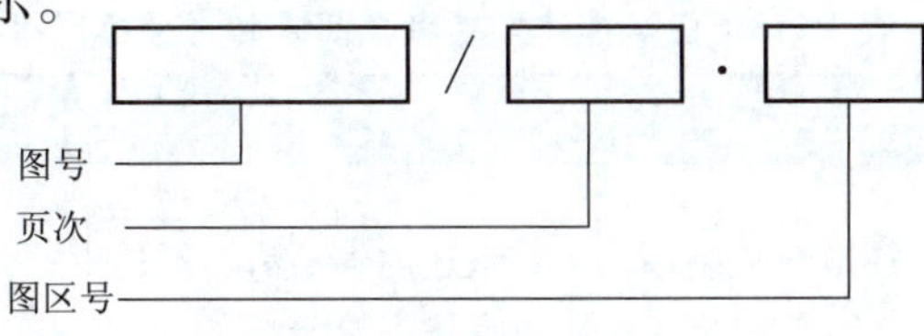

图 1--92　索引代号组成

图号是指当某设备的电气原理图按功能数册装订时，每册的编号，一般用数字表示。当某一元件相关的各符号元素出现在不同图号的图纸上，且每个图号仅有一页图纸时，索引代号中可省略“页次”且用分隔符“·”。当某一元件相关的各符号元素出现在同一图号的图纸上，而该图号有几张图纸时，可省略“图号”和分隔符“/”。当某一元件相关的各符号元素出现在只有一张图纸的不同图区时，索引代号只用“图区号”表示。

2. 电气安装接线图的绘制

电气安装接线图主要用于电气设备的安装配线、线路检查、线路维修和故障处理。在图中要表示出各电气设备、电器元件之间的实际接线情况，并标注出外部接线所需的数据。在电气安装接线图中各电器元件的文字符号、元件连接顺序、线路号码编制都必须与电气原理图一致。

电气安装接线图的绘制必须遵循以下原则。

（1）必须遵循国家标准绘制电气安装接线图。各电器元件的位置、文字符号必须和电气原理图中的标注一致，同一个电器元件的各部件（如同一个接触器的触点、线圈等）必须画在一起，各电器元件的位置应与实际安装位置一致。

（2）不在同一安装板或电气柜上的电器元件或信号的电气连接一般应通过端子排连接，并按照电气原理图中的接线编号连接。

（3）走向相同、功能相同的多根导线可用单线或线束表示。画连接线时，应标明导线的规格、型号、颜色、根数和穿线管的尺寸。

3. 电器元件布置图的绘制

电器元件布置图主要是表明电气设备上所有电器元件的实际安装位置，为电气设备的安装及维修提供必要的资料。电器元件布置图不需标注尺寸，但各电器代号应与电气原理图图纸和电器清单上所有的元器件代号相同，在图中留有10%以上的备用面积及导线管（槽）的位置，以供改进设计时用。电器元件布置图应遵循以下绘制原则。

（1）必须遵循国家标准设计和绘制电器元件布置图。相同类型的电器元件布置时，应把体积较大和较重的安放在控制柜或面板的下方。发热的元器件应该安装在控制柜或面板的上方或后方，但热继电器一般安装在接触器的下面，以方便与电机和接触器的连接。需经常维护、整定和检修的电器元件、操作开关、监视仪器仪表，其安装位置应高低适宜，以便工作人员操作。

（2）强电、弱电应该分开走线，注意屏蔽层的连接，防止信号干扰。

（3）电器元件的布置应考虑安装间隙，并尽可能做到整齐、美观。

四、操作技能考评

通过对本任务相关知识的了解和应用操作实施，对本任务实际掌握情况进行操作技能考评，具体考核要求和考核标准如表1-18所示。

表1-18　任务操作技能考核要求和考核标准

序号	主要内容	考核要求	评分标准	配分	扣分	得分
1	电气控制系统的构成	能够简述电气控制系统的构成	叙述内容不清、不达重点均不给分	10		

续表

序号	主要内容	考核要求	评分标准	配分	扣分	得分
2	电气控制图	能够简述电气控制系统图的分类及其特点	叙述内容不清、不达重点均不给分	10		
3	电气原理图	能够简述电气原理图的绘制原则、方法及注意事项	叙述内容不清、不达重点均不给分	10		
4	电气安装接线图	能够简述电气安装接线图的绘制原则	叙述内容不清、不达重点均不给分	10		
5	电器元件布置图	能够简述电器元件布置图的绘制原则	叙述内容不清、不达重点均不给分	10		
6	电气控制线路的设计	（1）能够简述电气控制线路设计的一般步骤 （2）能够简述电气控制线路的一般设计法与逻辑设计法的特点及其区别	叙述内容不清、不达重点均不给分	20		
7	PLC 控制系统的设计	（1）能够简述 PLC 控制系统的设计基本原则 （2）能够简述 PLC 控制系统的设计调试步骤 （3）能够回答出减少 PLC 输入和输出点数的作用及其方法	叙述内容不清、不达重点均不给分	30		
备注			指导老师签字　　年　月　日			

教学小结

1. 电气控制系统图主要有电气原理图、电器布置图和电气安装接线图。电气原理图能够清楚地表明电路功能，便于分析系统的工作原理。各种图纸有其不同的用途和规定画法，各种图必须按国家标准绘制。重点掌握电气原理图的规定画法及最新的国家标准。

2. 三相笼型异步电动机是生产实际中最常用的输出设备。其全压启动的控制电路是最基本的控制电路。

3. 掌握电气控制分析的基础。

思考与练习

1. 请叙述说明电气控制线路的装接原则和接线工艺要求。
2. 电气控制系统图主要有哪 3 种？其各自的特点又是什么？
3. 读图 1-93，思考并回答：

（1）此控制线路由哪些元件组成？

（2）此控制线路的线路工作原理。

（3）此控制线路使用哪些元器件来构成保护环节？

（4）此控制系统实现的是什么功能？

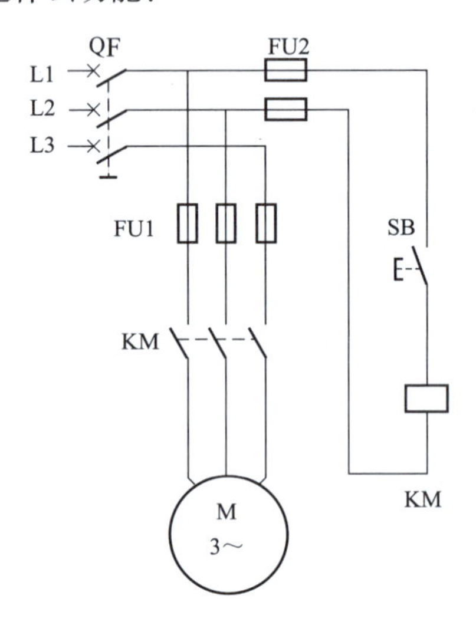

图 1-93　电气控制图

项目二　三相异步电动机点动、长动、顺序、多点控制线路

任务一　继电器—接触器点动、长动控制线路

■ 应知点：

1. 了解三相异步电动机的点动、长动控制线路的组成原理和实际操作。
2. 了解三相异步电动机的点动、长动控制线路的保护方法。

■ 应会点：

1. 掌握三相异步电动机的点动、长动控制线路的工作原理的分析。
2. 掌握识别电路图中的图形符号的方法，能识图，会画图。

一、任务简述

工厂的各种机床和生产机械的电力拖动控制系统，主要由三相异步电动机来拖动生产机械运行，而三相异步电动机则由继电器、接触器、按钮等电器组成的电气控制电路实现其启动、正转、反转、制动等控制。下面介绍各种机床及其生产机械电气控制电路的安装、调整和维修等知识。

二、相关知识

在了解低压电器元件的相关知识的基础上，针对继电器—接触器点动、长动控制线路的特点，着重介绍三相异步电动机的相关知识。

1. 三相异步电动机原理

三相异步电动机定子绕组通入三相对称交流电后，将产生一个旋转磁场，该旋转磁场切割转子绕组，从而在转子绕组中产生感应电流，载流的转子导体在定子旋转磁场作用下将产生电磁力，从而在电机转轴上形成电磁转矩，驱动电动机旋转，并且电机旋转方向与旋转磁场方向相同。

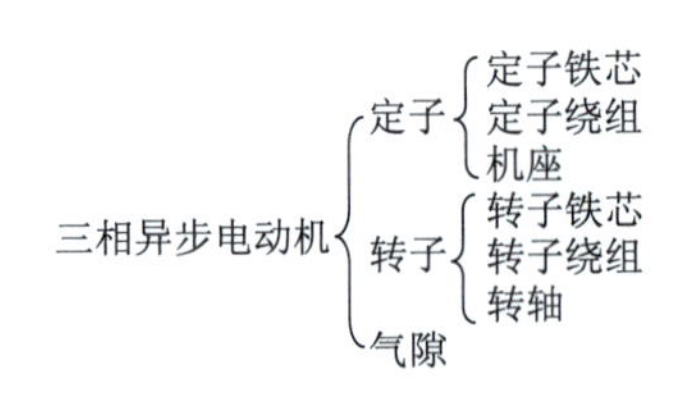

图 2-1　三相异步电动机组成结构

2. 三相异步电动机的结构组成

三相异步电动机的组成结构如图 2-1 所示。

三相异步电动机种类繁多，按转子结构分类可分为笼型和绕线式异步电动机两大类；按机壳的防护形式分类，笼型又可分为防护式、封闭式、开启式。异步电动机分类方法虽不同，但各类三相笼型异步电动机的基本组成却是相同的。

三相笼型异步电动机的结构如图 2-2 所示，主要由定子和转子两大部分组成。

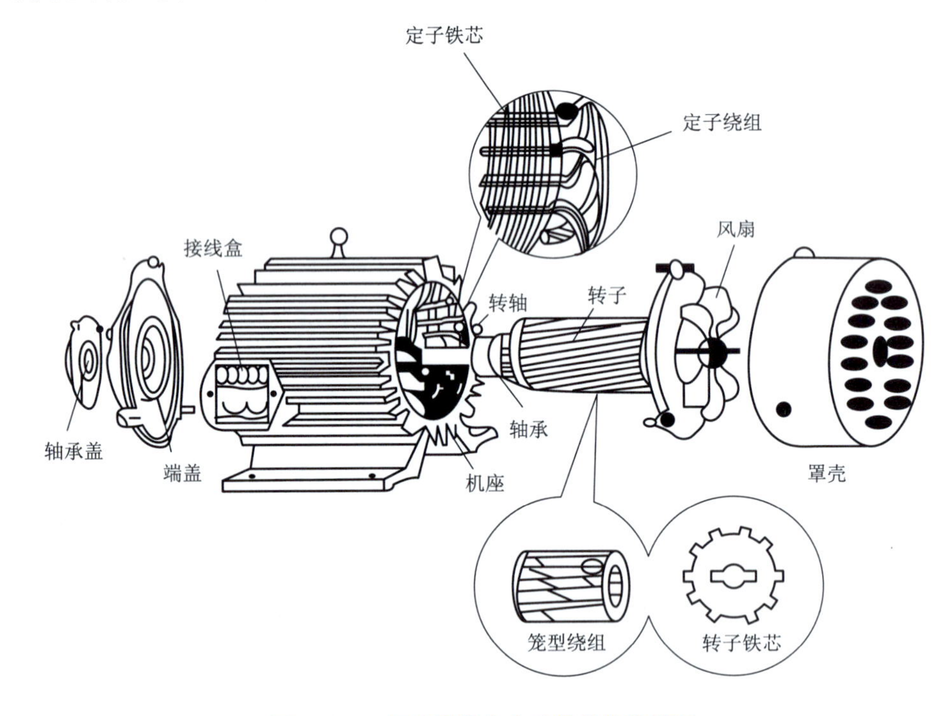

图 2-2　三相笼型异步电动机的结构原理

1. 定子（静止部分）

定子由定子铁芯、定子绕组、接线盒、机座等部分组成。

2. 转子（旋转部分）

转子由转子铁芯、转子绕组、转轴等部分组成。

三、应用实施

1. 采用接触器的点动控制线路

有的生产机械的某些运动部件不需要电动机连续拖动，只要求电动机作短暂运转，这就需要对电动机作点动控制。电动机的点动控制比电动机连续运转控制更简单。图 2-3 所示为接触器的点动控制线路。

1）电路组成

整个控制线路分成主电路和控制电路两部分。

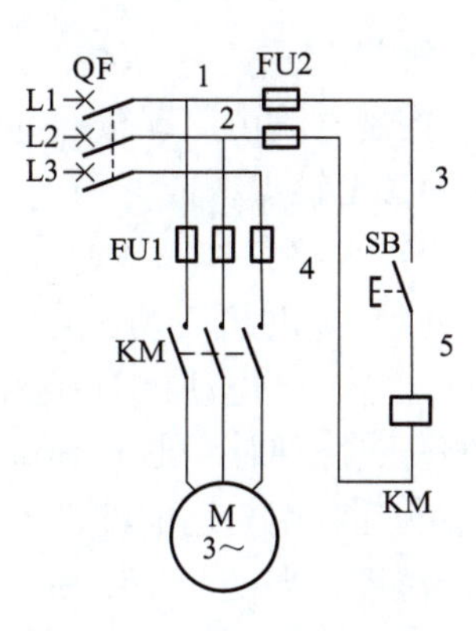

图 2-3　采用接触器的点动控制线路

主电路是从电源 L1、L2、L3 经电源断路器 QF、熔断器 FU1、接触器 KM 的主触点到电动机 M 的电路，是流过大电流部分。

控制电路由熔断器 FU2、按钮 SB、接触器 KM 线圈组成。

2）线路工作原理

合上电路断路器 QF，按下点动按钮 SB，接触器 KM 线圈通电。

主回路通电路线为：电源 L_1、L_2、L_3→断路器 QF→熔断器 FU1→接触器 KM 主触点→电动机 M。

控制回路通电路线为：L_1→1 号线→熔断器 FU2→按钮 SB→接触器 KM 线圈→ 4 号线→2 号线→ L_2。

接触器 KM 线圈得电后，其主电路中接触器 KM 主触点闭合，接通电动机 M 的三相电源，电动机启动运转。

松开按钮 SB，接触器 KM 线圈失电释放，其在主电路中的主触点断开，切断电动机的三相电源，电动机 M 停转。

从以上分析可知，当按下按钮 SB，电动机 M 启动单向运转，松开按钮 SB，电动机 M 就停止，从而实现“一点就动，松开就停”的功能。

3）保护环节

短路保护：短路时通过熔断器 FU1、FU2 的熔体熔断切开主电路及控制电路。

2. 三相异步电动机长动（连续）控制电路

三相异步电动机长动（连续）控制电路是一种最常用、最简单的控制线路，能实现对电动机的启动、停止的自动控制、远距离控制、频繁操作等，其典型控制电路如图 2-4 所示。

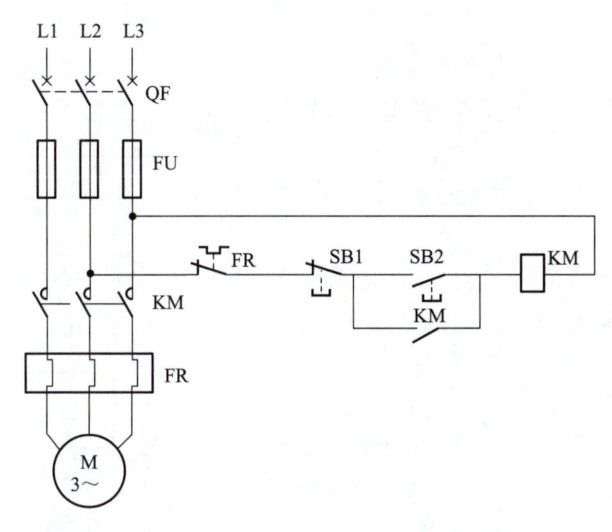

图 2-4　三相异步电动机长动（连续）控制电路

1）电路组成

主电路由断路器 QF、熔断器 FU、接触器 KM 的常开主触点、热继电器 FR 的热元件和

电动机 M 组成。

控制电路由启动按钮 SB2、停止按钮 SB1、接触器 KM 线圈和常开辅助触点、热继电器 FR 的常闭触点构成。

2）线路工作原理

（1）电动机启动。合上断路器 QF，按启动按钮 SB2，按触器 KM 线圈得电，3 对常开主触点闭合，将电动机 M 接入电源，电动机开始启动。同时，与 SB2 并联的 KM 的常开辅助触点闭合，即使松手断开 SB2，接触器线圈 KM 通过其辅助触点可以继续保持通电，维持吸合状态。凡利用自己的辅助触点来保持其线圈带电称为自锁，此触点为自锁触点。由于 KM 的自锁作用，当松开 SB2 后，电动机 M 仍能继续启动，最后达到稳定运转。

（2）电动机停止。按停止按钮 SB1，接触器 KM 的线圈失电，其主触点和常开辅助触点均断开，电动机脱离电源，停止运转。这时，即使松开停止按钮，由于自锁触点断开，接触器 KM 线圈不会再通电，电动机不会自行启动。只有再次按下启动按钮 SB2 时，电动机方能再次启动运转。

3）保护环节

（1）短路保护。短路时通过熔断器 FU 的熔体熔断切开主电路。

（2）过载保护。当机械出现过载时，导致电动机定子发热，此时由热继电器来承担过载保护。由于热继电器的热惯性比较大，即使热元件上流过几倍额定电流，热继电器也不会立即动作。在电动机启动时间不太长的情况下，热继电器经得起电动机启动电流的冲击而不会动作，只有在电动机长期过载下热继电器 FR 才动作，其常闭触点断开，使接触器 KM 线圈失电，切断电动机主电路，电动机停转，实现过载保护。

（3）欠压和失压保护。电动机控制系统出现欠压和失压都有可能造成生产设备或人身事故，所以在控制电路中都应该加上欠压和失压保护装置。由于接触器具有欠压和失压保护功能，所以在三相异步电动机长动（连续）控制电路中欠压和失压保护是通过接触器 KM 的自锁触点来实现的。

控制线路具备了欠压和失压的保护能力以后，有以下 3 个方面优点：

① 防止电压严重下降时电动机在重负载情况下的低压运行。

② 避免电动机同时启动而造成电压的严重下降。

③ 防止电源电压恢复时，电动机突然启动运转，造成设备和人身事故。

3. 两种控制线路的区别

通过上述两种控制电路工作过程的分析可知，长动（连续）控制电路与点动控制电路的区别在于有无自锁触点。即无自锁的电路为点动控制电路，有自锁的电路为长动（连续）控制电路。

4. 带转换开关的点动线路

带转换开关的点动控制线路如图 2-5 所示。

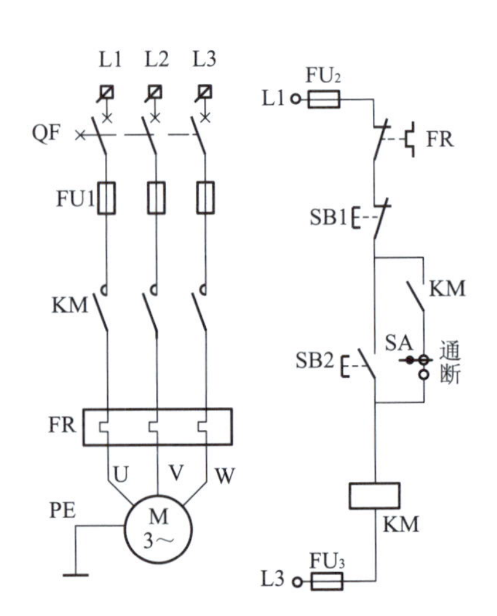

图 2-5 带转换开关的点动控制线路

1）电路组成

主电路由断路器 QF、熔断器 FU、接触器 KM 的常开主触点、热继电器 FR 的热元件和电动机 M 组成。

控制电路由熔断器 FU_2、FU_3、启动按钮 SB2、停止按钮 SB1、手动通断按钮 SA、接触器 KM 线圈和常开辅助触点、热继电器 FR 的常闭触点构成。

2）线路工作原理

控制线路中通过手动开关 SA 实现点动与连续控制的切换。SA 置于“断”位置，按钮 SB2 是一个点动按钮；SA 置于“通”位置，按钮 SB2 转换为启动连续控制按钮。

3）保护环节

主电路具有短路保护、过载保护、欠压和失压保护等功能。

5. 复合按钮实现点动

复合按钮实现点动控制线路如图 2-6 所示。

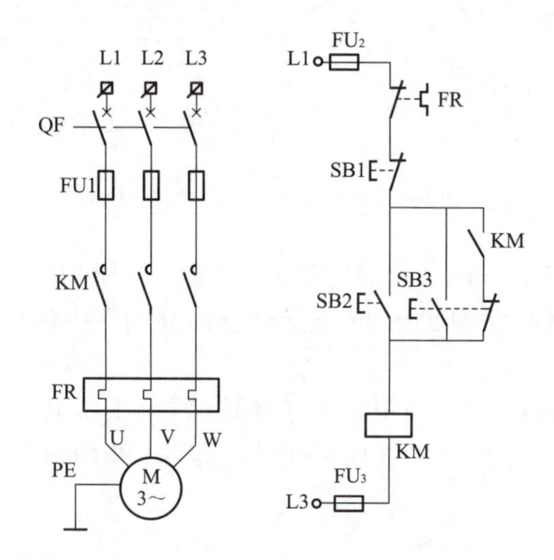

图 2-6　复合按钮实现点动控制线路

1）电路组成

主电路由断路器 QF、熔断器 FU1、接触器 KM 的常开主触点，热继电器 FR 的热元件和电动机 M 组成。

控制电路由熔断器 FU_2、FU_3、启动按钮 SB2、停止按钮 SB1、复合按钮 SB3、接触器 KM 线圈和常开辅助触点、热继电器 FR 的常闭触点构成。

2）线路工作原理

控制线路中用按钮 SB2、复合按钮 SB3 分别实现长动和点动控制。点动时通过复合按钮 SB3 的常闭触点断开接触器 KM 的自锁触点，实现点动。连续控制时按下按钮 SB2 即可。按下 SB1 按钮实现停机。

3）保护环节

主电路具有短路保护、过载保护、欠压和失压保护等功能。

6. 中间继电器 KA 控制

1）电路组成

如图 2-7 所示，主电路由断路器 QF、熔断器 FU1、接触器 KM 的常开主触点、热继电器 FR 的热元件和电动机 M 组成。

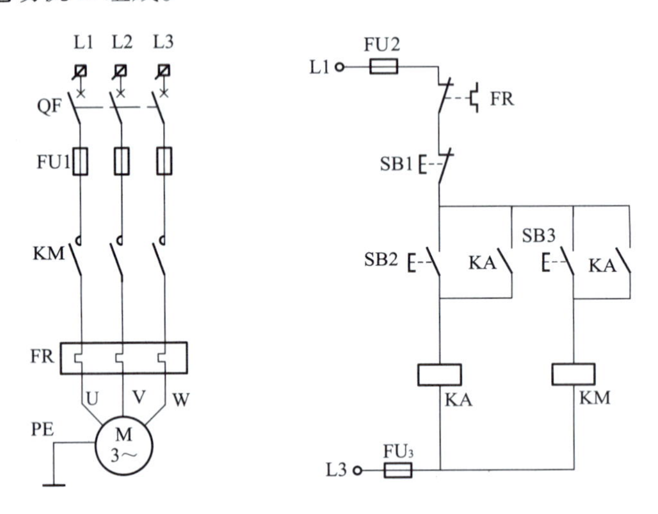

图 2-7　中间继电器 KA 控制线路

控制电路由熔断器 FU_2、FU_3、长动按钮 SB2、停止按钮 SB1、点动按钮 SB3、中间继电器 KA、接触器 KM 线圈和常开辅助触点、热继电器 FR 的常闭触点构成。

2）线路工作原理

控制线路中，按下按钮 SB3，因中间继电器 KA 线圈不得电，其常开触点不闭合，实现点动控制；连续控制时按下按钮 SB2，使中间继电器 KA 线圈得电并自锁，接触器 KM 线圈得电实现长动控制。

3）保护环节

主电路具有短路保护、过载保护、欠压和失压保护等功能。

四、操作技能考评

通过对本任务相关知识的了解和应用操作实施，对本任务实际掌握情况进行操作技能考评，具体考核要求和考核标准如表 2-1 所示。

表 2-1　任务操作技能考核要求和考核标准

序号	主要内容	考核要求	评分标准	配分	扣分	得分
1	基本操作技能	（1）三相异步电动机的分类、结构与工作原理 （2）交流异步电动机的电压、电流、功率、转速、温升等参数	概念模糊不清或错误不给分；对三相异步电动机的参数识读不正确不给分	25		

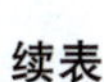

续表

序号	主要内容	考核要求	评分标准	配分	扣分	得分
2	电机控制	（1）掌握断路器、接触器、隔离开关规格型号与选择整定 （2）掌握常用按钮、行程开关、转换开关等型号、文字图形表示及选择 （3）掌握熔断器型号规格及熔丝选择计算 （4）掌握电动机点动、长动控制线路安装接线 （5）掌握电动机点动、长动控制线路故障排除	概念模糊不清或错误不给分；控制线路理解错误不给分	25		
3	元件安装布线	（1）能够按照电路图的要求，正确使用工具和仪表，熟练地安装电气元件 （2）布线要求美观、紧固、实用，无毛刺、端子标识明确	一处安装出错或不牢固，扣1分；损坏元件扣5分；布线不规范扣5分	20		
4	通电运行	要求无任何设备故障且保证人身安全的前提下通电运行一次成功	一次试运行不成功扣5分，二次试运行不成功扣10分，三次试运行不成功不给分	30		
备注			指导老师签字 年　月　日			

教学小结

1. 三相异步电动机的控制线路大都由继电器、接触器和按钮等有触点的电器组成。

2. 点动与长动控制线路是三相异步电动机的基本控制线路。

3. 点动控制线路实现简单、主电路构造易懂，但保护环节薄弱、安全性不高；相比而言，长动控制线路安全性较高，但控制线路较点动控制线路略微复杂。

4. 可以根据实际需要在点动或长动基本控制线路上增添其他部件与线路以实现额外功能。

思考与练习

1. 简述三相异步电动机的结构及其工作原理。

2. 思考三相异步电动机点动与长动控制线路各适用何种实际生产需求？并从其组成元件的不同之处分析其控制原理与保护环节有何不同？

3. 读图 2-8 并分析。图 2-8 实现什么控制功能？其控制原理是什么？并写出各电器元件符号对应的电器元件。

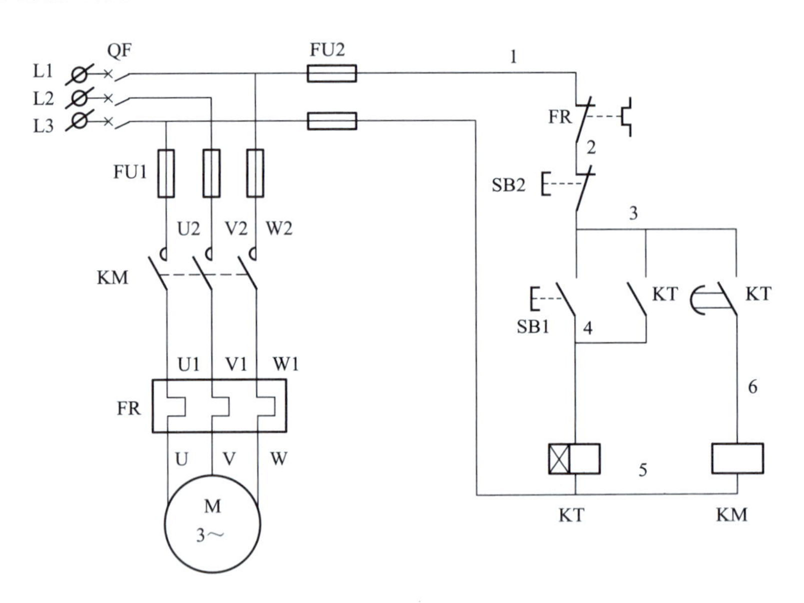

图 2-8　电气控制图

任务二　应用 PLC 实现点动、长动控制系统的设计

■ **应知点：**

1. 了解三相异步电动机点动、长动控制的工序及控制要求。
2. 了解三相异步电动机点动、长动控制相对应的 PLC 梯形图的绘制。

■ **应会点：**

1. 掌握三相异步电动机点动、长动控制的电气接线。
2. 掌握三相异步电动机点动、长动控制的程序录入。

一、任务简述

电动机是电力拖动控制系统的主要控制对象，在工业控制中，被控对象有许多运行方式，如点动控制、连续控制等，特别是在设备调试过程中，两种控制模式交替运用。本项目任务，以广泛使用的三相异步电动机为对象，主要介绍电动机控制的点动与连续复合控制，PLC 的编程元件、扫描工作过程，学习如何应用 S7-200 系列 PLC 来控制电动机的点动与连续的复合控制。

二、相关知识

用 PLC 进行电动机的控制时，通常需要 3 种电路，即主电路、I/O 接口电路及梯形图软件。主电路与继电器控制的主电路相同；I/O 接口电路指输入设备（如按钮、行程开关等）、输出设备（如继电器、接触器等）的地址分配情况；梯形图软件即各种编制的程序，是实现动作的核心。

1. 点动、长动控制线路

在项目二的任务一中，着重介绍了三相异步电动机点动、长动控制线路的组成和工作原理，在此就不再赘述了。具体如图 2-9 和图 2-10 所示。

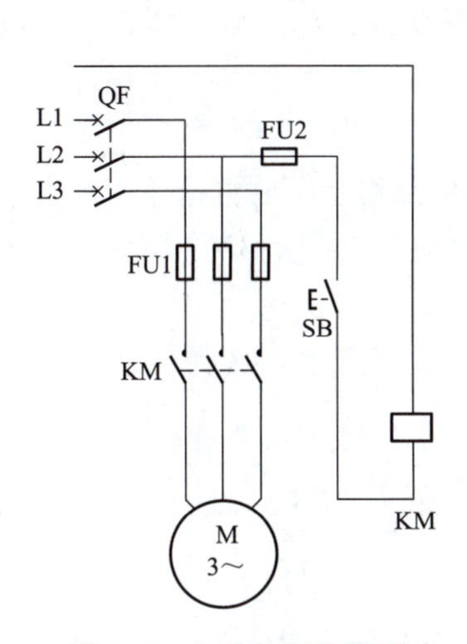

图 2-9　点动控制线路图

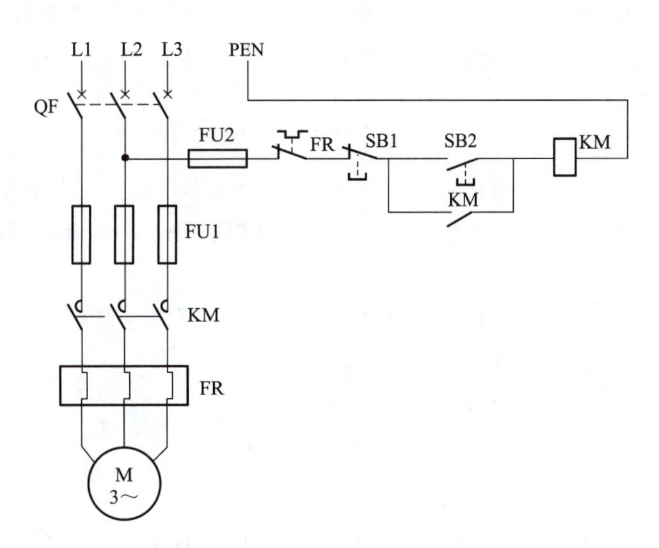

图 2-10　三相异步电动机长动控制线路图

2. 使用 STEP 7-Micro/WIN32 建立梯形图逻辑程序

在前面已学习了如何使用接触器—继电器电气控制线路进行三相异步电动机的点动和长动控制，下面将学习如何使用 PLC 控制器对接触器—继电器三相异步电动机点动与长动控制线路进行改造。首先必须熟悉如何使用 STEP 7-Micro/WIN32 软件来建立梯形图逻辑程序。

1）如何建立项目

（1）打开新项目。

双击 STEP 7-Micro/WIN32 图标，或从“开始”菜单选择 Simatic > STEP 7-Micro/

WIN32，启动应用程序，会打开一个新 STEP 7-Micro/WIN32 项目。

（2）打开现有项目。

从 STEP 7-Micro/WIN32 中，使用文件菜单，选择下列选项之一：

① 打开：允许使用者浏览至一个现有项目，并且打开该项目。

② 文件名称：如果使用者最近在项目中工作过，则该项目在“文件”菜单下列出，可直接选择，而不必使用“打开”对话框。

也可以使用 Windows Explorer 浏览至适当的目录，无须将 STEP 7-Micro/WIN32 作为一个单独的步骤启动即可打开使用者的项目。在 STEP 7-Micro/WIN3.0 版或更高版本中，项目包含在带有 .mwp 扩展名的文件中。

2）LAD 编辑器规则

（1）放置触点的规则。

每个网络必须以一个触点开始，网络不能以触点终止。

（2）放置线圈的规则。

网络不能以线圈开始，线圈用于终止逻辑网络。一个网络可有若干个线圈，只要线圈位于该特定网络的并行分支上。

（3）放置方框的规则。

如果方框有 ENO，能流扩充至方框外，这意味着使用者可以在方框后放置更多的指令。在网络的同级线路中，可以串联若干有 ENO 的方框。如果方框没有 ENO，则不能在其后放置任何指令。

（4）网络尺寸限制。

使用者可以将程序编辑器窗口视作划分为单元格的网格（单元格是可放置指令、为参数指定数值或绘制线段的区域）。在网格中，一个单独的网络最多能垂直扩充 32 个单元格或水平扩充 32 个单元格。

使用者可以用鼠标右键在程序编辑器中单击，并在弹出的快捷菜单中选择“选项”命令，改变网格大小。

3）在 LAD 中输入指令

在 LAD 中输入指令有以下几种方法：

（1）插入与覆盖模式。

STEP 7-Micro/WIN32 允许使用者在键盘上切换 Insert 键，在两种编辑模式之间转换：

① 在插入模式（按 Insert 键时选择）中，如果将一条指令放在另一条指令上，程序编辑器将现有指令移开为新指令让出位置。

② 在覆盖模式（Insert 键未按下时的默认值）中，如果将一条指令放在另一条指令上，程序编辑器删除现有指令，并用新指令替换现有指令。

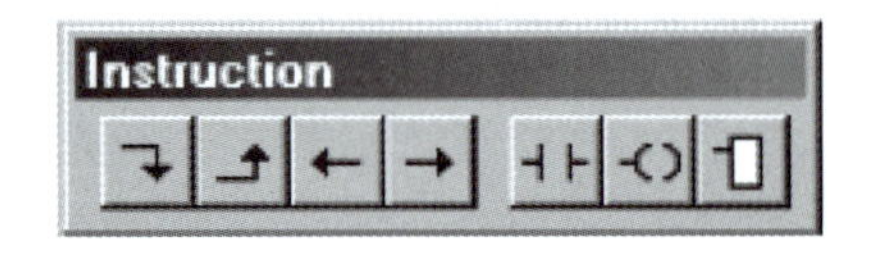

图 2-11　画线工具栏

（2）画线。

使用者可以从图 2-11 所示“程序”工具条中选用水平和垂直线，或按住键盘上的 Ctrl 键并按左、右、上或下箭头键。

（3）从指令树拖放。

如图 2-12 所示，选择指令，将指令拖拽至所需的位置后松开鼠标按钮。

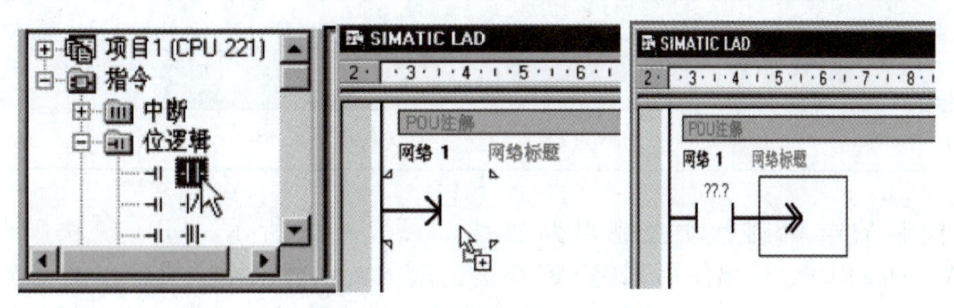

图 2-12　梯形图程序编制示例

4）在 LAD 中输入地址

当使用者在 LAD 中输入一条指令时，参数开始用问号表示，如?? .? 或????。问号表示参数未赋值。如图 2-13 所示，可以在输入元素时为该元素的参数指定一个常量或绝对值、符号或变量地址或者以后再赋值。如果有任何参数未赋值，程序将不能正确编译。

5）在 LAD 中进行编译

如图 2-14 所示，使用者可以用工具条按钮或 PLC 菜单进行编译。

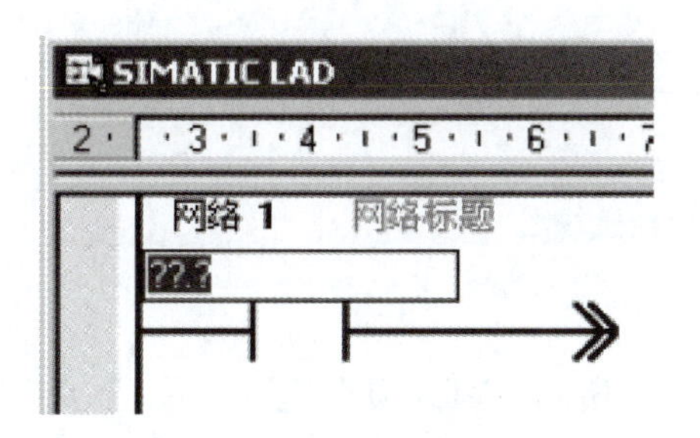

图 2-13　在 LAD 中输入地址示意图

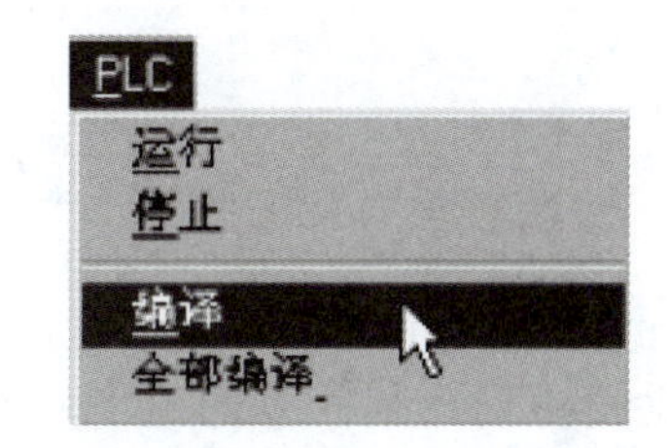

图 2-14　PLC 编译窗口

当使用者编译时，“输出窗口”列出发生的所有错误。错误根据位置（网络、行和列）及错误类型识别。使用者可以双击错误线，调出程序编辑器中包含错误的代码网络。

三、应用实施

1. 点动控制

1）工作过程和控制要求

电动机的点动工作过程如下：按下点动按钮 SB，电动机运转；松开点动按钮 SB，电动机停止。

控制要求如下：

（1）电动机 M 启动。

按下启动按钮 SB→PLC 做“启动”运算→电动机 M 启动。

（2）电动机 M 停止。

松开启动按钮 SB→PLC 做“停止”运算→电动机 M 停止。

2）I/O 分配图与接线图

点动控制电路输入/输出端口分配表如表 2-2 所示。

表 2-2　点动控制电路输入/输出端口分配表

输入端口			输出端口		
输入继电器	输入器件	作用	输出继电器	输出器件	控制对象
I0.0	SB	点动	Q0.0	KM	电动机 M

PLC 控制的电动机点动控制电路接线如图 2-15 所示。CPU 模块型号可选为 CPU221 AC/DC/RLY，输出使用 220V AC 电源。输入端电源采用本机输出的 24VDC 电源，M、1M 连接一起，按钮 SB1 接直流电源正极和输入继电器 I0.0 端子，交流接触器线圈 KM 与 220V AC 电源串联接入输出公共端子 1L 和输出继电器 Q0.0 端子。

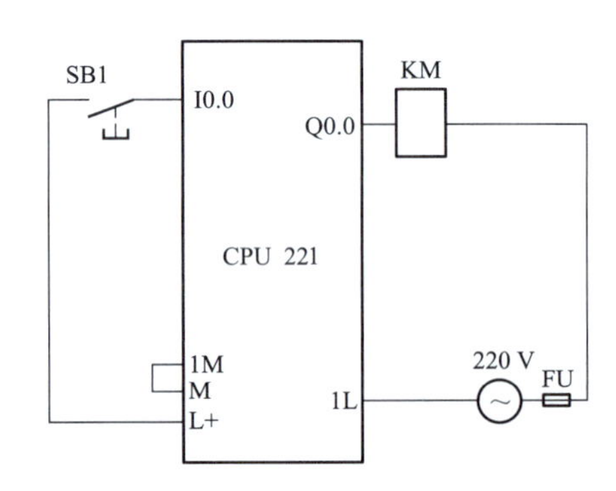

图 2-15　点动控制电路接线图

3）梯形图和指令表

电动机点动控制程序梯形图和指令表如图 2-16 所示。其工作原理是：按下点动按钮 SB，输入继电器 I0.0 为 ON，输出继电器 Q0.0 为 ON，交流接触器 KM 线圈通电，KM 主触点闭合，电动机通电运行。松开点动按钮 SB，输入继电器 I0.0 为 OFF，输出继电器 Q0.0 为 OFF，交流接触器 KM 线圈失电，KM 主触点复位，电动机断电停止。

图 2-16　点动控制程序梯形图和指令表

2. 长动控制

1）工作过程和控制要求

合上 QF，接通电源。

按下启动按钮 SB2→KM 线圈得电→ {主触点闭合→电动机启动运行。 / 辅助常开触点闭合→自锁。}

按下停止按钮 SB1→KM 线圈失电→主触点及辅助触点复位→电动机断电，停止运行。

控制要求如下：

(1) 电动机 M 启动。

按下启动按钮 SB2→PLC 做“启保”运算→电动机 M 启动。

（2）电动机 M 停止。

按下停车按钮 SB1→PLC 做“停止”运算→电动机 M 停止。

2）I/O 分配表与接线图

I/O 分配表如表 2-3 所示。

表 2-3　I/O 分配表

输入端口			输出端口		
输入继电器	输入器件	作用	输出继电器	输出器件	控制对象
I0.0	SB2	启动	Q0.0	KM	电动机 M
I0.1	SB1	停止			

PLC 控制的电动机长动控制电路接线如图 2-17 所示。

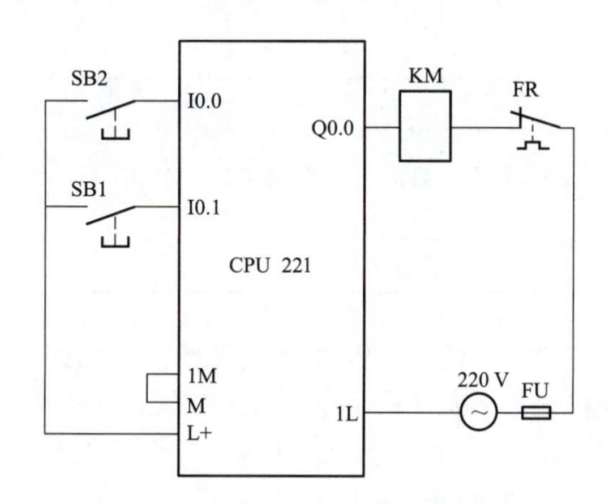

图 2-17　长动控制电路接线图

3）梯形图

实现 PLC 控制时，启动按钮 SB2 接 I0.0，停止按钮 SB1 接 I0.1，PLC 的输出 Q0.0 接交流接触器 KM。对应的梯形图如图 2-18 所示。按动启动按钮 SB2，I0.0 闭合，Q0.0 得电，Q0.0 的常开触点闭合，形成自锁。按动停止按钮 SB1，I0.1 断开，Q0.0 失电，Q0.0 常开触点断开。

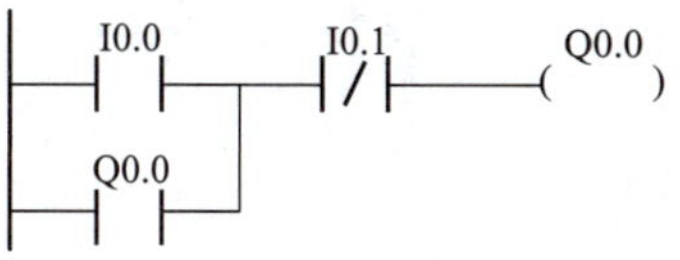

I0.0　I0.1　Q0.0　Q0.0

```
LD   I0.0
O    Q0.0
AN   I0.1
=    Q0.0
```

图 2-18　长动控制程序梯形图

3. 点动过载保护控制

在实际生产应用中，往往会考虑到电动机运行过程中的发热现象，并为了保证电动机的安全运行，会增添一个过载保护装置，其线路图如图 2-19 所示。

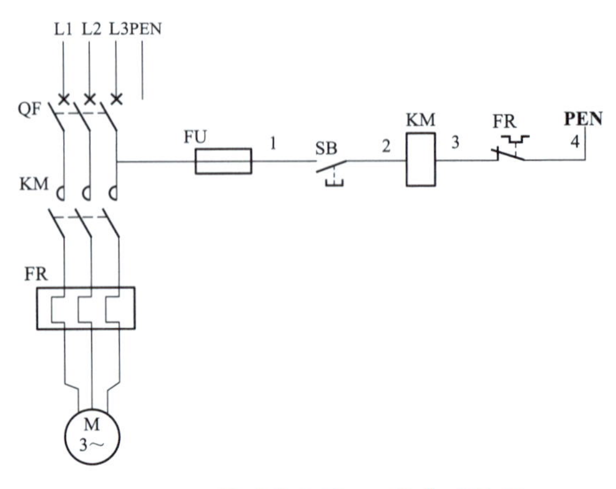

图 2-19　带过载保护 FR 的点动控制

在此系统中，I/O 分配表如表 2-4 所示。

表 2-4　I/O 分配表

输入端口			输出端口		
输入继电器	输入器件	作用	输出继电器	输出器件	控制对象
I0. 0	SB	点动	Q0. 0	KM	电动机 M
I0. 1	FR	过热保护			

在用 PLC 实现点动控制时，将图 2-19 中的点动按钮 SB 接 PLC 的 I0. 0，热继电器 FR 的常闭触点接 I0. 1，交流接触器 KM 接输出 Q0. 0。FR 在没有故障的情况下常闭触点是闭合的，即 I0. 1 闭合，当按下 SB 时 I0. 0 闭合，Q0. 0 输出，KM 吸合，电动机转动；当松开 SB 时 I0. 0 断开，Q0. 0 无输出，KM 断开，电动机停转。实现此控制的控制电路接线图如图 2-20 所示，对应的梯形图和语句表如图 2-21 所示。

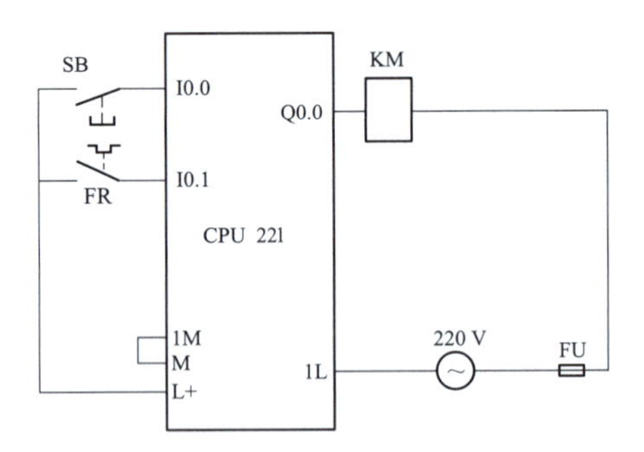

图 2-20　点动过载保护控制电路接线图

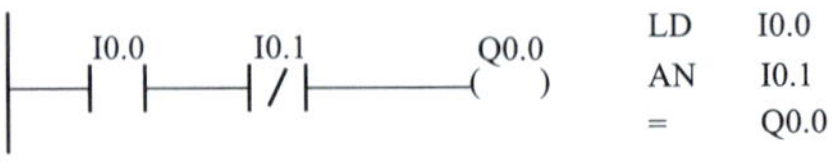

I0.0　I0.1　Q0.0

```
LD   I0.0
AN   I0.1
=    Q0.0
```

图 2-21　梯形图和语句表

4. 点动与连续控制电路

在生产实际中，点动与长动控制往往是相互结合存在的，掌握如何由最基本的点动和长动控制线路来构成点动与连续控制线路，是知识应用掌握的最佳途径。点动与连续控制电路如图 2-22 所示。

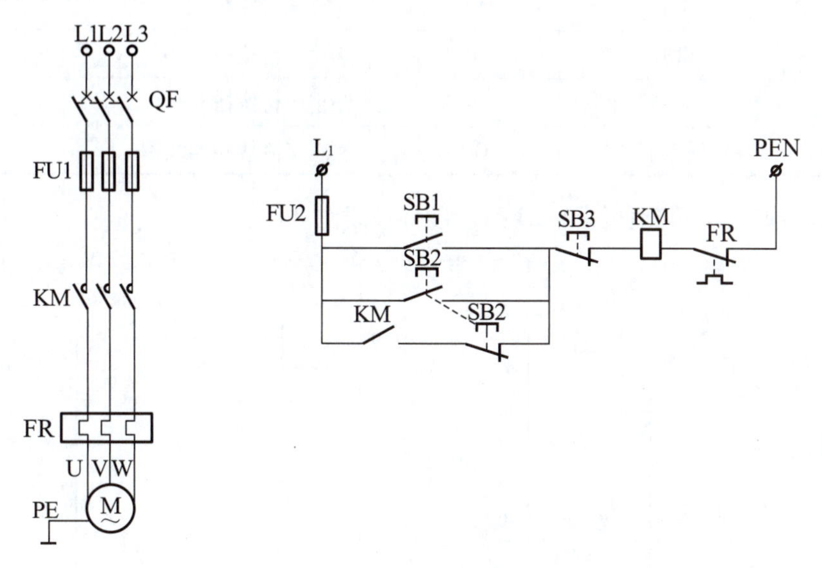

图 2-22　点动与连续控制电路

1）工作过程和控制要求

主电路：由 KM 交流接触器来控制电机的运行与停止。

控制回路中包含“连续运行”按钮 SB1，“点动”按钮 SB2，“停止”按钮 SB3。其中，SB2 为一复合按钮，包含一对常开和一对常闭触点，常闭触点串联在自保持回路中。当按下“连续运行”按钮 SB1，KM 得电，KM 的常开辅助触点接通构成自保持回路，按下“停止”按钮 SB3，电机停止工作；当按下“点动”按钮 SB2，首先 SB2 的常闭触点断开，然后常开触点闭合，电动机开始工作；当松开“点动”按钮 SB2，已闭合的 SB2 的常开触点断开，电动机停止工作，然后已断开的常闭触点闭合。

控制要求如下：

（1）电动机 M 启动。

按下启动按钮 SB1→PLC 做“启保”运算→电动机 M 启动。

（2）电动机 M 停止。

按下停车按钮 SB3→PLC 做“停止”运算→电动机 M 停止。

（3）电动机 M 启动。

按下启动按钮 SB2→PLC 做“启动”运算→电动机 M 启动。

（4）电动机 M 停止。

松开启动按钮 SB2→PLC 做“停止”运算→电动机 M 停止。

2）I/O 分配表

控制回路中包含 3 个输入 SB1、SB2、SB3 和一个输出 KM。凡电路中“停止”按钮，在画连线图时用按钮的常开触点接入，如表 2-5 所示。

表 2-5　I/O 分配表

符号名称	（接点、线圈）形式	I/O 点地址	说　明
SB1	常开	I0. 0	连续运行按钮
SB2	常开	I0. 1	点动运行按钮
SB3	常开	I0. 2	停止运行按钮
KM	继电器	Q0. 0	控制交流接触器线圈

根据 I/O 分配表，得到如图 2-23 所示硬件连线图。

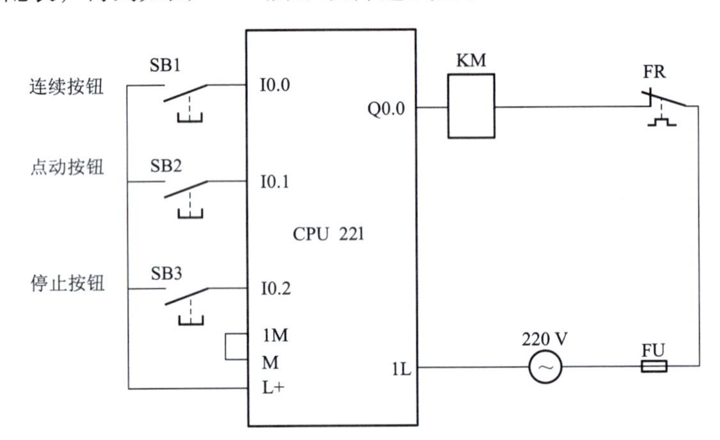

图 2-23　点动与连续控制 PLC 控制电路

3）梯形图和语句表

对应的梯形图和语句表如图 2-24 所示。

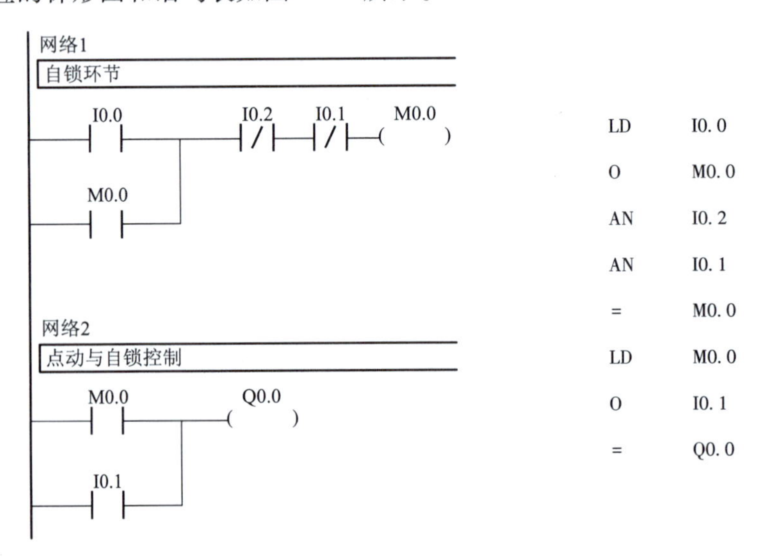

图 2-24　点动与连续控制 PLC 控制梯形图和语句表

四、操作技能考评

通过对本任务相关知识的了解和应用操作实施，对本任务实际掌握情况进行操作技能考评，具体考核要求和考核标准如表 2-6 所示。

表 2-6　任务操作技能考核要求和考核标准

序号	主要内容	考核要求	评分标准	配分	扣分	得分
1	电路原理图	掌握电动机点动、长动控制线路的原理和构成	概念模糊不清或错误不给分	25		
2	PLC 控制	（1）掌握 PLC 结构与工作原理 （2）掌握 PLC 的 I/O 分配表的设计原则 （3）正确连接输入/输出端线及电源线	概念模糊不清或错误不给分；接线错误不给分	25		
3	梯形图编写	正确绘制梯形图，并能够顺利下载	梯形图绘制错误不得分，未下载或下载操作错误不给分	30		
4	PLC 程序运行	能够正确完成系统要求，实现电动机点动、长动控制	一次未成功扣 5 分，两次未成功扣 10 分，三次以上不成功不给分	20		
备注			指导老师签字 年　月　日			

教 学 小 结

1. STEP 7-Micro/WIN32 是一款 PLC 编程软件，其 LAD 程序编辑功能强大、操作简单、易于上手，通过教学演示与自主练习环节，使学生掌握基本的 LAD 程序的编写、编译、保存、运行等操作。

2. 三相异步电动机的点动、长动控制线路是最基本的控制线路，通过应用 PLC 进行点动、长动控制，使学生了解并熟练掌握 PLC 控制系统的设计步骤及基本的 PLC 梯形图的绘制。

3. 通过应用 PLC 进行三相异步电动机的点动、长动控制，使学生掌握基本的 S7-200 系列 PLC 指令 LD、LDN 的使用及应用场合。

思考与练习

1. 练习并熟练掌握 STEP 7-Micro/WIN32 的新建项目、保存项目、编译项目等操作。

2. 对照本次任务的 4 个不同控制线路的梯形图，比较其不同，指出梯形图上串联与并联分别对应着什么逻辑概念。

3. 图 2-25 所示是项目二的任务一中曾介绍过的带断路器的点动控制线路。根据此控制线路的工作原理，设计一 PLC 控制系统，写出其 I/O 分配表，并画出梯形图。

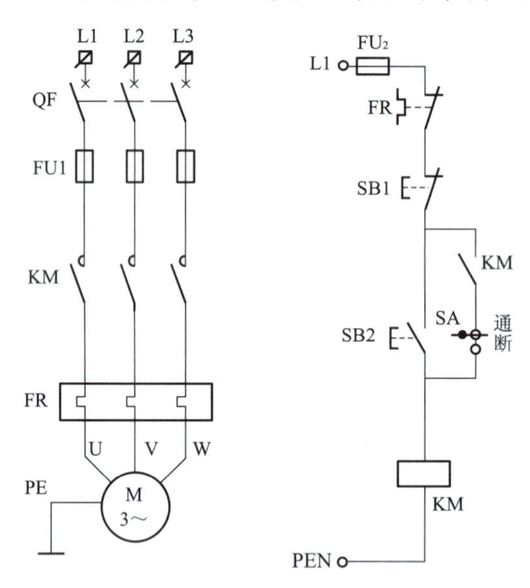

图 2-25　带转换开关的点动控制线路

任务三　继电器—接触器顺序、多点控制线路

■ 应知点：

1. 了解三相异步电动机的顺序、多点控制线路的组成和工作原理。
2. 了解三相异步电动机的顺序、多点控制线路的接线等实际操作技能。
3. 了解三相异步电动机的顺序、多点控制线路的保护方法。

■ 应会点：

1. 掌握三相异步电动机的顺序、多点控制线路的工作原理的分析方法。
2. 掌握三相异步电动机的顺序、多点控制线路的控制逻辑。

一、任务简述

在某电厂中，有引风机、送风机两种电机设备，引风机作为引入设备，要求在送风机运转之前运行，即启动引风机后方可启动送风机，在引风机未启动的情况下，送风机无法启动。其顺序控制示意图如图 2-26 所示。

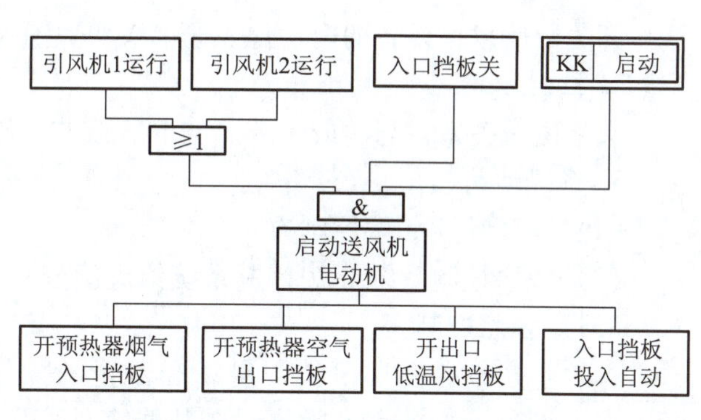

图 2-26　引风机、送风机顺序控制

这种生产实际要求对引风机和送风机进行顺序控制。顺序控制的情况有很多，阀门与主泵电机、压缩机与辅助油泵等都属于顺序控制。大多数工厂中的流水线、传送带也都是顺序控制。

除了顺序控制以外，工业应用中还有一种控制方法十分常见，就是多点控制。为了操作方便，一台设备会设有几个操纵盘或按钮站，各处都可以进行操作控制。这样不仅大大增加了控制的灵活性，更使得远程操作变得可能与便利。

在以下的内容中，将介绍三相异步电动机的顺序控制和多点控制的基本线路，为学生的技能完善打好基础。

二、相关知识

（一）顺序控制的基本概念及应用

1. 顺序控制的功能

顺序控制是指按一定的条件和先后顺序对大型机电单元组成的动力系统和辅机，包括电动机、阀门、挡板的启、停和开、关进行自动控制，也叫程序控制系统。在生产实践中，常要求各种运动部件之间或生产机械之间能够按顺序工作。例如，车床主轴转动时，要求油泵先给润滑油，主轴停止后，油泵方可停止润滑，即要求油泵电机先启动，主轴电机后启动，主轴电机停止后，才允许油泵电机停止。顺序控制可分为手动顺序控制和自动顺序控制。

2. 顺序控制的意义

随着机组容量的增大和参数的提高，辅机数量和热力系统的复杂程度大大增加，顺序控制系统涉及面很广，有大量的输入/输出信号和逻辑判断功能。

3. 顺序控制的作用

（1）减少了大量烦琐的操作，降低操作人员的劳动强度。

（2）保护设备安全。

4. 顺序控制在电厂中的应用

锅炉侧：空预器、送风机、引风机、一次风机、制粉系统等。

汽机侧：循环水泵、凝结水泵、油泵、给水泵等设备及系统。

相对独立的程控系统：如输煤、除灰、化学补给水处理、凝结水处理、锅炉吹灰、锅炉定期排污等系统（一般用 PLC 来实现）。

（二）顺序控制的实现方法

1. 控制信号

开关量信息：设备的启、停、开、关等具有两位状态的信息。

2. 控制方式

数字逻辑关系：与、或、非、与非、或非、R/S 触发器、计时器等。

3. 系统结构

（1）开环系统（按控制方式分）。

（2）程序控制系统（按控制系统给定值分）。

（三）多点控制

有的生产设备机身很长，启动和停止的操作比较频繁，为了减少操作人员的行走时间，提高设备运行效率，常在设备机身多处安装控制按钮。例如，生产设备在甲地，而甲地和乙地同时有启动/停止设备的需求，此时就需要在甲地和乙地分别设置启动/停止开关，实现对设备的控制。因此多点控制也称为多地控制。

三、应用实施

（一）顺序控制线路

实现电动机顺序控制的方法很多，按电路功能可分为主电路实现顺序控制和控制电路实现顺序控制；按电动机的运行顺序可分为顺序启动和顺序停止。

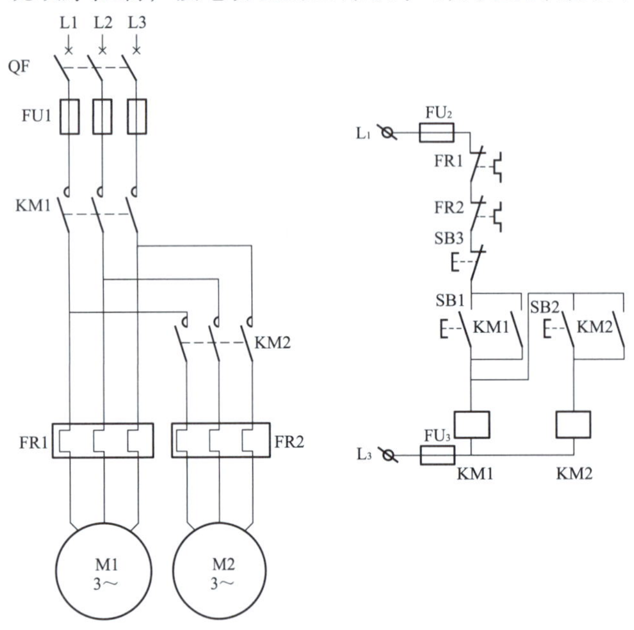

图 2-27　主电路实现顺序控制

1. 主电路实现顺序控制

图 2-27 所示为主电路实现电动机顺序控制的线路，其特点是：M2 的主电路接在 KM1 主触点的下面。电动机 M1 和 M2 分别通过接触器 KM1 和 KM2 来控制，KM2 的主触点接在 KM1 主触点的下面，这就保证了当 KM1 主触点闭合，M1 启动后 M2 才能启动。

线路的工作原理为：按下 SB1，KM1 线圈得电吸合并自锁，KM1 主触点闭合，M1 启动，此后，按下 SB2，KM2 主触点闭合，M2 才能启动。停止时，按下 SB3，KM1、KM2 断电，M1、M2 同时停转。

2. 控制电路实现顺序启动控制

控制电路实现顺序启动控制的控制线路如图 2-28 所示。电动机 M1 启动运行之后电动机 M2 才允许启动。

其中，图 2-28（a）所示控制线路是通过接触器 KM1 的“自锁”触点来制约接触器 KM2 线圈的。只有在 KM1 动作后，KM2 才允许动作。

图 2-28（b）所示控制线路是通过接触器 KM1 的“联锁”触点来制约接触器 KM2 线圈

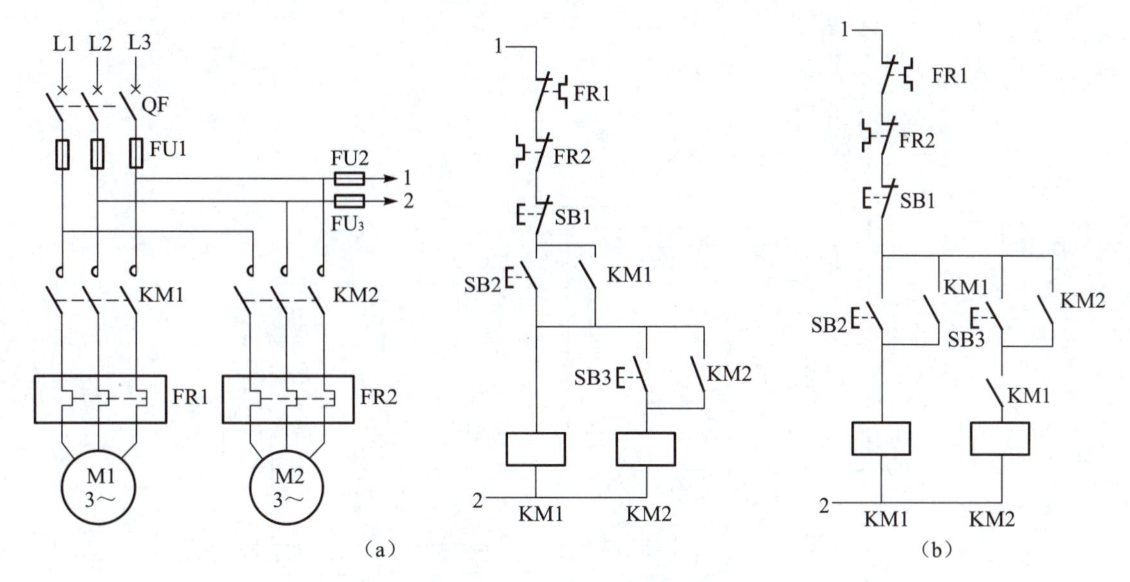

图 2-28　顺序启动控制线路

的，也只有 KM1 动作后，KM2 才允许动作。

3. 控制电路实现顺序停止控制

在前面已介绍了顺序控制启动线路，下面将介绍一种按顺序先后停止的联锁控制线路。主线路如图 2-28（a）所示。

在图 2-29 中，按下 SB3 按钮，KM1 通电，进入自锁，电动机 M1 启动；按下 SB4 按钮，KM2 通电，进入自锁，电动机 M2 启动；按下 SB1 按钮，KM1 断电，电动机 M1 停止，再按 SB2，KM2 断电，电动机 M2 停止。当未按下 SB1 时，先按 SB2，KM1 保持吸合，KM2 继续通电，电动机 M2 的运行状态不变。

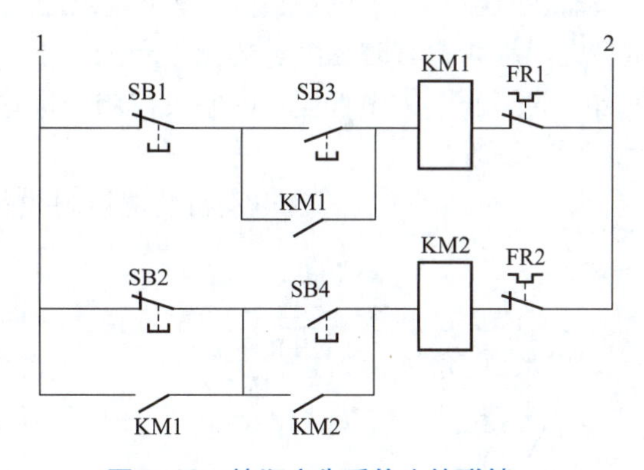

图 2-29　按顺序先后停止的联锁

此电路保证了电动机 M1 先停车、电动机 M2 随后停车，电动机 M2 不能单独停车。

4. 自动顺序控制

前面所介绍的都是手动进行顺序控制的控制线路，在实际生产应用中，往往需要自动实现顺序控制，下面将介绍如何利用时间继电器实现两台三相异步电动机的自动顺序控制。

如图 2-30 所示是采用时间继电器，按时间顺序启动的控制线路。线路要求电动机 M1 启动 t 秒后，电动机 M2 自动启动，可利用时间继电器的延时闭合常开触点来实现。

按启动按钮 SB2，接触器 KM1 线圈通电并自锁，电动机 M1 启动，同时时间继电器 KT 线圈也通电。定时 t 秒到，时间继电器延时闭合的常开触点 KT 闭合，接触器 KM2 线圈通电并自锁，电动机 M2 启动，同时接触器 KM2 的常闭触点切断了时间继电器 KT 线圈电源。

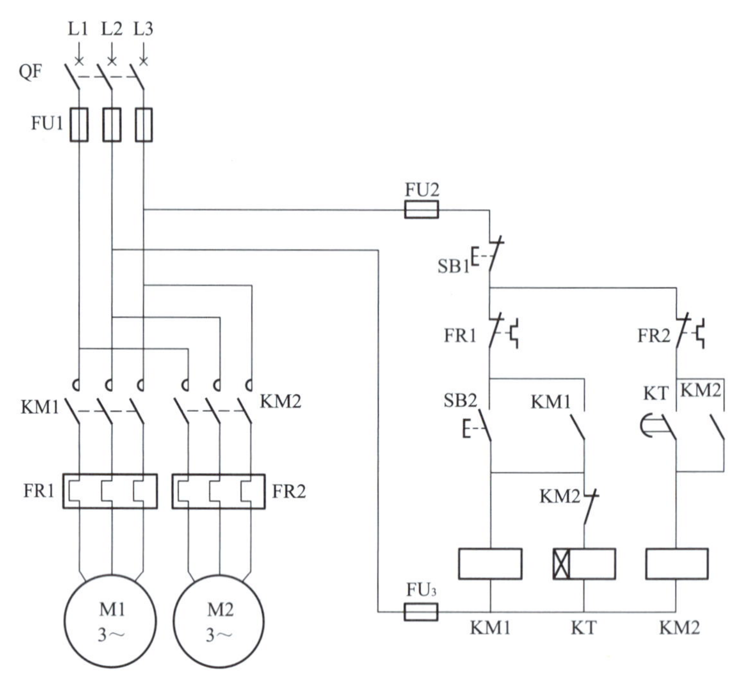

图 2-30　自动顺序控制电路

（二）多点控制线路

有些机械和生产设备，由于种种原因，常要在两地或两个以上的地点进行操作。例如，重型龙门刨床，有时在固定的操作台上控制，有时需要站在机床四周用悬挂按钮控制；有些场合，为了便于集中管理，由中央控制台进行控制，但每台设备调整检修时，又需要就地进行机旁控制等。

图 2-31 所示就是一个电动机两地控制线路。从图中可以看出启动按钮是并联的，即当按下任何一处的启动按钮，接触器线圈都能通电并自锁；而各停止按钮是串联的，即当按下任何一处停止按钮后，都能使线圈断电。通过对多点控制线路的分析，可得出一个普遍性结论：若几个电器都能控制某接触器通电，则这几个电器的常开触点应并联连接到该接触器的线圈电路中，即逻辑“或”的关系；若几个电器都能控制某接触器断电，则这几个电器的常闭触点应串联连接到该接触器的线圈电路中，即常闭触点逻辑“与”的关系。这一原则也适用于三地或更多地点的控制。

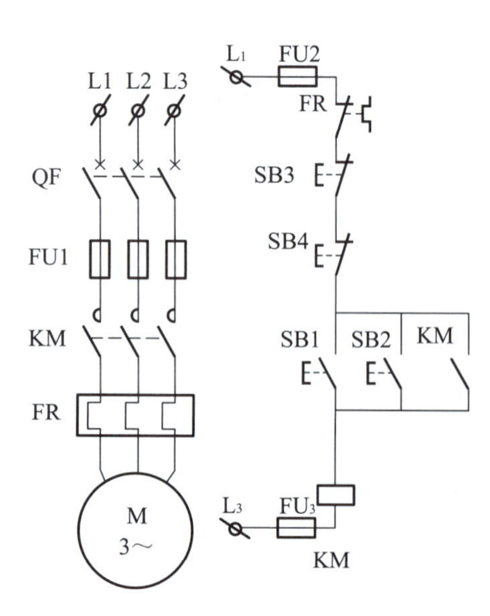

图 2-31　两地控制电路

在图 2-31 中，电动机 M 的主回路由 QF、FU1、KM 的动合触点和 FR 的热元件组成；控制回路由 FU2、FU3、SB1、SB2、SB3、SB4、KM 的线圈、KM 的动合辅助触点和 FR 的动断触点组成。

电路有两套启动/停止控制系统，分别是 SB1

和 SB3、SB2 和 SB4。这两套系统分别对应着两个不同的控制地点。在第一个控制地点按一下 SB1，KM 即通电吸合，其动合触点接通，M 启动运转；再按一下 SB3，KM 释放，M 停止运行。同理，在第二个控制地点按动 SB2，会使 KM 吸合，M 启动运转；按动 SB4，同样会使 KM 释放，M 停止转动。这样就实现了电动机的两地控制。

线路的特点是：启动按钮应并联接在一起，停止按钮应串联接在一起。这样就可以分别在甲、乙两地控制同一台电动机，达到操作方便的目的。对于三地或多地控制，只要将各地的启动按钮并联、停止按钮串联即可实现。

四、操作技能考评

通过对本任务相关知识的了解和应用操作实施，对本任务实际掌握情况进行操作技能考评，具体考核要求和考核标准如表 2-7 所示。

表 2-7　任务操作技能考核要求和考核标准

序号	主要内容	考核要求	评分标准	配分	扣分	得分
1	电机控制	(1) 掌握电动机顺序、多点控制线路安装接线 (2) 掌握电动机顺序、多点控制线路故障排除 (3) 掌握中间继电器、热继电器及时间继电器型号规格与选择整定	概念模糊不清或错误不给分；控制线路理解错误不给分	30		
2	元件安装布线	(1) 能够按照电路图的要求，正确使用工具和仪表，熟练掌握安装电气元件； (2) 布线要求美观、紧固、实用，无毛刺、端子标识明确	一处安装出错或不牢固，扣 1 分；损坏元件扣 5 分；布线不规范扣 5 分	30		
3	通电运行	要求无任何设备故障且保证人身安全的前提下通电运行一次成功	一次试运行不成功扣 5 分，二次试运行不成功扣 10 分，三次试运行不成功不给分	40		
备注			指导老师签字 年　月　日			

教 学 小 结

1. 顺序控制、多点控制线路都是在生产实际需要的基础上出现的控制线路，因此其形式也会依据不同生产情况有其各自特殊的功能和线路结构。

2. 顺序控制的核心内容在于控制多台电动机的启动顺序和停止顺序，所以其技术核心在于联锁。

3. 多点控制线路的核心内容在于多地点控制同一台电动机的启动和停止，所以其技术核心在于启动按钮的逻辑“或”和停止按钮的逻辑“与”。

思考与练习

1. 顺序控制、多点控制线路的功用各是什么？

2. 在多地控制线路中，如果想增加新的控制地点，该如何修改两地控制线路图？

任务四　应用 PLC 实现电动机顺序、多点控制系统的设计

■ 应知点：

1. 了解三相异步电动机顺序、多点控制线路原理。
2. 了解三相异步电动机顺序、多点控制对应 PLC 梯形图的绘制方法。

■ 应会点：

1. 掌握三相异步电动机顺序、多点控制的电气接线方法。
2. 掌握三相异步电动机顺序、多点控制的程序录入方法。

一、任务简述

在任务三中，已学习了三相异步电动机顺序、多点控制的相关工作原理、线路结构等知识，接下来将继续学习如何使用 PLC 控制器实现电动机顺序、多点控制系统。

在 PLC 出现以前，继电器—接触器控制在工业控制领域占主导地位，由此构成的控制系统都是按预先设定好的时间或条件顺序地工作，若要改变控制的顺序就必须改变控制系统的硬件接线，因此，其通用性和灵活性较差。而 PLC 可在不改变硬件接线的情况下，通过修改程序而改变控制的顺序，有着较好的灵活性和适用性。

二、相关知识

在前面，已了解了 PLC 的控制指令系统及部分基本指令，下面将对定时器指令进行简

要介绍，由于定时器指令比较复杂，将在后续内容详细介绍。

S7-200 系列 PLC 的定时器是对内部时钟累计时间增量计时的。每个定时器均有一个 16 位的当前值寄存器用以存放当前值（16 位符号整数），一个 16 位的预置值寄存器用以存放时间的设定值，还有一位状态位，反映其触点的状态。常用的 PLC 定时器 TON 指令梯形图和指令表如图 2-32 所示。

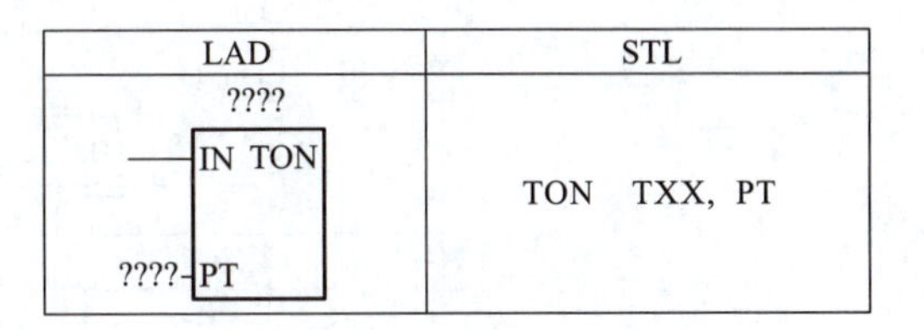

图 2-32　TON 梯形图和指令表

程序及时序分析如图 2-33 所示。

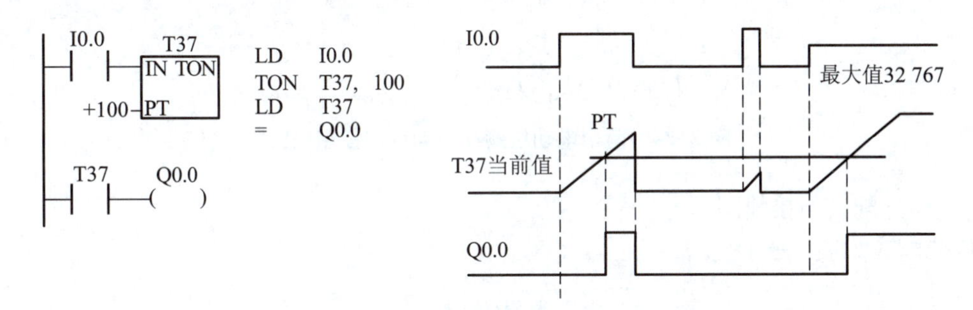

图 2-33　通电延时定时器 TON 工作原理分析

当 I0.0 接通时即使能端（IN）输入有效时，驱动 T37 开始计时，当前值从 0 开始递增，计时到设定值 PT 时，T37 状态位置 1，其常开触点 T37 接通，驱动 Q0.0 输出，其后当前值仍增加，但不影响状态位。当前值的最大值为 32 767。当 I0.0 分断时，使能端无效时，T37 复位，当前值清 0，状态位也清 0，即恢复原始状态。若 I0.0 接通时间未到设定值就断开，T37 则立即复位，Q0.0 不会有输出。

三、应用实施

1. 两台电动机顺序启动联锁控制线路

1）控制要求

两台电动机顺序启动联锁控制线路如图 2-34 所示。

采用 PLC 控制的工作过程如下：

合上断路器 QF，按下启动按钮 SB2，继电器 KM1 常开触点闭合并自锁，接触器 KM1 得电吸合，电动机 M1 启动。同时定时器 KT 开始计时（时间值 t 由用户设定），延时 t 时间后，KT 常开触点闭合，继电器 KM2 接通并自锁，接触器 KM2 得电吸合，电动机 M2 启动。可见只有 M1 先启动，M2 才能启动。

按下停机按钮 SB1，继电器 KM1、KM2 失电断开，电动机 M1、M2 停止。

电动机 M1 过载时，热继电器 FR1 常闭触点断开，继电器 KM1 和 KM2 失电释放，两台电动机都停止。

当电动机 M2 过载时，热继电器 FR2 常闭触点断开，继电器 KM2 失电，电动机 M2 停止，但电动机 M1 的运转状况不受影响。

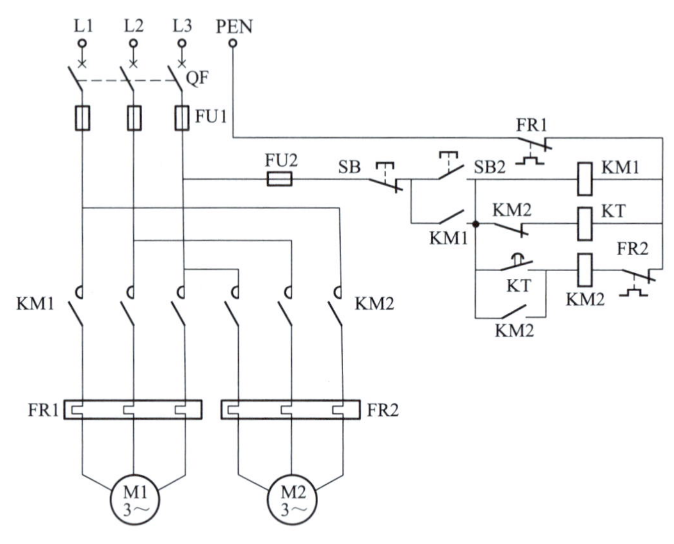

图 2-34　两台电动机顺序启动联锁控制线路

2）I/O 分配表与接线图

I/O 分配表如表 2-8 所示。

表 2-8　I/O 分配表

符号名称	（接点、线圈）形式	I/O 点地址	说　明
SB1	常开	I0. 0	停止运行按钮
SB2	常开	I0. 1	顺序启动运行按钮
FR1	常开	I0. 2	热继电器 1
FR2	常开	I0. 3	热继电器 2
KM1	接触器	Q0. 0	控制电机 M1 的接触器线圈
KM2	接触器	Q0. 1	控制电机 M2 的接触器线圈

PLC 控制器外部接线如图 2-35 所示。

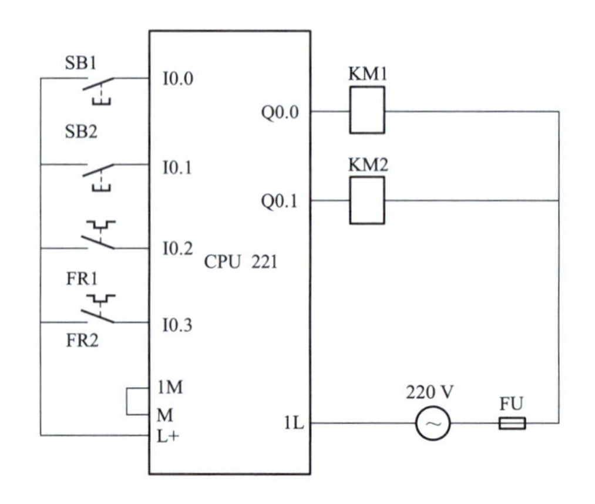

图 2-35　PLC 控制器外部接线

3）梯形图和指令表

梯形图和指令表如图 2-36 所示。

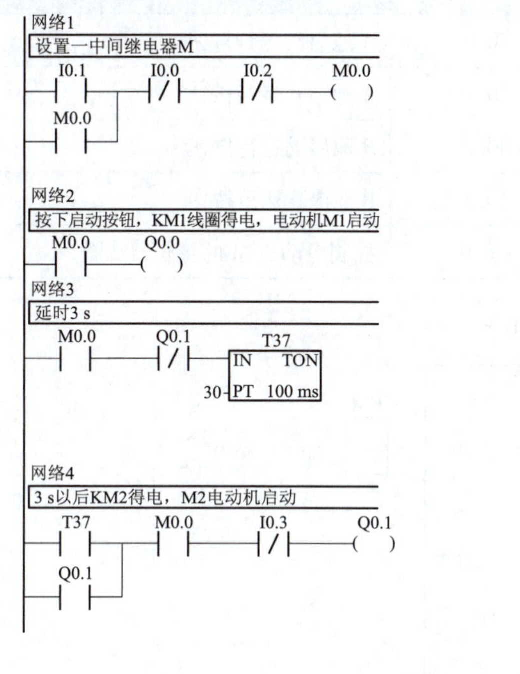


```
LD    I0.1
O     M0.0
AN    I0.0
AN    I0.2
=     M0.0
LD    M0.0
=     Q0.0

LD    M0.0
AN    Q0.1
TON   T37, 30
LD    T37
O     Q0.1
A     M0.0
AN    I0.3
=     Q0.1
```

图 2-36　PLC 梯形图和指令表

2. 多点控制电路

图 2-37 所示是三相异步电动机的两地控制电路。

1）控制要求

在图 2-37 中，启动按钮 SB2 和 SB4 是并联的，即当任一处按下启动按钮，接触器线圈都能通电并自锁；各停止按钮（SB1 和 SB3）是串联的，即当任一处按下停止按钮后，都能使接触器线圈断电，电动机停转。

启动过程：

按下 SB2 按钮，继电器 KM 闭合并自保，电动机 M 启动。

按下 SB4 按钮，继电器 KM 闭合并自保，电动机 M 也启动。

停止过程：

按下 SB1 按钮，继电器 KM 失电，电动机 M 停止。

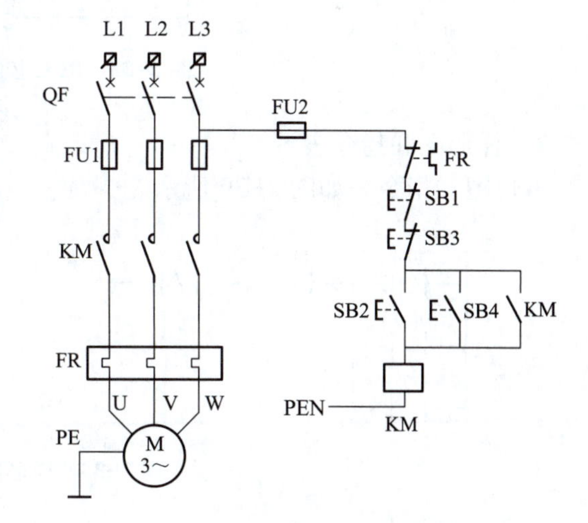

图 2-37　三相异步电动机的两地控制电路

按下 SB3 按钮，继电器 KM 失电，电动机 M 停止。

2）I/O 分配表与接线图

I/O 分配表如表 2-9 所示。

表 2-9　I/O 分配表

符号名称	（接点、线圈）形式	I/O 点地址	说　明
SB2	常开	I0. 0	A 地启动运行按钮
SB1	常开	I0. 1	A 地停止运行按钮
SB4	常开	I0. 2	B 地启动运行按钮
SB3	常开	I0. 3	B 地停止运行按钮
KM	接触器	Q0. 0	控制电动机 M 的接触器线圈

PLC 控制器外部接线如图 2-38 所示。

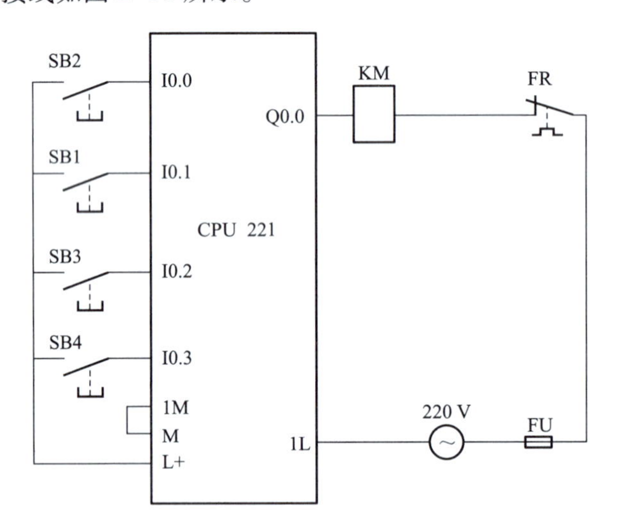

图 2-38　PLC 控制器外部接线

3）梯形图和指令表

梯形图和指令表如图 2-39 所示。

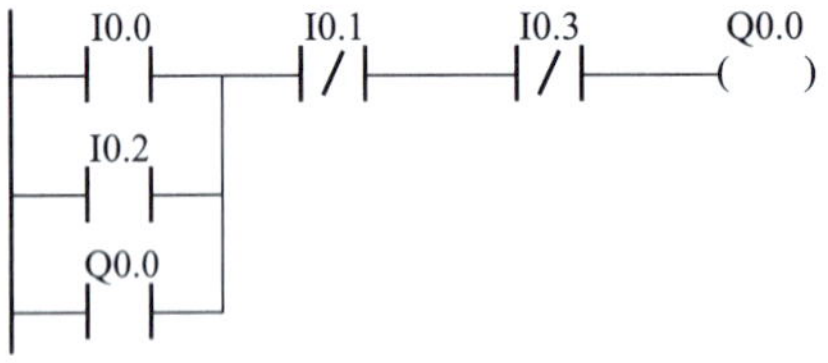

LD	I0. 0
O	I0. 2
O	Q0. 0
AN	I0. 1
AN	I0. 3
=	Q0. 0

图 2-39　梯形图和指令表

四、操作技能考评

通过对本任务相关知识的了解和应用操作实施，对本任务实际掌握情况进行操作技能考评，具体考核要求和考核标准如表 2-10 所示。

表 2-10　任务操作技能考核要求和考核标准

序号	主要内容	考核要求	评分标准	配分	扣分	得分
1	电路原理图	掌握电动机顺序、多点控制线路的原理和构成	概念模糊不清或错误不给分	25		
2	PLC 控制	（1）掌握 PLC 结构与工作原理 （2）掌握 PLC 的 I/O 分配表的设计原则 （3）正确连接输入/输出端线及电源线	概念模糊不清或错误不给分；接线错误不给分	25		
3	梯形图编写	正确绘制梯形图，并能够顺利下载	梯形图绘制错误不得分；未下载或下载操作错误不给分	30		
4	PLC 程序运行	能够正确完成系统要求，实现电动机顺序、多点控制	一次未成功扣 5 分，两次未成功扣 10 分，三次以上不给分	20		
备注			指导老师签字 年　月　日			

教学小结

1. PLC 设计系统主要包括控制要求分析、I/O 分配及梯形图的绘制，学生需要掌握如何从控制要求出发，选择合适的 I/O 接口，并绘制满足控制要求的梯形图。

2. 三相异步电动机的顺序控制和多点控制的继电器—接触器线路图比较复杂，而相应的 PLC 梯形图则较为简洁明了，这说明在使用顺序与逻辑控制的系统设计中，采用 PLC 进行设计较为简便易用。

思考与练习

1. 三相异步电动机自动顺序控制的 PLC 程序中的自动过程，是通过哪个模块实现的？并思考为什么此模块并未指定其输入/输出接口？

2. 思考：倘若需要修改三相异步电动机两地控制的 PLC 程序以实现三地控制，该如何修改其 I/O 分配表和梯形图。

项目三　三相异步电动机正、反转控制线路

任务一　继电器—接触器正、反转控制线路

■ 应知点：

1. 了解三相异步电动机的正、反转控制线路的组成和工作原理。
2. 了解三相异步电动机的正、反转控制线路的接线等实际操作。
3. 了解三相异步电动机的正、反转控制线路的保护方法。

■ 应会点：

1. 掌握三相异步电动机的正、反转控制线路的工作原理的分析。
2. 掌握三相异步电动机的正、反转控制线路的应用。

一、任务简述

生产中许多机械设备往往要求运动部件能向正、反两个方向运动，如机床工作台的前进与后退、起重机的上升与下降等，这些生产机械要求电动机能实现正、反转控制。改变接通电动机定子绕组的三相电源相序，即把接入电动机的三相电源进线中的任意两根对调，电动机即可实现反转。

如图 3-1 所示，此系统要求电动机能够在 A、B 之间往返运动，因此需要通过电动机的正转与反转的切换，实现其正程与逆程控制。

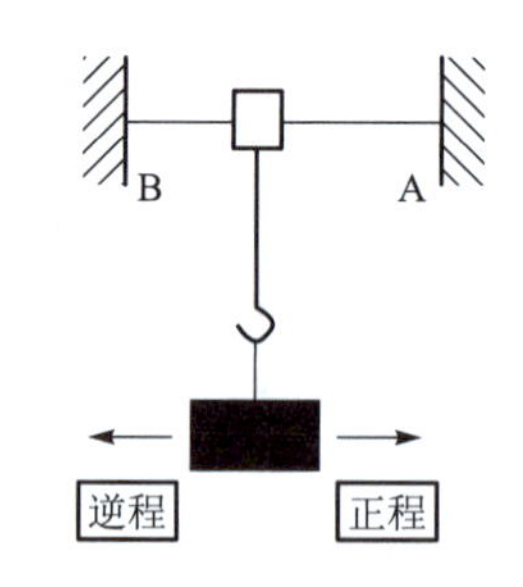

图 3-1　要求实现电动机正、反转控制的示例

二、相关知识

（一）三相电动机正、反转原理

在三相电源中，各相电压经过同一值（最大值或最小值）的先后次序称为三相电源的相序。如果各相电压的次序为 L_1-L_2-L_3（或 L_2-L_3-L_1、L_3-L_1-L_2），则这样的相序为正序或

顺序。如果各相电压经过同一值的先后次序为 L_1-L_3-L_2（或 L_3-L_2-L_1、L_2-L_1-L_3），则这种相序称为负序或逆序。

如图 3-2 所示，将三相电源进线（L_1、L_2、L_3）依次与电动机的三相绕组首端（U、V、W）相连，就可使电动机获得正序交流电而正向旋转；只要将三相电源进线中的两相导线对调，就可改变电动机的通电相序，使电动机获得反序交流电而反向旋转。

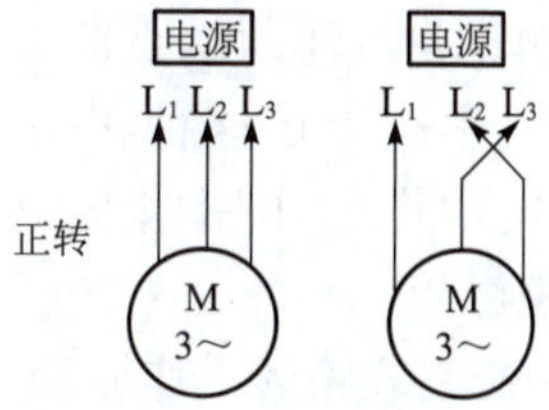

图 3-2　电动机正转与反转相序调相

（二）三相异步电动机正、反转控制要求

电动机正、反转启动控制线路最基本的要求就是实现正转和反转，但三相异步电动机原理与结构决定了电动机在正转时，不可能马上实现反转，必须要停车之后方能开始反转，故三相异步电动机正、反转控制要求如下：

（1）当电动机处于停止状态时，此时可正转启动，也可反转启动。

（2）当电动机正转启动后，可通过按钮控制其停车，随后进行反转启动。

（3）同理，当电动机反转启动后，可通过按钮控制其停车，随后进行正转启动。

三、应用实施

电动机正、反转启动控制线路常用于生产机械的运动部件能向正、反两个方向运动的电气控制。常用的正、反转控制线路有：接触器联锁的正、反转控制线路、按钮联锁的正、反转控制线路和按钮、接触器双重联锁控制线路。

1. 接触器联锁的正、反转控制线路

1）线路的构成

图 3-3 所示是接触器联锁的正、反转控制线路。

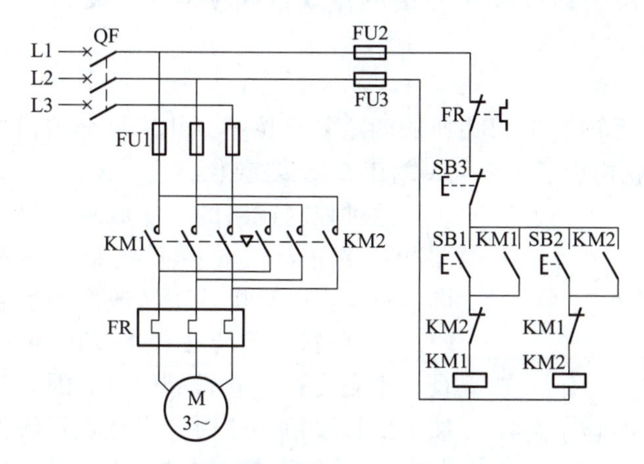

图 3-3　接触器联锁的正、反转控制线路

控制图中采用了两个接触器，即一个正转接触器 KM1 和一个反转接触器 KM2，它们分别由正转启动按钮 SB1 和反转启动按钮 SB2 控制。

从主电路中可以看出，这两个接触器的主触点所接通的电源相序不同：KM1 按 L1→L2→L3 的相序（正序）接线；KM2 则对调了 L1 与 L3 两相的相序，按 L3→L2→L1 相序（逆序）接线。

相应的控制电路有两条：一条是由按钮 SB1 和 KM1 线圈等组成的正转控制电路；另一条是由按钮 SB2 和 KM2 线圈等组成的反转控制电路。

为保证正转接触器 KM1 和反转接触器 KM2 不能同时得电动作，否则将造成电源短路，在正转控制电路中串接了反转接触器 KM2 的常闭辅助触点，而在反转控制电路中串接了正转接触器 KM1 的常闭辅助触点。这样当 KM1 得电动作时，串接在反转控制电路中

的 KM1 的常闭触点断开，切断了反转控制电路，保证了正转接触器 KM1 主触点闭合时，反转接触器 KM2 的主触点不能闭合。同样，当 KM2 得电动作时，串接在正转控制电路中的 KM2 常闭辅助触点断开，切断了正转控制电路，从而可靠地避免了两相电源短路事故的发生。上述这种在一个接触器得电动作时，通过其常闭辅助触点使另一个接触器不能得电动作的作用叫联锁（或互锁）。实现联锁作用的常闭辅助触点称为联锁触点（或互锁触点）。

2）控制线路的工作原理

线路的启动控制原理如下：

先合上断路器 QF。

正转启动：

按下 SB1→KM1 线圈得电→
- →KM1 联锁触点分断对 KM2 联锁
- →KM1 主触点闭合→电动机 M 启动连续正转
- →KM1 自锁触点闭合自锁

停止：

按下 SB3→KM1 线圈失电

反转启动：

再按下 SB2→KM2 线圈得电→
- →KM2 联锁触点分断对 KM1 联锁
- →KM2 自锁触点闭合自锁
- →KM2 主触点闭合→电动机 M 得电启动连续反转

从以上分析可见，接触器联锁的正、反转控制线路，由电动机从正转变为反转时，必须按下停止按钮 SB3 后，才能按反转启动按钮，否则由于接触器的联锁作用，不能实现反转。为克服此线路的不足，可采用按钮联锁或按钮与接触器双重联锁的正、反转控制线路。

2. 按钮联锁的正、反转控制线路

将图 3-4 中所示的正转按钮 SB1 和反转按钮 SB2 换成两个复合按钮，并使复合按钮的常闭触点代替接触器的常闭联锁触点，就构成了按钮联锁的正、反转控制线路。

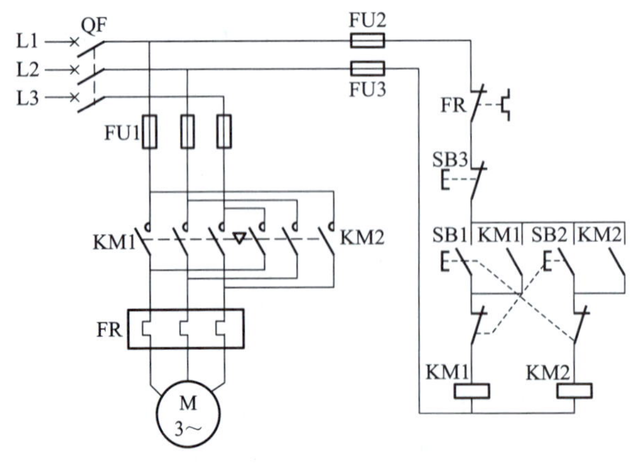

图 3-4　按钮互锁的正、反转控制线路

这种控制线路的工作原理与接触器联锁的正、反转控制线路基本相同，只是当电动机从正转改变为反转时，直接按下反转按钮 SB2 即可实现，不必先按停止按钮 SB3。因为当按下反转按钮 SB2 时，串接在正转控制电路中 SB2 的常闭触点先分断，使正转接触器 KM1 线圈失电，KM1 的主触点和自锁触点分断，电动机 M 失电惯性运转。SB2 的常闭触点分断后，其常开触点才随后闭合，接通反转控制电路，电动机 M 便反转。这样即保

证了 KM1 和 KM2 的线圈不会同时通电，又可不按停止按钮而直接按反转按钮实现反转。同样，若使电动机从反转运行变为正转运行，也只要直接按正转按钮 SB1 即可。

这种线路的优点是操作方便，但容易产生电源两相短路故障。如当正转接触器发生主触点熔焊或被杂物卡住等故障，即使接触器线圈失电，主触点也分断不开，这时若直接启动按下反转按钮 SB2，KM2 就得电动作，主触点闭合，必然造成电源 L1 与 L3 两相短路故障。所以在各种设备的应用中往往采用按钮、接触器双重联锁的控制线路。

3. 按钮、接触器双重联锁的正、反转控制线路

按钮、接触器双重联锁的控制线路是在按钮联锁的基础上，又增加了接触器联锁，故兼有两种联锁控制线路的优点，使线路操作方便、工作安全可靠。在机械设备的控制中被广泛采用。按钮、接触器双重联锁的正、反转控制线路与接线图如图 3-5 所示。

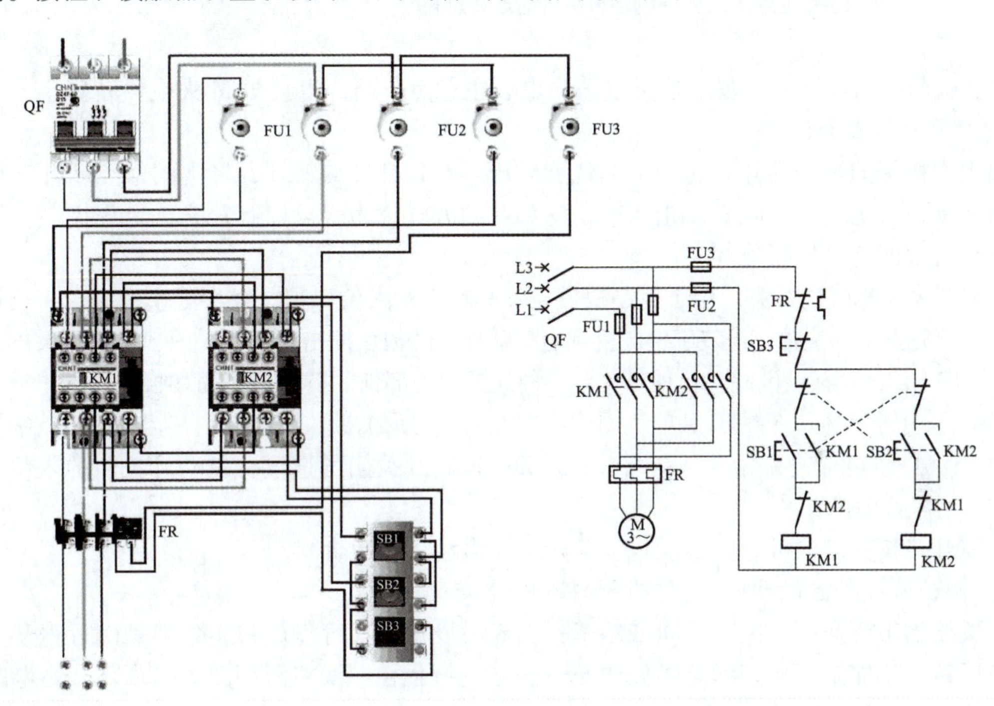

图 3-5　双重联锁的正反转控制线路与接线

线路的工作原理如下：

先合上断路器 QF。

正转启动控制：

按下正转启动按钮SB1 → SB1常闭触点先分断对KM2联锁（切断反转控制电路）
　　　　　　　　　　→ SB1常开触点后闭合→KM1线圈得电 →
→ KM1联锁触点分断对KM2联锁（切断反转控制电路）
→ KM1自锁触点闭合
→ KM1主触点闭合→电动机M启动连续正转

反转启动控制：

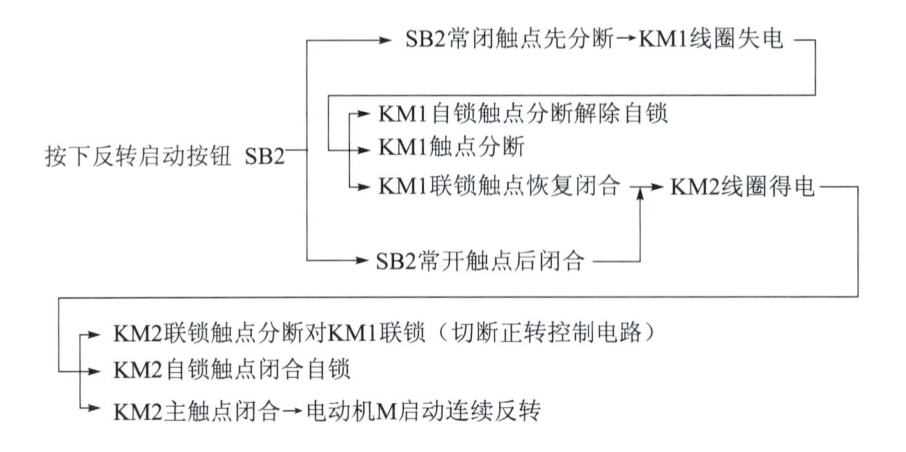

停止运转：按下 SB3，整个控制电路失电，主触点分断，电动机 M 失电停转停止。

4. 行程限位控制线路

当生产机械的运动部件到达预定的位置时压下行程开关的触杆，将常闭触点断开，接触器线圈断电，使电动机断电而停止运行，这种控制方式称为限位控制，又称行程控制。行程控制是在行程的终端加限位开关。

行程开关又称限位开关，用于控制机械设备的行程及限位保护。在实际生产中，将行程开关安装在预先安排的位置，当装于生产机械运动部件上的模块撞击行程开关时，行程开关的触点动作，实现电路的切换。因此，行程开关是一种根据运动部件的行程位置而切换电路的电器，它的作用原理与按钮类似。行程开关广泛用于各类机床和起重机械，用以控制其行程，进行终端限位保护。在电梯的控制电路中，还利用行程开关来控制开关门的速度、自动开关门的限位，轿厢的上、下限位保护。

行程开关按其结构可分为直动式、滚轮式、微动式和组合式。

1）限位开关控制电动机停止的行程控制线路

在机械加工行业中，生产车间安装了行车起吊设备，其行程控制线路都是由行程开关组成的正反转限位控制。典型示意图如图 3-6 所示，行程控制线路图如图 3-7 所示，主电路如图 3-5 所示。

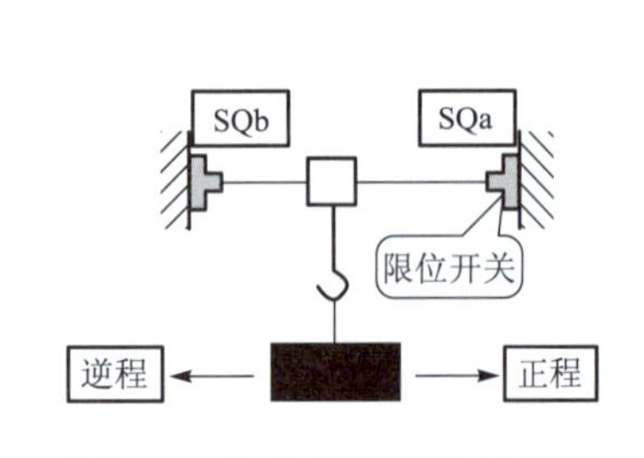

图 3-6　行程控制线路示意图

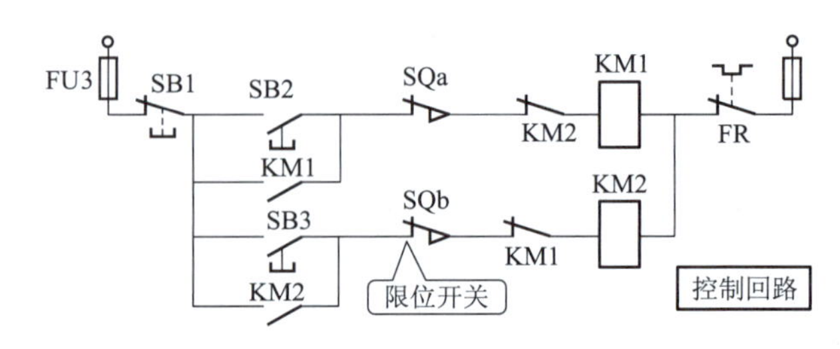

图 3-7　行程控制线路图

线路的工作原理如下：

正程控制：按下按钮 SB2，接触器 KM1 通电自保，电动机 M 正转运行；当运行至限位

开关 SQa 时，SQa 常闭触点断开，接触器 KM1 断电，电动机 M 停止。

逆程控制：按下按钮 SB3，接触器 KM2 通电自保，电动机 M 反转运行；当运行至限位开关 SQb 时，SQb 常闭触点断开，接触器 KM2 断电，电动机 M 停止。

停止运转：按下按钮 SB1，此时无论接触器 KM1 或 KM2 哪个正在通电，皆立即断电，电动机 M 停止。

2）自动往返运动的行程控制线路

在工业生产中，大型龙门刨床都是具有自动往返运动的行程控制，典型示意图如图 3-8 所示，自动往返控制线路如图 3-9 所示，主电路如图 3-5 所示。

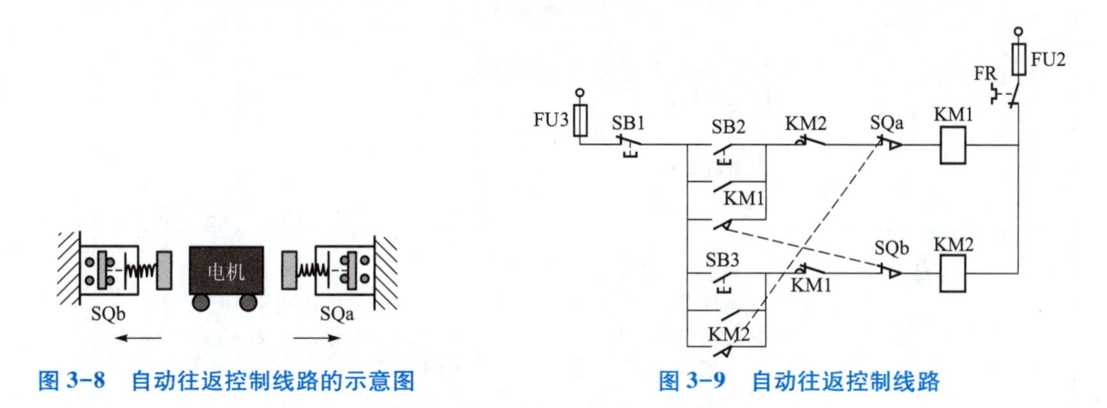

图 3-8　自动往返控制线路的示意图

图 3-9　自动往返控制线路

自动往返运动的行程控制与限位开关控制电动机停止的行程控制线路的区别在于电动机在停车后立即开始反向运转，从而实现自动运动。

在控制线路设计时，限位开关采用复合式开关。这样一来，正向运行停车的同时，能够自动启动反向运行；反之亦然。

线路的工作原理如下：

正程控制：按下按钮 SB2，接触器 KM1 通电自保，电动机 M 正转运行；当运行至限位开关 SQa 处时，SQa 常闭触点断开，接触器 KM1 断电，电动机 M 停止，SQa 常开触点闭合，接触器 KM2 通电自保，电动机 M 反转运行。

逆程控制：按下按钮 SB3，接触器 KM2 通电自保，电动机 M 反转运行；当运行至限位开关 SQb 处时，SQb 常闭触点断开，接触器 KM2 断电，电动机 M 停止，SQb 常开触点闭合，接触器 KM1 通电自保，电动机 M 正转运行。

停止运转：按下按钮 SB1，此时无论接触器 KM1 或 KM2 哪个正在通电，皆立即断电，电动机 M 停止。

四、操作技能考评

通过对本任务相关知识的了解和应用操作实施，对本任务实际掌握情况进行操作技能考评，具体考核要求和考核标准如表 3-1 所示。

表3-1 任务操作技能考核要求和考核标准

序号	主要内容	考核要求	评分标准	配分	扣分	得分
1	电机控制	（1）掌握电动机正、反转控制线路安装接线 （2）掌握电动机正、反转控制线路故障排除 （3）掌握电动机行程控制线路安装接线 （4）掌握电动机行程控制线路故障排除 （5）掌握电动机自动往返控制线路安装接线 （6）掌握电动机自动往返控制线路故障排除	概念模糊不清或错误不给分；控制线路理解错误不给分	50		
2	元件安装布线	（1）能够按照电路图的要求，正确使用工具和仪表，熟练安装电气元件 （2）布线要求美观、紧固、实用、无毛刺、端子标识明确	一处安装出错或不牢固，扣1分；损坏元件扣5分；布线不规范扣5分	20		
3	通电运行	要求无任何设备故障且保证人身安全的前提下通电运行一次成功	一次试运行不成功扣5分，二次试运行不成功扣10分，三次试运行不成功不给分	30		
备注			指导老师签字 年 月 日			

教学小结

1. 三相异步电动机的正、反转是通过改变通入电动机定子绕组的三相电源相序，即把接入电动机的三相电源进线中的任意两根对调实现的。

2. 典型的三相异步电动机的正、反转控制线路有3种：接触器联锁正反转控制线路、按钮联锁正反转控制线路和按钮、接触器双重联锁控制线路。

3. 按钮、接触器双重联锁控制线路兼有两种联锁控制线路的优点，使线路操作方便、工作安全可靠。

4. 限位控制是一种特殊的正、反转控制。

思考与练习

1. 直流电机可否实现正、反转运行？为什么？
2. 分析并总结三相异步电动机正、反转控制线路的特点。
3. 思考：倘若需要实现三相异步电动机的延时正、反转控制，即例如在电动机正转时按下按钮后并不立即停车或反转，而是等时间 t 秒后才动作，该如何修改控制线路的线路图？

任务二　应用 PLC 实现电动机正、反转控制系统的设计

■ **应知点：**

1. 了解采用 PLC 进行对象控制时，I/O 点的确定，能实际正确接线。
2. 了解三相异步电动机正、反转控制的工序及控制要求。
3. 了解三相异步电动机正、反转控制相对应的 PLC 梯形图的绘制。

■ **应会点：**

1. 掌握三相异步电动机正、反转控制的电气接线。
2. 掌握三相异步电动机正、反转控制的程序录入。

一、任务简述

电动机的正、反转控制是工业上广泛应用的一种控制系统，在上一任务中，学习了电动机正、反转继电器—接触器控制线路的工作原理和结构等相关知识，下面将继续学习如何应用 PLC 实现电动机正、反转控制系统的设计。

随着科学技术的不断发展，PLC 被广泛应用在各个领域中。由于在工业生产上往往不是单一的电动机正、反转控制，而经常是多种不同的电器结合起来完成一项控制任务，使用 PLC 进行电动机正、反转控制，不仅有利于模块的相互契合和扩展，还有利于整体系统的一致性与完整性，系统控制也十分直观和简明。

二、相关知识

在项目一的任务二中，了解了 PLC 的控制指令系统，下面将对此次项目中可能会使用到的一些指令进行详细介绍。

1. 电路块的串联指令 ALD

1）指令功能

ALD（And Load）：块“与”操作，用于串联连接多个并联电路组成的电路块。

2）指令格式

ALD 指令格式如图 3-10 所示梯形图。

2. 电路块的并联指令 OLD

1）指令功能

OLD（Or Load）：块“或”操作，用于并联连接多个串联电路组成的电路块。

2）指令格式

OLD 指令格式如图 3-11 所示梯形图。

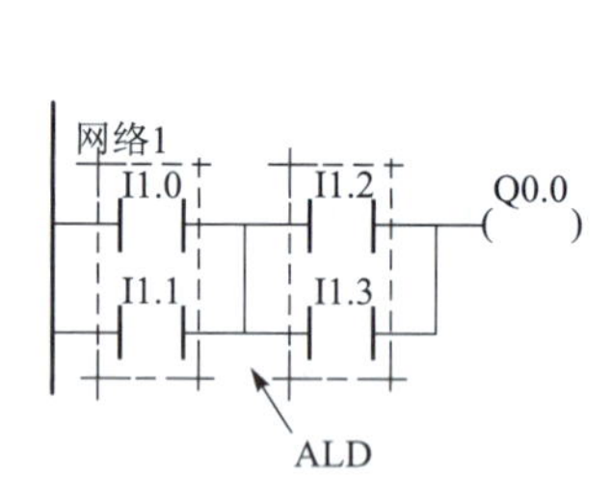

图 3-10　ALD 指令格式

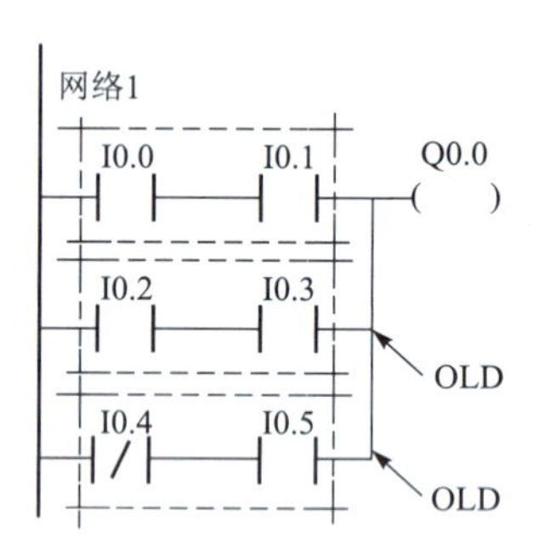

图 3-11　OLD 指令格式

三、应用实施

1. 正、反转 PLC 控制电路的应用

1）控制要求

三相异步电动机正、反转接触器控制线路如图 3-12 所示，该电路具有正、反转互锁、过载保护功能，是许多中小型机械的常用控制电路。

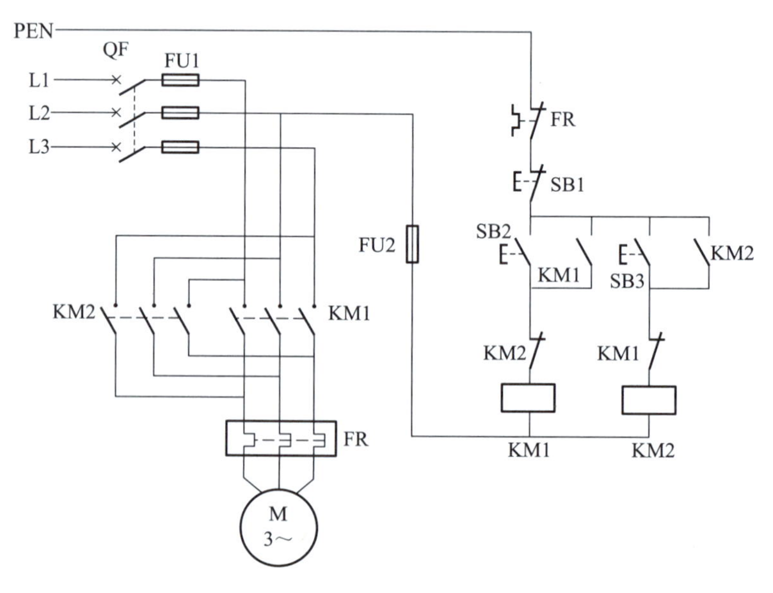

图 3-12　三相异步电动机正、反转控制线路

正转启动：按下 SB2 按钮，接触器 KM1 得电自锁，KM1 常开触点闭合，电动机 M 正

转，KM1 常闭触点断开，SB3 按钮失效。

停止过程：按下 SB1 按钮，接触器 KM1、KM2 皆失电，无论电动机是处于正转还是反转状况，电动机都停止运转。

反转启动：按下 SB3 按钮，接触器 KM2 得电自锁，KM2 常开触点闭合，电动机 M 反转，KM2 常闭触点断开，SB2 按钮失效。

2）I/O 分配表与接线图

I/O 分配表如表 3-2 所示。

表 3-2 I/O 分配表

符号名称	（接点、线圈）形式	I/O 点地址	说 明
SB2	常开	I0. 0	正转启动运行按钮
SB3	常开	I0. 1	反转启动运行按钮
SB1	常开	I0. 2	停止运行按钮
FR	常开	I0. 3	热继电器保护
KM1	接触器	Q0. 0	控制电机 M 正转接触器线圈
KM2	接触器	Q0. 1	控制电机 M 反转接触器线圈
HL1	灯泡	Q0. 2	正转指示灯
HL2	灯泡	Q0. 3	反转指示灯

三相异步电动机正、反转 PLC 控制器外部接线如图 3-13 所示。

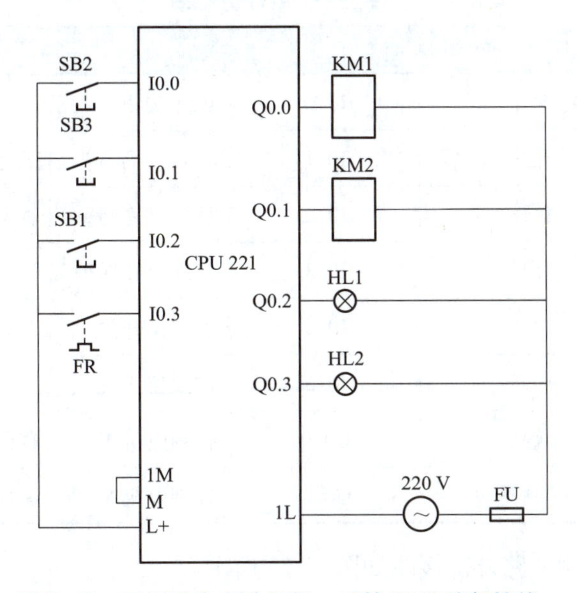

图 3-13 三相异步电动机正、反转 PLC 外部接线

3）梯形图

三相异步电动机正、反转 PLC 控制系统梯形图如图 3-14 所示。

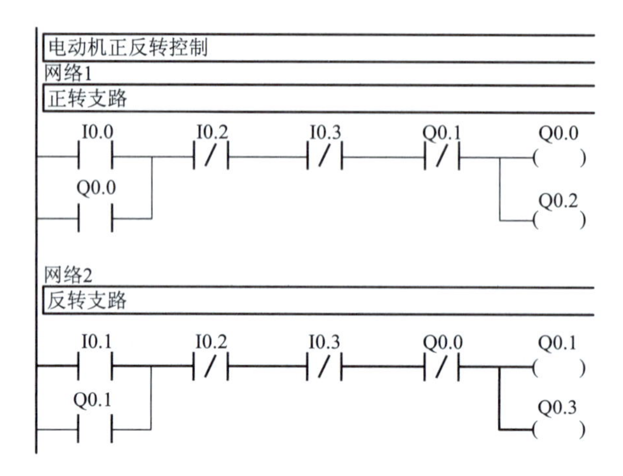

图 3-14　三相异步电动机正、反转 PLC 控制梯形图

2. 自动往返行程控制电路的 PLC 应用

在上一任务中曾提到自动往返运动是一种特殊的正、反转控制，下面将就自动往返控制系统的 PLC 设计做详细的介绍。

1）控制要求

自动往返控制的线路图和控制要求见项目三中任务一的图 3-9。

2）I/O 分配表与接线图

I/O 分配表如表 3-3 所示。

表 3-3　I/O 分配表

符号名称	（接点、线圈）形式	I/O 点地址	说　明
SB1	常开	I0. 0	停止按钮
SB2	常开	I0. 1	正转（右行）启动运行按钮
SB3	常开	I0. 2	反转（左行）启动运行按钮
FR	常开	I0. 3	热继电器保护
SQa	常开	I0. 4	右限位开关
SQb	常开	I0. 5	左限位开关
KM1	接触器	Q0. 0	控制电机 M 正转右行的接触器线圈
KM2	接触器	Q0. 1	控制电机 M 反转左行的接触器线圈

自动往返行程控制电路外部接线如图 3-15 所示。

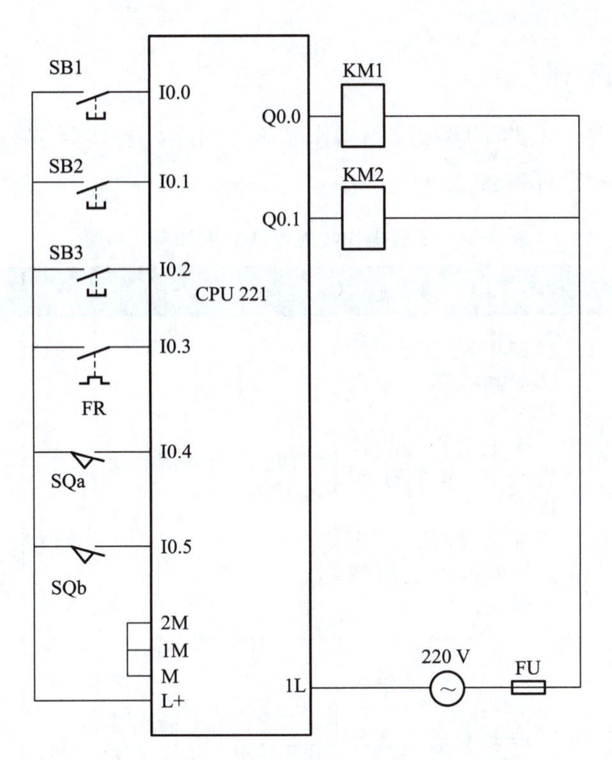

图 3-15　自动往返行程控制电路外部接线

3）梯形图

自动往返 PLC 控制系统示意图与梯形图如图 3-16 和图 3-17 所示。

按下正转启动按钮 SB2 或反转启动按钮 SB3 后，要求小车在左限位开关 SQb 和右限位开关 SQa 之间不停地循环往返，直到按下停止按钮 SB1。图中 Q0.0 控制右行，Q0.1 控制左行。

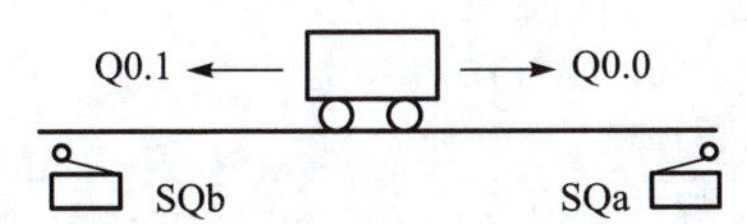

图 3-16　自动往返小车 PLC 控制系统示意图

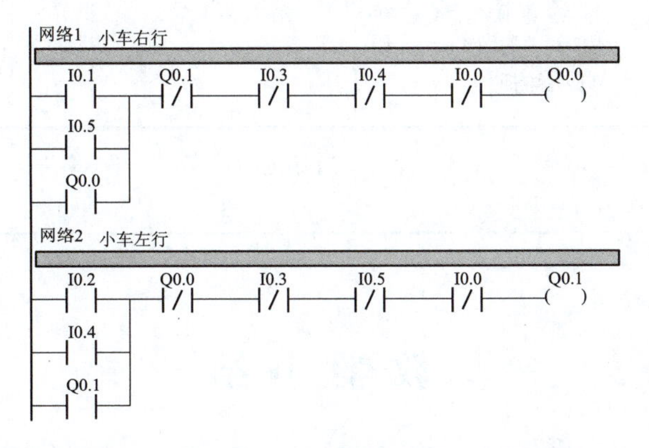

图 3-17　自动往返小车顺序控制程序梯形图

四、操作技能考评

通过对本任务相关知识的了解和应用操作实施，对本任务实际掌握情况进行操作技能考评，具体考核要求和考核标准如表 3-4 所示。

表 3-4　任务操作技能考核要求和考核标准

序号	主要内容	考核要求	评分标准	配分	扣分	得分
1	电路原理图	（1）掌握电动机正、反转控制线路的原理和构成 （2）掌握电动机行程控制线路的原理和构成 （3）掌握电动机自动往返控制线路的原理和构成	概念模糊不清或错误不给分	25		
2	PLC 控制	（1）掌握 PLC 结构与工作原理 （2）掌握 PLC 的 I/O 分配表的设计原则 （3）正确连接输入/输出端线及电源线	概念模糊不清或错误不给分；接线错误不给分	25		
3	梯形图编写	正确绘制梯形图，并能够顺利下载	梯形图绘制错误不得分；未下载或下载操作错误不给分	30		
4	PLC 程序运行	（1）能够正确完成系统要求，实现电动机正、反转控制 （2）能够正确完成系统要求，实现电动机行程控制 （3）能够正确完成系统要求，实现电动机自动往返控制	一次未成功扣 5 分，两次未成功扣 10 分，三次以上不给分	20		
备注			指导老师签字 年　月　日			

教 学 小 结

1. 用 PLC 实现三相异步电动机的正、反转控制的核心在于实现正转与反转互锁，即正

转的时候，按下反转按钮无效；同理，反转的时候，按下正转按钮无效，正转要切换到反转必须先按下停止按钮，再按下反转按钮方可实现反转。

2. 用 PLC 实现自动往返控制的核心在于如何使用限位开关控制电动机的正、反转切换。

思考与练习

1. 分析与比较继电器—接触器控制三相异步电动机正、反转同使用 PLC 控制三相异步电动机正、反转的控制实现方法有何相同、有何不同。

2. 倘若需要修改自动往返控制的 PLC 程序以实现延时往返，即到达限位开关后延时 t 秒时间后才反向运动，该如何修改其 I/O 分配表和梯形图。

项目四　三相异步电动机降压启动控制线路

三相交流异步电动机直接启动，虽然控制线路结构简单、使用维护方便，但启动电流很大，一般为正常工作电流的 4~7 倍，如果电源容量不大于电动机容量，则启动电流可能会明显地影响同一电网中其他电气设备的正常运行。因此，对于笼型异步电动机可采用以下几种降压启动控制线路：Y-△（星—三角形）降压启动、定子串电阻（电抗）降压启动、自耦变压器降压启动等方式。而对于绕线型异步电动机，还可采用转子串电阻启动或转子串频敏变阻器启动等方式来限制启动电流。

任务一　三相异步电动机 Y-△降压启动的继电器—接触器控制线路

■ **应知点：**

1. 了解时间继电器的原理。
2. 了解三相异步电动机Y-△降压启动的工作原理及应用。

■ **应会点：**

1. 掌握时间继电器的使用。
2. 掌握三相异步电动机Y-△降压启动的安装。

一、任务简述

为了减小启动电流，对于正常运行时电动机额定电压等于电源线电压，定子绕组为三角形连接方式的三相交流异步电动机，可以在启动时，将电动机定子绕组接成星形，待电动机的转速上升到一定值后，再换成三角形连接。这样，电动机启动时每相绕组的工作电压为正常时绕组电压的 $1/\sqrt{3}$，启动电流为三角形直接启动时的 1/3。这就是Y-△（星形—三角形）降压启动。

二、相关知识

采用时间继电器控制Y-△降压启动是一种自动控制的方法。首先测出电动机星形启动达到切换成三角形运行所规定的速度需要的时间，然后控制时间继电器的延时时间，使其等于电动机转速上升到规定速度所需要的时间来实现自动控制。

时间继电器分为空气阻尼式、电动式、晶体管式及直流电磁式等几大类。

1. 空气阻尼式时间继电器

时间继电器也称延时继电器，是一种用来实现触点延时接通或断开的控制电器。时间继电器按延时方式可分为通电延时型和断电延时型两种。

通电延时型时间继电器在其感测部分接收信号后开始延时，一旦延时完毕，就通过执行部分输出信号以操纵控制电路，当输入信号消失时，继电器就立即恢复到动作前的状态（复位）。

断电延时型与通电延时型相反，它是在其感测部分接收输入信号后，执行部分立即动作，但当输入信号消失后，继电器必须经过一定的延时，才能恢复到原来（即动作前）的状态（复位），并且有信号输出。

1）外形结构

空气阻尼式时间继电器的外形结构如图 4-1 所示。

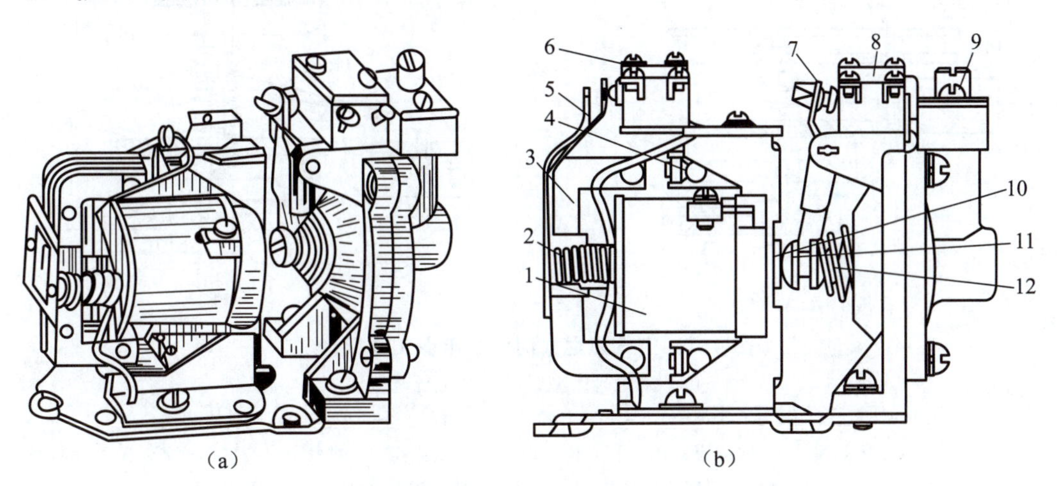

图 4-1　空气阻尼式时间继电器的外形结构示意图

（a）外形；（b）结构

1—线圈；2—反力弹簧；3—衔铁；4—静铁芯；5—弹簧片；6、8—微动开关

7—杠杆；9—调节螺钉；10—推杆；11—活塞杆；12—塔式弹簧

空气阻尼式时间继电器由电磁系统、延时机构和工作触点 3 部分组成。将电磁机构翻转180°安装后，通电延时型可以改换成断电延时型。同样，断电延时型也可改换成通电延时型。

2）工作原理

空气阻尼式时间继电器（JS7-A 系列）的工作原理示意图如图 4-2 所示。其中图 4-2（a）所示为通电延时型，图 4-2（b）所示为断电延时型。

（1）通电延时型：如图4-2（a）所示，它的主要功能是线圈通电后，触点不立即动作，而要延长一段时间才动作。当线圈断电后，触点立即复位。动作过程如下：当线圈通电时，衔铁克服反力弹簧4的阻力，与固定的铁芯吸合，活塞杆在塔式弹簧7的作用下向上移动，空气由进气孔12进入气囊。经过一段时间后，活塞才能完成全部过程，到达最上端，通过杠杆压动微动开关SQ1，使常闭触点延时断开，常开触点延时闭合。延时时间的长短取决于节流孔的节流程度，进气越快，延时越短。延时时间的调节是通过旋动节流孔螺钉，改变进气孔的大小。微动开关SQ2在衔铁吸合后，通过推板立即动作，使常闭触点瞬时断开，常开触点瞬时闭合。

当线圈断电时，衔铁在弹簧的作用下，通过活塞杆将活塞推向最下端，这时橡皮膜下方气室内的空气通过橡皮膜，弱弹簧和活塞的局部所形成的单向阀，很迅速地从橡皮膜上方气室缝隙中排掉，使微动开关SQ1的常开触点瞬时断开，常闭触点瞬时闭合，而SQ2的触点也瞬时动作，立即复位。

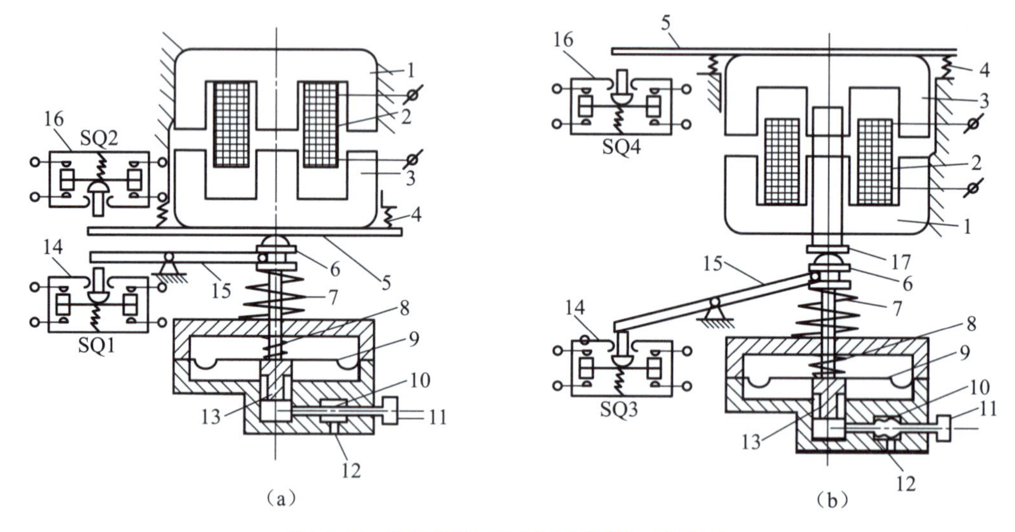

图4-2　空气阻尼式时间继电器工作原理

（a）通电延时型；（b）断电延时型

1—铁芯；2—线圈；3—衔铁；4—反力弹簧；5—推板；6—活塞杆；7—塔式弹簧；8—弱弹簧；9—橡皮膜；10—节流孔；11—调节螺钉；12—进气孔；13—活塞；14、16—微动开关；15—杠杆；17—推杆；SQ1、SQ2、SQ3、SQ4—微动开关

（2）断电延时型：如图4-2（b）所示，它和通电延时型的组成元件是通用的，只是电磁铁翻转180°。当线圈通电时，衔铁被吸合，带动推板压合微动开关SQ4，使常闭触点瞬时断开，常开触点瞬时闭合，同时衔铁压动推杆，使活塞杆克服弹簧的阻力向下移动，通过拉杆使微动开关SQ3也瞬时动作，常闭触点断开，常开触点闭合，没有延时作用。

当线圈断电时，衔铁在反力弹簧的作用下瞬时断开，此时推板复位，使SQ4的各触点瞬时复位，同时使活塞杆在塔式弹簧及气室各元件作用下延时复位，使SQ3的各触点延时动作。

3）图文符号

时间继电器的符号分为通电延时型和断电延时型两种，如图 4-3 所示，其文字符号为 KT。

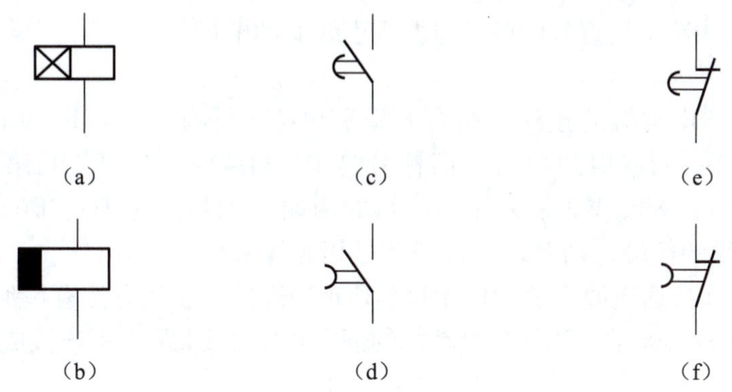

图 4-3 时间继电器的图形符号

（a）通电延时线圈；（b）断电延时线圈；（c）通电延时动合触点；（d）断电延时动合触点；（e）通电延时动断触点；（f）断电延时动断触点

4）型号含义

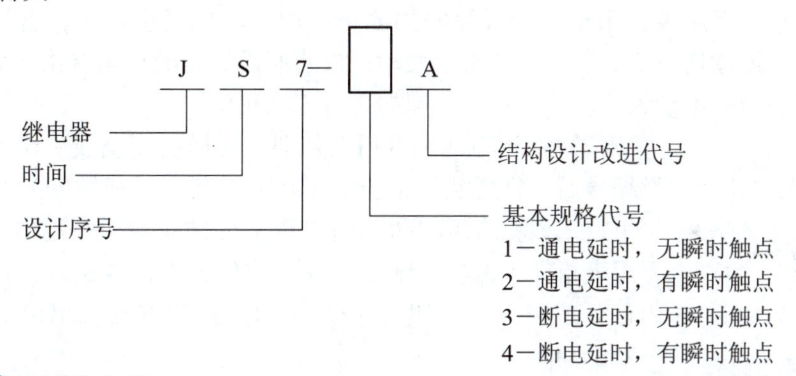

2. 晶体管时间继电器

晶体管时间继电器也称半导体时间继电器或电子式时间继电器，具有机械结构简单、延时范围广、精度高、消耗功率小、调整方便及寿命长等优点，随着电子技术的发展，晶体管时间继电器也在迅速发展，现已日益广泛应用于电力拖动、顺序控制及各种生产过程的自动控制中。

晶体管时间继电器的输出形式有两种：有触点式和无触点式，前者是用晶体管驱动小型电磁式继电器，后者是采用晶体管或晶闸管输出。

晶体管时间继电器的外形如图 4-4 所示，采用电子电路定时，有通电延时和断电延时之分，其符号和空气阻尼式的时间继电器一样。

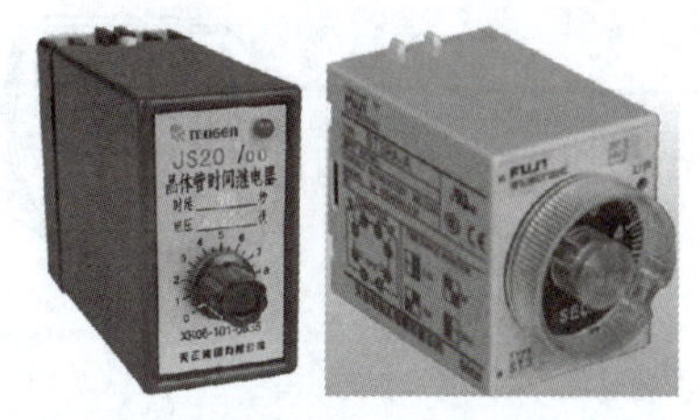

图 4-4 晶体管时间继电器的外形

3. 时间继电器的选用

（1）根据系统的延时范围和精度选择时间继电器的类型和系列。在延时精度要求不高的场合，一般可选用价格较低的 JS7-A 系列空气阻尼式时间继电器；反之，对精度要求较高的场合，可选用晶体管时间继电器。

（2）根据控制线路的要求选择时间继电器的延时方式（通电延时或断电延时）。同时，还必须考虑线路对瞬时动作触点的要求。

（3）根据控制线路电压选择时间继电器吸引线圈的电压。

4. 三相异步电动机的接法

一般的笼型异步电动机的接线盒中有 6 根引出线，标有 U1、V1、W1、U2、V2、W2。其中，U1、U2 是第一相绕组的两端（旧标号是 D1、D4），V1、V2 是第二相绕组的两端（旧标号是 D2、D5），W1、W2 是第三相绕组的两端（旧标号是 D3、D6）。如果 U1、V1、W1 分别为三相绕组的始端，则 U2、V2、W2 是相应的末端。

这 6 个引出端在接通电源之前，相互间必须正确连接。连接方法有星形（Y）连接和三角形（△）连接两种。通常三相异步电动机的额定功率在 3 kW 以下连接成星形，4 kW 以上连接成三角形。

1）笼型异步电动机的绕组首尾端的判断

三相异步电动机定子绕组首尾端判别方法如下：

（1）用万用表毫安挡判别。首先用万用表“Ω”挡找出三相绕组每相绕组的两个引出线头。作三相绕组的假设编号 U1、U2、V1、V2、W1、W2。再将三相绕组假设的三首三尾分别连在一起，接上万用表，用毫安挡或微安挡测量。用手转电动机转子，若万用表指针不动，则假设的首尾端均正确。若万用表指针摆动，说明假设编号的首尾有错，应逐相对调重测，直到万用表指针不动为止，此时连在一起的三首三尾正确。

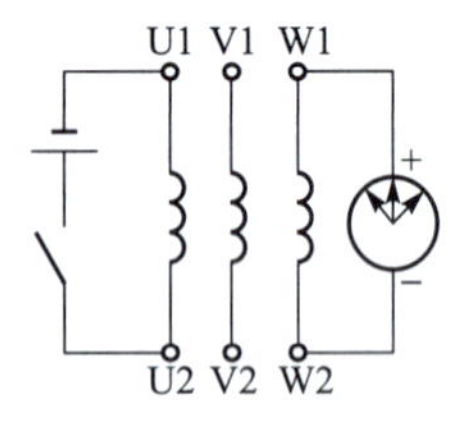

图 4-5　万用表判别首尾端方法

（2）用干电池和万用表判别。同样找出绕线引出线头，做好假设编号后，将任意一相绕组接万用表毫安（或微安）挡，另选一相绕组，用该相绕组的两个引出线头分别碰触干电池的正、负极，若万用表指针正偏转，则接干电池的负极引出线头与万用表的红表棒为首（或尾）端，如图 4-5 所示。照此方法找出第三相绕组的首（或尾）端。

2）异步电动机的Y-△接法

异步电动机的Y-△接法如图 4-6 所示。

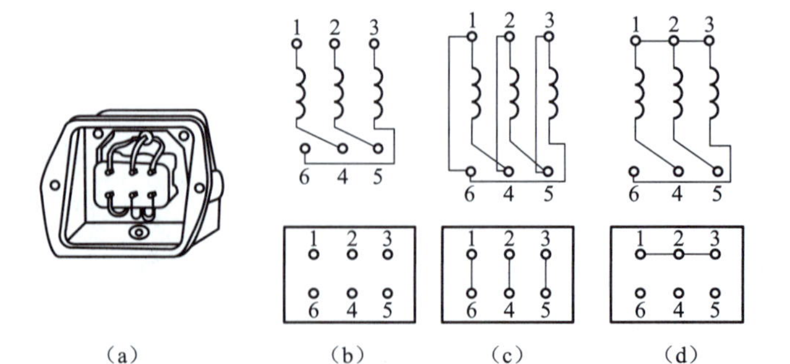

图 4-6　电动机的接线板结构和连接方式

（a）接线盒；（b）接线柱；（c）△连接；（d）Y 连接

三、应用实施

1. 控制电路

本任务采用自动控制Y-△降压启动线路，如图 4-7 所示。

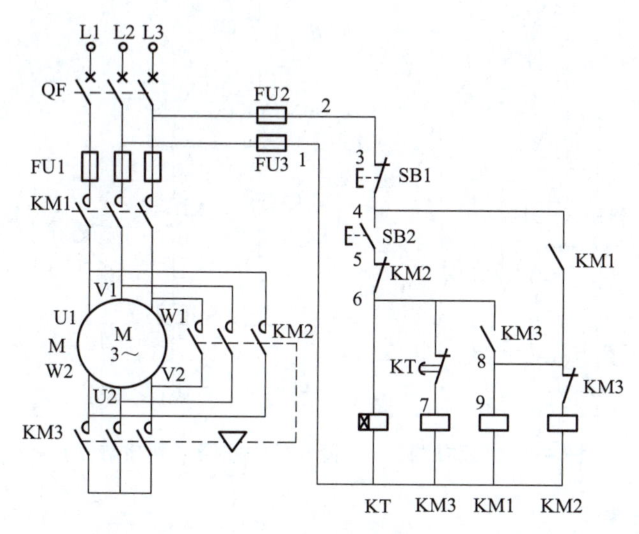

图 4-7　自动控制Y-△降压启动线路（三接触器）

图中使用了 3 个接触器 KM1、KM2、KM3 和一个通电延时型的时间继电器 KT，当接触器 KM1、KM3 主触点闭合时，电动机成星形连接；当接触器 KM1、KM2 主触点闭合时，电动机成三角形连接。

2. 线路工作原理

线路动作原理如下：

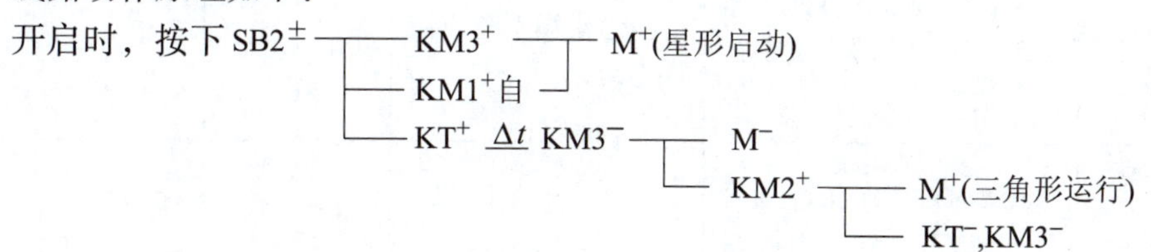

停机时，按下 SB1 按钮，立即停机。

3. 线路安装

线路安装按照先主后辅、自上而下的接线方式，而且一定要套线号。线路安装完后用电阻法检查是否有短路性故障。

4. 通电试车

检查完后通电试车，如有问题，检查排除故障。

电动机Y-△降压启动控制线路并不是唯一的，图 4-8 所示为另一种自动控制电动机Y-△降压启动控制线路，它不仅只采用两个接触器 KM1、KM2，而且电动机由星形接法转换为三角形接法是在切断电源的同一时间内完成。即按下按钮 SB2，接触器 KM1 通电，电动机接成星形启动，经过一段时间后，KM1 瞬时断电，KM2 通电，电动机接成三角形，然后 KM1 再通电，电动机三角形全压运行。关于控制线路原理，请自行分析。

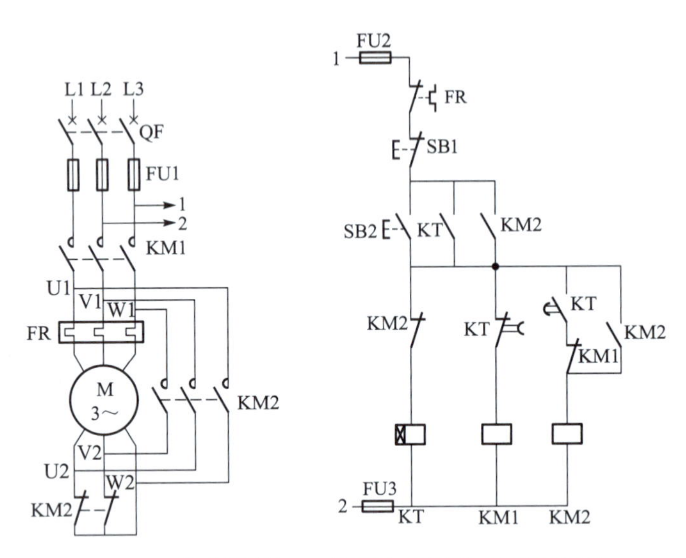

图 4-8　自动控制Y-△降压启动线路（两接触器）

四、操作技能考评

通过对本任务相关知识的了解和应用操作实施，对本任务实际掌握情况进行操作技能考评，具体考核要求和考核标准如表 4-1 所示。

表 4-1　任务操作技能考核要求和考核标准

序号	主要内容	考核要求	评分标准	配分	扣分	得分
1	电器元件基础知识	掌握时间继电器的工作原理、图形符号、文字符号及使用	概念模糊不清或错误不给分	20		
2	电机控制	（1）掌握电动机自动控制Y-△降压启动继电器控制线路安装接线 （2）掌握电动机自动控制Y-△降压启动继电器控制线路故障排除 （3）掌握电动机自动控制Y-△降压启动继电器控制线路工作原理	概念模糊不清或错误不给分；控制线路理解错误不给分	30		

续表

序号	主要内容	考核要求	评分标准	配分	扣分	得分
3	元件安装布线	（1）能够按照电路图的要求，正确使用工具和仪表，熟练地安装电气元件 （2）布线要求美观、紧固、实用，无毛刺、端子标识明确	一处安装出错或不牢固，扣1分；损坏元件扣5分；布线不规范扣5分	20		
4	通电运行	要求无任何设备故障且保证人身安全的前提下通电运行一次成功	一次试运行不成功扣5分，二次试运行不成功扣10分，三次试运行不成功不给分	30		
备注			指导老师签字 年　月　日			

教学小结

1. 时间继电器是一种用来实现触点延时接通或断开的控制电器，可分为空气阻尼式、电动式、晶体管式及直流电磁式等几大类，按延时方式可分为通电延时型和断电延时型两种。时间继电器的文字符号为KT，但通电延时型和断电延时型的图形符号不同。

2. 对于正常运行时电动机额定电压等于电源线电压，定子绕组为三角形连接方式的三相交流异步电动机，可以采用Y-△降压启动，即可以在启动时，将电动机定子绕组接成星形，待电动机的转速上升到一定值后，再换成三角形连接。

3. 由于启动电压降低较大，故用轻载或空载启动。Y-△降压启动控制电路简单，常把控制电路制成Y-△降压启动器。

思考与练习

1. 简述空气阻尼式时间继电器的延时原理，如何调整其延时时间长短？怎样将通电延时的时间继电器改为断电延时的时间继电器？

2. 试用时间继电器、接触器等设计一个电动机循环正、反转控制线路。

3. 主电路中若有一相熔体接触不良，会出现什么情况？

4. 电动机在什么情况下应采用降压启动？定子绕组为星形接法的笼型异步电动机能否采用Y-△降压启动？为什么？

任务二　应用 PLC 实现电动机Y-△降压启动控制系统的设计

■ 应知点：

了解 PLC 定时器的使用。

■ 应会点：

1. 掌握三相异步电动机Y-△降压启动的程序编写的方法。
2. 掌握三相异步电动机Y-△降压启动的 PLC 控制线路安装。

一、任务简述

继电器控制的Y-△降压启动控制电路特点：当按下电动机启动按钮 SB1 时，接触器 KM1、KM3 闭合，电动机定子绕组接成Y形接法启动；经过一定时间，接触器 KM3 失电释放，接触器 KM2 闭合，将电动机定子绕组接成三角形接法全压运行。但是继电器控制的Y-△降压启动控制电路接触点多、稳定性差，可采用 PLC 实现对电动机Y-△降压启动控制。

二、相关知识

定时器是 PLC 中常用的部件之一。S7-200 系列 PLC 的定时器为增量型定时器，用于实现时间控制，可以按照工作方式和时间基准（时基）分类，时间基准又称为定时精度和分辨率。

1. 定时器的类型

S7-200 系列 PLC 为用户提供了 3 种类型的定时器：接通延时定时器 TON、保持型接通延时定时器 TONR 和断开延时定时器 TOF。

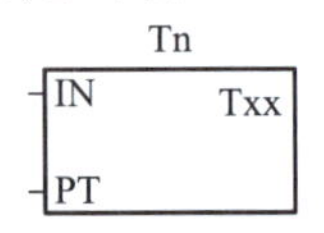

图 4-9　定时器的梯形图符号

如图 4-9 所示，定时器的梯形图符号由定时器标识符 Txx、定时器的启动电平输入端 IN、时间设定输入端 PT 和定时器编号 T*n* 构成。

语句表表示：“Txx　Tn　PT”。

Txx 是定时器识别符，接通延时定时器用 TON，保持型接通延时定时器用 TONR，断开延时定时器用 TOF。

定时器 T 编号 *n* 范围：0~255。

IN 信号范围：I、Q、M、SM、T、C、V、S、L（位）、电流。

PT 范围：VW、IW、QW、MW、SMW、AC、AIW、SW、LW、常量、*VD、*AC、*LD（字）。

2. 时基标准

按照时基标准，定时器可分为 1 ms、10 ms、100 ms 3 种类型，不同的时基标准，定时精度、定时范围和定时器的刷新方式不同。

定时器定时时间 T 的计算：T=设定值×时基标准。

3. 不同时基标准的定时器编号

定时器编号不同时，时基标准也随之变化，不同定时器编号的时基标准如表 4-2 所示。

表 4-2　不同定时器编号的时基标准

工作方式	用 ms 表示的分辨率	用 s 表示的最大当前值	定时器号
TONR	1	32. 767	T0，T64
	10	327. 67	T1~T4，T65~T68
	100	3 276. 7	T5~T31，T69~T95
TON/TOF	1	32. 767	T32，T96
	10	327. 67	T33~T36，T97~T100
	100	3 276. 7	T37~T63，T101~T255

4. 工作原理分析

1）通电延时型（TON）

接通延时定时器指令应用如图 4-10 所示，其中图 4-10（a）所示为梯形图，图 4-10（b）所示为语句表，图 4-10（c）是时序图。当 I0. 2 接通时，即驱动 T33 开始计时（数量基脉冲）；计时到设定值 3 s 时，T33 状态位置 1，其动合触点接通，驱动 Q0. 0 有输出，其后当前值仍增加，但不能影响状态位。当 I0. 2 分断时 T33 复位，当前值清 0，状态位也清 0，即恢复原始状态。若 I0. 2 接通时间未到设定值就断开，T33 也跟随复位，Q0. 0 不会有输出。

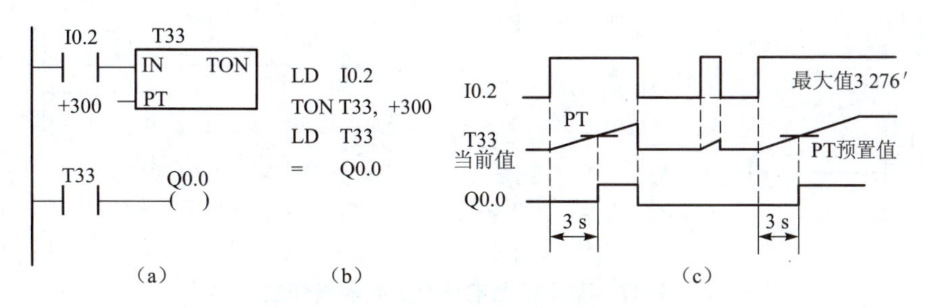

图 4-10　接通延时定时器指令应用

（a）梯形图；（b）语句表；（c）时序图

2）断开延时型（TOF）

断开延时型（TOF）指令应用如图 4-11 所示，其中图 4-11（a）所示为梯形图，图 4-11（b）所示为语句表，图 4-11（c）是时序图。当 I0. 0 接通时，定时器输出状态位立即置 1，当前值复位，Q0. 0 有输出。当 I0. 0 断开时，T37 开始计时，当前值从 0 递增，当前值达到预置值时，定时器状态位复位，并停止计时，当前值保持，Q0. 0 没有输出。如果当前值未达到预置值时，I0. 0 就接通，则定时器状态位不复位，Q0. 0 一直有输出。

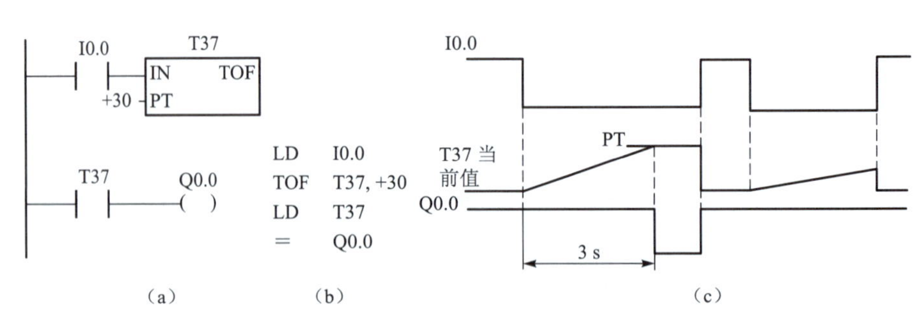

图 4-11 断开延时定时器指令应用

（a）梯形图；（b）语句表；（c）时序图

3）有记忆通电延时型（TONR）

当输入端接通时，定时器开始计时；当输入端断开时，当前值保持；当输入端再次接通时，在原有基础上继续计时。有记忆通电延时型定时器采用线圈的复位指令（R）进复位，当复位线圈有效时，定时器当前值清零，输出状态位置 0。

有记忆通电延时型（TONR）指令应用如图 4-12 所示，其中图 4-12（a）所示为梯形图，图 4-12（b）所示为语句表，图 4-12（c）是时序图。当 I0.0 接通时，定时器 T65 开始计时，当前值递增；当 I0.0 断开时，当前值保持；当 I0.0 再次接通时，在原记忆值的基础上递增计时，直到当前值不小于预置值 5 s 时，输出状态位置 1，Q0.0 有输出。I0.1 接通时，定时器 T65 复位。

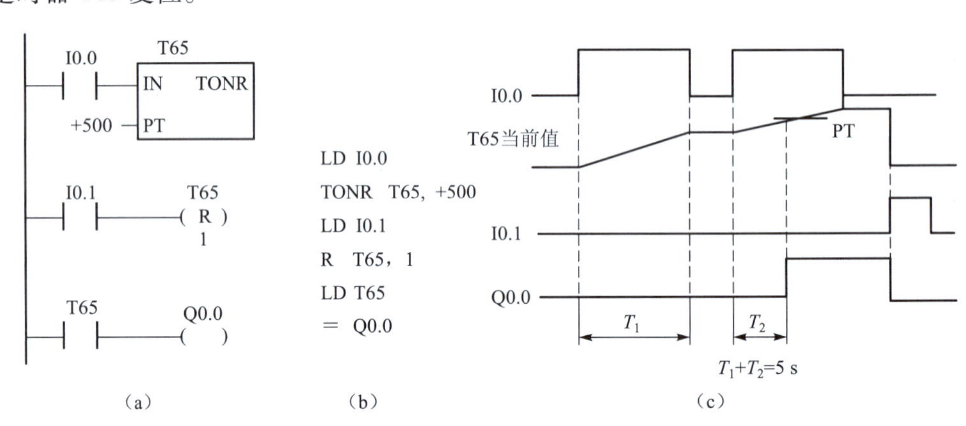

图 4-12 有记忆通电延时定时器指令应用

（a）梯形图；（b）语句表；（c）时序图

对于 S7-200 系列 PLC 定时器，必须注意的是：1 ms、10 ms、100 ms 定时器的刷新方式是不同的。

1 ms 定时器由系统每隔 1 ms 刷新一次，与扫描周期及程序处理无关，即采用中断刷新方式，因此，当扫描周期较长时，在一个周期内可能被多次刷新，其当前值在一个扫描周期内不一定保持一致。

10 ms 定时器则由系统在每个扫描周期开始时自动刷新。由于是每个扫描周期只刷新一次，故在每次程序处理期间，其当前值为常数。

当用定时器本身的动断触点作为本定时器的激励输入时，因为 3 种分辨率的定时器的刷新方式不同，故程序的运行结果也会不同，如图 4-13 所示。

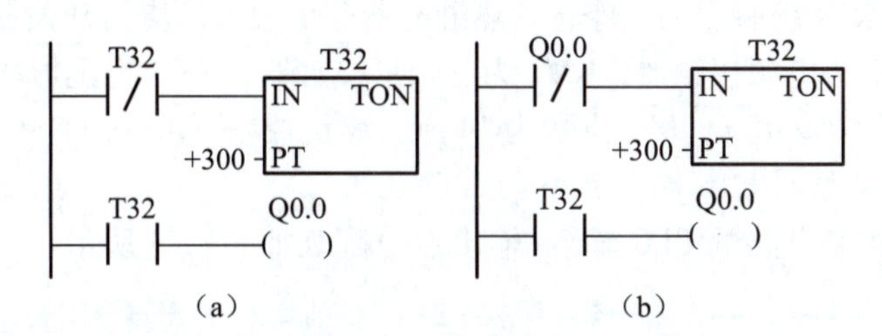

图 4-13　不同刷新时间的定时器应用梯形图

对于图 4-13（a），由于 T32 是 1 ms 定时器，若其当前值刚好在处理 T32 的动断触点和处理 T32 的动合触点之间的时间内被刷新，则 Q0.0 可以接通一个扫描周期，然而这种情况出现的概率是很小的。若按图 4-13（b）方案则能正常运行。

如果将 T32 换成 T33，由于是 10 ms 定时器，其当前值在扫描周期的开始时被刷新，这样对于图 4-13（a）输出线圈 Q0.0 永远不能通电，图 4-13（b）方案可正常运行。

如果将 T32 换成 T37，由于是 100ms 定时器，该定时器指令执行时被刷新，这样对于图 4-13（a），输出线圈可以接通一个扫描周期，图 4-13（b）方案可正常运行。

三、应用实施

1. 控制要求

Y-△降压启动控制电路的主电路和时序图如图 4-14 所示，图 4-14（a）所示为主电路图，图 4-14（b）所示为Y-△降压启动控制电路的时序图。按照前面介绍的图 4-7，要求按下启动按钮 SB2 时，KM3 接通后 KM1 接通，定时器计时，电动机星形启动，经过时间 T_1，KM3 断开，KM2 接通，电动机处于三角形运行，按下停止按钮 SB1，KM1、KM2 断开，电动机停止。

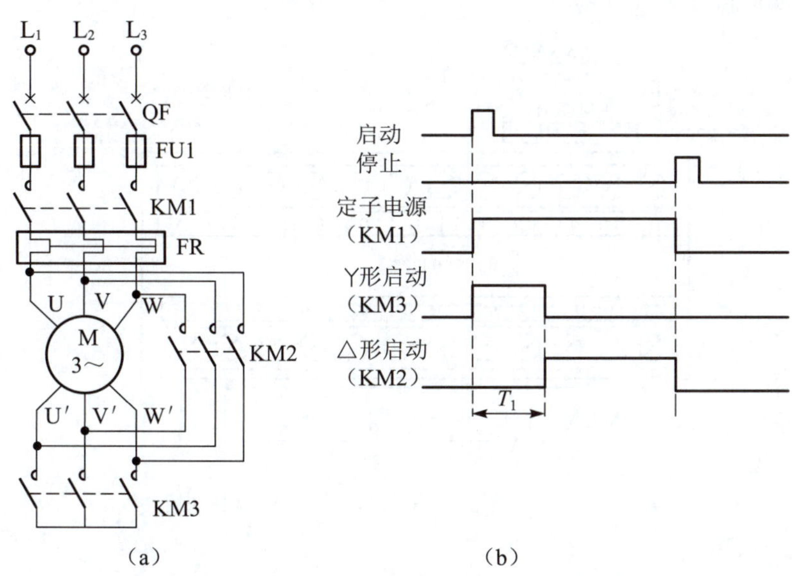

图 4-14　Y-△降压启动控制电路的主电路和时序图

2. PLC 的选型

从上面的分析可知系统有启动、停止、热继电器 3 个输入，均为开关量。该系统中有输出信号 3 个，其中 KM1 为电源接触器，KM2 为三角形接触器，KM3 为星形接触器。所以控制系统可选用 CPU222 AC/DC/RLY，I/O 点数为 14 点，满足控制要求，而且还有一定的余量。

3. Y-△降压启动控制电路 PLC 控制的 I/O 分配

Y-△降压启动控制电路的 PLC 输入/输出点分配表如表 4-3 所示。

表 4-3 Y-△降压启动控制电路 PLC 的输入/输出点分配表

<table>
<tr><th colspan="3">输入信号</th><th colspan="3">输出信号</th></tr>
<tr><th>名称</th><th>代号</th><th>输入点编号</th><th>名称</th><th>代号</th><th>输出点编号</th></tr>
<tr><td>启动按钮</td><td>SB2</td><td>I0.0</td><td>电动机电源接通接触器</td><td>KM1</td><td>Q0.0</td></tr>
<tr><td>停止按钮</td><td>SB1</td><td>I0.1</td><td>定子绕组三角形接法接触器</td><td>KM2</td><td>Q0.1</td></tr>
<tr><td>热继电器</td><td>FR</td><td>I0.2</td><td>定子绕组Y形接法接触器</td><td>KM3</td><td>Q0.2</td></tr>
<tr><td colspan="6">内部元件</td></tr>
<tr><td>编程元件</td><td colspan="2">编程地址</td><td>PT 值</td><td colspan="2">作用</td></tr>
<tr><td>辅助继电器</td><td colspan="2">M0.0</td><td>—</td><td colspan="2">启动/停止控制</td></tr>
<tr><td>定时器</td><td colspan="2">T37</td><td>50（5 s）</td><td colspan="2">启动时间</td></tr>
</table>

4. Y-△降压启动 PLC 控制电路硬件接线图

用 PLC 进行控制的Y-△降压启动控制电路接线如图 4-15 所示，由于 KM2 和 KM3 不允许同时接通，所以接了电气互锁。

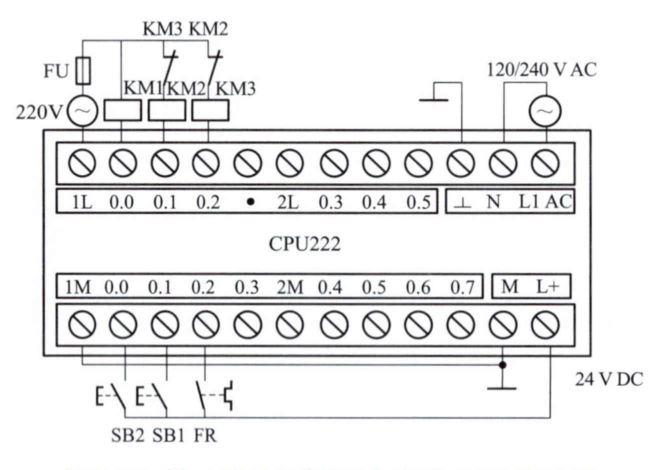

图 4-15 Y-△降压启动控制电路 PLC 控制的接线

5. 程序设计

Y-△降压启动控制电路 PLC 控制梯形图及指令语句表如图 4-16 所示。

按下启动按钮 SB2，I0.0 接通，M0.0 得电自锁，Q0.0 输出，定时器 T37 开始计时，Q0.2 得电，电动机处于星形启动，经过 5 s，T37 动作，Q0.2 断电，Q0.1 得电，电动机进入三角形运行。

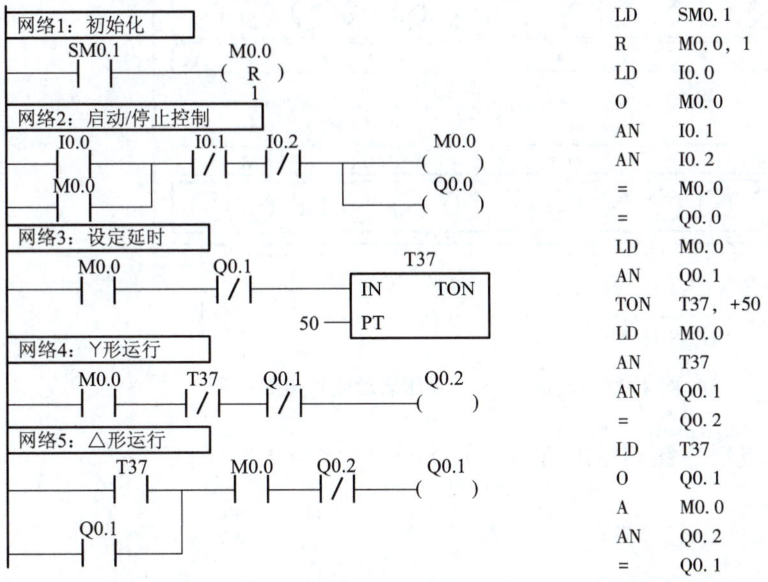

图 4-16　Y-△降压启动控制电路 PLC 控制梯形图及指令语句表

6. 线路安装

线路安装按照先主后辅，而且一定要套线号。线路安装完后用电阻法检查是否有短路性故障。

7. 通电试车

检查完后将程序下载到 PLC，运行试车，如有问题，检查排除故障。

8. 改进方法

如果在星形到三角形的转换过程中加入一个较小的延时，其时序图如图 4-17 所示，则可以将硬件接线上的电气互锁省略，使接线更加简单，如图 4-18 所示，又不至于在转换过程中出现短路现象。

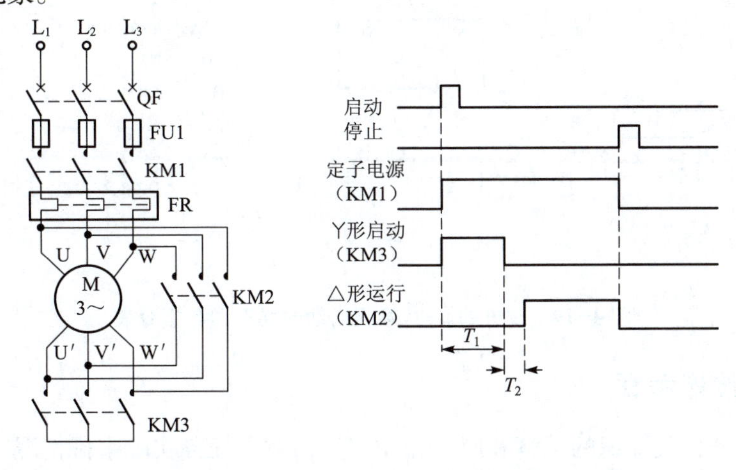

图 4-17　改进的Y-△降压启动主电路和时序图

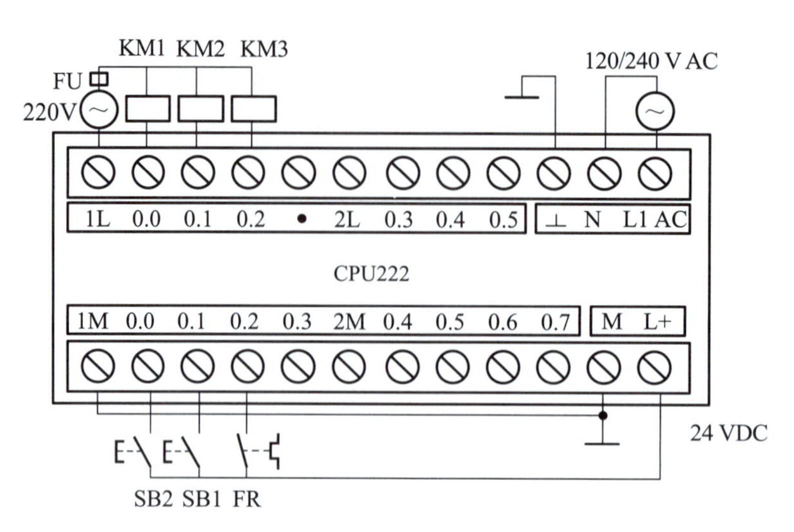

图 4-18　改进的Y-△降压启动硬件接线

根据图 4-17 所示的时序图编写出的梯形图及指令表如图 4-19 所示。

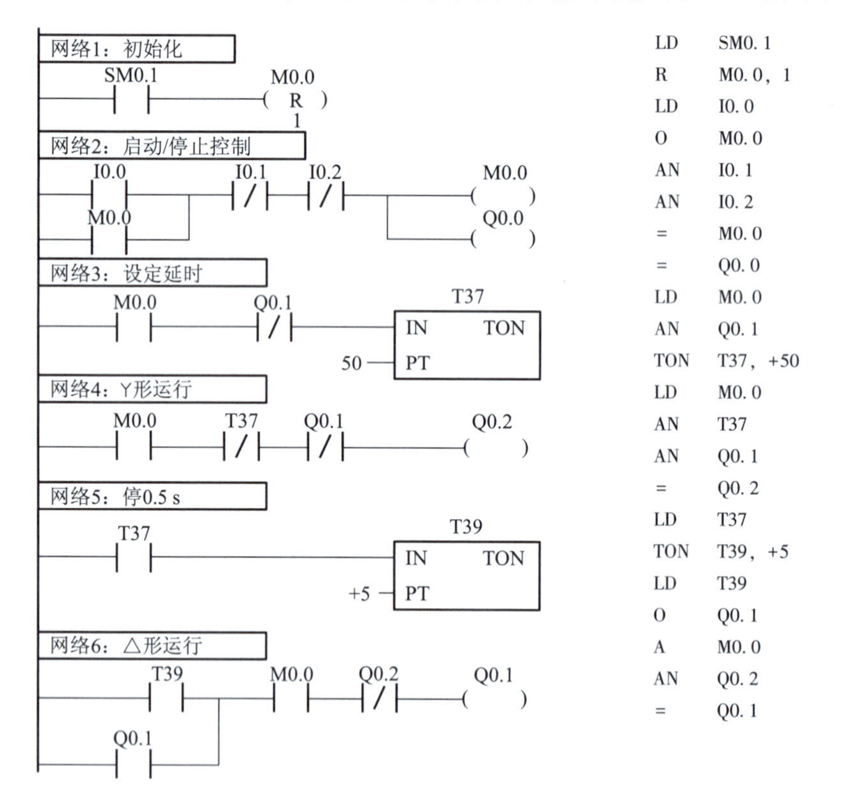

图 4-19　改进的Y-△降压启动的梯形图和指令表

四、操作技能考评

通过对本任务相关知识的了解和应用操作实施，对本任务实际掌握情况进行操作技能考评，具体考核要求和考核标准如表 4-4 所示。

表 4-4　任务操作技能考核要求和考核标准

序号	主要内容	考核要求	评分标准	配分	扣分	得分
1	电路原理图	掌握电动机自动控制Y-△降压启动控制线路的原理和构成	概念模糊不清或错误不给分	25		
2	PLC 控制	(1) 掌握定时器的工作原理、符号及使用 (2) 掌握 PLC 的 I/O 分配表的设计原则 (3) 正确连接输入/输出端线及电源线	概念模糊不清或错误不给分；接线错误不给分	25		
3	梯形图编写	正确绘制梯形图，并能够顺利下载	梯形图绘制错误不得分，未下载或下载操作错误不给分	30		
4	PLC 程序运行	(1) 能够正确完成系统要求，实现电动机Y-△降压启动控制 (2) 能够正确完成系统要求，实现电动机互锁保护控制 (3) 能够正确完成系统要求，实现电动机Y-△PLC 全自动降压启动控制	一次未成功扣 5 分，两次未成功扣 10 分，三次以上不给分	20		
备注			指导老师签字 年　月　日			

教学小结

1. S7-200 系列 PLC 为用户提供了接通延时定时器 TON、保持型接通延时定时器 TONR 和断开延时定时器 TOF 3 种类型的定时器。利用接通延时定时器 TON 可以完成Y-△降压启动。

2. PLC 的循环扫描及Y-△降压启动的 KM2、KM3 不允许同时接通，所以在其硬件电路上需要接电气互锁，如果不在硬件上接电气互锁，则可在Y转换到△的中间延时 0.5 s，以防止 KM2、KM3 同时接通。

思考与练习

在三相异步电动机Y-△降压启动案例中，如何修改定时器 T37 的设定值？

任务三 三相异步电动机定子串电阻降压启动的继电器—接触器控制线路

■ 应知点：

了解三相异步电动机定子串电阻降压启动的继电器—接触器控制线路工作原理。

■ 应会点：

掌握三相异步电动机定子串电阻降压启动的继电器—接触器控制线路安装和故障分析。

一、任务简述

Y-△降压启动只适合于正常运行时电动机额定电压等于电源线电压，定子绕组为三角形连接方式的三相交流异步电动机，而对于定子绕组呈星形接法的三相异步电动机不能采用，则需要用到定子串电阻降压启动。

二、相关知识

定子串电阻（电抗）降压启动是指，启动时在电动机定子绕组上串联电阻（电抗），启动电流在电阻上产生电压降，使实际加到电动机定子绕组中的电压低于额定电压，待电动机转速上升到一定值后，再将串联电阻（电抗）短接，使电动机在额定电压下运行。

1. 接触器控制的串接电阻启动电路

启动时，三相定子绕组串接电阻 R，降低定子绕组电压，以减小启动电流。启动结束应将电阻短接。

电路的工作原理如图 4-20 所示，启动时串接电阻 R 降压启动，启动完毕后，KM2 主触点将 R 短路，电动机全压运行。

具体工作原理如下：

降压启动操作：

按下 SB1→KM1 线圈得电 { KM1 主触点闭合→电动机串接 R 降压启动；KM1 自锁触点闭合→自锁 }

按下 SB2→KM2 线圈得电 { KM2 主触点闭合，电阻 R 被短路，电动机全压运行；KM2 自锁触点闭合→自锁 }

停机操作：

按下 SB3→KM3、KM2 线圈断电释放→电动机 M 失电停机

由工作原理可发现，接触器控制的串接电阻启动电路是顺序启动的一个应用实例，只不过是把电动机 M2 换成了电阻 R，不同的是电阻 R 与 M1 串联，而顺序控制 M1、M2 是并联关系。

2. 时间继电器控制的串接电阻降压启动电路

接触器控制的串接电阻启动过程，需要在启动完毕后迅速启动 KM2 接触器将电阻 R 短

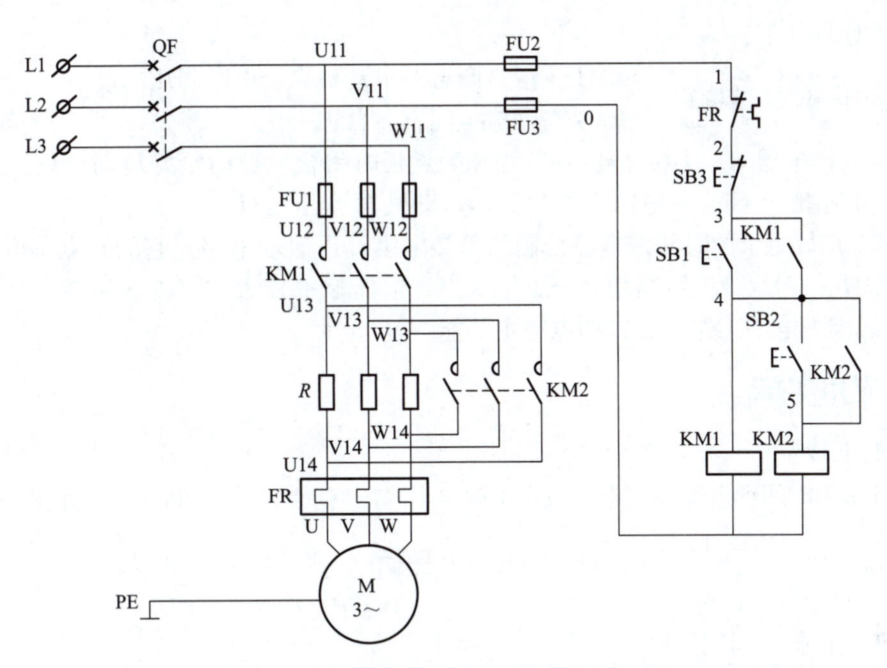

图 4-20　接触器控制的串接电阻降压启动

路，启动 KM2 的时间较难把握。改用时间继电器后，就可以设定时间，当启动完毕时，迅速启动 KM2 使电动机全压运行。

时间继电器控制的串接电阻降压启动电路如图 4-21 所示。

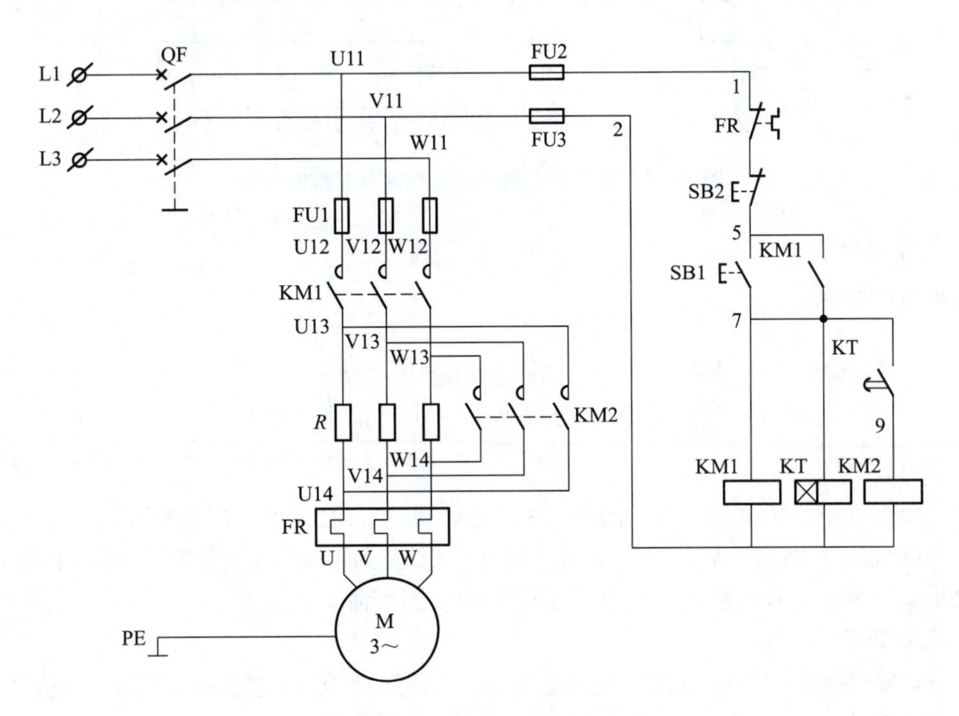

图 4-21　时间继电器控制的串接电阻降压启动电路

其工作原理如下：

按下 SB1→KM1 线圈得电 {KM1 主触点闭合→电动机串接电阻降压启动；KM1 自锁触点闭合→自锁}

同时时间继电器 KT 线圈得电→KT 常开触点延时闭合（此时恰好启动结束）→KM2 线圈得电→KM2 主触点闭合→电阻 R 被短路→电动机 M 全压运行。

图 4-21 是最简单的时间继电器控制的串接电阻降压启动电路。它的缺点是电动机全压运行时，KM1、KM2、KT 线圈均处于工作状态，电能浪费较大。可以设法在全压运行时让 KM1、KT 线圈失电不工作，这样的电路更节能。

三、应用实施

1. 控制电路

本任务采用时间继电器控制电动机定子串电阻降压启动的节能控制线路，如图 4-22 所示。

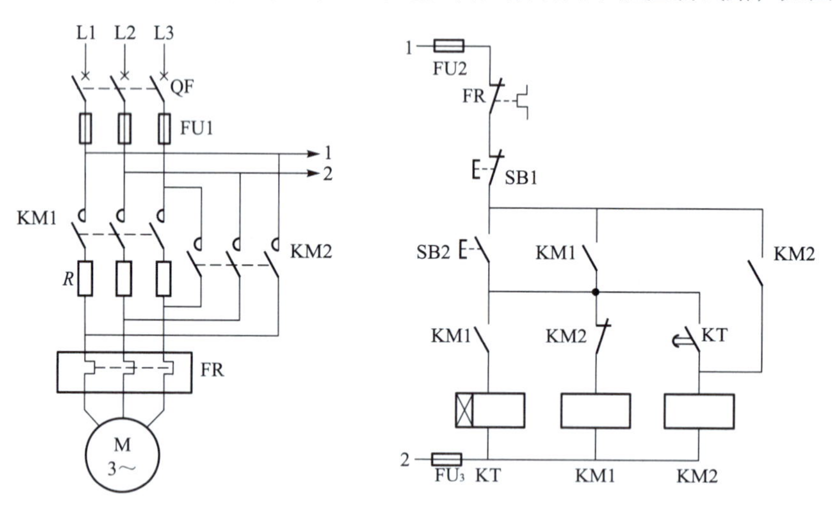

图 4-22　定子串电阻降压启动的节能控制线路

2. 工作原理

线路动作原理：

SB2± ── KM1⁺自 ── M⁺（串 R 降压启动）
　　 └ KT⁺ ─Δt─ KM2⁺ ── M⁺（全压运行）
　　　　　　　　　　　└ KM1⁻（失电复位）── KT⁻（失电复位）

由上分析可见，按下启动按钮 SB2 后，电动机 M 先串电阻 R 降压启动，经一定延时（由时间继电器 KT 确定）后，全压运行。且在全压运行期间，时间继电器 KT 和接触器 KM1 线圈均断电，不仅节省电能，而且延长了电器的使用寿命。

3. 线路安装

线路安装按照先主后辅，而且一定要套线号。线路安装完后用电阻法检查是否有短路性故障。

4. 通电试车

检查完后通电试车，如有问题，检查排除故障。

5. 电动机串接电阻降压启动的电阻选择

电动机串接电阻降压启动，电阻要耗电发热，因此不适于频繁启动电动机。串接的电阻一般都是用电阻丝绕制而成的功率电阻，体积较大。串电阻启动时，由于电阻的分压，电动机的启动电压只有额定电压的0.5~0.8倍，由转矩正比于电压的平方可知，此时$M_q=(0.25\sim0.64)M_e$。

由以上可知，串电阻降压启动仅适用于对启动转矩要求不高的场合，电动机不能频繁地启动，电动机的启动转矩较小，仅适用于轻载或空载启动。

启动电阻可由下式确定，即

$$R=\frac{U_e}{I_e}\sqrt{\left(\frac{I_q}{I'_q}\right)^2-1}$$

式中：U_e、I_e 为电动机的额定相电压、相电流；I_q 为电动机全压启动的电流；I'_q 为电动机降压启动的电流。

例如，$U_e=220$ V、$I_e=40$ A、$I_q/I'_q=2$，算得串接的电阻约为9.5 Ω。

串电阻启动的优点是控制线路结构简单，成本低，动作可靠，提高了功率因数，有利于保证电网质量。但是，由于定子串电阻降压启动，启动电流随定子电压成正比下降，而启动转矩则按电压下降比例的平方倍下降。同时，每次启动都要消耗大量的电能。因此，三相笼型异步电动机采用电阻降压的启动方法，仅适用于要求启动平稳的中小容量电动机以及启动不频繁的场合。大容量电动机多采用串电抗降压启动。

四、操作技能考评

通过对本任务相关知识的了解和应用操作实施，对本任务实际掌握情况进行操作技能考评，具体考核要求和考核标准如表4-5所示。

表4-5　任务操作技能考核要求和考核标准

序号	主要内容	考核要求	评分标准	配分	扣分	得分
1	电机控制	（1）掌握电动机串电阻降压启动继电器控制线路安装接线 （2）掌握电动机串电阻降压启动继电器控制线路故障排除 （3）掌握电动机串电阻降压启动继电器控制线路工作原理	概念模糊不清或错误不给分；控制线路理解错误不给分	50		
2	元件安装布线	（1）能够按照电路图的要求，正确使用工具和仪表，熟练地安装电气元件 （2）布线要求美观、紧固、实用，无毛刺、端子标识明确	一处安装出错或不牢固，扣1分；损坏元件扣5分；布线不规范扣5分	20		
3	通电运行	要求无任何设备故障且保证人身安全的前提下通电运行一次成功	一次试运行不成功扣5分，二次试运行不成功扣10分，三次试运行不成功不给分	30		

续表

序号	主要内容	考核要求	评分标准	配分	扣分	得分
备注			指导老师签字 年 月 日			

教学小结

1. 串电阻降压启动适用于启动转矩较小的电动机。

2. 虽然启动电流较小，启动电路较为简单，但电阻的功耗较大，启动转矩随电阻分压的增加下降较快，所以串电阻降压启动的方法使用还是比较少的。

思考与练习

1. 三相异步电动机定子串电阻降压启动控制中所串联的电阻起到什么作用？

2. 串电阻降压启动与Y-△降压启动的区别是什么？

任务四　应用 PLC 实现电动机定子串电阻降压启动控制系统的设计

■ 应知点：

了解 PLC 定时器的使用。

■ 应会点：

1. 掌握 PLC 实现电动机定子串电阻降压启动控制系统程序设计的方法。
2. 掌握 PLC 实现电动机定子串电阻降压启动控制线路的安装。

一、任务简述

电动机定子串电阻降压启动控制系统同样也可以用 PLC 实现对其控制，而且效果好，线路简单，运行稳定。

二、相关知识

定时器在各种电路控制中使用十分频繁，下面将以定时器的经典电路为例介绍如何在 PLC 控制中使用定时器模块。

1. 用通电延时完成断电延时功能

用 TON 构造 TOF 作用的触点，如图 4-23 所示，其时序图与 TOF 的时序完全相同。当 I0.0 接通时，M0.0 得电自锁，T33 不计时；当 I0.0 断开时，T33 开始计时，50 ms 后 T33 动作，M0.0 失电。

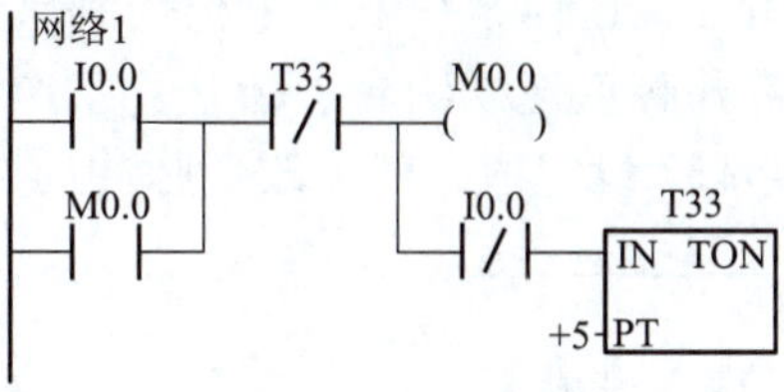

```
LD      I0.0        //启动 M0.0
O       M0.0        //自保
AN      T33         //断开 M0.0
=       M0.0        //瞬时闭合
                    //延时 50ms 断开
AN      I0.0        //连续输出
TON     T33, +5
```

图 4-23　TON 构造 TOF 作用的触点梯形图

2. 延时接通/断开电路

延时接通/断开电路如图 4-24 所示。当 I0.0 接通时，T37 计时，9 s 后 T37 动作，Q0.1 得电，即延时接通。当 I0.0 断开时，T38 计时，7 s 后 T38 动作，Q0.1 失电，即延时断开。

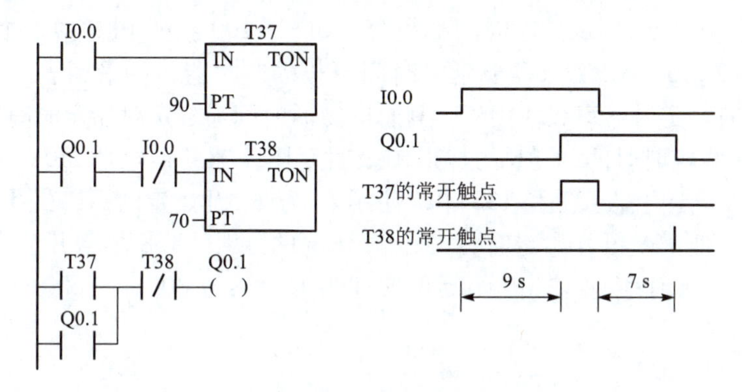

图 4-24　延时接通/断开电路

3. 闪烁电路

闪烁电路梯形图如图 4-25 所示，当 I0.0 接通时，T37 计时，此时 Q0.0 无输出，2 s 后 T37 动作，Q0.0 得电，同时 T38 计时，3 s 后 T38 动作，T37 复位，从而 T38 复位，Q0.0 失电。当 I0.0 再次接通时，则重复上述过程。

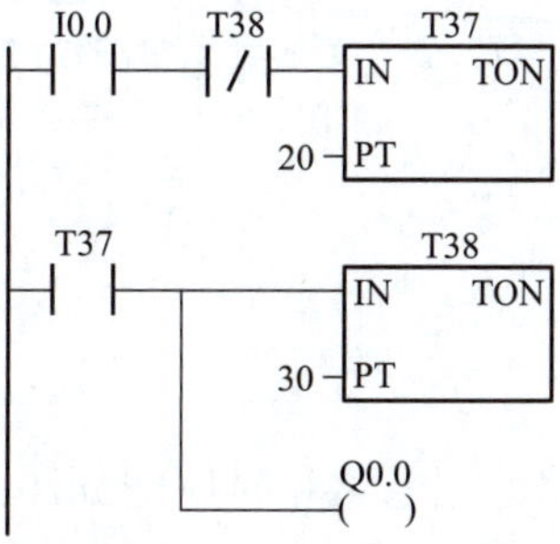

图 4-25　闪烁电路梯形图

4. 周期可调的脉冲信号发生器

图4-26所示为采用定时器T37产生一个周期可调节的连续脉冲。当Q0.0常开触点闭合后，第一次扫描到T37常闭触点时，它是闭合的，于是线圈T37得电，经过1 s的延时，T37常开触点闭合。T37常开触点闭合后的下一个扫描周期中，当扫描到T37常闭触点时，因它已断开，使T37线圈失电，T37常闭触点又随之恢复闭合。这样，在下一个扫描到T37常闭触点时，又使T37线圈得电，重复以上动作，T37的常开触点连续闭合、断开，就产生了脉宽为一个扫描周期、脉冲周期为1 s的连续脉冲。改变T37设定值，就可改变脉冲周期。

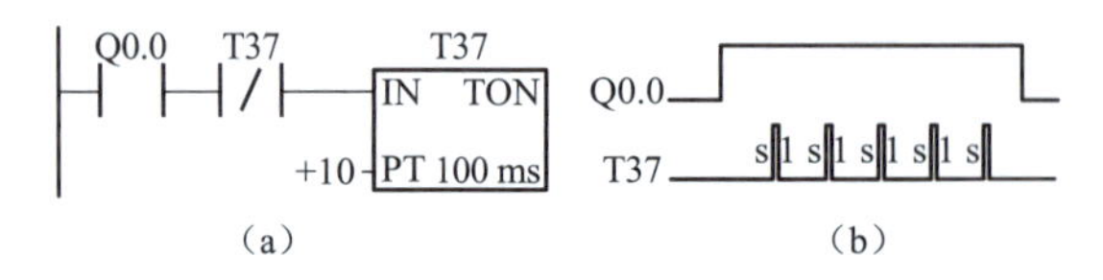

图4-26　周期可调的脉冲信号发生器

（a）梯形图；（b）时序图

5. 多个定时器组合的延时程序

一般PLC的一个定时器的延时时间都较短，如S7-200系列PLC中一个0.1 s定时器的定时范围为0.1~3 276.7 s，如果需要延时时间更长的定时器，可采用多个定时器串级使用来实现长时间延时。定时器串级使用时，其总的定时时间为各定时器定时时间之和。

图4-27所示为定时时间为1 h的梯形图及时序图，辅助继电器M0.1用于定时启停控制，采用两个0.1 s定时器T37和T38串级使用。当T37开始定时后，经1 800 s延时，T37的常开触点闭合，使T38再开始定时，又经1 800 s的延时，T38的常开触点闭合，Q0.0线圈接通。从I0.4接通到Q0.0输出，其延时时间为1 800 s+1 800 s=3 600 s=1 h。

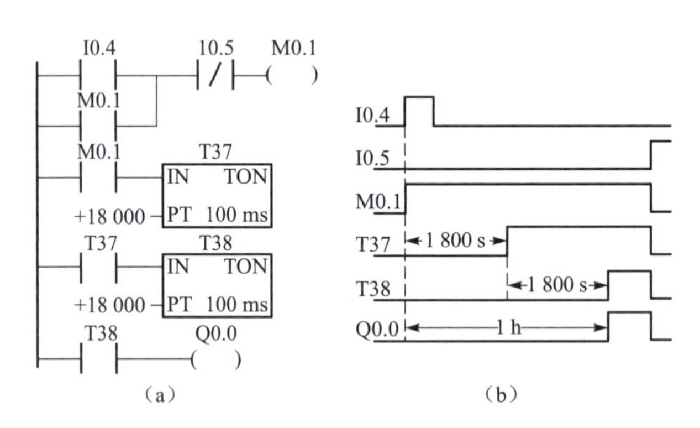

图4-27　多个定时器组合的延时程序

（a）梯形图；（b）时序图

三、应用实施

1. 控制要求

定子串电阻降压启动控制电路的主电路和时序图如图4-28所示，图4-28（a）所示为主电路图，图4-28（b）所示为定子串电阻降压启动控制电路的时序图，从时序图可知，按照前面介绍的图4-22，按下启动按钮SB2，KM1得电，电动机串电阻降压启动，时间继电器开始计时，经过时间 T_1，KM1 失电，KM2 得电，电动机处于全压运行，按下停止按钮 SB1，KM2 失电，电动机停止运行。

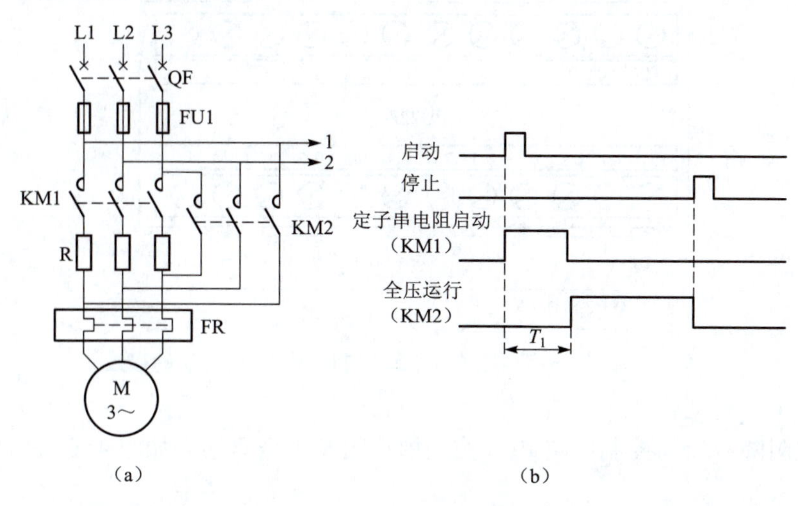

图 4-28　定子串电阻降压启动控制电路的主电路和时序图

（a）主电路；（b）时序图

2. PLC 的选型

从上面的分析可知系统有启动、停止、热继电器 3 个输入，均为开关量。该系统中有输出信号 2 个，其中 KM1 为串电阻降压启动接触器，KM2 为全压运行接触器。所以控制系统可 CPU222 AC/DC/RLY，I/O 点数为 14 点，控制要求，而且还有一定的余量。

3. 定子串电阻降压启动控制电路 PLC 控制的 I/O 分配

定子串电阻降压启动控制电路的 PLC 输入/输出点分配表，如表 4-6 所示。

表 4-6　定子串电阻降压启动控制电路 PLC 的输入/输出点分配表

输入信号			输出信号		
名称	代号	输入点编号	名称	代号	输出点编号
启动按钮	SB2	I0. 0	串电阻启动接触器	KM1	Q0. 0
停止按钮	SB1	I0. 1	全压运行接触器	KM2	Q0. 1
热继电器	FR	I0. 2			
内部元件					
编程元件	编程地址	PT 值	作用		
定时器	T37	50（5 s）	启动时间		

4. PLC 进行控制定子串电阻降压启动电路的硬件电路

用 PLC 进行控制定子串电阻降压启动电路的接线如图 4-29 所示。

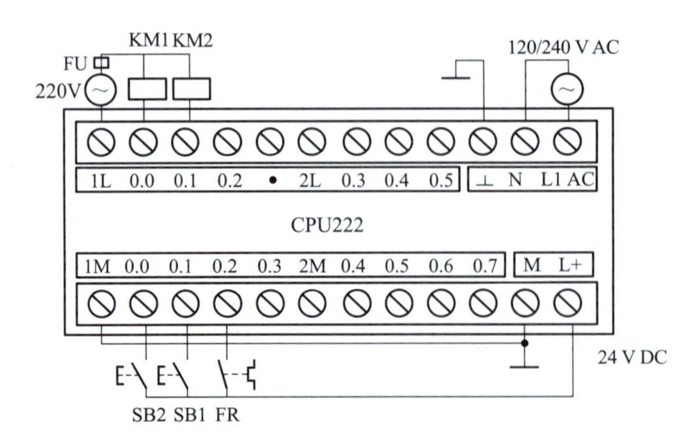

图 4-29　定子串电阻降压启动控制电路 PLC 控制的接线

5. 程序设计

定子串电阻降压启动控制电路 PLC 控制梯形图及指令语句表如图 4-30 所示。

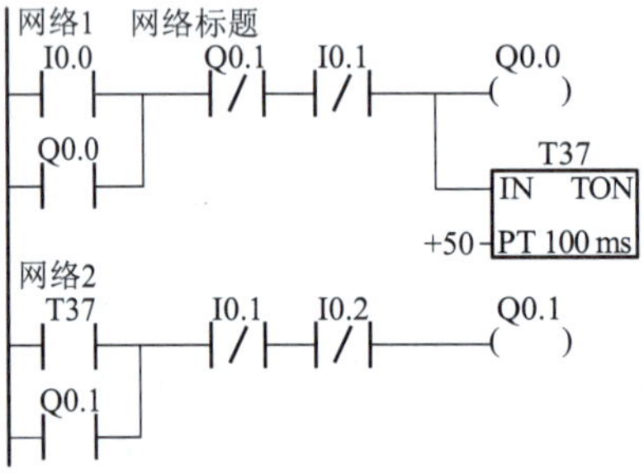

```
LD    I0.0
O     Q0.0
AN    Q0.1
AN    I0.1
=     Q0.0
TON   T37, +50
LD    T37
O     Q0.1
AN    I0.1
AN    I0.2
=     Q0.1
```

图 4-30　定子串电阻降压启动控制电路 PLC 控制梯形图及指令语句表

6. 线路安装

线路安装按照先主后辅的顺序，而且一定要套线号。线路安装完后用电阻法检查是否有短路性故障。

7. 通电试车

检查完后将程序下载到 PLC，运行试车，如有问题，检查排除故障。

8. 采用置位/复位触发器实现定子串电阻降压启动程序

除了采用启停保电路可实现定子串电阻降压启动程序的编写，还可以采用置位和复位指令实现，其梯形图如图 4-31 所示。

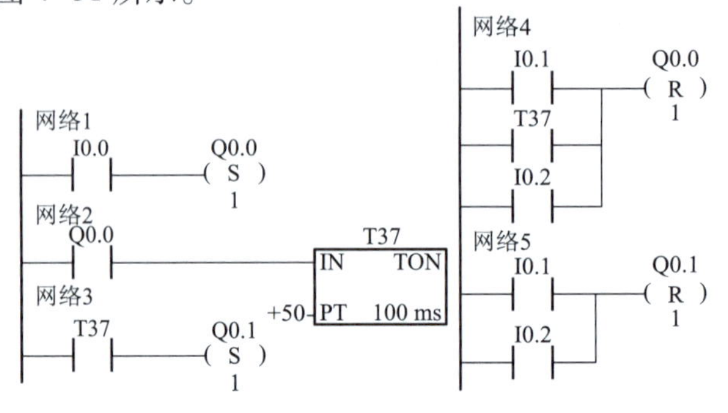

图 4-31　采用置位/复位指令的串电阻启动梯形图

四、操作技能考评

通过对本任务相关知识的了解和应用操作实施，对本任务实际掌握情况进行操作技能考评，具体考核要求和考核标准如表 4-7 所示。

表 4-7　任务操作技能考核要求和考核标准

序号	主要内容	考核要求	评分标准	配分	扣分	得分
1	电路原理图	掌握电动机串电阻降压启动控制线路的原理和构成	概念模糊不清或错误不给分	25		
2	PLC 控制	（1）掌握定时器的灵活使用及基本应用电路 （2）掌握 PLC 的 I/O 分配表的设计原则 （3）正确连接输入/输出端线及电源线	概念模糊不清或错误不给分；接线错误不给分	25		
3	梯形图编写	正确绘制梯形图，并能够顺利下载	梯形图绘制错误不得分，未下载或下载操作错误不给分	30		
4	PLC 程序运行	（1）能够正确完成系统要求，实现电动机定子串电阻降压启动控制 （2）能够正确完成系统要求，实现电动机定时控制 （3）能够正确完成系统要求，实现电动机定子串电阻 PLC 全自动降压启动控制	一次未成功扣 5 分，两次未成功扣 10 分，三次以上不给分	20		
备注		指导老师签字 年　月　日				

教学小结

定子串电阻降压启动的程序可以采用启停保电路和定时器来实现，还可以采用置位、复位指令和定时器来实现，并熟悉用 TON 构造 TOF 作用的触点、延时接通/断开电路、闪烁电路、周期可调的脉冲信号发生器等几个典型例子的程序编写。

思考与练习

1. 请编制一个秒脉冲发生器的程序（即 1 s 产生一个脉冲）。

2. 设计一个控制线路，要求第一台电动机启动 20 s 后，第二台电动机自行启动，运行 10 s 后，第一台电动机停止并同时使第三台电动机自行启动，再运行 20 s 后电动机全部停止。

任务五　三相异步电动机自耦变压器降压启动的继电器—接触器控制线路

■ 应知点：

了解三相异步电动机自耦变压器降压启动的继电器—接触器控制线路工作原理。

■ 应会点：

掌握三相异步电动机自耦变压器降压启动的继电器—接触器控制线路的设计、安装、检修。

一、任务简述

对于容量较大且正常运行时定子绕组接成星形的笼型异步电动机，既不能采用Y-△启动，又不能采用串电阻启动，则需要采用自耦变压器降压启动。它是指启动时，将自耦变压器接入电动机的定子回路，待电动机的转速上升到一定值后，再切除自耦变压器，使电动机定子绕组获得正常工作电压。

二、相关知识

电动机自耦降压电路，适用于任何接法的三相笼型异步电动机，但自耦变压器的功率应与电动机的功率一致，如果小于电动机的功率，自耦变压器会因启动电流大而发热损坏绝缘烧毁绕组。自耦降压启动电路不能频繁操作，如果启动不成功的话，第二次启动应间隔 4 min 以上，如在 60 s 连续两次启动后，应停电 4 h 再次启动运行，这是为了防止自耦变压器绕组内启动电流太大而发热损坏自耦变压器的绝缘。

用三相双掷开关或交流接触器启动，经三相自耦变压器将电源电压的一部分加到电动机上，使电动机降压启动，而运行时电源直接接三相电动机，这样就可以实现降压启动，全压运行。

在自耦变压器降压启动过程中，启动电流与启动转矩的比值按变比平方倍降低。在获得同样启动转矩的情况下，采用自耦变压器降压启动从电网获取的电流，比采用电阻降压启动要小得多，对电网电流冲击小，功率损耗小。所以自耦变压器被称之为启动补偿器。即，若从电网取得同样大小的启动电流，采用自耦变压器降压启动会产生较大的启动转矩。这种启动方法常用于容量较大、正常运行为星形接法的电动机。其缺点是自耦变压器价格较贵，相对电阻结构复杂，体积庞大，且是按照非连续工作制设计制造的，不允许频繁操作。

三、应用实施

自耦变压器降压启动是指，启动时将自耦变压器接入电动机的定子回路，待电动机的转速上升到一定值后，再切除自耦变压器，使电动机定子绕组获正常工作电压。这样，启动时电动机每相绕组电压为正常工作电压的 $1/K$ 倍（K 为自耦变压器的匝数比，$K=N_1/N_2$），启动电流也为全压启动电流的 $1/K^2$ 倍。

自耦变压器降压启动控制线路如图 4-32 所示。

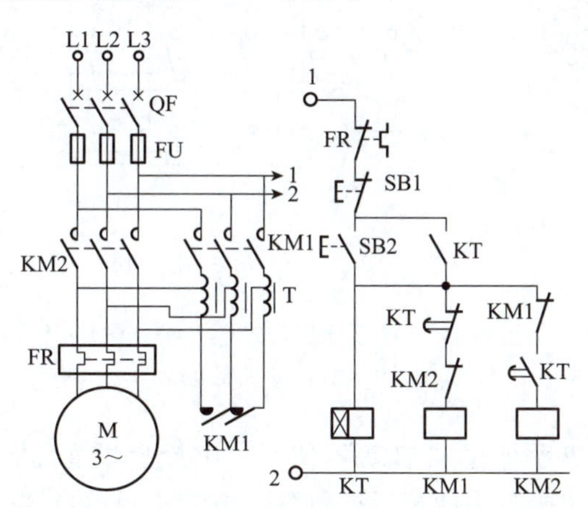

图 4-32　自耦变压器降压启动控制线路

自耦变压器备有 65% 和 85% 两挡电压抽头，出厂时接在 65% 抽头上，可根据电动机的负载情况选择不同的启动电压。自耦变压器只在启动过程中短时工作，在启动完毕后应从电源中切除。

1. 线路分析

线路动作原理如下：

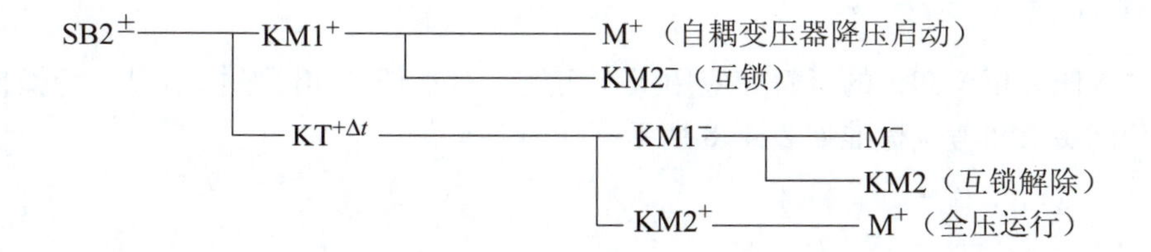

2. 线路安装

线路安装按照先主后辅的顺序，而且一定要套线号。线路安装完后用电阻法检查是否有短路性故障。

3. 通电试车

检查完后通电试车，如有问题，检查排除故障。

4. 采用 QJ 系列补偿器控制降压启动控制

自耦变压器降压启动除用接触器控制和时间继电器自动控制外，对大功率电动机还常采用 QJ 系列补偿器控制降压启动。

如图 4-33 所示，图 4-33（a）所示为 QJ 型降压启动补偿器，图 4-33（b）是电路原理图。

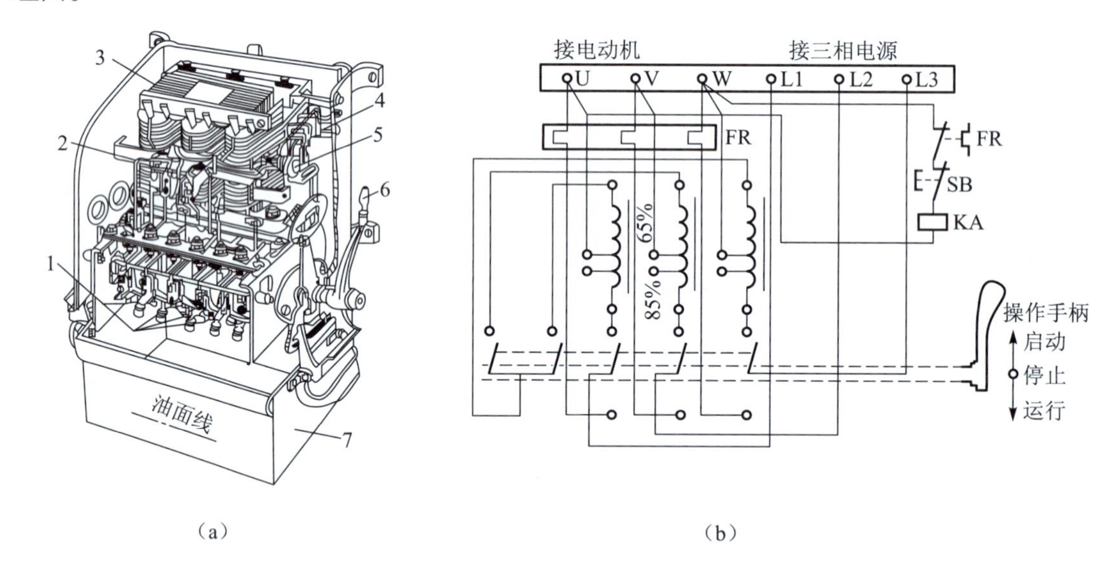

（a）　　　　（b）

图 4-33　QJ 型降压启动器及控制电路

（a）结构；（b）控制电路

降压启动时，上推操纵手柄至“启动”位置。串接自耦变压器降压启动，当电动机转速达到一定值时，迅速下拉操纵手柄至运行位置，电动机脱离自耦变压器全压运行。

当电路过载或夏季温度过高加上运行时间过长而引起温升过高时，热继电器动作使中间继电器 KA 失电，控制补偿器跳闸，切断电动机电源使电动机停机。

当电路出现欠压或失压时，中间继电器释放，控制补偿器跳闸，使电动机停机。

通常补偿器有 65%、85% 抽头供选用。

需要停机时按下 SB1 停止按钮，KA 线圈断电释放，补偿器跳闸，切断电源使电动机停机。

四、操作技能考评

通过对本任务相关知识的了解和应用操作实施，对本任务实际掌握情况进行操作技能考评，具体考核要求和考核标准如表 4-8 所示。

表 4-8　任务操作技能考核要求和考核标准

序号	主要内容	考核要求	评分标准	配分	扣分	得分
1	电气元件基础知识	掌握自耦变压器的使用	概念模糊不清或错误不给分；控制线路理解错误不给分	20		
2	电机控制	（1）掌握电动机自耦变压器降压启动继电器控制线路安装接线 （2）掌握电动机自耦变压器降压启动继电器控制线路故障排除 （3）掌握电动机自耦变压器降压启动继电器控制线路工作原理	概念模糊不清或错误不给分；控制线路理解错误不给分	30		
3	元件安装布线	（1）能够按照电路图的要求，正确使用工具和仪表，熟练地安装电气元件 （2）布线要求美观、紧固、实用，无毛刺、端子标识明确	一处安装出错或不牢固，扣 1 分；损坏元件扣 5 分；布线不规范扣 5 分	20		
4	通电运行	要求无任何设备故障且保证人身安全的前提下通电运行一次成功	一次试运行不成功扣 5 分，二次试运行不成功扣 10 分，三次试运行不成功不给分	30		
备注			指导老师签字 年　月　日			

教学小结

Y-△接法的电动机都可采用自耦变压器降压启动，启动电路及操作比较简单，但启动器体积较大，且不可频繁启动。

思考与练习

三相异步电动机有哪几种降压启动方式？各有何特点？

任务六　应用 PLC 实现电动机自耦变压器降压启动控制系统的设计

■ 应知点：

1. 了解梯形图编程基本规则。
2. 了解置位/复位触发器指令作用。

■ 应会点：

1. 掌握置位/复位触发器指令的使用。
2. 掌握应用 PLC 实现电动机自耦变压器降压启动控制系统的设计、安装、调试。

一、任务简述

电动机自耦变压器降压启动控制系统也可以用 PLC 实现对其控制，而且效果好，线路简单，运行稳定。

二、相关知识

（一）梯形图编程的基本规则

（1）输入输出继电器、内部辅助继电器、定时器等元件的触点可多次重复使用，无须用复杂的程序结构来减少触点的使用次数。

（2）梯形图的每一行都是从左母线开始，线圈接在最后边。触点不能放在线圈的右边，如图 4-34 所示。

（a）　（b）

图 4-34　是否符合编程规则的程序

（a）不正确；（b）正确

（3）线圈不能直接与左母线相连。如果需要，可以通过专用内部辅助继电器 SM0.0 的常开触点连接，如图 4-35 所示。SM0.0 为 S7-200 PLC 中常接通辅助继电器。

（4）同一编号的线圈在一个程序中使用两次称为双线圈输出，双线圈输出容易引起误操作，应避免线圈重复使用，如图 4-36 所示。

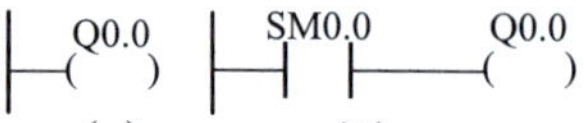

（a）　（b）

图 4-35　是否符合编程规则的程序

（a）不正确；（b）正确

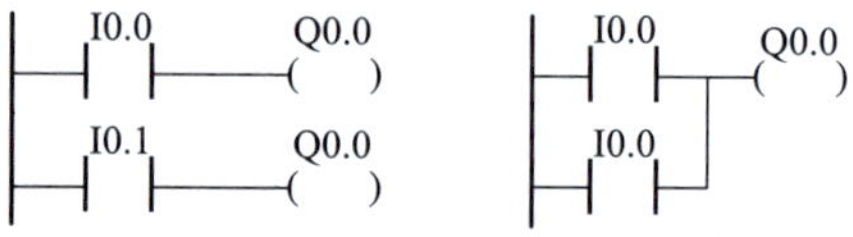

（a）　（b）

图 4-36　是否符合编程规则的程序

（a）不正确；（b）正确

(5) 梯形图必须符合顺序执行，即从左到右、从上到下地执行。不符合顺序执行的电路不能直接编程，如图 4-37 所示。

I0.0
I0.1
Q0.0
I0.3
I0.2
Q0.1
I0.4
I0.5
(a)
I0.4
I0.5
I0.3
I0.1
Q0.0
I0.0
I0.0
I0.3
I0.2
Q0.1
I0.4
I0.5
(b)

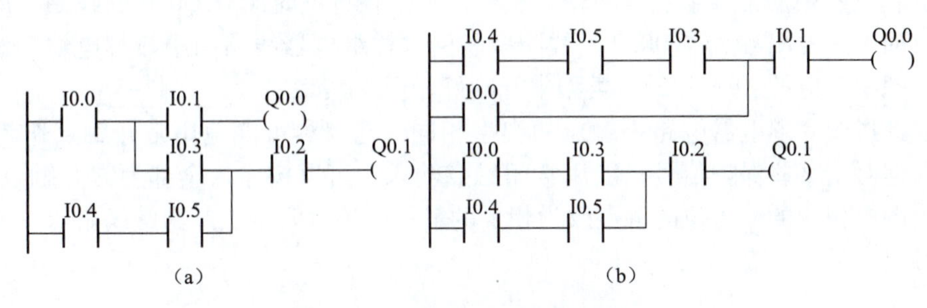

图 4-37　是否符合编程规则的程序

(a) 不正确梯形图；(b) 正确梯形图

(6) 在梯形图中，串联触点和并联触点使用的次数没有限制，可无限次使用。串联触点数目多的应放在程序的上面，并联触点多的应放在程序的左面，以减少指令条数，缩短扫描周期，合理优化的梯形图程序如图 4-38 所示。

Q0.0
I0.2
Q0.0
I0.0
I0.1
(a)
I0.0
I0.1
I0.2
Q0.0
Q0.0
(b)
I0.0
I0.1
I0.2
Q0.0
Q0.0
(c)
I0.2
I0.0
I0.1
Q0.0
Q0.0
(d)

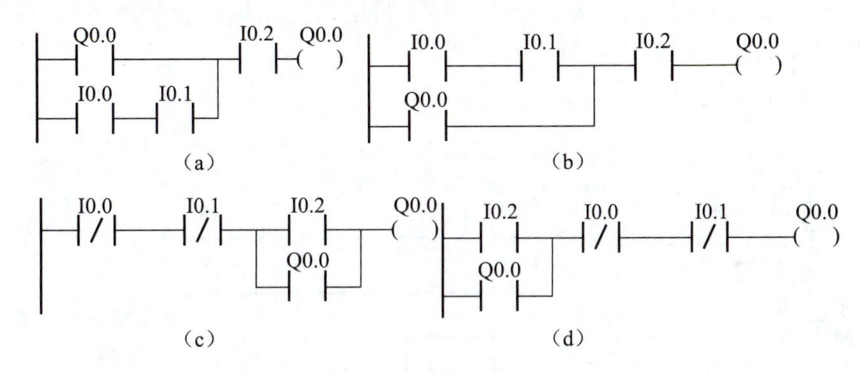

图 4-38　合理优化程序

(a) 串联触点位置不正确；(b) 串联触点位置正确；

(c) 并联触点位置不正确；(d) 并联触点位置正确

(7) 两个或两个以上的线圈可以并联输出，如图 4-39 所示。

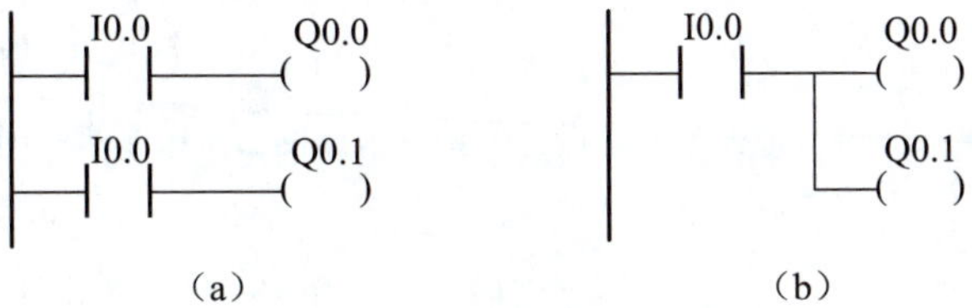

I0.0
Q0.0
I0.0
Q0.1
(a)
I0.0
Q0.0
Q0.1
(b)

图 4-39　多线圈并联输出程序

(a) 复杂的梯形图；(b) 简化的梯形图

(二) 常闭触点输入信号的处理

前面在介绍梯形图的编程规则时，有一个前提，就是假设输入的数字量信号均由外部常开触点提供，但是有些输入信号只能由常闭触点提供。例如，热继电器的常闭触点与接触点

KM 的线圈串联。电动机长期过载时，热继电器的常闭触点断开，使 KM 线圈断电。假设图 4-38（d）中热继电器的常闭触点接在 PLC 的输入端 I0.1 处，热继电器的常闭触点断开时，I0.1 在梯形图中的常开触点也断开。显然，为了在过载时断开 Q0.0 的线圈，应将 I0.1 的常开触点而不是常闭触点与 Q0.0 的线圈串联。这样继电器线路图中热继电器的触点类型常闭和梯形图中对应的 I0.1 的触点类型常开刚好相反。

为了使梯形图和继电器电路中触点的类型相同，建议尽可能地用常开触点作为 PLC 的输入信号。但对于某些保护信号只能用常闭触点输入，可以按输入全部为常开触点来设计，随后将梯形图中相应的输入位的触点改为相反的触点，即常开触点改为常闭触点，常闭触点改为常开触点。

三、应用实施

1. 控制要求

自耦变压器降压启动控制电路的主电路和时序图如图 4-40 所示，图 4-40（a）所示为主电路图，图 4-40（b）所示为自耦变压器降压启动控制电路的时序图，从时序图可知，按照前面介绍的图 4-32，按下启动按钮 SB2，KM1 得电，电动机自耦变压器降压启动，时间继电器开始计时，经过时间 T_1，KM1 失电，KM2 得电，电动机处于全压运行，按下停止按钮 SB1，KM2 失电，电动机停止运行。

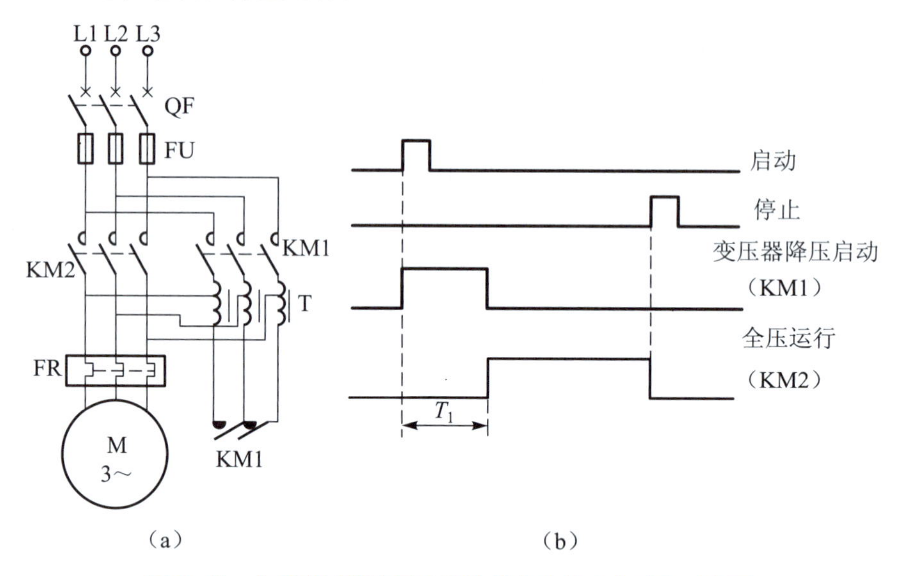

图 4-40　自耦变压器降压启动控制电路的主电路和时序图

2. PLC 的选型

从上面的分析可知系统有启动、停止、热继电器 3 个输入，均为开关量。该系统中有输出信号 2 个，其中 KM2 为电源接触器，KM1 为自耦变压器降压启动接触器。所以控制系统可选 CPU222 AC/DC/RLY，I/O 点数为 14 点，满足控制要求，而且还有一定的余量。

3. 自耦变压器降压启动控制电路 PLC 控制的 I/O 分配

自耦变压器降压启动控制电路的输入有启动按钮、停止按钮和热继电器，PLC 的输入/输出点分配表，如表 4-9 所示。

表 4-9　自耦变压器降压启动控制电路 PLC 的输入/输出点分配表

<table>
<tr><th colspan="3">输入信号</th><th colspan="3">输出信号</th></tr>
<tr><th>名称</th><th>代号</th><th>输入点编号</th><th>名称</th><th>代号</th><th>输出点编号</th></tr>
<tr><td>启动按钮</td><td>SB2</td><td>I0. 0</td><td>自耦变压器降压启动接触器</td><td>KM1</td><td>Q0. 0</td></tr>
<tr><td>停止按钮</td><td>SB1</td><td>I0. 1</td><td>全压运行接触器</td><td>KM2</td><td>Q0. 1</td></tr>
<tr><td>热继电器</td><td>FR</td><td>I0. 2</td><td></td><td></td><td></td></tr>
<tr><td colspan="6">内部元件</td></tr>
<tr><td>编程元件</td><td colspan="2">编程地址</td><td>PT 值</td><td colspan="2">作用</td></tr>
<tr><td>定时器</td><td colspan="2">T37</td><td>50（5 s）</td><td colspan="2">启动时间</td></tr>
</table>

4. PLC 控制自耦变压器降压启动硬件接线图

用 PLC 进行控制自耦变压器降压启动电路的接线如图 4-41 所示。

5. 程序设计

电动机自耦变压器降压启动控制电路 PLC 控制梯形图及指令表如图 4-42 所示。

6. 线路安装

线路安装按照先主后辅的顺序，而且一定要套线号。线路安装完后用电阻法检查是否有短路性故障。

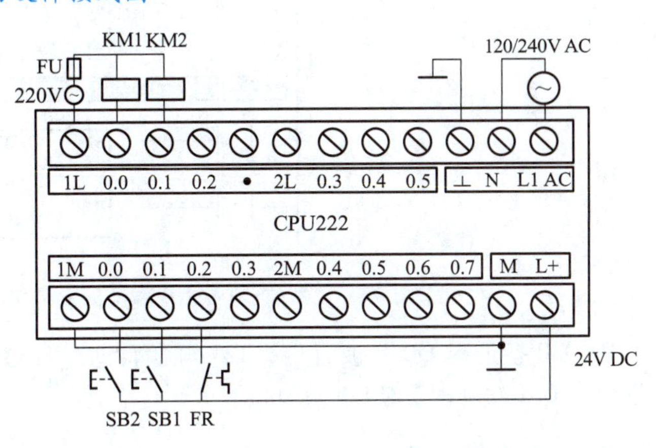

图 4-41　自耦变压器降压启动控制电路 PLC 控制的接线

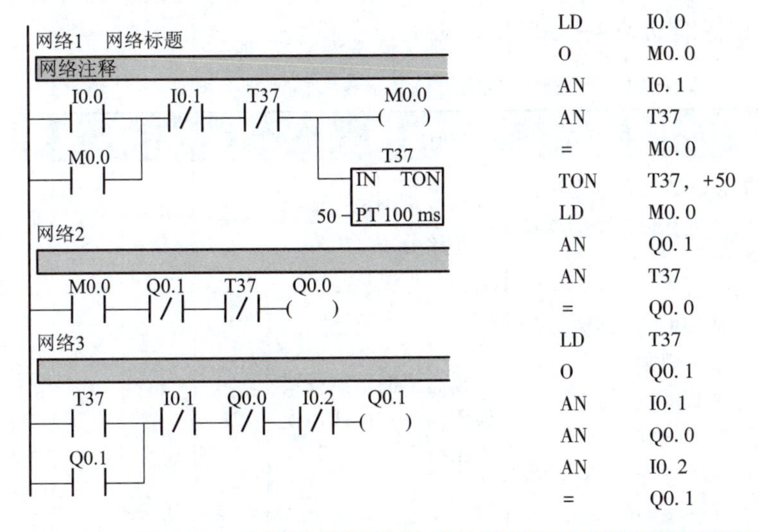

图 4-42　自耦变压器降压启动控制电路 PLC 控制梯形图及指令表

7. 通电试车

检查完后将程序下载到 PLC，运行试车，如有问题，检查排除故障。

8. 采用置位/复位触发器实现自耦变压器降压启动程序

要完成图 4-40 所示的时序，除了可以使用“启保停”电路来完成外，还可以采用置位/复位触发器指令来完成，图 4-43 所示为置位/复位触发器指令编写的自耦变压器降压启动程序。

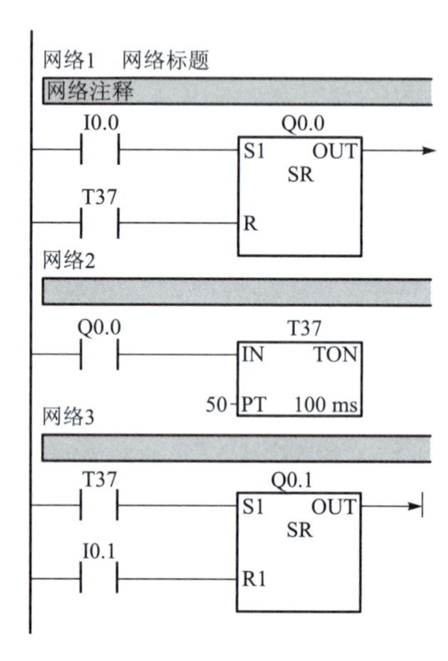

图 4-43　置位/复位指令编写的自耦变压器降压启动程序

当 I0. 0 接通时 Q0. 0 被置位，T37 开始计时，经过 5 s，T37 动作，Q0. 1 被置位，Q0. 0 被复位，I0. 1 接通时，Q0. 1 被复位。

四、操作技能考评

通过对本任务相关知识的了解和应用操作实施，对本任务实际掌握情况进行操作技能考评，具体考核要求和考核标准如表 4-10 所示。

表 4-10　任务操作技能考核要求和考核标准

序号	主要内容	考核要求	评分标准	配分	扣分	得分
1	电路原理图	掌握电动机自耦变压器降压启动控制线路的原理和构成	概念模糊不清或错误不给分	25		
2	PLC 控制	（1）掌握梯形图编程的基本规则 （2）掌握 PLC 的 I/O 分配表的设计原则 （3）正确连接输入/输出端线及电源线	概念模糊不清或错误不给分；接线错误不给分	25		

续表

序号	主要内容	考核要求	评分标准	配分	扣分	得分
3	梯形图编写	正确绘制梯形图，并能够顺利下载	梯形图绘制错误不得分，未下载或下载操作错误不给分	30		
4	PLC 程序运行	（1）能够正确完成系统要求，实现电动机自耦降压启动控制。 （2）能够正确完成系统要求，实现电动机互锁控制。 （3）能够正确完成系统要求，实现电动机自耦降 PLC 气自动启动控制	一次未成功扣 5 分，两次未成功扣 10 分，三次以上不给分	20		
备注			指导老师签字 年　月　日			

教学小结

用 PLC 控制电动机自耦变压器降压启动具有效果好，线路简单，运行稳定等优点；但不能频繁启动。编程时要注意编程规则。

思考与练习

现有一台三相异步电动机准备采用自耦变压器降压启动方案，请用 PLC 的置位和复位指令编写程序实现其功能。

项目五 三相异步电动机制动与调速控制线路

任务一 三相异步电动机反接制动的继电器—接触器控制线路

■ 应知点：

1. 了解机械抱闸制动的原理及控制。
2. 了解反接制动的原理。
3. 了解三相异步电动机反接制动的继电器—接触器控制线路的工作原理。

■ 应会点：

1. 掌握速度继电器的使用。
2. 掌握三相异步电动机反接制动的继电器—接触器控制线路设计、安装、检修。

一、任务简述

在实际运用中，有些生产机械，如万能铣床、卧式镗床、组合机床等往往要求电动机快速、准确地停车，而电动机在脱离电源后由于机械惯性的存在，完全停止需要一段时间，这样就使得非生产时间拖长，影响了劳动生产率，不能适应某些生产机械的工艺需要。在实际生产中，为了保证工作设备的可靠性和人身安全，为了实现快速、准确停车，缩短辅助时间，提高生产机械效率，对要求停转的电动机采取措施，强迫其迅速停车，这就叫“制动”。

三相异步电动机的制动方法有两类：机械制动和电气制动。机械制动是利用机械装置使电动机在电源切断后能迅速停转。它的结构有好几种形式，应用较普遍的是电磁抱闸制动，主要用于起重机械上吊重物时，使重物迅速而又准确地停留在某一位置上。

电气制动是使异步电动机所产生的电磁转矩和电动机的旋转方向相反。电气制动通常可分为能耗制动和反接制动。

二、相关知识

（一）机械抱闸制动

机械制动是在电动机断电后利用机械装置对其转轴施加相反的作用力矩（制动力矩）来进行制动。

1. 电磁抱闸制动器的结构

如图 5-1 所示，电磁抱闸制动器主要由电磁铁和闸瓦制动器等组成。而电磁铁又由线圈、铁芯、衔铁组成；闸瓦制动器则由轴、闸轮、闸瓦、杠杆弹簧组成。

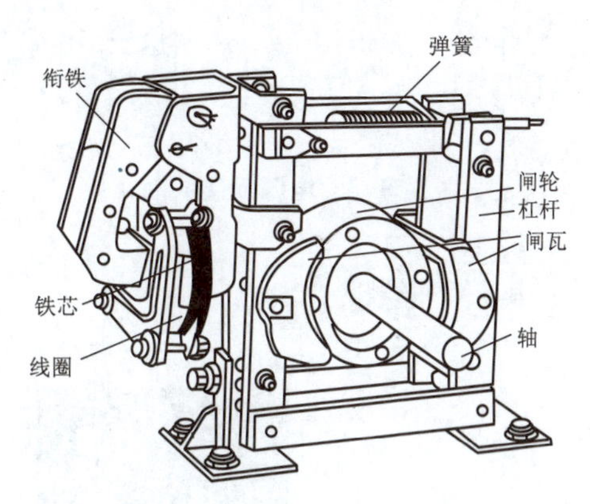

图 5-1　电磁抱闸制动器

2. 电磁抱闸制动的控制电路

电磁抱闸制动的控制电路如图 5-2 所示，工作过程如下：

在没通电的情况下，闸瓦紧紧抱住闸轮，电动机处于制动状态。启动时，按下启动按钮 SB1，KM 线圈得电，KM 主触点、自锁触点闭合，电磁抱闸 YA 线圈得电，线圈的电磁吸力大于弹簧的拉力，闸瓦与闸轮分开，电动机启动运转。

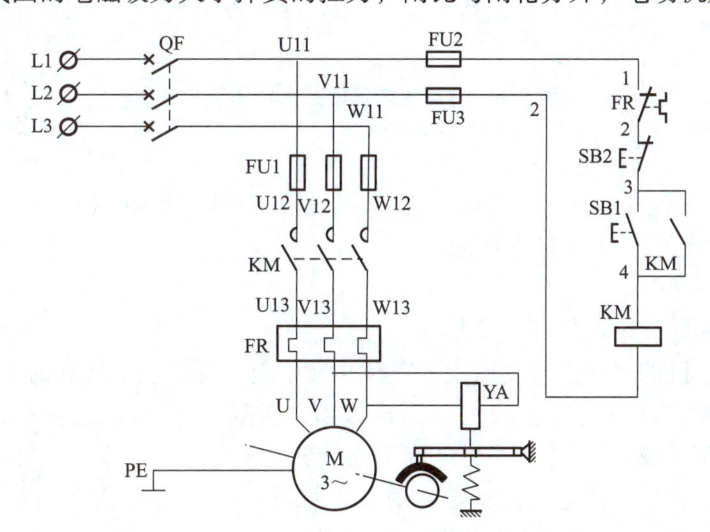

图 5-2　电磁抱闸制动控制电路

制动时，按下停止按钮 SB2，KM 线圈断电释放，YA 线圈断电释放，闸瓦在弹簧力的作用下，紧紧抱住闸轮，电动机迅速制动。

电磁抱闸制动定位准确、制动迅速，广泛地应用在电梯、卷扬机、吊车等工作机械上。

（二）反接制动

电源反接制动是依赖改变电动机定子绕组的电源相序，而迫使电动机迅速停转的一种方法。反接制动通常采用速度继电器来控制其制动过程。

1. 电源反接制动

电源反接制动的方法是改变电动机定子绕组与电源的连接相序，如图 5-3 所示，先断开

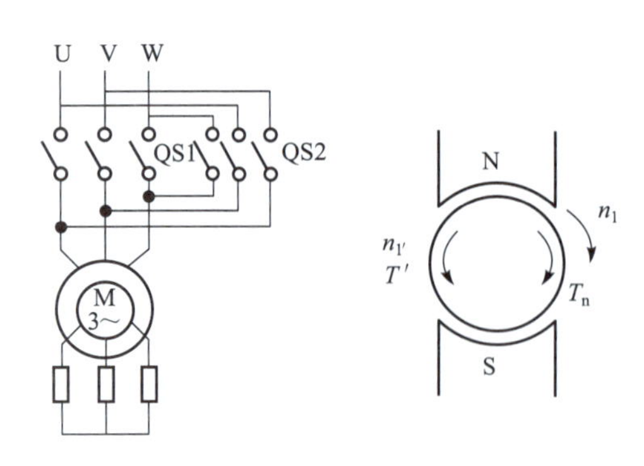

图 5-3 电源反接制动

QS1 开关，后接通 QS2 开关即可。

电源相序改变，旋转磁场立即反转，使转子绕组中感应电势、电流和电磁转矩都改变方向，因机械惯性，转子转向未变，电磁转矩与转子的转向相反，电动机进行制动，此称为电源反接制动。

2. 速度继电器

速度继电器主要用作笼型异步电动机的反接制动控制，亦称为反接制动继电器。

1）外形结构及符号

速度继电器的外形结构及符号如图 5-4 所示，其文字符号为 KS。

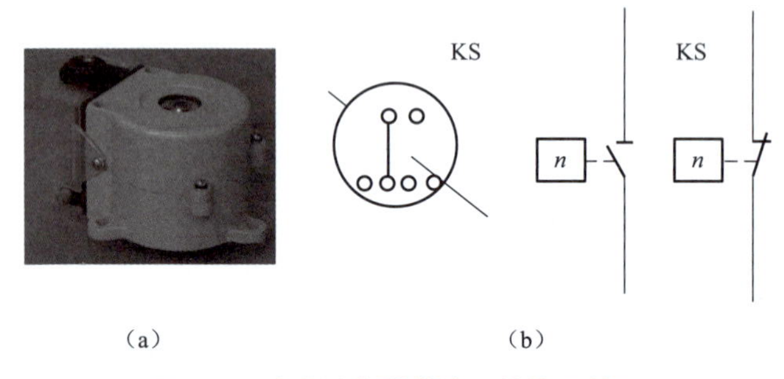

图 5-4 速度继电器的外形结构及符号

（a）外形；（b）符号

它主要由转子、定子和触点 3 部分组成。转子是一个圆柱形永久磁铁，定子是一个笼型空心圆环，由硅钢片叠成，并装有笼型绕组。

2）动作原理

速度继电器的动作原理如图 5-5 所示。

其转轴与电动机的轴相连接，而定子空套在转子上。当电动机转动时，速度继电器的转子（永久磁铁）随之转动，在空间产生旋转磁场，切割定子绕组，而在其中感应出电流。此电流又在旋转的转子磁场作用下产生转矩，使定子随转子转动方向而旋转，和定子装在一起的摆锤推动动触点动作，使常闭触点断开，常开触点闭合。当电动机转速低于某一值时，定子产生的转矩减小，动触点复位。

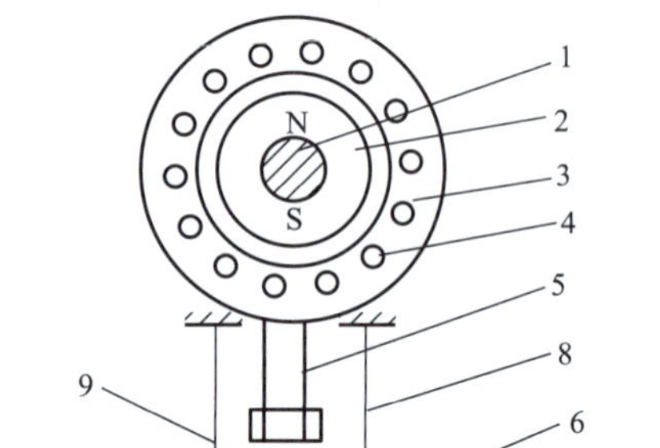

图 5-5 速度继电器动作原理示意图

1—转轴；2—转子；3—定子；4—绕子；5—摆锤；6、7—静触点；8、9—动触点

一般速度继电器的动作转速为 120 r/min，触点的复位转速在 100 r/min 以下，转速在 3 000 ~ 3 600 r/min 以下能可靠工作。

3）型号含义

常用的速度继电器有 JY1 型和 JFZ0 型，其型号及含义如下：

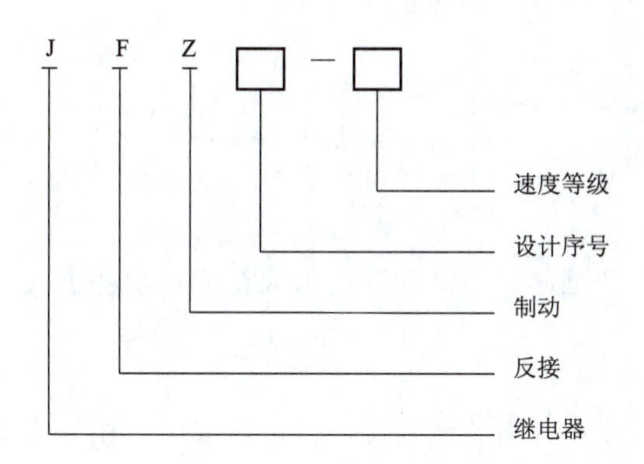

三、应用实施

（一）反接制动

反接制动是在电动机三相电源被切断后，立即通上与原相序相反的三相电源，以形成与原转向相反的电磁力矩，利用这个制动力矩使电动机迅速停止转动。这种制动方式必须在电动机转速降到接近零时切除电源，否则电动机仍有反向力矩可能会反向旋转，造成事故。

三相异步电动机单向运转反接制动控制线路如图 5-6 所示。

图 5-6 中主回路中所串电阻 R 为制动限流电阻，防止反接制动瞬间过大的电流可能会损坏电动机。速度继电器 KS 与电动机同轴，当电动机转速上升到一定数值时，速度继电器的动合触点闭合，为制动做好准备。制动时转速迅速下降，当其转速下降到接近零时，速度继电器动合触点恢复断开，使接触器 KM2 线圈断电，防止电动机反转。

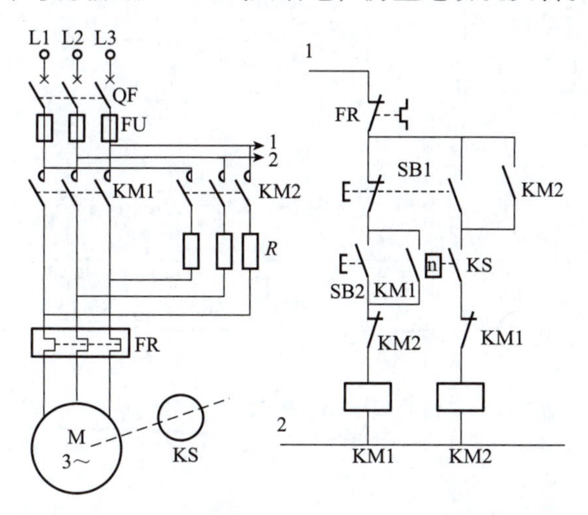

图 5-6　三相异步电动机单向运转反接制动控制线路

线路动作原理如下：

启动：

$$SB2^{\pm} — KM1^{+}自 \begin{cases} M^{+}（正转）\xrightarrow{n_2\uparrow} KS^{+} \\ KM2^{-}（互锁）\end{cases}$$

反接制动：

$SB1^{\pm}$ — $KM1^{-}$ — M^{-}
　　　　　　　　└ KM2（解除互锁）
　　　└ $KM2^{+}$自 — M^{+}（串 R 制动）$\xrightarrow{n_2\downarrow}$ KS^{-} — $KM2^{-}$ — M^{-}（制动完毕）
　　　　　　　　└ KM1（互锁）

反接制动的优点是制动迅速，但制动冲击力大，能量消耗也大。故常用于不经常启动和制动的大容量电动机。

（二）双向反接制动

有些设备正转和反转停止都需要制动控制，可以采用三相异步电动机的双向反接制动电路，如图 5-7 所示。

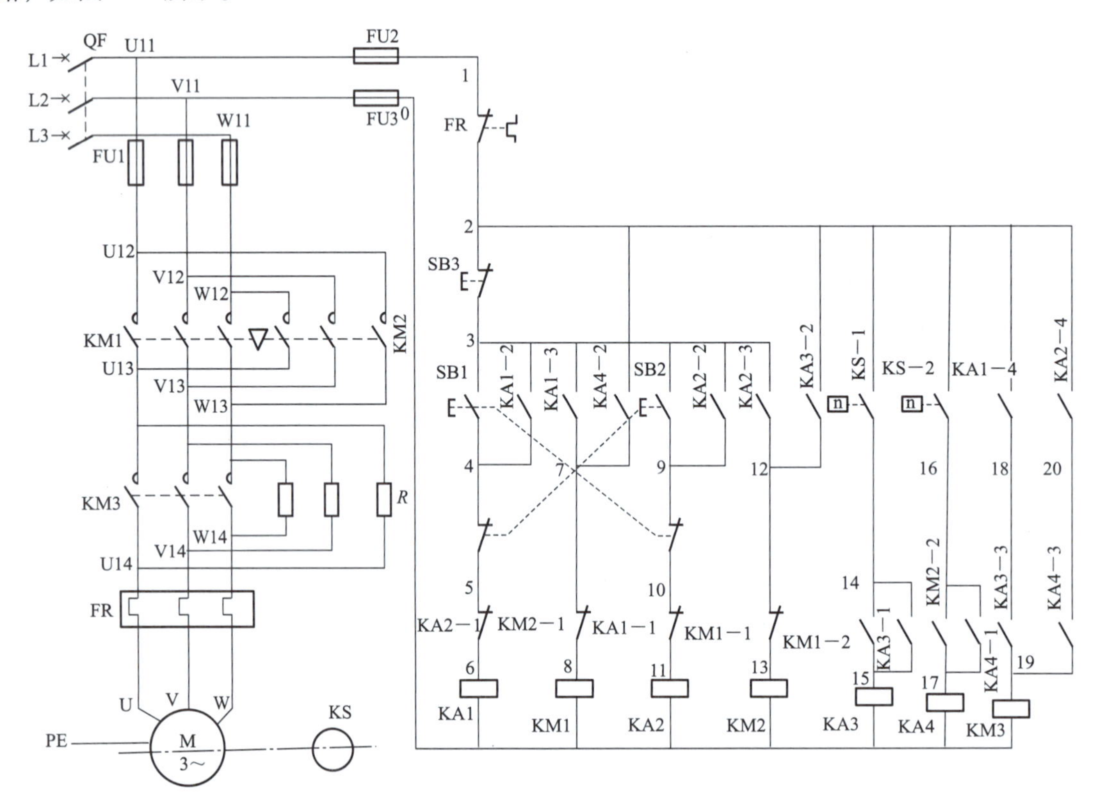

图 5-7　三相异步电动机的双向反接制动控制电路

1. 电路分析

主电路中主要器件的作用为：KM1 主触点用于正转运行及反转时的反接制动；KM2 主触点用于反转运行及正转时的反接制动；KM3 运转时闭合，制动时断开，保证电动机串接限流电阻制动；KS 速度继电器的两个常开触点，一个用于正转时的反接制动，另一个用于反转时的反接制动。控制电路中的主要器件作用为：SB1 为复合按钮、KA1、KA3 为中间继电器、KM1、KM3 接触器用于电动机的正转控制；SB2 为复合按钮、KA2、KA4 为中间继电器、KM2、KM3 接触器用于电动机的反转控制；正转的反接制动主要用到 SB3 停止按钮，速度继电器 KS-1 常开触点、中间继电器 KA3、接触器 KM2、KM3 等；反转的反接制动主要用

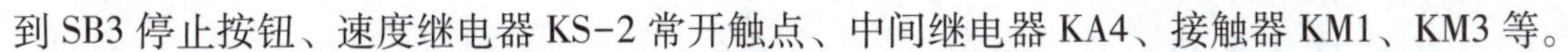
到 SB3 停止按钮、速度继电器 KS-2 常开触点、中间继电器 KA4、接触器 KM1、KM3 等。

图 5-7 中，KM1、KM2 为正、反转接触器，KM3 为短接电阻接触器，KA1、KA2、KA3、KA4 为中间继电器，KS 为速度继电器，其中，KS-1 为正转闭合触点，KS-2 为反转闭合触点，*R* 为启动与制动电阻。

2. 电路的工作原理

正转串电阻降压启动：

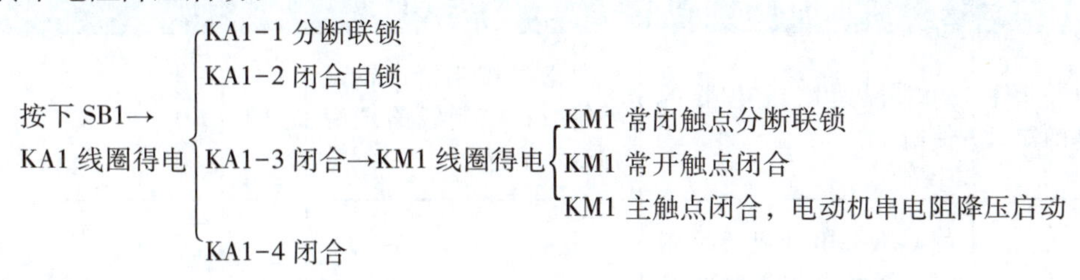

额定运行：

当电动机转速上升到一定值时，电动机转速大于 120 r/min，速度继电器 KS-1 常开触点闭合，另外 KM1-2 常开触点已闭合，所以

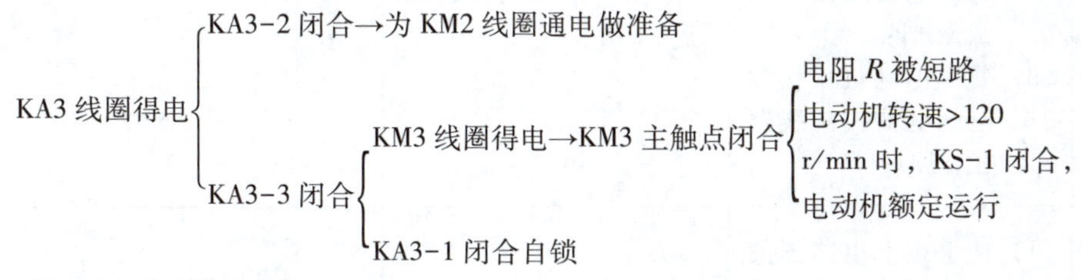

停机制动分断电源：

按下停止按钮 SB3，中间继电器 KA1 线圈失电，其控制过程如下：

- KA1-1 重新闭合
- KA1-2 分断
- KA1-3 分断→KM 线圈失电
  - KM1 自锁触点分析
  - KM1 联锁触点闭合
  - KM1 主触点分断→电动机作惯性运动
- KA1-4 分断→KM3 线圈失电→KM3 主触点分断→接入限流电阻 *R*

串接电阻制动：

由于 KA3-2 已闭合，KM1 常闭触点又重新闭合所以 KM2 线圈得电→KM2 主触点闭合→电动机串电阻 *R* 反接制动。

制动结束：

当电动机的转速≤100 r/min 时，KS-1 常驻机构开触点重新分断，使

KA3 线圈失电

- KA3-1 自锁触点断开
- KA3-3 自锁触点断开
- KA3-2 自锁触点断开→KM2 线圈断电释放→制动结束

三相异步电动机的反向启动需按下复合按钮 SB2，制动时仍按 SB3，其控制原理与正转电路相同，请读者自己分析。

四、操作技能考评

通过对本任务相关知识的了解和应用操作实施，对本任务实际掌握情况进行操作技能考评，具体考核要求和考核标准如表 5-1 所示。

表 5-1　任务操作技能考核要求和考核标准

序号	主要内容	考核要求	评分标准	配分	扣分	得分
1	电气元件基础知识	掌握速度继电器的使用	概念模糊不清或错误不给分；控制线路理解错误不给分	20		
2	电机控制	（1）掌握电动机反接制动继电器控制线路安装接线 （2）掌握电动机反接制动继电器控制线路故障排除 （3）掌握电动机反接制动继电器控制线路工作原理	概念模糊不清或错误不给分；控制线路理解错误不给分	30		
3	元件安装布线	（1）能够按照电路图的要求，正确使用工具和仪表，熟练地安装电气元件 （2）布线要求美观、紧固、实用、无毛刺、端子标识明确	一处安装出错或不牢固，扣 1 分；损坏元件扣 5 分；布线不规范扣 5 分	20		
4	通电运行	要求无任何设备故障且保证人身安全的前提下通电运行一次成功	一次试运行不成功扣 5 分，两次试运行不成功扣 10 分，三次试运行不成功不给分	30		
备注			指导老师签字 年　月　日			

教学小结

制动有机械抱闸制动和电气制动，电气制动又分为反接制动和能耗制动，反接制动一般采用速度继电器来控制反接制动的时间，反接制动适合于制动迅速，制动不频繁（如各种机床的主轴制动）的场合。

思考与练习

1. 反接制动能否采用时间继电器来控制反接制动的时间?

2. 电动机反接制动控制与电动机正、反转运行控制的主要区别是什么?

3. 一台电动机为Y-△ 220V/380 接法，允许轻载启动，试设计满足如图 5-8 所示的时序要求的控制线路。

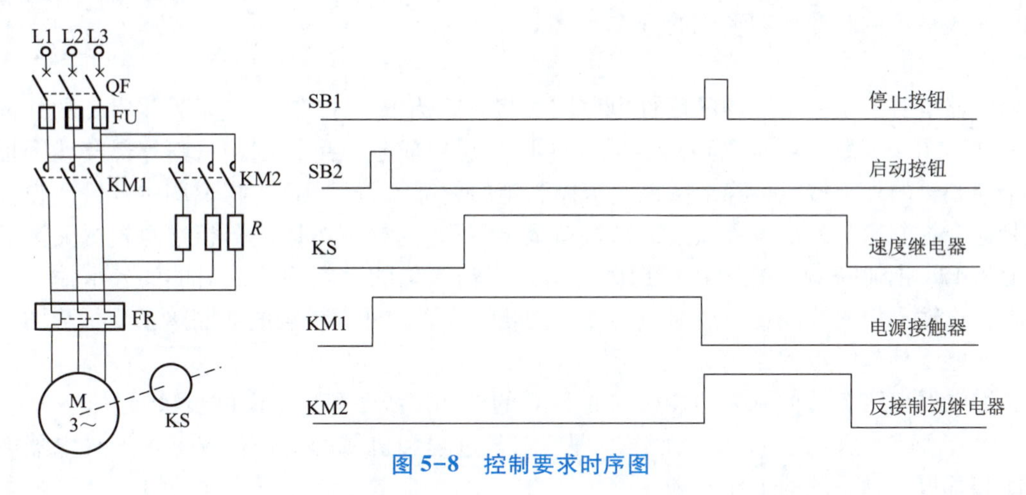

图 5-8　控制要求时序图

(1) 采用手动和自动控制降压启动。

(2) 实现连续运转和点动工作，且当点动工作时要求处于降压状态工作。

(3) 具有必要的联锁和保护环节。

任务二　应用 PLC 实现电动机反接制动控制系统的设计

■ **应知点:**

了解 PLC 程序设计的方法——移植法。

■ **应会点:**

掌握应用 PLC 实现电动机反接制动控制系统的设计、安装、调试。

一、任务简述

电动机反接制动控制系统也可以用 PLC 实现对其的控制，而且效果好，线路简单，运行稳定。

二、相关知识

PLC 程序设计方法——移植法是根据继电器电路图设计 PLC 梯形图的方法。

PLC 使用与继电器电路图极为相似的梯形图语言。如果用 PLC 改造继电器控制系统，根据继电器电路图来设计梯形图是一条捷径。这是因为原有的继电器控制系统经过长时间的使用和考验，已经被证明能完成系统要求的控制功能，而继电器电路图又与梯形图有很多相似之处，因此可以将继电器电路图“翻译”成梯形图，即用 PLC 的外部硬件接线图和梯形图代替继电器系统，这种设计方法一般不需要改动控制面板，保持了系统原有的外部特性，使得操作人员不用改变长期形成的操作习惯。

1. 基本方法

继电器电路图是一个纯粹的硬件电路图。将它改为 PLC 控制时，需要用 PLC 的外部接线图和梯形图来等效继电器电路图。可以将 PLC 想象成是一个控制箱，其外部接线图描述了这个控制箱的外部接线，梯形图是这个控制箱的内部“线路图”，梯形图中的输入位和输出位是这个控制箱与外部世界联系的“接口继电器”，这样就可以用分析继电器电路图的方法来分析 PLC 控制系统，在分析梯形图时可以将输入位的触点想象成对应的外部输入器件的触点，将输出位的线圈想象成对应的外部负载的线圈。外部负载的线圈除了受梯形图的控制外，还能受外部触点的控制。

将继电器电路图转换成为功能相同的 PLC 的外部接线图和梯形图的步骤如下。

（1）了解和熟悉被控设备的工作原理、工艺过程和机械的动作情况，根据继电器电路图分析和掌握控制系统的工作原理。

（2）确定 PLC 的输入信号和输出负载。继电器电路图中的交流接触器和电磁阀等执行机构如果用 PLC 的输出位来控制，它们的线圈在 PLC 的输出端。按钮操作开关、行程开关和接近开关等提供 PLC 的数字量输入信号，继电器电路图中的中间继电器和时间继电器的功能，用 PLC 内部的存储器和定时器来完成，它们与 PLC 的输入位、输出位无关。

（3）选择 PLC 的型号，根据系统所需要的功能和规模选择 CPU 模块、电源模块及数字量输入和输出模块，对硬件进行组态，确定输入、输出模块在机架中的安装位置及其起始地址。

（4）确定 PLC 各数字量输入信号与输出负载对应的输入位和输出位的地址，画出 PLC 的外部接线图。各输入和输出在梯形图中的地址取决于它们的模块的起始地址和模块中的接线端子号。

（5）确定与继电器电路图中的中间继电器、时间继电器对应的梯形图中的存储器和定时器、计数器的地址。

（6）根据上述的对应关系画出梯形图。

2. 注意事项

根据继电器电路图设计 PLC 的外部接线图和梯形图时应注意以下问题。

（1）应遵守梯形图语言中的语法规定。由于工作原理不同，梯形图不能照搬继电器电路中的某些处理方法。例如，在继电器电路中，触点可以放在线圈的两侧，但是在梯形图中，线圈必须放在电路的最右边。

（2）适当地分离继电器电路图中的某些电路。设计继电器电路图时的一个基本原则是尽量减少图中使用的触点个数，因为这意味着成本的节约，但是这往往会使某些线圈的控制电路交织在一起。在设计梯形图时首要的问题是设计的思路要清楚。设计出的梯形图容易阅读和理解，并不在意是否多用几个触点，因为这不会增加硬件的成本，只是在输入程序时需要多花一点时间。

（3）尽量减少 PLC 的输入和输出点。

PLC 的价格与 I/O 点数有关，因此输入、输出信号的点数是降低硬件费用的主要措施。在 PLC 的外部输入电路中，各输入端可以接常开触点或是常闭触点，也可以接触点组成的串并联电路。PLC 不能识别外部电路的结构和触点类型，只能识别外部电路的通断。

（4）时间继电器的处理。

时间继电器除了有延时动作的触点外，还有在线圈通电瞬间接通的瞬动触点。在梯形图中，可以在定时器的线圈两端并联存储器的线圈，它的触点相当于定时器的瞬动触点。

（5）设置中间单元。

在梯形图中，若多个线圈都受某一触点串并联电路的控制，为了简化电路，在梯形图中可以设置中间单元，即用该电路来控制某存储器，在各线圈的控制电路中使用其常开触点。这种中间元件类似于继电器电路中的中间继电器。

（6）设立外部互锁电路。

控制异步电动机正反转的交流接触器如果同时动作，会造成三相电源短路。为了防止出现这样的事故，应在 PLC 外部设置硬件互锁电路。

（7）外部负载的额定电压。

PLC 双向晶闸管输出模块一般只能驱动额定电压 220 V AC 的负载，如果系统原来的交流接触器的线圈电压为 380 V，则应换成 220 V 的线圈，或是设置外部中间继电器。

三、应用实施

（一）反接制动的 PLC 程序编制

1. 控制要求

图 5-6 所示为任务一的反接制动主电路和控制电路，请将反接制动的控制过程改用 PLC 控制。

2. PLC 的选型

从继电器控制系统图可知，该系统有启动按钮、停止按钮、速度继电器、热继电器 4 个输入，均为开关量。该系统中有输出信号 2 个，其中 KM1 为电源接触器，KM2 为反接制动接触器，所以控制系统可选用 CPU222 AC/DC/RLY，I/O 点数为 14 点，满足控制要求，而且还有一定的余量。

3. 反接制动控制电路 PLC 控制的 I/O 分配

反接制动控制电路的输入有启动按钮、停止按钮、速度继电器和热继电器，输出有电源接触器和反接制动接触器，PLC 的输入/输出点分配表，如表 5-2 所示。

表 5-2　反接制动控制电路 PLC 的输入/输出点分配表

输入信号			输出信号		
名称	代号	输入点编号	名称	代号	输出点编号
启动按钮	SB2	I0.0	电源接通接触器	KM1	Q0.0
停止按钮	SB1	I0.1	反接制动接触器	KM2	Q0.1
速度继电器	KS	I0.2			
热继电器	FR	I0.3			

4. 硬件接线图

应用 PLC 实现电动机反接制动控制系统硬件接线如图 5-9 所示。为了防止短路，在 KM1、KM2 接了电气互锁。

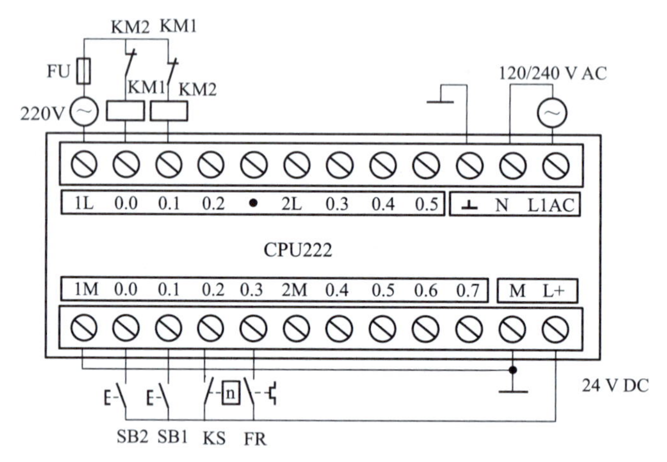

图 5-9　PLC 实现电动机反接制动控制系统硬件接线

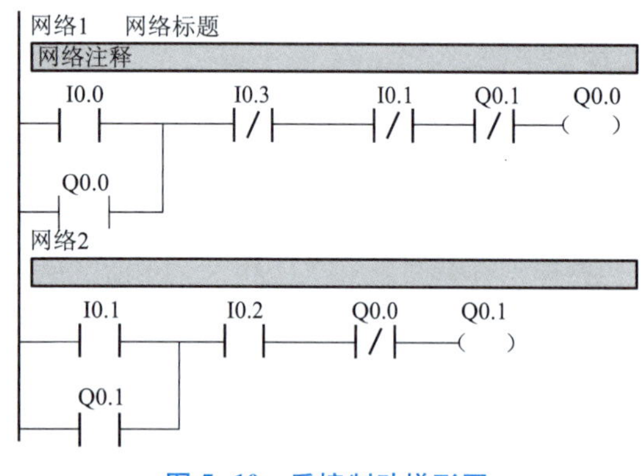

图 5-10　反接制动梯形图

5. 程序设计

采用移植法编写程序，由图 5-6，根据 I/O 对应关系，FR 的动断用 I0.3 的动断代替，SB2 用 I0.0 代替，SB1 用 I0.1 代替，KS 用 I0.2 代替，KM1 用 Q0.0 代替，KM2 用 Q0.1 代替，再将块电路放前面，获得如图 5-10 所示的梯形图。

按下 SB2，I0.0 接通，Q0.0 得电自锁，KM1 吸合，电动机正转，当速度达到 120 r/min 时，KS 闭合，I0.2 接通，为反接制动作准备；当按下停止按钮时，I0.1 接通，Q0.0 断开，KM1 失电，正转停止，KM2 接通，处于反接制动状态，当速度降到低于 100 r/min 时，I0. 2 断开，Q0. 1 失电，KM2 断开，反接制动停止。

6. 线路安装

线路安装按照先主后辅的顺序，而且一定要套线号。线路安装完后用电阻法检查是否有短路性故障。

7. 通电试车

检查完后将程序下载到 PLC，运行试车，如有问题，则检查排除故障。

（二）可逆运行反接制动的 PLC 程序编制

将图 5-7 所示的继电器控制可逆运行反接制动控制线路改为 PLC 控制。

1. PLC 的选型

从继电器控制系统图可知，该系统有正转按钮、反转按钮、停止按钮、正转速度继电器、反转速度继电器、热继电器 6 个输入，均为开关量。该系统中有输出信号 3 个，其中 KM1 为正转接触器，KM2 为反转接触器，KM3 为制动电阻短接继电器，所以控制系统可选用 CPU222 AC/DC/RLY，I/O 点数为 14 点，满足控制要求，而且还有一定的余量。

2. 反接制动控制电路 PLC 控制的 I/O 分配

反接制动控制电路的输入有启动按钮、停止按钮、速度继电器和热继电器，输出有电源接触器和反接制动接触器，PLC 的输入/输出点分配表，如表 5-3 所示。

表 5-3　反接制动控制电路 PLC 的输入/输出点分配表

输入信号			输出信号		
名称	代号	输入点编号	名称	代号	输出点编号
正转按钮	SB1	I0. 0	正转接触器	KM1	Q0. 0
反转按钮	SB2	I0. 1	反转接触器	KM2	Q0. 1
停止按钮	SB3	I0. 2	电阻短接继电器	KM3	Q0. 2
正转速度继电器	KS-1	I0. 3			
反转速度继电器	KS-2	I0. 4			
热继电器	FR	I0. 5			

内部元件		
编程元件	编程地址	作用
辅助继电器	M0. 1	正转启动/停止控制
辅助继电器	M0. 2	反转启动/停止控制
辅助继电器	M0. 3	正转运行控制
辅助继电器	M0. 4	反转运行控制

3. 硬件接线图

PLC 控制可逆运行反接制动硬件接线如图 5-11 所示。

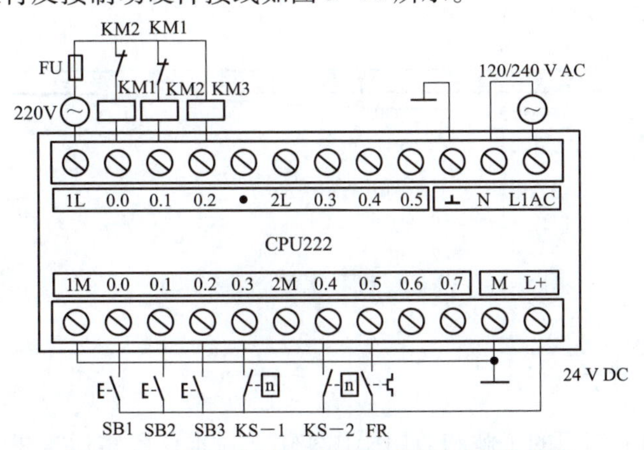

图 5-11　PLC 控制可逆运行反接制动硬件接线

4. 程序设计

采用移植法编写程序，由图 5-6，根据 I/O 对应关系和编程规则，获得如图 5-12 所示的梯形图。

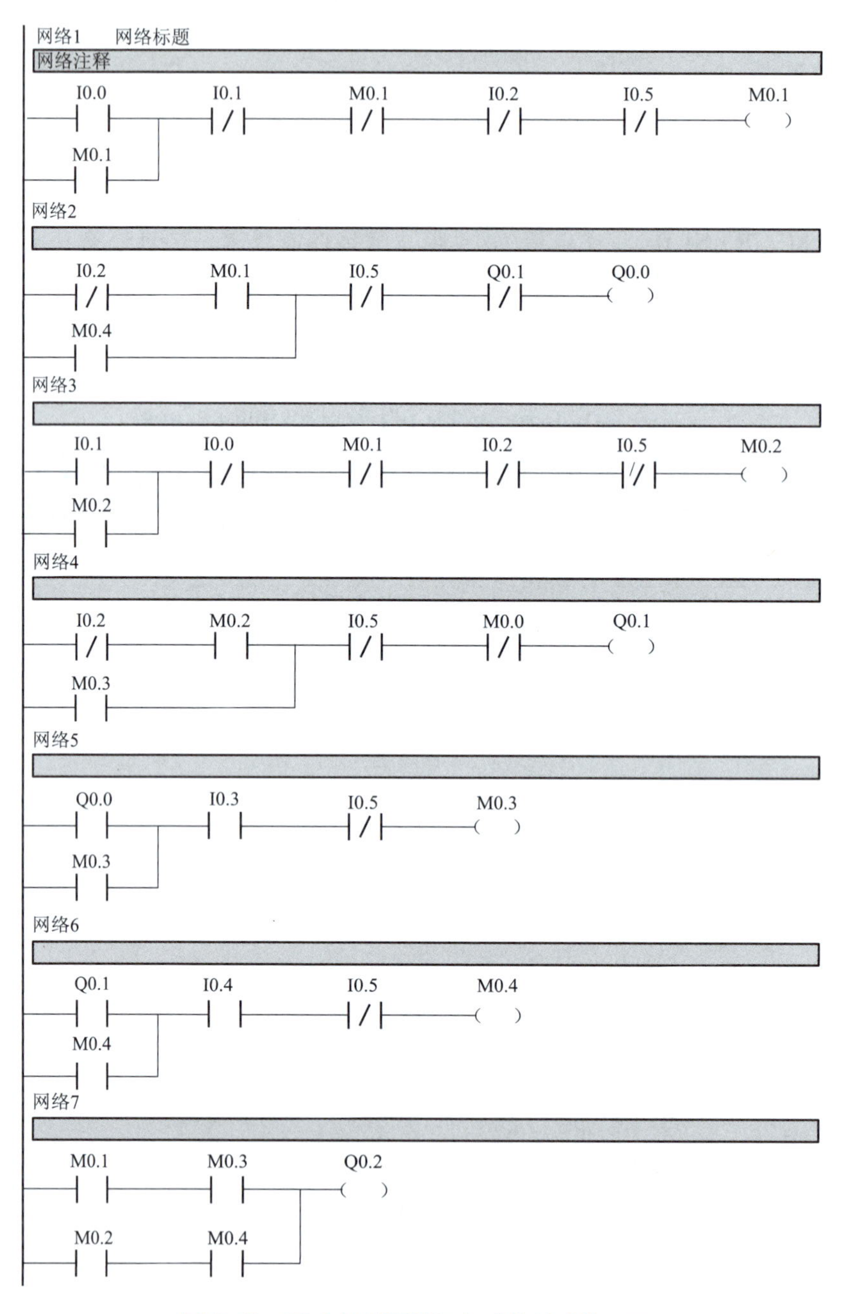

图 5-12　PLC 控制可逆运行反接制动梯形图

四、操作技能考评

通过对本任务相关知识的了解和应用操作实施，对本任务实际掌握情况进行操作技能考评，具体考核要求和考核标准如表 5-4 所示。

表 5-4　任务操作技能考核要求和考核标准

序号	主要内容	考核要求	评分标准	配分	扣分	得分
1	电路原理图	掌握电动机反接制动控制线路的原理和构成	概念模糊不清或错误不给分	25		
2	PLC 控制	(1) 掌握梯形图编程方法——移植法的使用 (2) 掌握 PLC 的 I/O 分配表的设计原则 (3) 正确连接输入/输出端线及电源线	概念模糊不清或错误不给分；接线错误不给分	25		
3	梯形图编写	正确绘制梯形图，并能够顺利下载	梯形图绘制错误不得分，未下载或下载操作错误不给分	30		
4	PLC 程序运行	(1) 能够正确完成系统要求，实现电动机正、反转控制 (2) 能够正确完成系统要求，实现电动机反接制动控制 (3) 能够正确完成系统要求，实现电动机 PLC 全自动反接制动控制	一次未成功扣 5 分，两次未成功扣 10 分，三次以上不给分	20		
备注			指导老师签字 年　月　日			

教学小结

1. 移植法是根据继电器电路图设计 PLC 梯形图的方法，是根据继电器控制电路图与梯形图有很多相似之处，将继电器电路图“翻译”成梯形图的方法，但要满足编程规则，这种方法简单、便捷、实用。

2. PLC 控制的电动机反接制动控制系统具有效果好、线路简单、运行稳定的特点。

思考与练习

1. 继电器电路中的时间继电器与 PLC 的定时器有什么区别？
2. 继电器电路中的中间继电器与 PLC 的辅助继电器有什么区别？
3. 继电器电路图转换成为 PLC 的外部接线图和梯形图有哪些步骤？

任务三　三相异步电动机能耗制动的继电器—接触器控制线路

■ 应知点：

1. 了解能耗制动的原理。
2. 了解三相异步电动机能耗制动的继电器—接触器控制线路工作原理。

■ 应会点：

掌握三相异步电动机能耗制动的继电器—接触器控制线路的设计、安装、检修。

一、任务简述

反接制动虽然具有设备简单、制动力矩较大、制动迅速的特点，但机械冲击强烈、制动不平稳、准确度不高。在要求平稳制动、停位准确的场合，通常采用能耗制动（如铣床、龙门刨床及组合机床的主轴定位等）。

二、相关知识

三相笼型异步电动机的能耗制动，就是把转子储存的机械能转变成电能，又消耗在转子上，使之转化为制动力矩的一种方法。

1. 能耗制动的原理

三相异步电动机正常运转分断电源后，仍会做一段时间的惯性运动。此时，若在定子绕组中通入一恒定直流电，在定子气隙中就会产生一个恒定磁场，转子电路中就会产生感应电流，该感应电流与恒定磁场的相互作用就会产生一个制动力矩，使转子转速迅速下降，当 $n=0$ 时，$T=0$，制动过程结束，停机后需切断直流电源。这种方法是将转子的动能转变为电能，消耗在转子回路的电阻上，所以称能耗制动。其制动原理如图 5-13 所示，当 QF1 断开电源停机时，QF2 接通电源并使 V、W 相绕组通入直流电源，电动机就进入了能耗制动状态。

这种制动所消耗的能量较小、制动准确率较高、制动转矩平滑，但制动力较弱，制动力矩与转速成正比地减小。还需另设直流电源，费用较高。

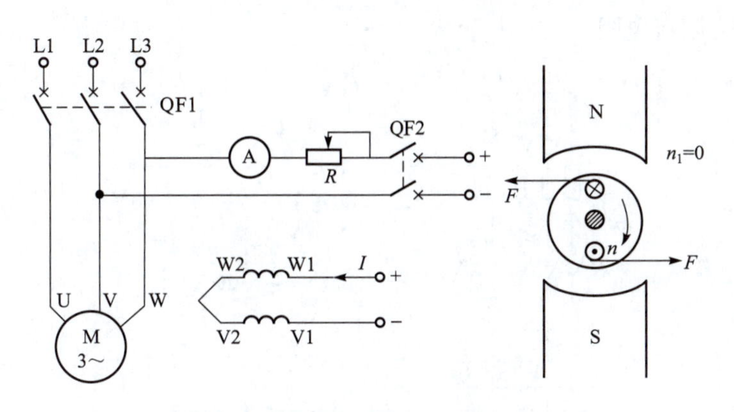

图 5-13　能耗制动的原理

2. 能耗制动主电路

为了节约器材，实际的能耗制动是对原电源半波或桥式整流得到直流电，而不需另配直流电源。图 5-14 所示为三相异步电动机半波整流能耗制动主电路。

如图 5-14（a）所示，当 KM2 接通时，电流从 L3 经 QF、FU、触点 KM2、电动机的绕组 V、电动机的绕组 W、触点 KM2、二极管 VD、电阻 *R* 流回到零线，这样在电动机的绕组中就通过了一直流电，从而产生磁场，电动机处于发电状态，将电动机的动能转变为电能，消耗在电阻 *R* 上，使电动机迅速停机。图 5-14（b）所示的原理一样，唯一的不同是直流采用桥式整流获得。

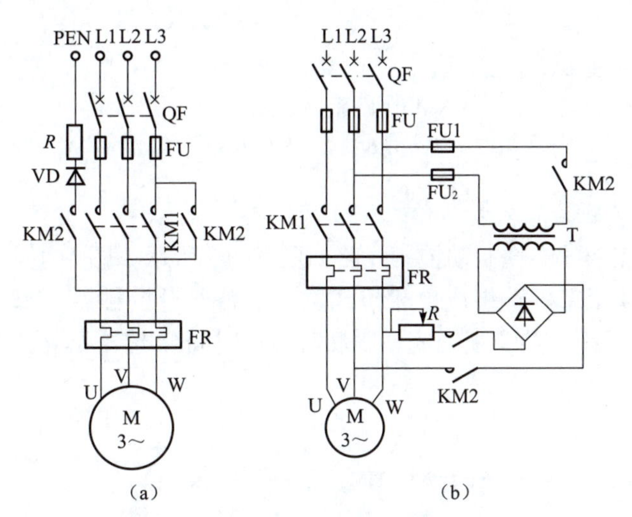

图 5-14　能耗制动的主电路

（a）半波整流直流电源；（b）桥式整流直流电源

三、应用实施

1. 用速度继电器控制的能耗制动控制线路

用速度继电器控制的能耗制动控制线路如图 5-15 所示。

图 5-15 中 KM1 为交流电源接触器、KM2 为直流电源接触器、KS 为速度继电器，VD 为

整流二极管，*R* 为限流电阻。

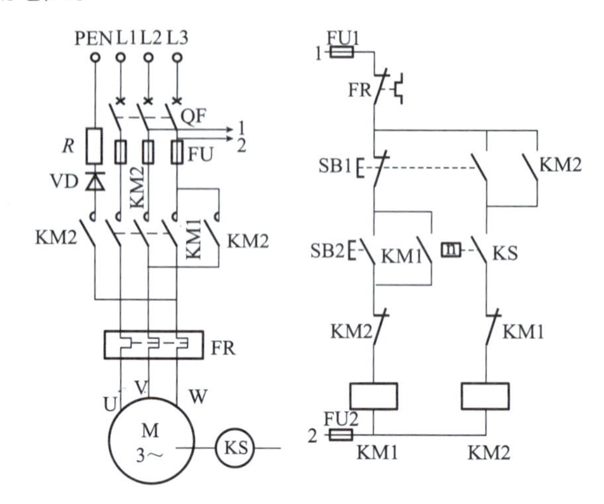

图 5-15　三相异步电动机半波整流能耗制动控制线路

线路动作原理如下：

启动：

SB2± —— KM1⁺自 ┬ M⁺（启动）$\underline{\ n\uparrow\ }$ KS⁺
　　　　　　　　└ KM2（互锁）

能耗制动：

SB1± ┬ KM1⁻ ── ┬ M⁻
　　　│　　　　└ KM2（解除互锁）
　　　└ KM2⁺ ── M⁺（串R制动）$\underline{\ n\downarrow\ }$ KS⁻ ── KM2⁻ ── M⁻（制动完毕）

2. 时间继电器控制的能耗制动控制线路

按时间继电器控制的能耗制动控制线路如图 5-16 所示。图中主电路在进行能耗制动时所需的直流电源由 4 个二极管组成单相桥式整流电路通过接触器 KM2 引入，交流电源与直流电源的切换是由 KM1、KM2 来完成，制动时间由时间继电器 KT 决定。

线路动作原理如下：

启动：

SB2± ── KM1±自 ┬ M⁺（启动）
　　　　　　　　└ KM2⁻（互锁）

能耗制动：

SB1± ┬ KM1⁻ ── M⁻（自由停车）
　　　├ KM2⁺自 ── M⁺（能耗制动）
　　　└ KT⁺ $\underline{\ \Delta t\ }$ KM2⁻ ── M⁻（制动结束）

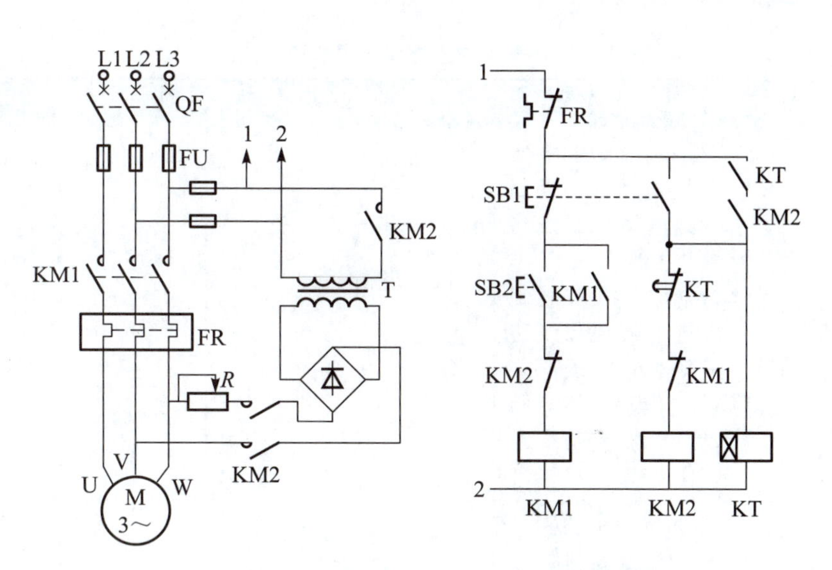

图 5-16 时间原则控制的能耗制动控制线路

图 5-17 所示为电动机按时间原则控制可逆运行的能耗制动控制线路。在其正常的正向运转过程中，需要停止时，可按下停止按钮，KM1 断电，KM3 和 KT 线圈通电并自锁，KM3 常闭触点断开起着锁住电动机启动电路的作用；KM3 常开主触点闭合，电动机定子接入直流电源进行能耗制动，转速迅速下降，当其接近零时，时间继电器延时断开的常闭触点 KT 断开，KM3 线圈断电，KM3 常开辅助触点复位，时间继电器 KT 线圈也随之失电，电动机正向能耗制动结束，电动机自然停车。电动机反向能耗制动分析类似，请读者自行分析。

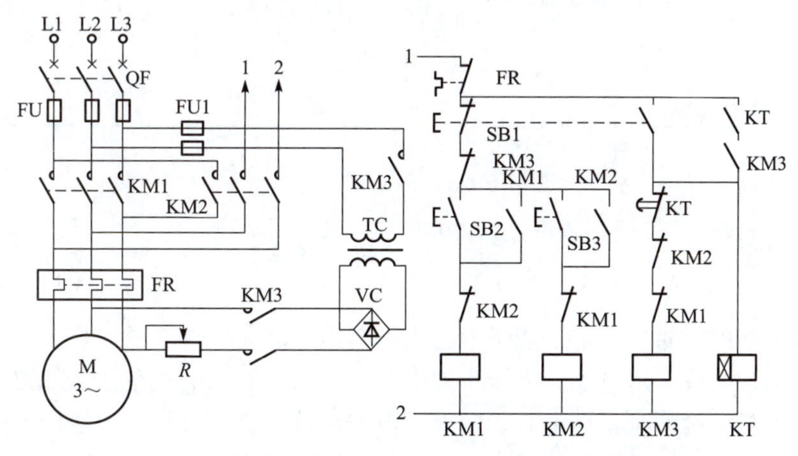

图 5-17 按时间原则控制可逆运行的能耗制动控制线路

能耗制动的优点是制动准确、平稳，能量消耗小；但需要整流设备。故常用于要求制动平稳、准确和启动频繁的容量较大的电动机。

四、操作技能考评

通过对本任务相关知识的了解和应用操作实施，对本任务实际掌握情况进行操作技能考评，具体考核要求和考核标准如表 5-5 所示。

表 5-5 任务操作技能考核要求和考核标准

序号	主要内容	考核要求	评分标准	配分	扣分	得分
1	电机控制	（1）掌握能耗制动的原理 （2）掌握电动机能耗制动继电器控制线路安装接线 （3）掌握电动机能耗制动继电器控制线路故障排除 （4）掌握电动机能耗制动继电器控制线路工作原理	概念模糊不清或错误不给分；控制线路理解错误不给分	50		
2	元件安装布线	（1）能够按照电路图的要求，正确使用工具和仪表，熟练地安装电气元件 （2）布线要求美观、紧固、实用、无毛刺、端子标识明确	一处安装出错或不牢固，扣 1 分；损坏元件扣 5 分；布线不规范不给分	20		
3	通电运行	要求无任何设备故障且保证人身安全的前提下通电运行一次成功	一次试运行不成功扣 5 分，二次试运行不成功扣 10 分，三次试运行不成功扣 15 分	30		
备注			指导老师签字 年　月　日			

教学小结

能耗制动是在停止时，给定子绕组中通入一恒定直流电，在定子气隙中就会产生一个恒定磁场，此时电动机成了发电机，将转子的动能转变为电能，消耗在转子回路的电阻上，使转子转速迅速下降，制动过程结束后切断直流电源。整个制动过程可按速度原则控制，也可按时间原则控制，但速度原则控制优于时间原则控制。能耗制动的优点是制动准确、平稳，能量消耗小，但需要整流设备。故常用于要求制动平稳、准确和启动频繁的容量较大的电动机。

思考与练习

电动机能耗制动与反接制动控制各有何优、缺点？分别适用于什么场合？

任务四　应用 PLC 实现电动机能耗制动控制系统的设计

■ 应知点：

1. 了解梯形图经验设计法。
2. 了解常用基本环节梯形图程序。

■ 应会点：

1. 掌握梯形图经验设计法设计程序。
2. 掌握 PLC 实现电动机能耗制动控制系统的设计、安装、调试。

一、任务简述

能耗制动具有平稳制动、停位准确的特点，应用 PLC 实现电动机能耗制动控制系统更具有控制精确、稳定、抗干扰能力强的优点，已被广泛应用于各种生产机械中。

二、相关知识

1. 梯形图经验设计法

经验设计法也叫试凑法，经验设计法需要设计者掌握大量的典型电路，在掌握这些典型电路的基础上，充分理解实际的控制问题，将实际控制问题分解成典型控制电路，然后用典型电路或修改的典型电路进行拼凑梯形图。

2. 梯形图经验设计法的步骤

（1）分析控制要求，确定输入、输出设备，绘制 I/O 接线图。

（2）典型单元梯形图程序的引入。

（3）修改、完善以满足控制要求。

三、应用实施

（一）采用通电延时定时器完成制动时间控制

1. 控制要求

能耗制动的主电路和时序图如图 5-18 所示，从时序图可知，按照前图 5-16，按下启动按钮 SB2，电动机运行，按下停止按钮 SB1，停止运行，接通 KM2 能耗制动，经过时间 T_1，能耗制动结束，电动机停止。

2. PLC 的选型

从上面的分析可知系统有启动按钮、停止按钮、热继电器 3 个输入，均为开关量。该系统中有输出信号 2 个，其中 KM1 为正常运行接触器，KM2 为能耗制动接触器。所以控制系统可选用 CPU222 AC/DC/RLY，I/O 点数为 14 点，满足控制要求，而且还有一定的余量。

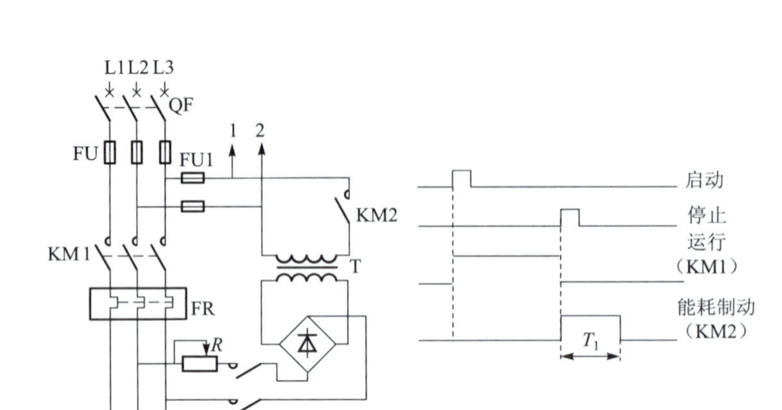

图 5-18　能耗制动的主电路和时序图

3. I/O 分配

PLC 控制能耗制动 I/O 分配表如表 5-6 所示。

表 5-6　PLC 控制能耗制动 I/O 分配表

输入信号			输出信号		
名称	代号	输入点编号	名称	代号	输出点编号
启动按钮	SB1	I0. 0	正常运行接触器	KM1	Q0. 0
停止按钮	SB2	I0. 1	能耗制动接触器	KM2	Q0. 1
热继电器	FR	I0. 2			
内部元件					
编程元件	编程地址		PT 值	作用	
定时器	T37		80（8 s）	制动时间	

4. 硬件接线图

PLC 控制能耗制动硬件接线如图 5-19 所示。

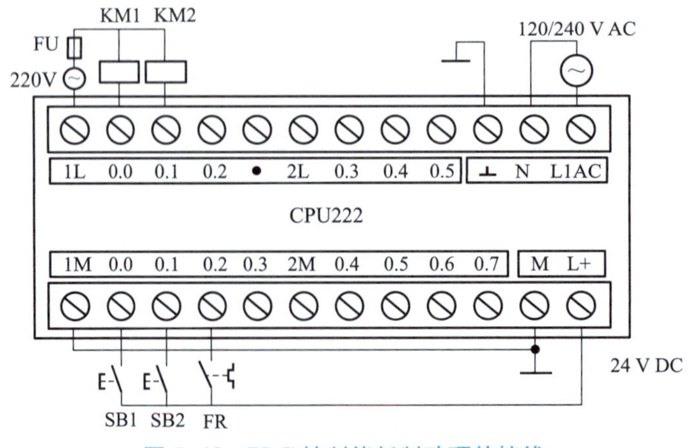

图 5-19　PLC 控制能耗制动硬件接线

5. 程序设计

由时序图可知，其控制要求比较简单，可以采用启动、保持和停止电路作为基本框架编程，经改进完成 PLC 控制能耗制动梯形图如图 5-20 所示。当 I0. 0 接通时，Q0. 0 得电自锁，电动机运行，当按下停止按钮时，I0. 1 接通，Q0. 0 失电，Q0. 1 得电自锁，开始能耗制动，并开始计时，经过 8 s，定时器 T37 动作，Q0. 1 失电，能耗制动完成。

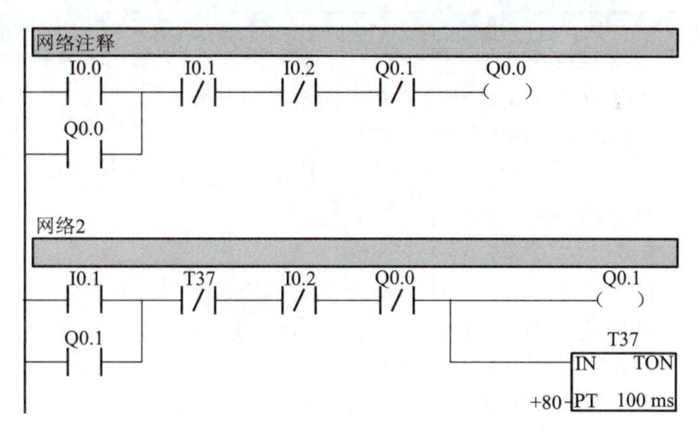

图 5-20　PLC 控制能耗制动梯形图

6. 线路安装

线路安装按照先主后辅的顺序，而且一定要套线号。线路安装完后用电阻法检查是否有短路性故障。

7. 通电试车

检查完后将程序下载到 PLC，运行试车，如有问题，检查排除故障。

（二）采用断电延时定时器完成制动时间控制

本任务在上例中采用了通电延时定时器完成制动时间控制，下面采用断电延时定时器同样可以完成此任务，I/O 分配、硬件接线图都和原来一样，只要将程序改为如图 5-21 所示的梯形图即可。当按下启动按钮时，I0. 0 接通，Q0. 0 得电自锁，断电延时定时器 T37 得电，其动合触点 T37 闭合，电动机运行，当按下停止按钮时，I0. 1 接通，Q0. 0 断开，Q0. 1 得电自锁，能耗制动，T37 开始计时，8 s 后动合触点 T37 复位，Q0. 1 失电。

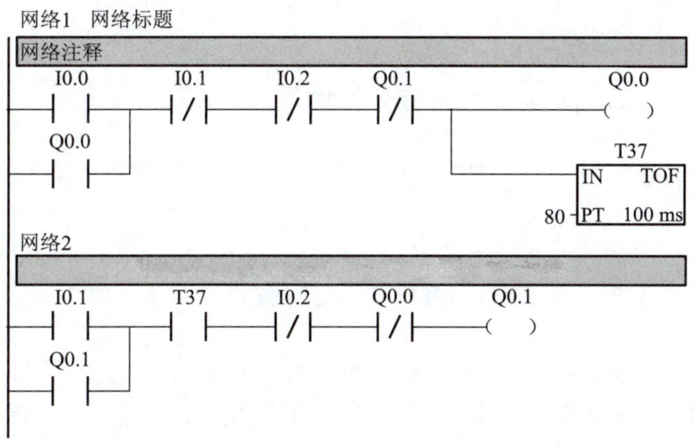

图 5-21　断电延时定时器完成的能耗制动梯形图

四、操作技能考评

通过对本任务相关知识的了解和应用操作实施，对本任务实际掌握情况进行操作技能考评，具体考核要求和考核标准如表 5-7 所示。

表 5-7　任务操作技能考核要求和考核标准

序号	主要内容	考核要求	评分标准	配分	扣分	得分
1	电路原理图	掌握电动机能耗制动控制线路的原理和构成	概念模糊不清或错误不给分	25		
2	PLC 控制	（1）掌握梯形图编程方法——经验设计法的使用 （2）掌握 PLC 的 I/O 分配表的设计原则 （3）正确连接输入/输出端线及电源线	概念模糊不清或错误不给分；接线错误不给分	25		
3	梯形图编写	正确绘制梯形图，并能够顺利下载	梯形图绘制错误不得分，未下载或下载操作错误不给分	30		
4	PLC 程序运行	（1）能够正确完成系统要求，实现电动机互锁控制 （2）能够正确完成系统要求，实现电动机通电延时控制 （3）能够正确完成系统要求，实现电动机全自动能耗制动控制	一次未成功扣 5 分，两次未成功扣 10 分，三次以上不给分	20		
备注			指导老师签字 年　月　日			

教学小结

1. 经验设计方法也叫试凑法，在掌握一些典型电路的基础上，充分理解实际的控制问题，将实际控制问题分解成典型控制电路，然后用典型电路或修改的典型电路进行拼凑梯形图。

2. 典型的电路有：启动、保持和停止电路；三相异步电动机正、反转控制电路；多地控制电路；互锁控制电路；顺序启动控制电路；集中与分散控制电路等。

3. 能耗制动具有平稳制动、停位准确的特点，应用 PLC 实现电动机能耗制动控制系统更具有控制精确、稳定、抗干扰能力强的优点，已被广泛应用于各种生产机械中。

思考与练习

1. PLC 编程的经验设计法基本步骤有哪些？
2. 能耗制动所需的直流电能否用 PLC 自带的 24 V 电源？为什么？

任务五　三相异步电动机变频调速的继电器—接触器控制系统

■ **应知点：**

1. 了解变频器的基本工作原理。
2. 了解三相异步电动机变频调速的继电器—接触器控制系统的工作原理。

■ **应会点：**

1. 掌握变频器的简单应用。
2. 掌握继电器、接触器、变频器等控制电动机的转速。

一、任务简述

异步电动机的调速方法主要有变极调速、变阻调速和变频调速等。其中，变极调速是通过改变定子绕组的磁极对数来实现调速，变阻调速是通过改变转子电阻来实现调速，变频调速是使用专用变频器来实现异步电动机的调速控制。变频器的功能是将电网电压提供的恒压恒频交流电变换为变压变频交流电，它是通过平滑改变异步电动机的供电频率 f 来调节异步电动机的同步转速 n_0，从而实现异步电动机的无级调速。这种调速方法由于调节同步转速 n_0，故可以由高速到低速保持有限的转差率，效率高、调速范围大、精度高，是交流电动机的一种比较理想的调速方法。

二、相关知识

1. 变极调速控制线路

在恒定频率情况下，电动机的同步转速与磁极对数成反比，磁极对数增加一倍，同步转速就下降一半，从而引起异步电动机转子转速的下降。显然，变极调速方法只能一级一级地改变转速，是不平滑的调速。

双速电动机定子绕组的结构及接线方式如图 5-22 所示。

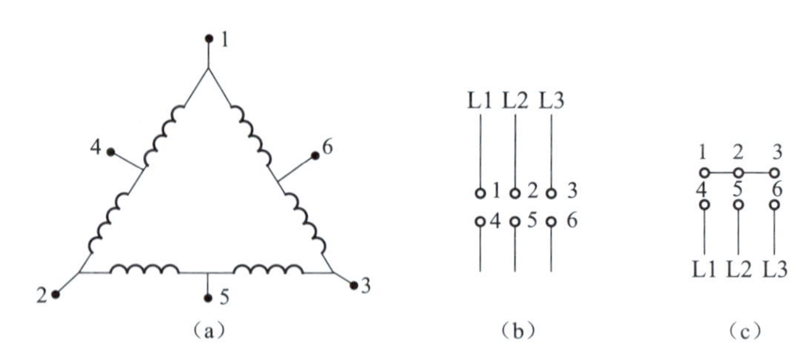

图5-22　双速电动机定子绕组的结构及接线方式

（a）结构示意；（b）三角形接法；（c）双星形接法

其中，图5-22（a）所示为结构示意图，改变接线方法可获得两种接法，图5-22（b）所示为三角形接法，磁极对数为2对极，同步转速为1 500 r/min，是一种低速接法；图5-22（c）所示为双星形接法，磁极对数为1对极，同步转速为3 000 r/min，是一种高速接法。

2. 变频调速控制线路

由于变频调速技术日趋成熟，因此把实现交流电动机调速装置制成产品即变频器。按变频器的变频原理可分为交—交变频器和交—直—交变频器。随着现代通信载波技术及电力电子技术的发展，PMW（输出电压调宽不调幅）变频器已成为当今变频器的主流。

交—交变频器也称直接变频器，它没有明显的中间滤波环节，电网交流电被直接变成可调频调压的交流电。

交—直—交变频器也称间接变频器，它先将电网交流电转换为直流电，经过中间滤波环节之后，再进行逆变才能转换为变频变压的交流电。

交—直—交变频器的基本结构如图5-23所示，主要由整流、逆变、控制、直流环节、电源和负载6部分组成。

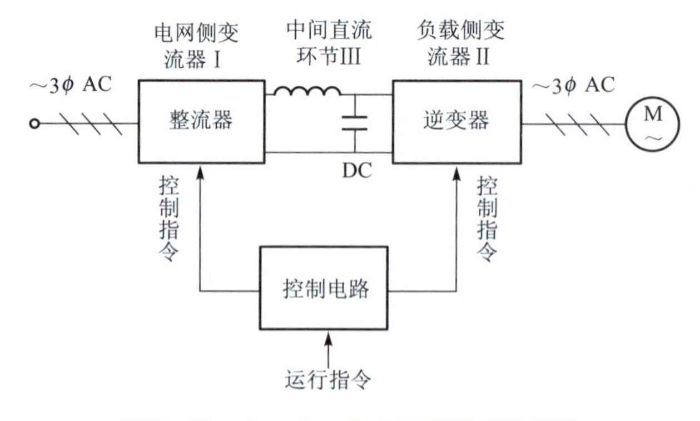

图5-23　交—直—交变频器的基本结构

其主要指标包括：

（1）输入侧的额定值；（2）输出侧的额定值：① 输出电压 U_N；② 输出电流 I_N；③ 输出容量（kVA）S_N；④ 配用电动机容量（kW）P_N；⑤ 过载能力；（3）频率指标：① 频率

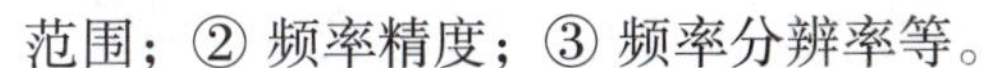

范围；② 频率精度；③ 频率分辨率等。

3. 变频器使用介绍

以西门子 MM420 变频器为例，来说明变频器的使用。

1）基本操作面板（BOP）

基本操作面板（BOP）如图 5-24 所示。BOP 具有五位数字的七段显示，可以显示参数的序号和数值，报警和故障信息，以及设定值和实际值，但不能存储参数的信息。基本操作面板（BOP）上的按键及其功能说明如表 5-8 所示。

图 5-24　基本操作面板（BOP）

表 5-8　基本操作面板（BOP）的按键及其功能

显示/按钮	功能	功能说明
r0000	状态显示	LCD 显示变频器当前的设定值
I	启动电动机	按此键启动变频器。缺省值运行时此键是被封锁的。为了使此键的操作有效，应设定 P0700=1
0	停止电动机	OFF1：按此键，变频器将按选定的斜坡下降速率减速停车；缺省值运行时此键被封锁；为了允许此键操作，应设定 P0700=1 OFF2：按此键两次（或一次，但时间较长），电动机将在惯性作用下自由停车。此功能总是“使能”的
	改变电动机的转动方向	按此键可以改变电动机的转动方向。电动机的反向用负号（-）表示或用闪烁的小数点。缺省值运行时此键是被封锁的，为了使此键的操作有效，应设定 P0700=1
jog	电动机点动	在变频器无输出的情况下按此键，将使电动机启动，并按预设定的点动频率运行。释放此键时，变频器停车。如果电动机正在运行，按此键将不起作用
Fn	功能	此键用于浏览辅助信息 变频器运行过程中，在显示任何一个参数时按下此键并保持不动 2s，将显示以下参数值（在变频器运行中，从任何一个参数开始）： 1. 直流回路电压（用 d 表示，单位：V）； 2. 输出电流（A）； 3. 输出频率（Hz）； 4. 输出电压（用 O 表示，单位：V）； 5. 由 P0005 选定的数值。 连续多次按下此键，将轮流显示以上参数 在显示任何一个参数（rXXXX 或 PXXXX）时短时间按下此键，将立即跳转到 r0000，如果需要的话，可以接着修改其他的参数。跳转到 r0000 后，按此键将返回原来的显示点 在出现故障或报警的情况下，按此键可以将操作面板上显示的故障或报警信息复位

续表

显示/按钮	功能	功能说明
P	访问参数	按此键即可访问参数
▲	增加数值	按此键即可增加面板上显示的参数数值
▼	减少数值	按此键即可减少面板上显示的参数数值

用基本操作面板（BOP）可以修改任何一个参数。表 5-9 为修改参数 P0004 数值的步骤。表 5-10 为修改下标参数 P0719 数值的步骤。修改参数的数值时，BOP 有时会显示：P----，表明变频器正忙于处理优先级更高的任务。

表 5-9　修改参数 P0004 数值的步骤

操作步骤		显示的结果
1	按 P 访问参数	r0000
2	按 ▲ 直到显示出 P0004	P0004
3	按 P 进入参数数值访问级	0
4	按 ▲ 或 ▼ 达到所需要的数值	3
5	按 P 确认并存储参数的数值	P0004
6	按 ▼ 直到显示出 r0000	r0000
7	按 P 返回标准的变频器显示（有用户定义）	

表 5-10　修改下标参数 P0719 数值的步骤

操作步骤		显示的结果
1	按 P 访问参数	r0000
2	按 ▲ 直到显示出 P0719	P0719
3	按 P 进入参数数值访问级	in000

续表

操作步骤		显示的结果
4	按P显示当前的设定值	0
5	按▲或▼选择运行所需要的最大频率	12
6	按P确认并存储 P0719 的设定值	P0719
7	按▼直到显示出 r0000	r0000
8	按P返回标准的变频器显示（有用户定义）	

为了快速修改参数的数值，可以一个个地单独修改显示出的每个数字，操作步骤如下：确认已处于某一参数数值的访问级。

（1）按P（功能键），最右边的一个数字闪烁。

（2）按▲/▼，修改这位数字的数值。

（3）再按P（功能键），相邻的下一个数字闪烁。

（4）重复执行（2）～（3）步，直到显示出所要求的数值。

（5）按P退出参数数值的访问级。

2）变频器复位为工厂的缺省设定值

为了把变频器的全部参数复位为工厂的缺省设定值，应该按照下面的数值设定参数：

（1）设定 P0010＝30

（2）设定 P0970＝1

完成复位过程需 3 分钟。

三、应用实施

1. 控制要求

设计一个电动机的三段速运行的控制系统，要求按下启动按钮，电动机以 20 Hz 速度运行，25 s 后转为 35 Hz 速度运行，再过 25 s 转为 50 Hz 速度运行，按停止按钮，电动机即停止。

2. 电动机多速运行的继电器控制电路

MM420 变频器设置 3 个频段，由变频器数字输入端 DIN1、DIN2、DIN3 通过 P0701、P0702、P0703 以二进制编码带 ON 命令方式选择控制，每一频段的频率可分别由 P1001、P1002、P1003 参数设置。3 段固定频率控制状态如表 5-11 所示。

表 5-11　3 段固定频率控制状态表

固定频率	DIN3	DIN2	DIN1	对应频率所设置的参数	频率/Hz
OFF	0	0	0		0
1	0	0	1	P1001	20
2	0	1	0	P1002	35
3	0	1	1	P1003	50

注："0" 表示断开，"1" 表示接通。

根据控制要求，可得图 5-25 所示的电路控制系统。

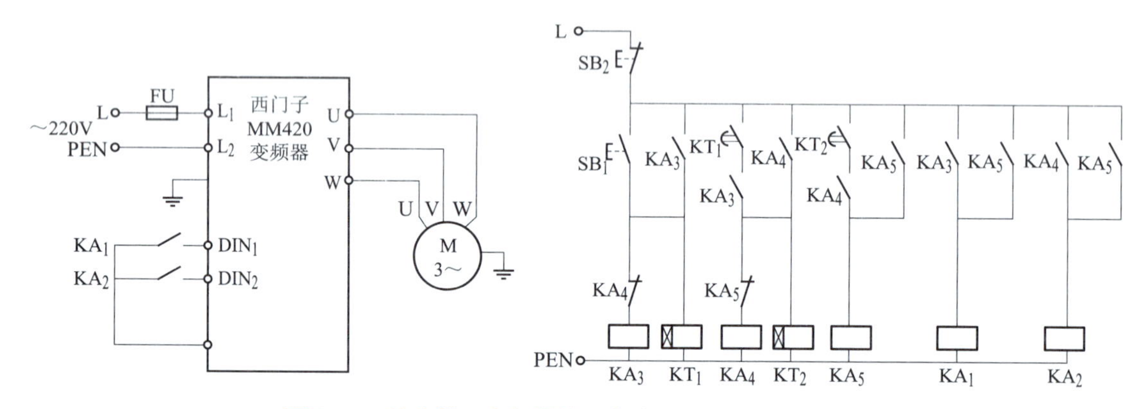

图 5-25　继电器、变频器控制电动机多速运行控制系统

按下启动按钮 SB_1，KA_1、KT_1 得电，接通启动信号和低速挡，经过时间 25 s，KT_1 的延时触点闭合，接通 KA_2、KT_2，断开 KA_1，换成中速挡，再经过 25 s，KT_2 的延时触点闭合，接通 KA_1，此时保持 KA_2 为接通状态，即为高速挡。

按下停止按钮 SB_2 时，所有继电器失电，电动机停止运行。

3. 变频器参数设置

1）参数复位。在变频器停车状态下，将其全部参数复位为工厂的缺省设定值。

2）设置电动机参数。为了使电动机与变频器相匹配，需设置电动机参数。根据选用的电动机型号，电动机参数设置如表 5-12 所示。

表 5-12　设置电动机参数表

参数号	出厂值	设置值	说明
P0010	0	1	快速调试
P0304	400	380	电动机额定电压（V）
P0305	1.90	0.40	电动机额定电流（A）
P0307	0.75	0.18	电动机额定功率（kW）
P0310	50	50	电动机额定频率（Hz）
P0311	1 395	1 400	电动机额定转速（r/min）

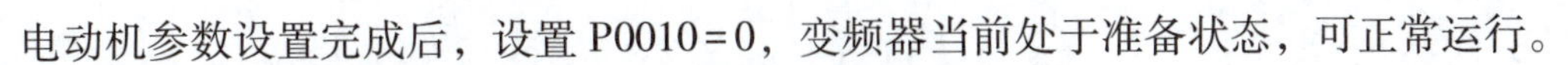

电动机参数设置完成后，设置 P0010=0，变频器当前处于准备状态，可正常运行。

3）设置 3 段固定频率控制参数，如表 5-13 所示。

表 5-13　设置 3 段固定频率控制参数表

参数号	出厂值	设置值	说明
P0003	1	2	用户访问级为扩展级
P1000	2	3	选择固定频率设定值
P0700	2	2	选择命令源（由端子排输入）
P0701	1	17	端子 DIN1 按二进制编码选择频率+ON 命令
P0702	12	17	端子 DIN2 按二进制编码选择频率+ON 命令
P0703	9	17	端子 DIN3 按二进制编码选择频率+ON 命令
P1001	0.00	20.00	设置固定频率 1（Hz）
P1002	5.00	35.00	设置固定频率 2（Hz）
P1003	10.00	50.00	设置固定频率 3（Hz）

其中，采用二进制编码选择频率+ON 命令时，不管是 1 段还是 7 段固定频率，P0701～P0703 须全部设为 17。

四、操作技能考评

通过对本任务相关知识的了解和应用操作实施，对本任务实际掌握情况进行操作技能考评，具体考核要求和考核标准如表 5-14 进行。

表 5-14　任务操作技能考核要求和考核标准

序号	主要内容	考核要求	评分标准	配分	扣分	得分
1	变频器的基础知识	掌握变频调速的基本原理和使用	概念模糊不清或错误不给分；操作错误不给分	20		
2	电机控制	（1）掌握电动机变频调速的继电器控制线路安装接线 （2）掌握电动机变频调速的继电器控制线路故障排除 （3）掌握电动机变频调速的继电器控制线路工作原理	概念模糊不清或错误不给分；控制线路理解错误不给分	30		

续表

序号	主要内容	考核要求	评分标准	配分	扣分	得分
3	元件安装布线	（1）能够按照电路图的要求，正确使用工具和仪表，熟练地安装电气元件 （2）布线要求美观、紧固、实用、无毛刺、端子标识明确	一处安装出错或不牢固，扣 1 分；损坏元件扣 5 分；布线不规范扣 5 分	20		
4	变频器参数设置	能够正确设置变频器的相关参数	参数设置错误不给分	15		
5	通电运行	要求无任何设备故障且保证人身安全的前提下通电运行一次成功	一次试运行不成功扣 5 分，两次试运行不成功扣 10 分，三次试运行不成功不给分	15		
备注			指导老师签字 年 月 日			

教 学 小 结

变频器是将电网交流电转换为直流电，经过中间滤波环节之后，再进行逆变转换为变频变压交流电的设备，通过对变频器的控制可以实现对电动机进行调速、正反转等多种控制，使用十分方便。对变频器的控制可以采用继电器控制系统实现。

思考与练习

1. 举例说出你所知道的有哪些设备使用过变频器（变频技术）？
2. 简单说说变频器改变电动机转速的原理。
3. 通过网络查找西门子 MM420 变频器的使用说明书，并尝试使用基本操作面板（BOP）对电动机进行操作控制。

任务六　应用 PLC 实现电动机变频调速控制系统的设计

■ 应知点：

了解电动机多速运行 PLC 控制程序的编制方法。

■ 应会点：

1. 掌握 PLC 与变频器的连接。
2. 掌握变频器的参数设置。
3. 掌握 PLC 实现电动机变频调速控制系统的设计、安装、调试。

一、任务简述

工、农业生产中的变频控制系统很少采用继电器控制系统，基本上都采用 PLC 控制系统，采用 PLC 控制变频器的调速系统具有电路简单、使用方便、性能稳定等特点。

二、相关知识

如用 PLC 控制变频器，可直接利用变频器内部的 24V 电源。PLC 和变频器的连接如图 5-26 所示。图中通过 PLC 的输出端 Q0.0 和 Q0.1 控制与其连接的变频器 DIN1 和 DIN2 端子为“ON”或“OFF”，从而控制电动机以低、中、高三段速依次运行。

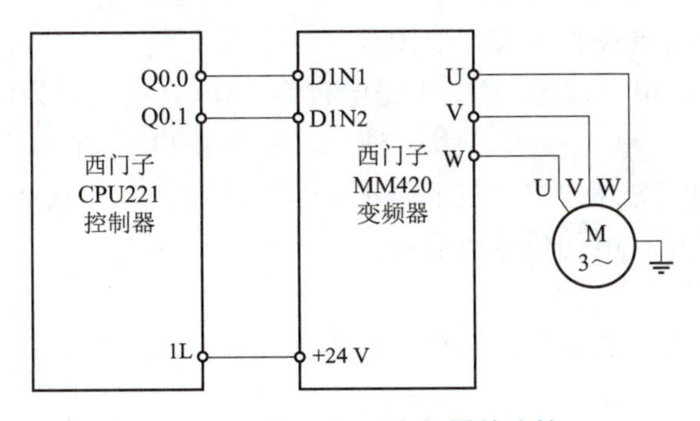

图 5-26　PLC 控制变频器的连接

三、应用实施

1. 控制要求

用 PLC、变频器设计电动机的三段速运行控制系统，要求按下启动按钮，电动机以 20 Hz 速度运行，25 s 后转为 35 Hz 速度运行，再过 25 s 转为 50 Hz 速度运行，按停止按钮，电动机即停止。

2. PLC 的选型

从上面的分析可知系统有启动、停止两个输入信号，控制 MM420 变频器 DIN1 和 DIN2 端子的两个输出信号，所以控制系统可选用 CPU221 AC/DC/RLY，I/O 点数为 10 点，满足控制要求，而且还有一定的余量。

3. PLC 的 I/O 分配

根据系统的控制要求、设计思路和变频器的设定参数，PLC 的 I/O 分配如下：

I0.0：启动按钮；I0.1：停止按钮；Q0.0：控制 DIN1 端子；Q0.1：控制 DIN2 端子。

4. 变频器的参数设置

变频器的参数设置与任务五相同，在此不再重复。

5. 电动机多速运行系统接线图

电动机多速运行系统接线如图 5-27 所示，SB1 为启动按钮，SB2 为停止按钮，Q0.0 和 Q0.1 分别连接 MM420 变频器的 DIN1 和 DIN2。

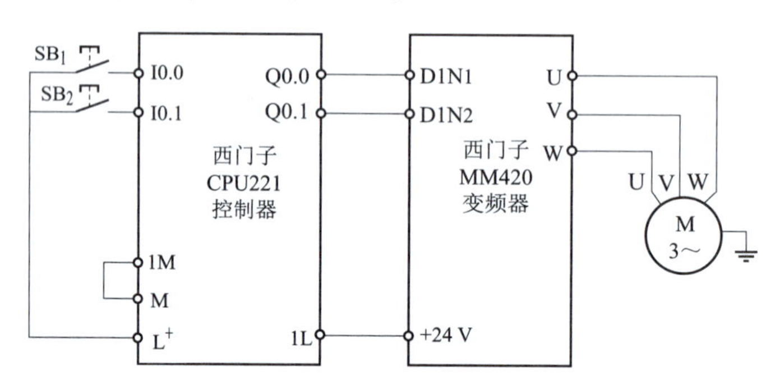

图 5-27　电动机多速运行的系统接线图

6. 电动机多速运行的控制程序

电动机多速运行的梯形图控制程序如图 5-28 所示。

按下启动按钮 SB1，I0.0 接通，M0.1 得电自锁，Q0.0 接通，为低速挡；T37 得电计时，25 s 后 M0.2 得电自锁，Q0.1 接通，为中速挡；T38 得电计时，25 s 后 M0.3 得电自锁，Q0.0 和 Q0.1 同时接通，为高速挡。按下停止按钮 SB2 时，I0.1 接通，所有输出继电器、辅助继电器及定时器均复位，电动机停止运行。

7. 线路安装

线路安装按照先主后辅的顺序，而且一定要套线号。线路安装完后用电阻法检查是否有短路性故障。

8. 通电试车

检查完后将程序下载到 PLC，运行试车，如有问题，则检查排除故障。

四、操作技能考评

通过对本任务相关知识的了解和应用操作实施，对本任务实际掌握情况进行操作技能考评，具体考核要求和考核标准如表 5-15 进行。

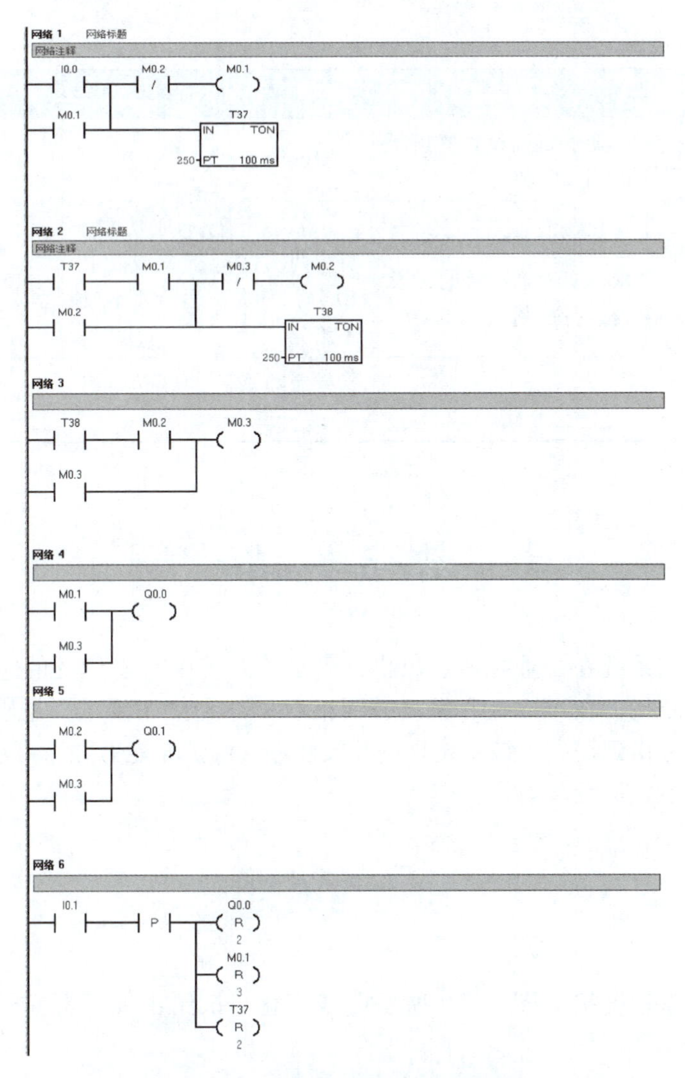

图 5-28　电动机多速运行控制程序

表 5-15　任务操作技能考核要求和考核标准

序号	主要内容	考核要求	评分标准	配分	扣分	得分
1	电路原理图	掌握电动机变频调速控制线路的原理和构成	概念模糊不清或错误不给分	20		
2	PLC 控制	（1）掌握 PLC 的 I/O 分配表的设计原则 （2）正确连接输入/输出端线及电源线	概念模糊不清或错误不给分；接线错误不给分	25		
3	梯形图编写	正确绘制梯形图，并能够顺利下载	梯形图绘制错误不得分，未下载或下载操作错误不给分	25		

续表

序号	主要内容	考核要求	评分标准	配分	扣分	得分
4	变频器参数设置	能够正确设置变频器的相关参数	参数设置错误不给分	15		
5	通电运行	能够正确完成系统要求，实现电动机的三段速运行控制	一次试运行不成功扣 5 分，两次试运行不成功扣 10 分，三次试运行不成功不给分	15		
备注			指导老师签字 年 月 日			

教学小结

变频器调速控制系统在工业控制、风机、供水等系统中有着广泛的应用，采用 PLC 控制变频器的模块化结构，在可靠性和精度方面很容易达到使用要求。逻辑功能通过软件实现，系统运行可靠性得到提高。该系统具有开放性好、可扩充能力强、可靠性高、安装调试方便等优点，具有良好的发展前景。

思考与练习

某电机要求频率速度按如图 5-29 所示曲线变化，试给出变频器端子的连接图及设定参数。

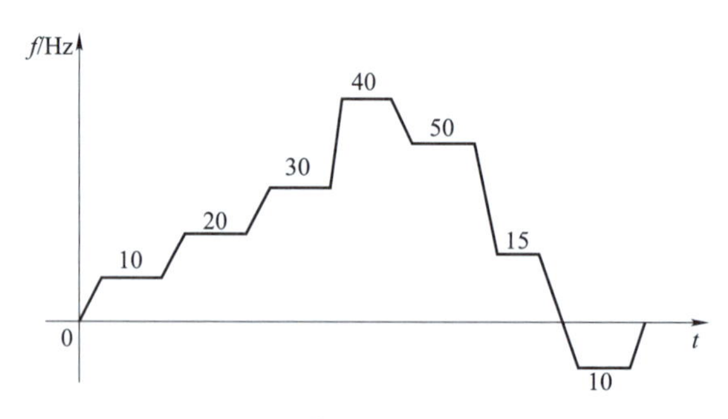

图 5-29　电机频率变化曲线

第二部分

应会能力　机械设备电气控制系统

项目六　普通车床电气控制系统

任务一　CA6140 型普通车床电气控制线路

■ 应知点：

1. 了解 CA6140 型普通车床的主要结构、主要运动形式及控制要求。

2. 了解电气控制线路的分析方法和步骤，重点如下：

（1）主轴电动机和冷却泵电动机的顺序启动控制电路的设计思想。

（2）电源、车床配电盘壁龛门、车床床头皮带罩处的保护措施。

3. 了解绘制和识读车床电气控制线路图的基本知识。

■ 应会点：

掌握 CA6140 型普通车床常见电气故障分析与检修方法。

一、任务简述

车床是一种应用极为广泛的金属切削机床，能够车削外圆、内圆、端面、螺纹、切断及割槽等，并可以装上钻头或铰刀进行钻孔和铰孔等加工。

（一）CA6140 型普通车床的主要结构及型号意义

1. CA6140 型普通车床的主要结构

图 6-1 所示是 CA6140 型普通车床的外形及结构。CA6140 型普通车床主要由车身、主轴箱、进给箱、溜板箱、方刀架、卡盘、尾架、丝杆和光杆等部件组成。

2. CA6140 型普通车床型号意义

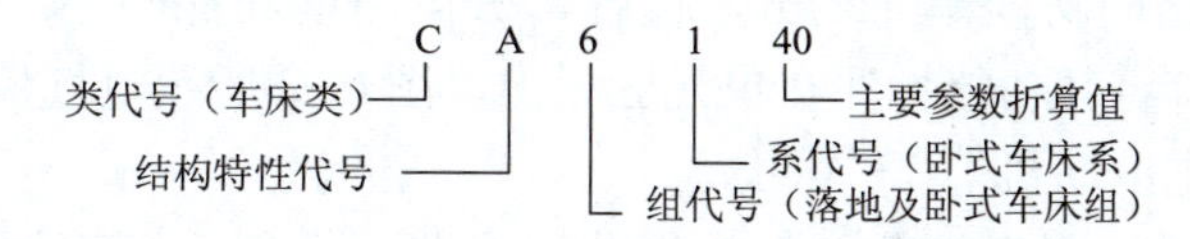

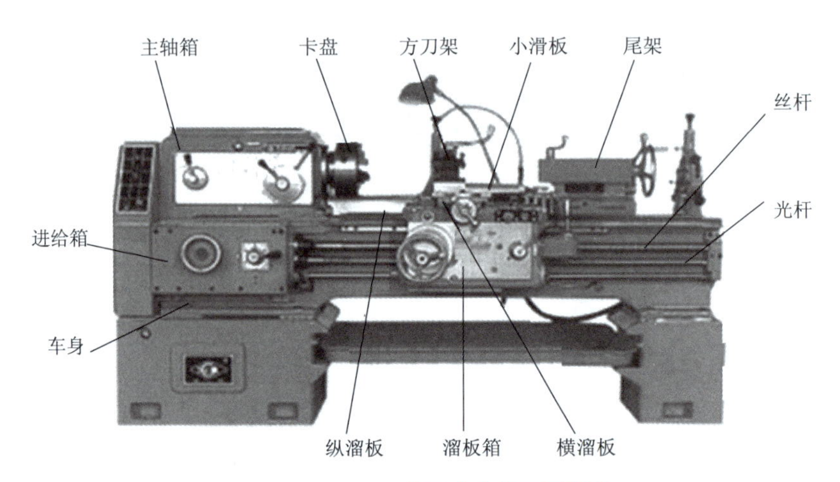

图 6-1　CA6140 普通车床外形及结构

（二）CA6140 型普通车床的主要运动形式及控制要求

1. CA6140 型普通车床的主要运动形式

CA6140 型普通车床的运动形式主要有以下 3 种：

（1）主运动。工件的旋转运动，由主轴通过卡盘或顶尖带动工件旋转。

（2）进给运动。刀架带动刀具，沿主轴轴线方向的进给运动。

（3）辅助运动。刀架的快速移动及工件的夹紧、放松等。

2. CA6140 型普通车床的控制要求

（1）主轴电动机选用三相笼型异步电动机；主轴采用齿轮箱进行机械调速；车削螺纹时的主轴正反转靠摩擦离合器实现；主轴电动机的容量不大，可采用直接启动。

（2）进给运动由主轴电动机拖动，并通过进给箱实现纵向或横向进给。

（3）切削加工时，工件及刀具温度过高时，需要冷却，冷却泵电动机要求在主轴电动机启动后方可启动，而主轴电动机停止时应立即停止。

（4）为提高工作效率，溜板箱（刀架）可快速移动，由单独的快速移动电动机拖动，点动控制，无须正反转和调速。

（5）控制电路具有必要的保护环节和照明装置。

二、相关知识

（一）绘制和识读车床电气控制线路的规则

CA6140 型普通车床电气控制线路如图 6-2 所示。车床电路中所包含的电器元件和电气设备较多，相应的电气符号也较多，要正确绘制和识读车床电气控制线路，除掌握绘制和识读电气控制线路的一般原则外，还应明确以下几点：

（1）电气控制线路的功能单元划分。按各部分电路的功能不同，将电气控制线路分为若干个单元，并用文字将其功能标注在单元区栏内。图 6-2 所示电气控制线路按功能分为电源保护、电源开关、主电动机等 13 个单元。

（2）电气控制线路的图区划分。在电气控制线路的上部或下部划分若干个图区，一般是一条回路或一条支路为一个图区，并从左到右用阿拉伯数字编号标注在图区栏中。图 6-2

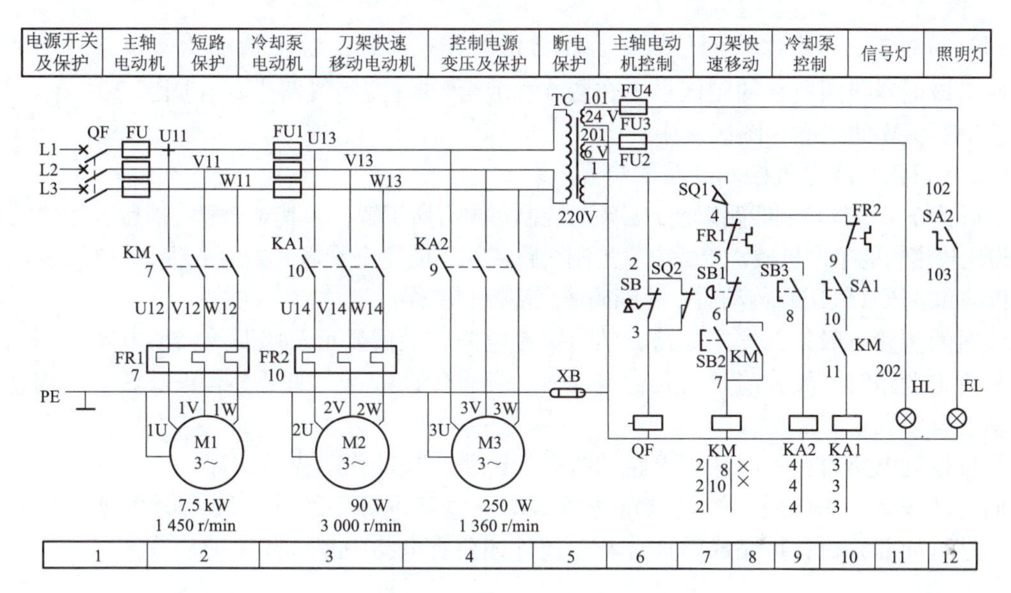

图 6-2　CA6140 普通车床电气控制线路

所示电气控制线路共划分了 12 个图区。

（3）接触器、继电器触点位置的标记方法。在每个接触器线圈的下方画出两条竖直线，分成左、中、右 3 栏；每个继电器线圈的下方画出一条竖直线，分成左、右两栏。然后将各电器触点所在的图区号分别填入相应的栏中，对未用的触点，在相应的栏中用记号“×”标出或不作任何标记，如表 6-1 和表 6-2 所示。

表 6-1　接触器触点在电气控制线路中位置的标记

栏　目	左　栏	中　栏	右　栏
触点类型	主触点所在的图区号	辅助常开触点所在的图区号	辅助常闭触点所在的图区号
举例 KM 2 | 8 | × 2 | 10 | × 2 |	表示 3 对主触点均在图区 2	表示一对辅助常开触点在图区 8，另一对辅助常开触点在图区 10	表示 2 对辅助常闭触点未用

表 6-2　继电器触点在电气控制线路中位置的标记

栏　目	左　栏	右　栏
触点类型	常开触点所在的图区号	常闭触点所在的图区号
举例 KA2 4 | 4 | 4 |	表示 3 对常开触点均在图区 4	表示常闭触点未用

（4）接触器、继电器线圈位置的标记方法。在接触器、继电器触点文字符号的下方用数字标出该电器线圈所在的图区号。在图 6-2 所示电气控制线路中，在图区 2 中有“$\frac{KM}{7}$”，表示接触器 KM 的线圈在图区 7 中。

（二）识读车床电气控制线路的步骤

在阅读车床电气控制线路以前，必须对控制对象有所了解，尤其对于机、液压（或气压）、电配合得比较密切的生产机械，单凭电气控制线路往往不能完全看懂其控制原理，只有了解有关的机械传动和液压（气压）传动后，才能搞清全部控制过程。

读图的步骤一般是：先主电路，然后控制电路，最后显示及照明等辅助电路。

分析主电路时，要弄清楚有几台电动机，各有什么特点，如是否有正反转、采用什么方法启动、有无调速和制动等。

分析控制电路时，一般从主电路的接触器入手，按动作的先后次序一个一个分析，搞清楚它们的动作条件和作用。控制电路一般都由一些基本环节组成，阅读时可把它们分解出来，先进行局部分析，再完成整体分析。此外还要看电路中有哪些保护环节。

三、应用实施

（一）CA6140 型普通车床电气控制线路分析

CA6140 型车床的电气控制线路如图 6-2 所示。

CA6140 车床的电器元件功能说明如表 6-3 所示。

表 6-3　CA6140 车床的电器元件功能说明表

符号	名称	功能说明	符号	名称	功能说明
M1	主轴电动机	主轴及进给传动	SA1、SA2	旋钮开关	分别控制 M2 和 EL
M2	冷却泵发动机	供冷却液	SB	钥匙按钮	电源开关锁
M3	快速移动电动机	刀架快速移动	SQ1、SQ2	行程开关	断电保护
FR1	热继电器	M1 过载保护	FU1	熔断器	M2、M3 短路保护
FR2	热继电器	M2 过载保护	FU2	熔断器	控制电路短路保护
KM	交流接触器	控制 M1	FU3	熔断器	信号灯短路保护
KA1	中间继电器	控制 M2	FU4	熔断器	照明电路短路保护
KA2	中间继电器	控制 M3	HL	信号灯	电源指示
SB1	按钮	停止 M1	EL	照明灯	工作照明
SB2	按钮	启动 M1	QF	低压断路器	电源开关
SB3	按钮	启动 M3	TC	控制变压器	控制电路电源

1. 主电路分析

主电路共有 3 台电动机：

M1 为主轴电动机，拖动主轴旋转和刀架作进给运动。

M2 为冷却泵电动机，拖动冷却泵输出冷却液。

M3 为溜板快速移动电动机，拖动溜板实现快速移动。

CA6140 车床的电源由钥匙开关 SB 和断路器 QF 控制。将 SB（在图区 6 中）右旋使其常闭触点断开，QF 线圈失电，之后才能合上 QF 将三相电源接入。若将 SB 左旋，则其常闭触点闭合，QF 线圈通电，断路器断开，机床断电。

M1 由接触器 KM 控制，热继电器 FR1 作过载保护，断路器 QF 作电路的短路和欠压保护；M2 由中间继电器 KA1 控制，热继电器 FR2 作过载保护；M3 由中间继电器 KA2 控制，由于是点动控制，因此未设过载保护；FU1 为 M2、M3 和控制变压器 TC 的短路保护。

2. 控制电路分析

控制电路的电源由控制变压器 TC 二次侧输出 220 V 电压提供。

1）主轴电动机 M1 的控制

M1 的控制由启动按钮 SB2、停止按钮 SB1 和接触器 KM 构成电动机单向连续运转启动—停止电路。

启动时，按下 SB2→KM 线圈通电并自锁→M1 得电单向全压启动，通过摩擦离合器及传动机构拖动主轴正转或反转，以及刀架的直线进给。

停止时，按下 SB1→KM 线圈失电→M1 失电停转。

2）冷却泵电动机 M2 的控制

M2 的控制由旋转开关 SA1、中间继电器 KA1 构成的电路实现。

主轴电动机启动之后，KM 常开辅助触点（10~11）闭合，此时接通旋钮开关 SA1→KA1 线圈通电→M2 得电全压启动。

停止时，断开 SA1 或使主轴电动机 M1 停转，则 KA1 断电，使 M2 失电停转。

3）快速移动电动机 M3 的控制

M3 的控制由按钮 SB3 和中间继电器 KA2 等构成 M3 的点动控制电路。

操作时，先将快、慢速进给手柄扳到所需移动方向，即可接通相关的传动机构，再按下 SB3，即可实现该方向的快速移动。

3. 照明、信号电路分析

控制变压器 TC 的二次侧分别输出 24 V 和 6 V 电压，作为车床低压照明灯和信号灯的电源。EL 为车床的照明灯，由开关 SA2 控制；HL 为电源信号灯。它们分别由 FU4 和 FU3 作为短路保护。

4. 保护环节

（1）电路电源开关是带有开关锁 SB 的断路器 QF。机床接通电源时需用钥匙开关操作，再合上 QS，增加了安全性。

（2）打开机床配电盘壁龛门，自动切除机床电源的保护。在配电盘壁龛门上装有安全行程开关 SQ2，SQ2 的触点（2~3）闭合，使断路器 QF 线圈通电而自动跳闸，断开电源，确保人身安全。

（3）车床床头皮带罩处设有安全行程开关 SQ1，当打开皮带罩时，SQ1 的触点（3~4）断开，将接触器 KM、KA1、KA2 线圈电路切断，电动机断电停转，确保了人身安全。

（4）为满足打开机床控制配电盘壁龛门进行带电检修的需要，可将 SQ2 行程开关传动杆拉出，使 SQ2 的触点（2~3）断开，此时 QF 线圈断电，QF 开关仍可合上。带电检修完毕，关上壁龛门后，将 SQ2 开关传动杆复位，SQ2 保护照常起作用。

（二）CA6140 车床电气控制线路的检修实训

1. 目的

掌握 CA6140 车床电气控制线路的故障分析及检修方法。

2. 诊断 CA6140 车床常见电气故障

1）主轴电动机 M1 不能启动

先合上电源开关 QF，然后按下启动按钮 SB2，电动机 M1 不启动，检查接触器 KM 是否吸合。

（1）若 KM 吸合，则故障必然发生在主电路，可按如图 6-3 所示步骤检修。

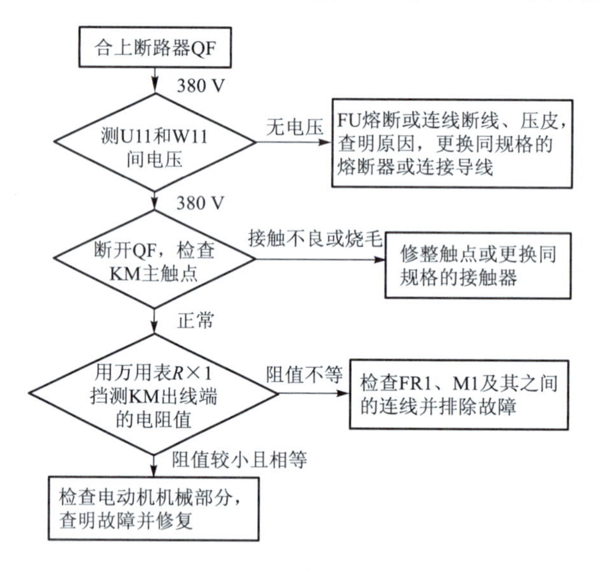

图 6-3　KM 吸合情况下检修流程图

（2）若 KM 不吸合，则可按如图 6-4 所示步骤检修。

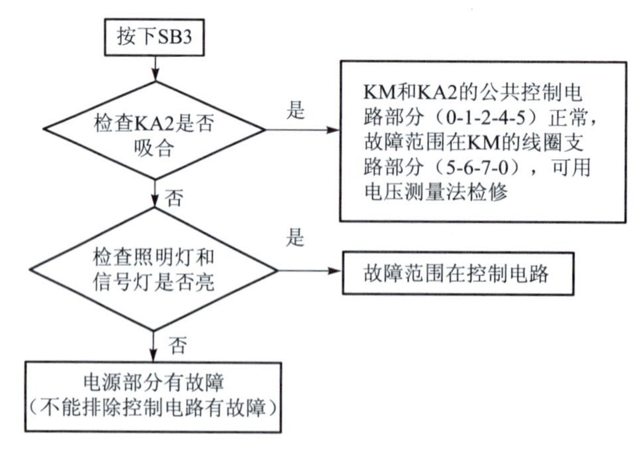

图 6-4　KM 不吸合情况下检修流程图

2）CA6140 车床其他常见电气故障的检修如表 6-4 所示。

表 6-4　CA6140 车床其他常见电气故障的检修

故障现象	故障原因	处理方法
主轴电动机 M1 启动后不能自锁	接触器 KM 自锁触点接触不良，或连接导线松脱	合上 QF，测 KM 自锁触点（6~7）两端的电压，若电压正常，故障是自锁触点接触不良；若无电压，故障是连线（6~7）断线或松脱、压皮
主轴电动机 M1 不能停止	KM 主触点熔焊；停止按钮 SB1 被击穿或线路中 5、6 两点连线短路；KM 铁芯端面被油垢粘牢不能脱开	断开 QF，若 KM 释放，说明故障是停止按钮 SB1 被击穿或导线短路；若 KM 过一段时间释放，则故障为铁芯端面被油垢粘牢；若 KM 不释放，则故障为 KM 主触点熔焊。采取相应措施修复
主轴电动机运行中停车	热继电器 FR1 动作，动作原因可能是：电源电压不平衡或过低；整定值偏小；负载过重；导线接触不良等	找出 FR1 动作的原因，排除后使其复位
照明灯 EL 不亮	灯泡坏；FU4 熔断；SA 触点接触不良；TC 二次侧绕组断线或接头松脱；灯光和灯头接触不良等	采取相应措施修复

3. 工具、仪表

（1）工具：电工常用工具。

（2）仪表：MF47 型万用表、5050 型兆欧表、钳形电流表。

4. 实训步骤

（1）在教师的指导下对车床进行操作，了解车床的各种工作状态和操作方法。

（2）参照 CA6140 车床的电器位置图和接线图，熟悉车床电器元件的实际位置及走线情况。

（3）教师示范检修。在 CA6140 车床上人为设置故障点。引导学生观察故障现象，并依据电气原理图用逻辑分析法确定最小故障范围，并在图上标出；采用适当的检查方法检出故障点，并正确排除故障，通电试车。

（4）教师设置学生知道的故障点，指导学生如何从故障现象着手进行分析，逐步引导学生采用正确的检查步骤和检修方法进行检修。

（5）教师在线路中设置两处故障点，由学生独立检修。

5. 注意事项

（1）故障点的设置必须是模拟车床使用中出现的自然故障，不能通过更改线路或更换元件来设置故障，尽量设置不易造成人身或设备故障的故障点。

（2）检修前要认真阅读分析电气原理图，熟练掌握各个控制环节的原理及作用，并认真观摩教师的示范检修。

（3）工具和仪表的使用应符合使用要求。

（4）检修时，严禁扩大故障范围或产生新的故障点。

（5）停电后要验电，带电检修时，必须有教师在场，以确保用电安全。

（6）做好实训记录。

四、操作技能考评

通过对本任务相关知识的了解和应用操作实施，对本任务实际掌握情况进行操作技能考评，具体考核要求和考核标准如表 6-5 所示。

表 6-5 任务操作技能考核要求和考核标准

序号	主要内容	考核要求	评分标准	配分	扣分	得分
1	CA6140 普通车床的基本知识	（1）能够简述 CA6140 普通车床的主要结构 （2）能够简述 CA6140 普通车床的主要运动形式 （3）能够简述 CA6140 普通车床的控制要求	叙述内容不清、不达重点均不给分	20		
2	CA6140 型车床的电气控制线路分析	（1）能够简述 CA6140 型车床电气控制线路的主要组件 （2）能够简述 CA6140 型车床电气控制线路的主电路和控制电路的功能，并简述 CA6140 型车床的控制过程	叙述内容不清、不达重点均不给分	30		
3	CA6140 车床电气控制线路的故障分析及检修方法	（1）能够简述 CA6140 车床常见的电气故障及检修步骤 （2）能够简述在对 CA6140 车床进行检修过程中的注意事项	叙述内容不清、不达重点均不给分	30		
4	元件安装布线	（1）能够按照电路图的要求，正确使用工具和仪表，熟练地安装电器元件 （2）布线要求美观、紧固、实用、无毛刺、端子标识明确	安装出错或不牢固，扣 1 分；损坏元件扣 5 分；布线不规范扣 5 分	10		
5	通电运行	要求无任何设备故障且保证人身安全的前提下通电运行一次成功	一次试运行不成功扣 2 分，两次试运行不成功扣 5 分，三次以上不得分	10		
备注			指导老师签字 年 月 日			

教学小结

1. 绘制和识读机床电气控制线路的方法。
2. CA6140 型车床主要结构、运动特点及电气控制要求。
3. CA6140 型车床的控制电路分析。
4. CA6140 型车床常见电气故障分析与检修。

思考与练习

1. CA6140 型车床电气控制电路有几台电动机？它们的作用分别是什么？

2. CA6140 型车床的电气控制具有哪些保护环节？

3. CA6140 型车床中，若主轴电动机只能点动，则可能的故障原因有哪些？此时冷却泵电动机能否正常工作？

4. CA6140 型车床的主轴电动机运行中自动停车后，操作者立即按下启动按钮，但电动机不能启动，试分析故障原因。

任务二　CA6140 型普通车床电气控制线路的 PLC 应用改造

■ **应知点：**

1. 了解 CA6140 型车床 PLC 改造的设计思想。
2. 了解 PLC 改造的实施过程：I/O 地址分配，PLC 接线图，梯形图等。
3. 了解 PLC“老改新”编程方法。

■ **应会点：**

掌握 CA6140 型车床 PLC 改造的电气接线、程序录入、操作调试等。

一、任务简述

采用先进的数控机床，已成为我国制造技术发展的总趋势。购买新的数控机床是提高数控化率的主要途径，但新的数控机床价格较高，且旧的机床还仍能正常使用，因此通过改造旧机床、配备数控系统把普通机床改装成数控机床，也是提高机床数控化率的一条有效途径。

在任务一中，已学习了 CA6140 型车床的电气控制线路，在节约资源、灵活应用的前提下，将学习如何通过采用 PLC 技术对 CA6140 型车床的电气控制线路进行改造，简化接线，提高其设备可靠性。

二、相关知识

1. 基本方法

在用“老改新”法对老设备进行PLC改造时，主电路应保持不变，只需对辅助电路进行改造。这种设计方法一般不需要改动控制面板，保持了系统原有的外部特性，操作人员不用改变长期形成的操作习惯。

“老改新”编程法的编程思路是：老辅助电路（继电器电路）→PLC电气接线图+PLC梯形图。具体转换步骤如下：

（1）将老辅助电路的输入元件逐一改接到PLC的相应输入端子，老辅助电路的线圈逐一改接到PLC的相应输出端子，并保留线圈之间的硬件互锁关系不变。

（2）将老辅助电路中的触点、线圈逐一转换成PLC梯形图中相应编程元件的触点和线圈，并保持连接顺序不变。

（3）检查PLC梯形图程序是否满足控制要求，若有不满足之处，应作局部修改。

2. 注意事项

接触器—继电器PLC梯形图改造法的注意事项在项目五的任务二中已经介绍过了，此处就不再重复。

三、应用实施

（一）CA6140型车床PLC改造的实施

在PLC改造时，保持CA6140型车床的操作方式不变，加工工艺不变，机床原有的按钮、交流接触器、热继电器、控制变压器等继续使用，并且其控制作用保持不变，在此前提下，将原有的继电控制线路改为由PLC编程来实现。具体的实施过程如下。

1. 确定PLC改造后的I/O地址分配

根据CA6140型车床的控制要求，确定PLC的I/O地址分配情况，如表6-6所示。

表6-6　CA6140型车床PLC改造I/O地址分配表

输入信号			输出信号		
输入元件名称	代号	输入点编号	输出元件名称	代号	输出点编号
主轴电动机M1停止按钮	SB1	I0.0	接触器	KM	Q0.0
主轴电动机M1启动按钮	SB2	I0.1	中间继电器（泵）	KA1	Q0.1
刀架快移电动机M3点动按钮	SB3	I0.2	中间继电器（刀架）	KA2	Q0.2
冷却泵电动机M2旋钮开关	SA1	I0.3			
过载保护热继电器（主轴M1）	FR1	I0.4			
过载保护热继电器（冷却泵M2）	FR2	I0.5			

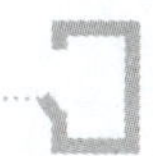

2. 确定 PLC 改造后的电气接线图

采用 PLC 对 CA6140 型车床进行改造后的电气接线如图 6-5 所示。

TC
FU4
SA2
24 V
EL
FU3
HL
6 V
FU2
220 V
QF
FU
U11
FU1
U13
L1
L2
L3
V11
V13
W11
W13
KM
KA1
KA2
主轴M1停止按钮
SB1
主轴M1启动按钮
SB2
刀架快移M3
点动按钮
SB3
冷却泵M2
旋钮开关
SA1
M1热继电器
FR
M2热继电器
FR2
内供
DC24 V
1M
I0.0
I0.1
I0.2
I0.3
2M
I0.4
I0.5
M
L+
S7-200
PLC
CPU221
1L
Q0.0
Q0.1
Q0.2
2L
Q0.3
PE
N
L+AC
U12
V12
W12
U14
V14
W14
FR1
FR2
PE
1V
1W
1U
M1
3~
2V
2W
2U
M2
3~
3V
3W
3U
M3
3~

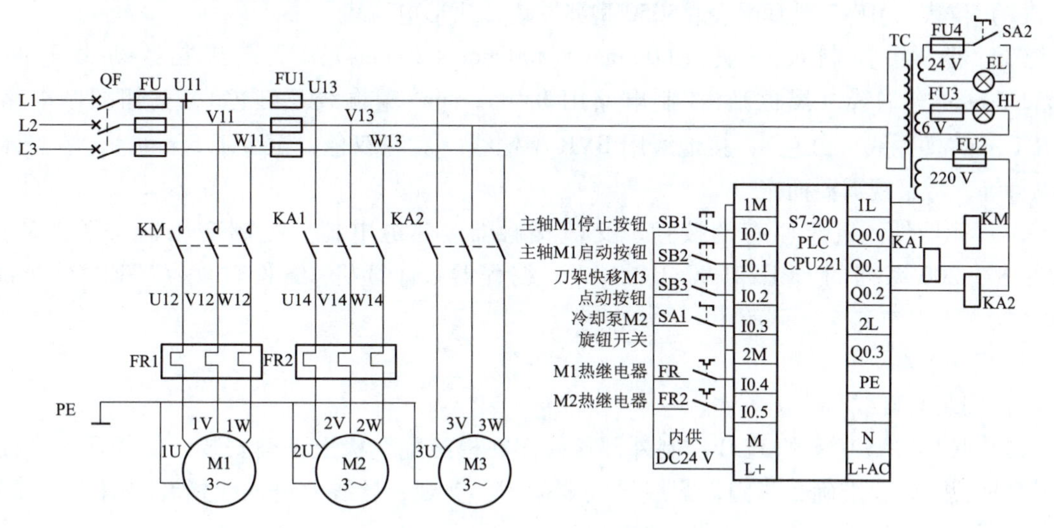

图 6-5　CA6140 型车床 PLC 改造后的电气接线图

3. 编制 PLC 控制程序

采用“老改新”转换编程法，将原有的继电控制电路转换成 PLC 控制程序，即梯形图程序，如图 6-6 所示。

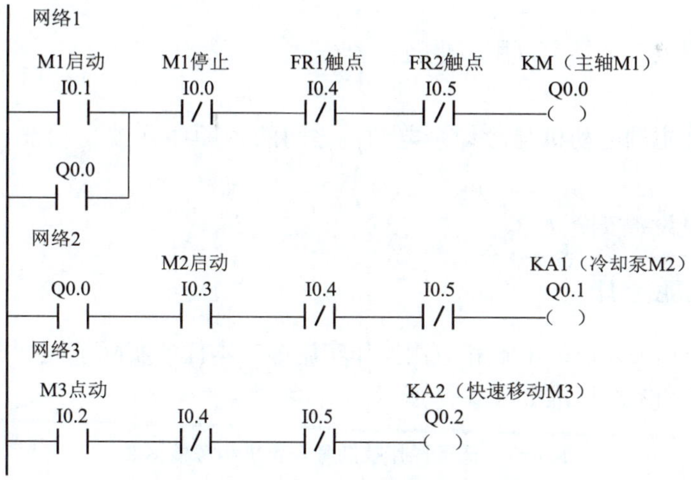

网络1
M1启动
I0.1
M1停止
I0.0
FR1触点
I0.4
FR2触点
I0.5
KM（主轴M1）
Q0.0
Q0.0
网络2
Q0.0
M2启动
I0.3
I0.4
I0.5
KA1（冷却泵M2）
Q0.1
网络3
M3点动
I0.2
I0.4
I0.5
KA2（快速移动M3）
Q0.2

图 6-6　CA6140 型车床 PLC 控制梯形图程序

（二）CA6140 型车床 PLC 改造的安装与调试

1. 目的

掌握 PLC 电气控制线路的安装与调试方法。

2. 项目内容

完成 CA6140 型车床 PLC 改造后的电气控制线路的电气接线、程序录入、操作调试等。其电气接线见图 6-5。

3. 设备、工具、仪表

（1）工具：电工常用工具。

（2）仪表：MF47 型万用表、5050 型兆欧表、钳形电流表。

（3）器材：控制板一块（600 mm × 500 mm × 20 mm）；导线规格：动力电路用 BVR2.5 mm^2 塑铜线（黑色），控制电路用 BVR 1 mm^2 塑铜线（红色），按钮控制电路用 BVR 1 mm^2 塑铜线（红色），接地线用 BVR 塑铜线（黄绿双色，至少 1.5 mm^2），紧固体及编码管等，数量视需要而定。

（4）元器件：机床原有的按钮、交流接触器、热继电器、控制变压器等继续使用；PLC：S7-200 系列的 CPU221AC/DC/RLY；编程器：计算机+编程软件（STEP 7-Micro/WIN）

4. 实训步骤

1）安装与接线

（1）按图 6-5 所示的 PLC 控制外部接线图在模拟配线板上正确安装，元件在配线板上布置合理，安装要准确、紧固，配线导线要紧固、美观，导线要进入线槽并要有端子标号，引出端要用别径压端子。

（2）将熔断器、接触器、继电器、电源开关、控制变压器、PLC 装在一块配线板上，而将主令电器按钮装在另一块配线板上。

2）程序录入与调试

（1）能正确将所编程序录入 PLC，按被控设备的动作要求进行模拟调试，达到设计要求。

（2）正确使用电工工具及万用表进行检查。

5. 注意事项

（1）重点观察主轴电动机与冷却泵电动机之间的“顺序联锁”功能，观察控制程序的工作过程。

（2）注意人身设备安全。

四、操作技能考评

通过对本任务相关知识的了解和应用操作实施，对本任务实际掌握情况进行操作技能考评，具体考核要求和考核标准如表 6-7 所示。

表 6-7　任务操作技能考核要求和考核标准

序号	主要内容	考核要求	评分标准	配分	扣分	得分
1	PLC“老改新”编程法的相关知识	（1）能够简述 PLC“老改新”编程法的编程思路 （2）能够简述 PLC“老改新”编程法的注意事项	概念模糊不清或错误不给分	25		

续表

序号	主要内容	考核要求	评分标准	配分	扣分	得分
2	PLC 控制	（1）能够简述 PLC 改造后的输入/输出分别代表哪些电器元件及控制要求 （2）正确连接输入/输出端线及电源线	概念模糊不清或错误不给分；接线错误不给分	25		
3	梯形图编写	正确绘制梯形图，并能够顺利下载	梯形图绘制错误不得分，未下载或下载操作错误不给分	30		
4	PLC 程序运行	（1）能够正确完成系统单机控制 （2）能够正确完成系统联机控制 （3）能够正确完成系统全自动控制	一次未成功扣 5 分，两次未成功扣 10 分，三次以上不给分	20		
备注		指导老师签字 年　月　日				

教学小结

1. PLC 的“老改新”编程方法。
2. CA6140 型车床 PLC 改造的实施步骤和方法。
3. CA6140 型车床 PLC 改造的安装与调试。

思考与练习

1. CA6140 型车床 PLC 改造后的电气控制系统由哪几部分组成？

2. 给主轴电动机、冷却泵电动机和快移电动机各增加一只运行状态指示灯，控制程序如何修改？

项目七　铣床电气控制系统

任务一　X62W 万能铣床电气控制线路

■ 应知点：

1. 了解 X62W 万能铣床电气控制线路的主要结构与运动形式。
2. 了解 X62W 万能铣床电气控制线路的特点及控制要求。
3. 了解转换开关和电磁离合器的结构及工作特点。
4. 了解 X62W 万能铣床电气控制线路的工作原理。

■ 应会点：

1. 掌握 X62W 万能铣床电气控制线路的分析。
2. 掌握 X62W 万能铣床电气控制线路常见故障的检修。

一、任务简述

铣床是一种用途十分广泛的金属切削机床，其使用范围仅次于车床。在铣床上可以加工平面（水平面、垂直面）、沟槽（键槽、T 形槽、燕尾槽等）、分齿零件［齿轮、花键轴、链轮、螺旋形表面（螺纹、螺旋槽）］及各种曲面。此外，还可用于对回转体表面、内孔加工及进行切断工作等。铣床在工作时，工件装在工作台上或分度头等附件上，铣刀旋转为主运动，辅以工作台或铣头的进给运动，工件即可获得所需的加工表面。由于是多刀断续切削，因而铣床的生产率较高。

铣床的种类很多，一般可分为卧式铣床、立式铣床、龙门铣床、仿形铣床和各种专用铣床。这里以常用的 X62W 型卧式万能铣床为例来介绍铣床的电气控制原理及维护、维修知识。

二、相关知识

1. X62W 万能铣床的主要结构及运动形式

常用的万能铣床有两种：一种是 X62W 型卧式万能铣床，铣头水平方向放置；另一种是 X52K 型立式万能铣床，铣头垂直方向放置。X62W 万能铣床是一种通用的多用途机床，它可以进行平面、斜面、螺旋面及成形表面的加工，是一种较为精密的加工设备。X62W 型万能铣床的外形结构如图 7-1 所示。它主要由床身、主轴、刀杆支架、悬梁、工作台、回转盘、横溜板、升降台和底座等几部分组成。箱形的床身固定在底座上，床身内装有主轴的传动机构和变速操纵机构。在床身的顶部有水平导轨，上面装着带有一个或两个刀杆支架的悬梁。

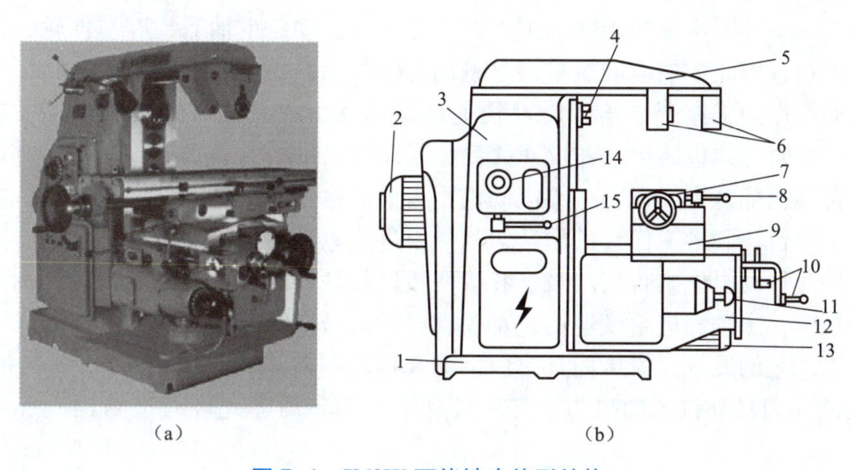

图 7-1　X62W 万能铣床外形结构

（a）实物外形；（b）结构示意图

1—底座；2—主轴电动机；3—床身；4—主轴；5—悬梁；6—刀杆支架；7—工作台；
8—工作台左右进给操作手柄；9—溜板；10—工作台前后、上下操作手柄；
11—进给变速手柄及变速盘；12—升降工作台；

刀杆支架用来支撑铣刀心轴的一端，心轴的另一端则固定在主轴上，由主轴带动铣刀铣削。刀杆支架在悬梁上以及悬梁在床身顶部的水平导轨上都可以作水平移动，以便安装不同的心轴。在床身的前面有垂直导轨，升降台可沿着它上下移动。在升降台上面的水平导轨上，装有可在平行主轴轴线方向移动（前后移动）的溜板。溜板上部有可转动的回转盘，工作台就在溜板上部回转盘上的导轨上做垂直于主轴轴线方向移动（左右移动）。工作台上有 T 形槽用来固定工件。这样，安装在工作台上的工件就可以在 3 个坐标上的 6 个方向调整位置或进给。此外，溜板可绕垂直轴线方向左右旋转 45°，使得工作台还能在倾斜方向进行进给，便于加工螺旋槽。该机床还可安装圆形工作台，以扩展铣削功能。

由上可知，铣床的主要运动包括：

（1）主运动，即主轴带动刀杆和铣刀的旋转运动。

（2）进给运动，即加工中工作台带动工件纵向、横向和垂直方向共 3 个方向的移动以及圆形工作台的旋转运动。

（3）辅助运动，即工作台带动工件在纵向、横向和垂直 3 个方向的快速移动。

X62W万能铣床的型号含义为：X—铣床类（类别）；6—卧式铣床型（组别）；2—工作台的号数，代表了工作台面宽度，从铭牌上可知2号工作台宽为320 mm（基本参数）；W—万能（特性）。

2. X62W万能铣床电力拖动形式及控制要求

X62W万能铣床的电力拖动系统由3台电动机所组成，即主轴电动机、进给电动机和冷却泵电动机。

主轴电动机通过主轴变速箱驱动主轴旋转，并由齿轮变速箱变速，以适应铣削工艺对转速的要求，因此电动机不需要调速。因铣削加工有顺铣和逆铣两种加工方式，所以要求主轴电动机能正转和反转，但考虑到实际加工过程中正反转切换并不频繁（批量顺铣或逆铣），因此在铣床床身下侧电器箱上设置一个组合开关，通过改变电源相序实现主轴电动机的正反转。铣削加工是一种不连续的切削加工方式，为减小振动，主轴上装有惯性轮，但这样会造成主轴停车困难，为此主轴电动机采用电磁离合器制动以实现准确停车。

进给电动机作为工作台进给运动及快速移动的动力，而铣床的工作台要求有前后、左右、上下6个方向上的进给运动和快速移动，因此要求进给电动机能正反转，并通过操纵手柄和机械离合器相配合来实现，进给电动机不需要调速。为了扩大其加工能力，在工作台上可加装圆形工作台，圆形工作台的回转运动是由进给电动机经传动机构驱动的。进给的快速移动是通过快速移动电磁离合器的吸合和改变机械传动链的传动比来实现的。为保证变速后齿轮能良好啮合，主轴和进给变速后，都要求电动机做瞬时点动，即变速冲动。

根据加工工艺的要求，铣床应具有以下电气控制要求：

（1）为防止刀具和铣床的损坏，要求只有主轴旋转后才允许有进给运动和进给方向的快速移动。

（2）为了减小加工件表面的粗糙度，只有进给停止后主轴才能停止或同时停止。该铣床在电气上采用了主轴和进给同时停止的方式，但由于主轴运动的惯性很大，实际上就保证了进给运动先停止，主轴运动后停止的要求。

（3）6个方向的进给运动中同时只能有一种运动产生，该铣床采用了机械操纵手柄和位置开关相配合的方式来实现6个方向的联锁。

（4）主轴运动和进给运动采用变速盘来进行速度选择，为保证变速齿轮进入良好啮合状态，两种运动都要求变速后做瞬时点动。

（5）当主轴电动机或冷却泵电动机过载时，进给运动必须立即停止，以免损坏刀具和铣床。

（6）要求有冷却系统、照明设备及各种保护措施。

3. 电磁离合器的结构原理

要识读并理解X62W万能铣床的控制原理，除了要先了解其运动形式和电力拖动控制要求外，还需要学习与铣床电气控制相关的电器元件的结构及电器符号。在前面了解了低压电器元件的基本知识的基础上，在此着重介绍铣床电气控制中关键低压电器元件电磁离合器的结构及原理。

电磁离合器用于机械传动系统中，可在主动部分运转的情况下，使从动部分与主动部分结合或分离。目前我国生产的X62、X63W卧式升降台铣床和X62、X63W万能升降台铣床系采用湿式多片电磁离合器，作为主轴传动，快速进给、慢速进给使用。

电磁离合器又称电磁联轴器，是利用表面摩擦和电磁感应原理在两个旋转运动的物体间传递力矩的执行电器。电磁离合器便于远距离控制，控制能量小，动作迅速、可靠，结构简单，因此广泛用于机床的自身控制，铣床上采用的是摩擦片式电磁离合器。

摩擦片式电磁离合器具有单片和多片等形式。单片摩擦式电磁离合器具有结构简单、传动转矩大、响应快、无空转力矩、散热良好等优点。多片摩擦式电磁离合器由于摩擦片的厚度较薄，传动相同转矩时，虽轴向尺寸增加，但径向尺寸明显减少，因而结构紧凑，另外因增加几个摩擦副，同等体积转矩比干式单片电磁离合器大。根据摩擦片的摩擦状态，其可分为干式与湿式两种。湿式多片电磁离合器工作时必须有油液冷却和润滑。

1）电磁离合器的工作原理

电磁离合器的主动部分与从动部分借接触面的摩擦作用，或是用液体作为介质（液力耦合器），或是用磁力传动（电磁离合器）来传动转矩，使两者之间可以暂时分离，又逐渐结合，在传动过程中又允许两部分相互转动。

2）摩擦片式电磁离合器结构

电磁离合器的结构如图 7-2 所示。主要由励磁线圈、铁芯、衔铁、摩擦片及连接件等组成。一般采用直流 24 V 或 32 V 作为供电电源。

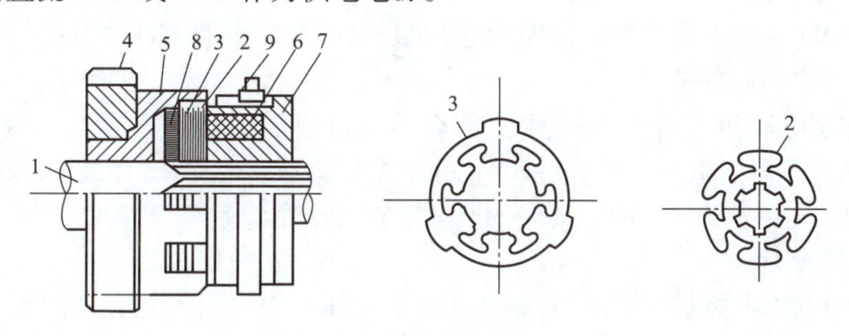

图 7-2　电磁离合器结构

1—主轴；2—主动摩擦片；3—从动摩擦片；4—从动齿轮；
5—套筒；6—线圈；7—铁芯；8—衔铁；9—滑环

3）摩擦片式电磁离合器动作原理分析

主动轴 1 的花键轴端，装有主动摩擦片 2，它可以沿轴向自由移动，因系花键连接，将随主动轴一起转动。从动摩擦片 3 与主动摩擦片交替装叠，其外缘凸起部分卡在与从动齿轮 4 固定在一起的套筒 5 内，因而从动摩擦片可以随同从动齿轮，在主动轴转动时它可以不转。当线圈 6 通电后，将摩擦片吸向铁芯 7，衔铁 8 也被吸住，紧紧压住各摩擦片。依靠主、从动摩擦片之间的摩擦力，使从动齿轮随主动轴转动。线圈断电时，装在内外摩擦片之间的圈状弹簧使衔铁和摩擦片复原，离合器即失去传递力矩的作用。线圈一端通过电刷和滑环 9 输入直流电，另一端可接地。

摩擦片处在磁路外的电磁离合器，摩擦片既可用导磁材料制成，也可用摩擦性能较好的铜基粉末冶金等非导磁材料制成，或在钢片两侧面粘合具有高耐磨性、韧性而且摩擦因数大的石棉橡胶材料，并可在湿式或干式工况下工作。

为了提高导磁性能和减少剩磁影响，磁轭和衔铁可用电工纯铁或 08 号或 10 号低碳钢制成，滑环一般用淬火钢或青铜制成。

电磁离合器的电气符号及实物如图 7-3 所示。

图 7-3　电磁离合器电气符号及实物

（a）电气符号；（b）实物

三、应用实施

（一）X62W 型万能铣床电气控制线路分析

X62W 型卧式普通铣床电气原理图有多种，但其控制方法基本相同。图 7-4 所示的电气控制原理图是经过改进后的电路，为 X62W 型卧式和 X53K 型立式两种万能铣床所通用。它分为主电路、控制电路和照明电路 3 部分。

1. 主电路分析

三相电源通过断路器 QF 并经过 FU1 熔断器引入 X62W 万能铣床的主电路。

M1 为主轴电动机，当 KM1 主触点闭合时，通过 SA3 组合开关的选择可分别实现顺铣、停、逆铣 3 个工作状态，它们分别控制 M1 主电动机的正转、停止、反转。热继电器 FR1 为其提供过载保护。

M2 是进给电动机，KM3 主触点闭合、KM4 主触点断开时，M2 电动机正转。反之 KM3 主触点断开、KM4 主触点闭合时，则 M2 电动机反转。热继电器 FR3 为其提供过载保护，熔断器 FU2 为其提供短路保护。

M3 为冷却泵电动机，当 KM1 主触点闭合后，可通过手动开关 QS2 来控制它的启停，M3 冷却泵电动机只需要单向运转。当 KM1 断开或 QS2 断开时，M3 停转。热继电器 FR2 为其提供过载保护。主电路中，M1、M2、M3 均为全压启动。

2. 控制线路分析

控制电路的电源由控制变压器 TC 输出 110 V 电压供电。电磁离合器需要的直流工作电压 32 V 由变压器 T_2 降压后经桥式整流器 VC 得到。

1）主轴电动机 M1 的控制

主轴电动机 M1 的控制包括启动控制、制动控制、换刀控制和变速冲动控制。

为方便操作，主轴电动机的启动、停止以及进给电动机的控制均采用两地控制方式。对于主轴电动机的启、停控制，其中一组是启动按钮 SB1 和停止按钮 SB5，它们安装在工作台上；而另一组是启动按钮 SB2 和停止按钮 SB6，它们安装在床身上。

（1）主轴电动机 M1 的启动。

主轴电动机启动之前根据加工顺铣、逆铣的要求，将转换开关 SA3 扳到所需的转向位置即选择好主轴的转速和转向。然后，按下启动按钮 SB1 或 SB2，接触器 KM1 通电吸合并自锁，主电动机 M1 启动。KM1 的辅助常开触点（9-10）闭合，接通控制电路的进给线路电源，保证了只有先启动主轴电动机，才可开动进给电动机，避免工件或刀具的损坏。

（2）主轴电动机 M1 的制动。

为了使主轴停车准确，主轴采用电磁离合器制动。该电磁离合器安装在主轴传动链中与电动机轴相连的第一根传动轴上，当按下停车按钮 SB5 或 SB6 时，接触器 KM1 断电释放，电动机 M1 失电。按钮按到底时，停止按钮的常开触点 SB5-2 或 SB6-2（8 区）闭合，接通电磁离合器 YC1，离合器吸合，将摩擦片压紧，对主轴电动机进行制动。直到主轴停止转动，才可松开停止按钮。主轴制动时间不超过 0.5 s。

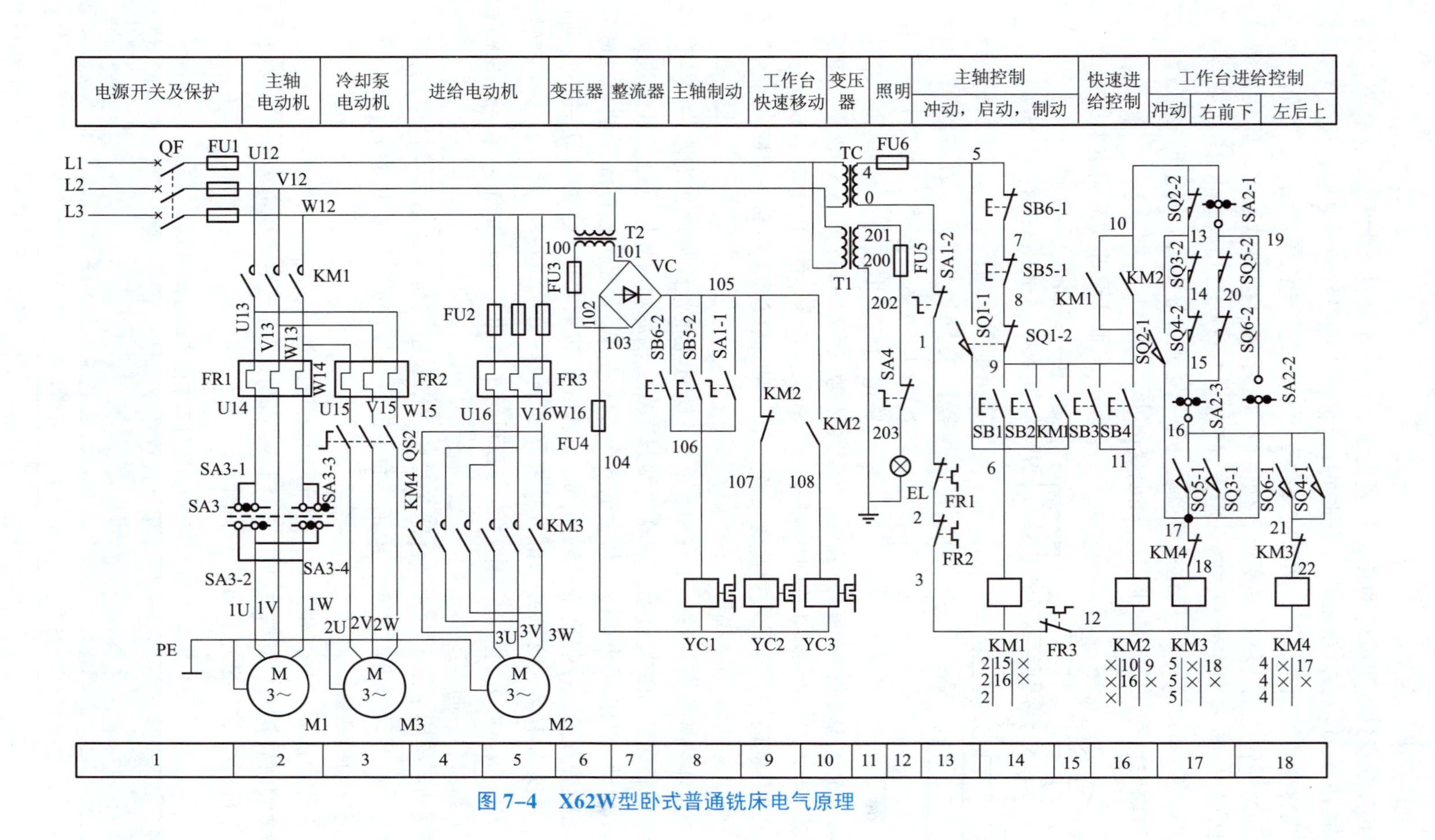

图 7-4　X62W型卧式普通铣床电气原理

（3）主轴变速冲动。

主轴变速是通过改变齿轮的传动比进行的，由一个变速手柄和一个变速盘来实现，有 18 级不同转速（30～1 500 r/min）。为使变速时齿轮组能很好重新啮合，设置变速冲动装置。变速时，先将变速手柄 3 压下，然后向外拉动手柄，使齿轮组脱离啮合；再转动蘑菇形变速手轮，调到所需转速上，然后将变速手柄复位。在手柄复位的过程中，压动位置开关 SQ1，SQ1 的常闭触点（8-9）先断开，常开触点（5-6）后闭合，接触器 KM1 线圈瞬时通电，主轴电动机 M1 作瞬时点动，使齿轮系统抖动一下，达到良好啮合。当手柄复位后，SQ1 复位，断开了主轴瞬时点动线路，M1 断电，完成变速冲动工作。

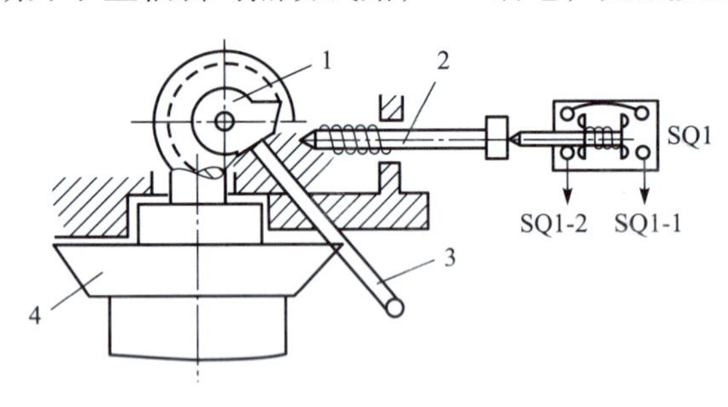

图 7-5　主轴变速冲动控制示意图

1—凸轮；2—弹簧杆；3—变速手柄；4—变速盘

主轴变速冲动控制示意图如图 7-5 所示。

（4）主轴换刀控制。

在主轴更换铣刀时，为避免人身事故，将主轴置于制动状态，即将主轴换刀制动转换开关 SA1 转到“接通”位置，其常开触点 SA1-1（8 区）闭合，接通电磁离合器 YC1，将电动机轴抱住，主轴处于制动状态；其常闭触点 SA1-2（13 区）断开，切断控制回路电源，铣床不能通电运转，保证了上刀或换刀时，机床没有任何动作，确保人身安全。当上刀、换刀结束后，将 SA1 扳回“断开”位置。

2）进给电动机 M2 的控制

铣床的工作台要求有前后、左右和上下 6 个方向上的进给运动和快速移动。工作台的进给运动分为工作进给和快速进给。工作进给只有在主轴启动后才可进行，快速进给是点动控制，即使不启动主轴也可进行。工作台的 6 个方向的运动都是通过操纵手柄和机械联动机构带动相应的位置开关，控制进给电动机 M2 正转或反转来实现的。在正常进给运动控制时，圆工作台控制转换开关 SA2 应转至断开位置（即触点 SA2-2 断开，触点 SA2-1 和触点 SA2-3 接通）。SQ5 和 SQ6 分别控制工作台的向右和向左运动，SQ3 和 SQ4 则分别控制工作台的向前、向下和向后、向上运动。

进给驱动系统用了两个电磁离合器 YC2 和 YC3，都安装在进给传动链中的第四根轴上，当左边的离合器 YC2 吸合时，连接上工作台上的进给传动链；当右边的离合器 YC3 吸合时，连接上快速移动传动链。

（1）工作台前后、左右和上下 6 个方向上的进给运动。

工作台的前后和上下进给运动由一个手柄控制，左右进给运动由另一个手柄控制。手柄位置与工作台运动方向的关系如表 7-1 所示。

表 7-1　控制手柄位置与工作台运动方向的关系

控制手柄	手柄位置	行程开关动作	接触器动作	电动机 M2 运转	传动链搭合丝杠	工作台运行方向
左右进给手柄	左	SQ5	KM3	正传	左右进给丝杠	向左
	中			停止		停止
	右	SQ6	KM4	反转	左右进给丝杠	向右

续表

控制手柄	手柄位置	行程开关动作	接触器动作	电动机M2运转	传动链搭合丝杠	工作台运行方向
上下和前后进给手柄	上	SQ4	KM4	反转	上下进给丝杠	向上
	下	SQ3	KM3	正转	上下进给丝杠	向下
	中			停止		停止
	前	SQ3	KM3	正转	前后进给丝杠	向前
	后	SQ4	KM4	反转	前后进给丝杠	向后

下面以工作台的左右移动为例分析工作台的进给。

左右进给操作手柄与行程开关SQ5和SQ6联动，有左、中、右3个位置，其控制关系见表7-1。当手柄扳向中间位置时，行程开关SQ5和SQ6均未被压合，进给控制电路处于断开状态；当手柄扳向左（或右）位置时，手柄压下行程开关SQ5（或SQ6），同时将电动机的传动链和左右进给丝杠相连。控制过程如图7-6所示。

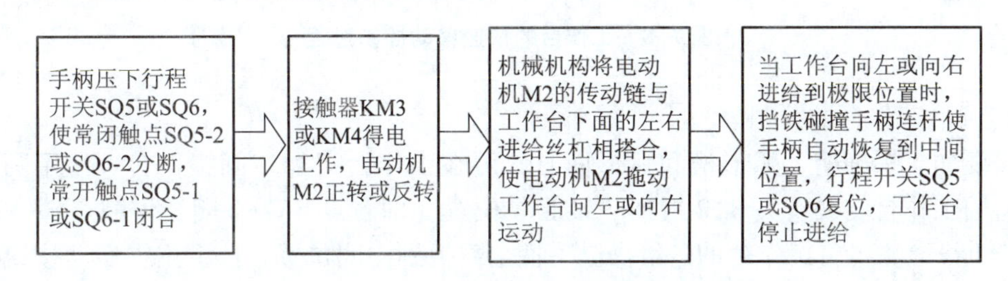

图7-6　工作台的左右移动时的控制过程

工作台的上下和前后进给由上下和前后进给手柄控制，其控制过程与左右进给控制相似。

通过以上分析可见，两个操作手柄被置定于某一方向后，只能压下4个行程开关SQ3、SQ4、SQ5和SQ6中的一个，接通电动机M2正转或反转电路，同时通过机械机构将电动机的传动链与3根丝杠（左右丝杠、上下丝杠、前后丝杠）中的一根（只能是一根）丝杠相搭合，拖动工作台沿选定的进给方向运动，而不会沿其他方向运动。

（2）左右进给与上下、前后进给的联锁控制。

在控制进给的两个手柄中，当其中的一个操作手柄被置定在某一进给方向后，另一个操作手柄必须置于中间位置，否则将无法实现任何进给运动。这是因为在控制电路中对两者实行了联锁保护。如当把左右进给手柄扳向左时，若又将另一个进给手柄扳到向下进给方向，则行程开关SQ5和SQ3均被压下，常闭触点SQ5-2和SQ3-2均分断，断开了接触器KM3和KM4的通路，从而使电动机M2停转，保证了操作安全。

（3）进给变速时的瞬时点动。

和主轴变速时一样，进给变速时，为使齿轮进入良好的啮合状态，也要进行变速后的瞬时点动。进给变速时，必须先把进给操纵手柄放在中间位置，然后将进给变速盘（在升降台前面）向外拉出，选择好速度后，再将变速盘推进去。如图7-7所示，在推进的过程中，挡

图 7-7　进给变速冲动

块压下行程开关 SQ2，使触点 SQ2-2 分断，SQ2-1 闭合，接触器 KM3 经 10—19—20—15—14—13—17—18 路径得电动作，电动机 M2 启动；但随着变速盘复位，行程开关 SQ2 跟着复位，使 KM3 断电释放，M2 失电停转。这样使电动机 M2 瞬时点动一下，齿轮系统产生一次抖动，齿轮便顺利啮合了。

（4）工作台的快速移动控制。

快速移动是通过两个进给操作手柄和快速移动按钮 SB3 或 SB4 配合实现的。控制过程如图 7-8 所示。

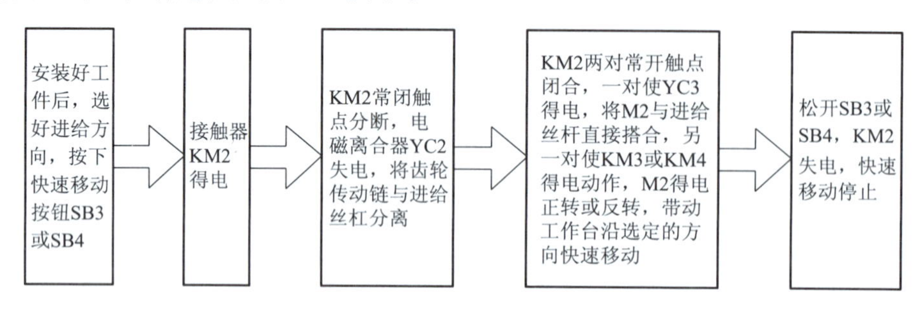

图 7-8　工作台的快速移动控制过程

（5）圆形工作台的控制。

当需要加工螺旋槽、弧形槽和弧形面时，可在工作台上加装圆工作台。使用圆工作台时，先将圆工作台转换开关 SA2 扳到“接通”位置（即触点 SA2-2 闭合，触点 SA2-1 和触点 SA2-3 断开），再将工作台的进给操纵手柄全部扳到中间位置，按下主轴启动按钮 SB1 或 SB2，接触器 KM1 得电吸合，主轴电动机 M1 启动，接触器 KM3 线圈经（10—SQ2-2—13—SQ3-2—14—SQ4-2—15—SQ6-2—20—SQ5-2—19—SA2-2—17—KM4 常闭触点—18—KM3 线圈）路径得电吸合，进给电动机 M2 正转，通过一根专用轴带动圆形工作台做旋转运动。圆工作台只能沿一个方向做回转运动。

当不需要圆形工作台旋转时，转换开关 SA2 应扳到“断开”位置，这时触点 SA2-1 和 SA2-3 闭合，触点 SA2-2 断开，工作台在 6 个方向上正常进给，圆形工作台不能工作。

圆形工作台转动时其余进给一律不准运动，两个进给手柄必须置于零位。若出现误操作，扳动两个进给手柄中的任意一个，则必然压合行程开关 SQ3～SQ6 中的一个，使电动机停止转动，实现了机械与电气配合的联锁控制。

圆形工作台加工不需要调速，也不要求正反转。

3. 冷却泵及照明电路的控制

主轴电动机 M1 和冷却泵电动机 M3 采用的是顺序控制，即只有在主轴电动机 M1 启动后，冷却泵电动机 M3 才能启动。主轴电动机启动后，扳动组合开关 QS2 可控制冷却泵电动机 M3。

机床照明由变压器 T1 供给 36 V 的安全电压，由开关 SA4 控制。熔断器 FU5 作照明电路的短路保护。

X62W 万能铣床电器元件明细如表 7-2 所示。

表 7-2　X62W 万能铣床电器元件明细表

代号	名称	型号	规格	数量	用途
M1	主轴电动机	Y132M-4-B3	7.5 kW 380 V 1 450 r/min	1	驱动主轴
M2	进给电动机	Y90L-4	1.5 kW 380 V 1 400 r/min	1	驱动进给
M3	冷却泵电动机	JCB-22	125 W 380 V 2 790 r/min	1	驱动冷却泵
QS1	开关	HZ10-60/3J	60 A 380 V	1	电源总开关
QS2	开关	HZ10-10/3J	10 A 380 V	1	冷却泵开关
SA1	开关	LS2—3A		1	换刀开关
SA2	开关	HZ10-10/3J	10 A 380 V	1	圆形工作台开关
SA3	开关	HZ3—133	10 A 500 V	1	M1 换向开关
FU1	熔断器	RL1-60	60 A 熔体 50 A	3	电源短路保护
FU2	熔断器	RL1-15	15 A 熔体 10 A	3	进给短路保护
FU3、FU6	熔断器	RL1-15	15 A 熔体 4 A	2	整流、控制电路短路保护
FU4、FU5	熔断器	RL1-15	15 A 熔体 2 A	2	直流、照明电路短路保护
FR1	热继电器	JR0-40	整定电流 16 A	1	M1 过载保护
FR2	热继电器	JR10-10	整定电流 0.43 A	1	M3 过载保护
FR3	热继电器	JR10-10	整定电流 3.4 A	1	M2 过载保护
T2	变压器	BK-100	380/36 V	1	整流电源
TC	变压器	BK-150	380/110 V	1	控制电路电源
T1	照明变压器	BK-50	50VA 380/24 V	1	照明电源
VC	整流器	2CZ×4	5 A 800 V	1	整流用
KM1	接触器	CJ10-20	20 A 线圈电压 110 V	1	主轴启动
KM2	接触器	CJ10-10	10 A 线圈电压 110 V	1	快速进给
KM3	接触器	CJ10-10	10 A 线圈电压 110 V	1	M2 正转
KM4	接触器	CJ10-10	10 A 线圈电压 110 V	1	M2 反转
SB1、SB2	按钮	LA2	绿色	2	M1 启动
SB3、SB4	按钮	LA2	黑色	2	快速进给点动
SB5、SB6	按钮	LA2	红色	2	停止、制动
YC1	电磁离合器	B1DL-Ⅲ		1	主轴制动
YC2	电磁离合器	B1DL-Ⅱ		1	正常进给
YC3	电磁离合器	B1DI-Ⅱ		1	快速进给
SQ1	行程开关	LX3-11K	开启式	1	主轴冲动开关

续表

代号	名称	型号	规格	数量	用途
SQ2	行程开关	LX3-11K	开启式	1	进给冲动开关
SQ3	行程开关	LX3-131	单轮自动复位	1	
SQ4	行程开关	LX3-131	单轮自动复位	1	
SQ5	行程开关	LX3-11K	开启式	1	
SQ6	行程开关	LX3-11K	开启式	1	M2 正反转及联锁

（二）X62W 万能铣床常见电气故障的诊断与维修

1. 主轴电动机 M1 不能启动

这种故障可用电压分析法进行分析，从上到下逐一测量，也可用中间分段电压法进行快速测量，检测步骤如图 7-9 所示。

2. 主轴停车没有制动作用

主轴停车无制动作用，常见的故障点有：交流回路中 FU3、T2，整流桥，直流回路中的 FU4、YC1、SB5-2（SB6-2）等。故障检查时可先将主轴换向转换开关 SA3 扳到停止位置，然后按下 SB5（或 SB6），仔细听有无 YC1 得电离合器动作的声音，具体检测流程如图 7-10 所示。

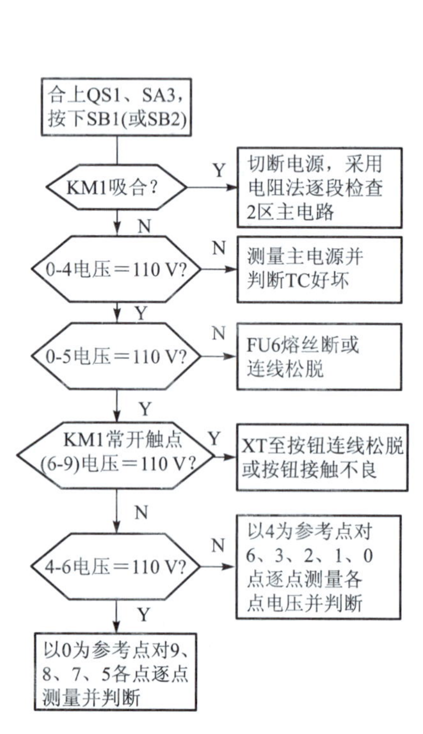

图 7-9　主轴电动机 M1 不能启动的检修流程图

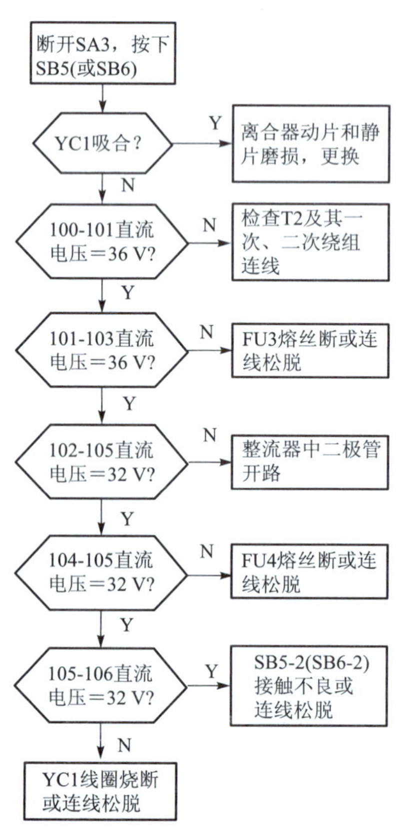

图 7-10　主轴停车没有制动作用的检测流程图

3. 主电动机启动，进给电动机就转动，但扳动任一进给手柄，都不能进给

故障是圆工作台转换开关 SA2 拨到了“接通”位置造成的。进给手柄在中间位置时，启动主轴，进给电动机 M2 工作，扳动任一进给手柄，都会切断 KM3 的通电回路，使进给电动机停转。只要将 SA2 拨到“断开”位置，就可正常进给。

4. 工作台各个方向都不能进给

主轴工作正常，而进给方向均不能进给，故障多出现在公共点上，可通过试车现象，判断故障位置，再进行测量。检测流程如图 7-11 所示。

5. 工作台能上下进给，但不能左右进给运行

工作台上下进给正常，而左右进给均不工作，表明故障多出现在左右进给的公共通道 17 区（10—SQ2-2—13—SQ3-2—14—SQ4-2—15）之间。首先检查垂直与横向进给十字手柄是否位于中间位置，是否压触 SQ3 或 SQ4；在两个进给手柄在中间位置时试进给变速冲动是否正常，正常表明故障在变速冲动位置开关 SQ2-2 接触不良或其连接线松脱，否则故障多在 SQ3- 2、SQ4-2 触点及其连接线上。

6. 工作台能右进给但不能左进给

由于工作台的左进给和工作台的上（后）进给都是 KM4 吸合，M2 反转，因此，可通过试向上进给来缩小故障区域。故障检测流程图 7-12 所示。

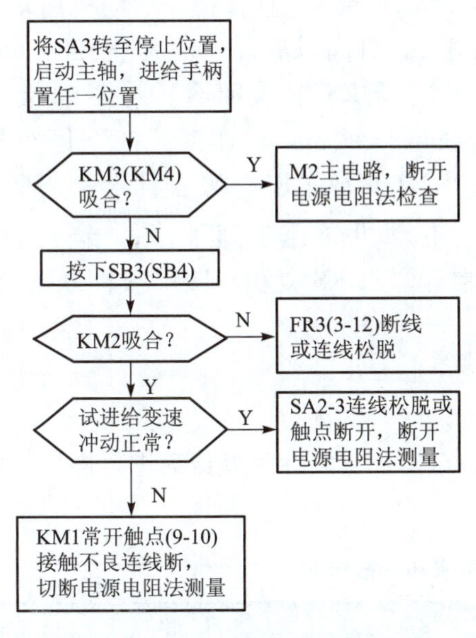

图 7-11　工作台各个方向都不能进给的故障检测流程

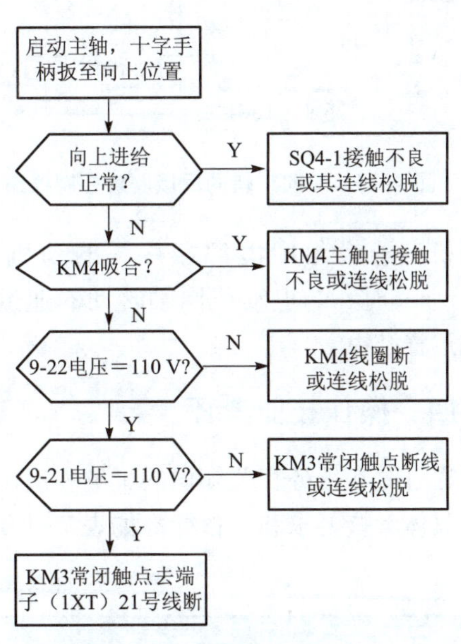

图 7-12　工作台能右进给但不能左进给的故障检测流程

7. 圆工作台不工作

圆工作台不工作时，应将圆工作台转换开关 SA2 重新转至断开位置，检查纵向和横向进给工作是否正常，排除 4 个位置开关（SQ3～SQ6）常闭触点之间联锁的故障。当纵向和横向进给正常后，圆工作台不工作，故障只在 SA2-2 触点或其连接线上。

（三）万能铣床的反接制动

主轴电动机的制动采用了电磁离合器来实现，这是一种机械制动方式，此外还可以采用电气制动的方式来实现。在万能铣床中反接制动方式比较常见，反接制动的相关知识在项目四中已经学习过，这里就不再重复叙述。

为了限制制动电流和减少制动冲击力，一般在 10 kW 以上电动机的定子电路中串入对称电阻或不对称电阻，称为制动电阻。制动电阻有对称接线法和不对称接线法两种。采用对称电阻接线法，在限制制动转矩的同时也限制了制动电流，而采用不对称制动电阻的接线法，只是限制了制动转矩，而未加制动电阻的那一相，仍具有较大的电流。

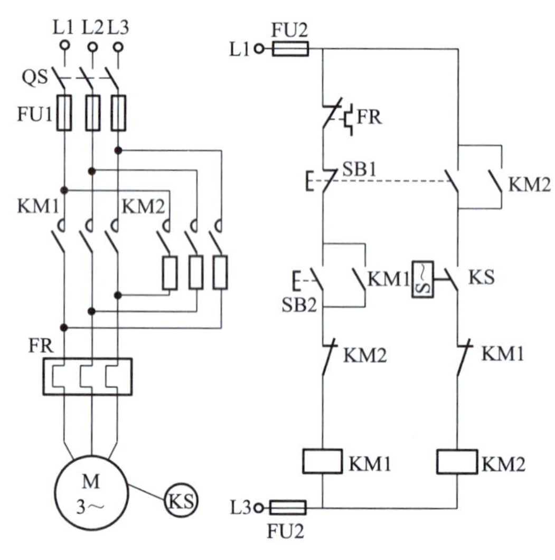

图 7-13　单向旋转的反接制动控制线路

反接制动可以实现单向旋转反接制动和可逆启动反接制动。在 X62W 万能铣床中，因所使用的转换开关可实现主轴电动机的正转、停止及反转，故可采用单向旋转反接制动方式来替代电磁离合器的制动方式。替代后主电路和控制电路需要做相应的调整。单向旋转反接制动的控制线路如图 7-13 所示，其工作过程如下：

合上刀开关 QS，按下启动按钮 SB2，接触器 KMI 线圈通电且自锁，电动机启动。当电动机转速升高以后（通常大于 120 r/min），速度继电器 KS 触点闭合，为制动接触器 KM2 通电作准备。停车时，按下停车按钮 SB1，KM1 释放，KM2 吸合且自锁，改变了电动机定子绕组中电源相序，电动机反接制动，电动机转速迅速下降，当转速低于 100 r/min时，与电动机同轴转动的速度继电器的常开触点 KS 复位，KM2 线圈断电释放，制动过程结束。

四、操作技能考评

通过对本任务相关知识的了解和应用操作实施，对本任务实际掌握情况进行操作技能考评，具体考核要求和考核标准如表 7-3 所示。

表 7-3　任务操作技能考核要求和考核标准

序号	主要内容	考核要求	评分标准	配分	扣分	得分
1	X62W 万能铣床的基本知识	（1）能够简述 X62W 万能铣床的主要结构 （2）能够简述 X62W 万能铣床的主要运动形式 （3）能够简述 X62W 万能铣床的控制要求	叙述内容不清、不达重点均不给分	20		

续表

序号	主要内容	考核要求	评分标准	配分	扣分	得分
2	X62W 万能铣床的电气控制线路分析	（1）能够简述 X62W 万能铣床电气控制线路的主要组件 （2）能够简述 X62W 万能铣床电气控制线路的主电路和控制电路的功能，并简述 X62W 万能铣床的控制过程	叙述内容不清、不达重点均不给分	30		
3	X62W 万能铣床故障诊断	（1）能够按电气原理图排除在 X62W 万能铣床主电路或控制电路中人为设置的两个电气“自然”故障点 （2）能根据故障现象，先在原理图中正确标出最小故障范围的线段，然后采用正确的检查和排除故障方法并在定额时间内排除故障	叙述内容不清、不达重点均不给分	30		
4	元件安装布线	（1）能够按照电路图的要求，正确使用工具和仪表，熟练地安装电气元件 （2）布线要求美观、紧固、实用、无毛刺、端子标识明确	安装出错或不牢固，扣 1 分；损坏元件扣 5 分；布线不规范扣 5 分	10		
5	通电运行	要求无任何设备故障且保证人身安全的前提下通电运行一次成功	一次试运行不成功扣 2 分，两次试运行不成功扣 5 分，三次以上不得分	10		
备注			指导老师签字 年　月　日			

教学小结

1. 铣床的主要运动包括主运动、进给运动和辅助运动。

2. 铣床的主轴电动机要求能够正反转，变速由齿轮变速箱实现，并采用电磁离合器进行制动。

3. 进给电动机为工作台进给运动及快速移动提供动力，并要实现铣床工作台在前后、左右和上下 6 个方向上的进给运动和快速移动，进给电动机能正反转。

4. 转换开关是若干个动触点及静触点分别装在数层绝缘件内组成的，手柄转动时动触点随之变换通断位置，因采用了扭簧储能结构，故能快速接通和分断电路。

5. 电磁离合器是利用表面摩擦和电磁感应原理在两个旋转运动的物体间传递力矩的执行电器。

6. 主轴变速是通过改变齿轮的传动比进行的，由一个变速手柄和一个变速盘来实现，有 18 级不同转速，为使变速时齿轮组能很好地啮合，设置了变速冲动装置。

7. 圆形工作台转动时其余进给一律不准运动，两个进给手柄必须置于零位。若出现误操作，因采用了机械与电气配合的联锁控制，电动机将停止转动。

思考与练习

1. X62W 万能铣床由哪几个部分组成？
2. X62W 万能铣床的主要运动形式有哪些？
3. 万能转换开关操作手柄的位置与多层触点通断的逻辑关系如何表示？
4. 电磁离合器主要由哪几部分组成？其工作原理是什么？
5. X62W 万能铣床对主轴有哪些电气要求？
6. X62W 万能铣床对进给系统有哪些电气要求？
7. X62W 万能铣床电气控制线路中为什么要设置变速冲动？
8. 控制电路中组合开关 SA1 的作用是什么？
9. X62W 万能铣床电气控制线路中 3 个电磁离合器的作用分别是什么？
10. X62W 万能铣床的工件能在哪些方向上调整位置或进给？是怎样实现的？
11. X62W 万能铣床具有哪些联锁和保护？为何要有这些联锁与保护？
12. 简述 X62W 万能铣床圆工作台电气控制的原理。

任务二　X62W 万能铣床电气控制线路的 PLC 应用改造

■ 应知点：

1. 了解机床电气系统进行 PLC 改造的基本方法。
2. 了解 X62W 万能铣床 PLC 改造的设计方法。

■ 应会点：

1. 掌握 X62W 万能铣床 PLC 改造的 I/O 分配及接线。
2. 掌握 X62W 万能铣床 PLC 改造的软件逻辑设计及调试。

一、任务简述

万能铣床是一种高效率的加工机械，在机械加工和机械修理中得到广泛的应用。万能铣床的操作是通过手柄同时操作电气与机械，以达到机电紧密配合完成预定的操作，是机械与电气结构联合动作的典型控制，是自动化程度较高的组合机床。但是在电气控制系统中，故障的查找与排除是非常困难的，特别是在继电器接触器控制系统中。由于电气控制线路触点多、线路复杂、故障率高、检修周期长，给生产与维护带来诸多不便，严重地影响生产。

同时由于现代工业生产的要求，生产设备和自动生产线的控制系统必须具有极高的可靠性与灵活性，这就需要使用智能化程度高的控制系统来取代传统控制系统，使电气控制系统的工作更加灵活、可靠，容易维修，更能适应经常变动的工艺条件。PLC 专为工业环境应用而设计，其显著的特点之一就是设计灵活、可靠性高、可维护性好。因此，采用 PLC 对 X62W 万能铣床的继电器接触式电控系统进行技术改造具有其必要性。

二、相关知识

利用 PLC 改造机床电气系统，可大大简化电气线路。它的设计方法是，将各个电器元件直接与 PLC 的各个输入、输出端口相连，元件之间的连接关系以及各线圈的状态由逻辑程序确定，元件之间不存在直接的串联或并联，所以线路简单，而逻辑关系由程序确定，维护和设计比较容易。

1. PLC 应用于改造继电控制线路的一般步骤和办法

（1）熟悉加工工艺流程，弄清老设备的继电器控制原理。其中包括：控制过程的组成环节，各环节的技术要求和相互间的控制关系，输入输出的逻辑关系和测量方法，设备的控制方法与要求。

（2）列出机床电器元件，根据现场信号、控制命令、作用等条件，确定现场输入输出信号和分配到 PLC 内与其相连的输入输出端子号，应绘出输入输出（I/O）端子接线图。

（3）确定 PLC 机型，主要依据输入输出形式和点数。

（4）根据控制流程，设计 PLC 的梯形图或指令语句程序。

（5）将程序下载到 PLC 中并接线调试。

2. 程序设计的注意事项

（1）对那些已成熟的继电器—接触器控制电路的生产机械，在改用 PLC 控制时，只要把原有的控制电路作适当的改动，使之成为符合 PLC 要求的梯形图。

（2）原来继电器—接触器电路中分开画的交流控制电路和直流执行电路，在 PLC 梯形图中要合二为一。

（3）PLC 梯形图中，只有输出继电器可以控制外部电路及负载。

（4）每一个逻辑行的条件指令（动断、动合触点）其数目不限，但是每一个触点都要可供使用。

（5）每一个相同的条件指令可以使用无数次，而不像继电器控制只有有限的触点可供使用。

（6）接通外部执行元件的输出指令地址号（输出继电器），也可以作为条件指令使用。

（7）一些简单、独立的控制电路（如机床中冷却泵电动机的控制电路），可以不进入 PLC 程序控制。

3. 施工设计

在施工设计上和一般电气施工设计一样，PLC 控制系统施工设计也要完成以下工作：完整的电路图、电器元件清单、电气柜内电器位置图、电器安装接线图。此外，还要做好并注意以下几点：

（1）画出电动机主电路以及不进入 PLC 的其他电路。

（2）画出 PLC 输入输出端子接线图。此时需要考虑以下几个方面的内容。

① 按照现场信号与 PLC 软继电器编号对照表的规定，将现场信号线接在对应的端子上。

② 输入电路一般由 PLC 内部提供电源，输出电路需根据负载额定电压外接电源。

③ 输出电路要注意每个输出继电器的触点容量及公共端（COM）的容量。

④ 接入 PLC 输入端带触点的电器元件一般尽量用动合触点。

⑤ 执行电器若为感性负载，交流要加阻容吸收回路，直流要加续流二极管。

⑥ 输出公共端需加熔断器保护，以免负载短路引起 PLC 的损坏。

（3）画出 PLC 的电源进线图和执行电器供电系统控制。

① 电源进线处应设置紧急停止 PLC 的外接继电器控制。

② 若用户电网电压波动较大或附近有大的磁场干扰源，需在电源与 PLC 间加隔离变压器或有源滤波器。

（4）电气柜结构设计及现场布线。

电气柜内 PLC 的安装与现场布线的相关事项在前面已经学习过，详见项目一的任务三。

在实际应用中调试复杂的机床，PLC 具有优越性，因为 PLC 的控制程序可变，从而为调试带来方便，并可大大缩短调试周期，提高运行可靠性，有较好的经济效益。

三、应用实施

（一）X62W 万能铣床 PLC 改造设计

1. 改造方法

X62W 万能铣床共用 3 台异步电动机拖动，它们分别是主轴电动机 M1、进给电动机 M2

和冷却泵电动机 M3。进行电气控制线路改造时，X62W 万能铣床电气控制线路中的电源电路、主电路及照明电路保持不变，在控制电路部分，保留变压器 TC、T1 和 T2，而其后的控制电路则用 PLC 来代替实现，为了保证各种联锁功能，将 SQ1～SQ6、SB1～SB6 分别接入 PLC 的输入端，换刀开关 SA1 和圆形工作台转换开关 SA2，分别用其一对常开触点接入 PLC 的输入端子。输出器件分 3 个电压等级，一个是接触器使用的 110 V 交流电压，另一个是电磁离合器使用的 32 V 直流电压（交流 24 V 经全桥整流得到），还有一个是照明使用的 36 V 交流电压，相应地将 PLC 的输出口分为 3 组连接点。

2. 硬件设计

根据 X62W 万能铣床的电气控制系统进行详细分析可知，对该系统进行 PLC 改造，至少需要输入点数为 16、输出点数为 8 点的 PLC，据此，可选择西门子 S7-200 系列中的 CPU 226 AC/DC/RLY 型 PLC，该型号 PLC 本机提供 24 个输入和 16 个输出，共 40 个数字 I/O 点。在电器元件的选择方面，均可采用改造前的型号，考虑到电磁离合器 YC1、YC2 均由 PLC 直接驱动，因此可将接触器 KM2 替代开关 QS2 用来控制冷却泵电动机 M3 的启停，同时增加两个按钮 SB7 和 SB8，分别用来做电动机 M3 的启动按钮和停止按钮。PLC 的各个输入/输出点的地址分配如表 7-4 所示。

表 7-4 PLC 的各个输入/输出点的地址分配表

序号	输入器件	地址	序号	输出器件	地址
1	SB1、SB2 主轴启动	I0. 0	1	KM1 主轴电动机 M1 启动	Q0. 0
2	SB3、SB4 快速进给	I0. 1	2	KM2 冷却电动机 M3 启动	Q0. 1
3	SB5、SB6 主轴停止及制动	I0. 2	3	KM3 进给电动机 M2 正转	Q0. 2
4	SB7 冷却泵电动机启动	I0. 3	4	KM4 进给电动机 M2 反转	Q0. 3
5	SB8 冷却泵电动机停止	I0. 4	5	YC1 主轴制动、换刀	Q0. 4
6	SA1 换刀开关	I0. 5	6	YC2 进给常速	Q0. 5
7	SA2 圆工作台开关	I0. 6	7	YC3 快速进给	Q0. 6
8	SA4 照明开关	I0. 7	8	EL 照明	Q1. 1
9	SQ1 主轴冲动	I1. 0			
10	SQ2 进给冲动	I1. 1			
11	SQ3 向前或下进给	I1. 2			
12	SQ4 向后或上进给	I1. 3			
13	SQ5 向左进给	I1. 4			
14	SQ6 向右进给	I1. 5			
15	FR1、FR2 热保护触点	I1. 6			
16	FR3 热保护触点	I1. 7			

3. 软件设计

根据 X62W 万能铣床的电气控制要求，可设计出如图 7-14 所示的 PLC 控制梯形图。该程序共有 7 个网络，反映了原继电器控制电路中的各种逻辑关系。

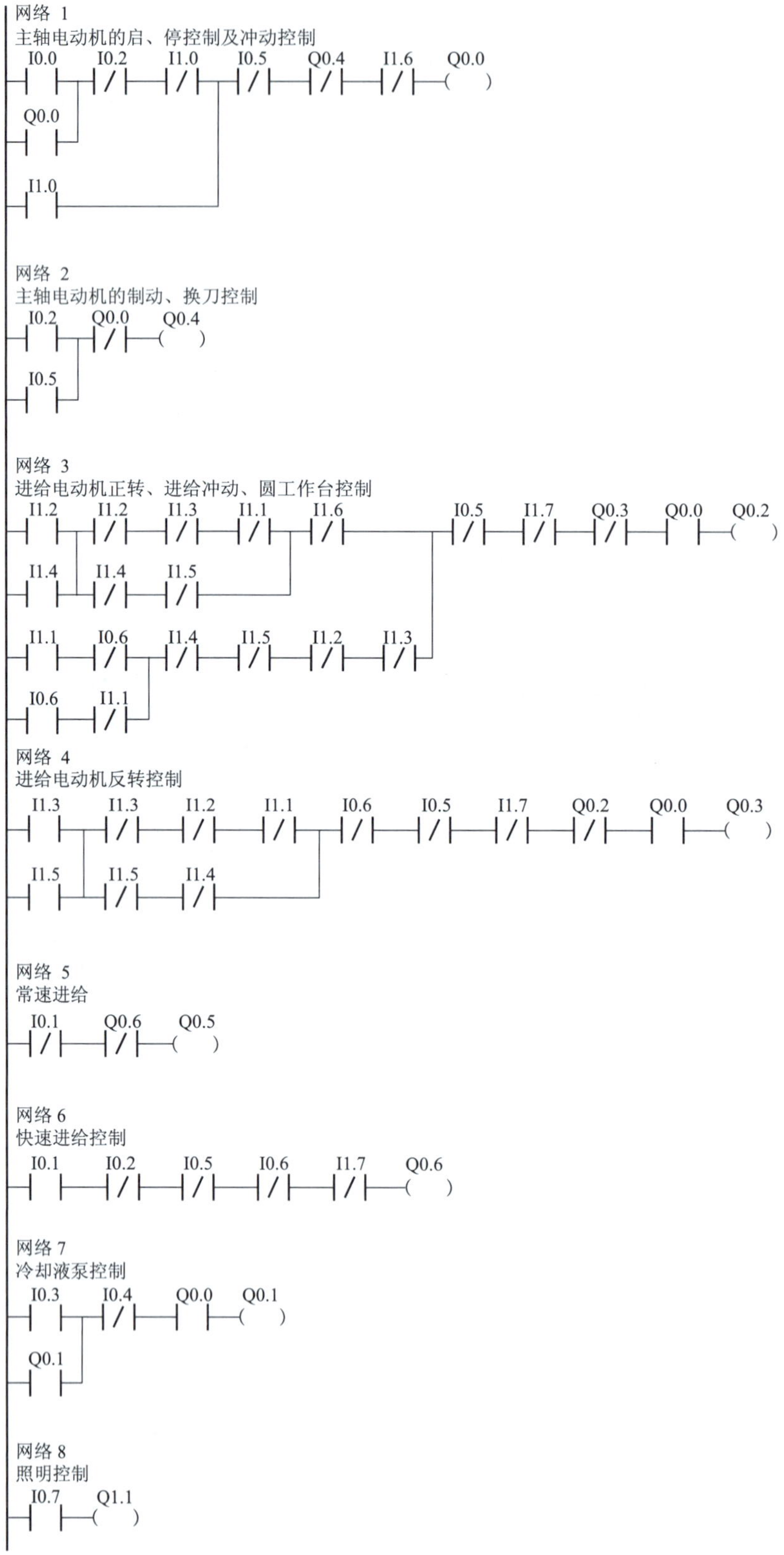

网络 1
主轴电动机的启、停控制及冲动控制
I0.0 I0.2 I1.0 I0.5 Q0.4 I1.6 Q0.0
Q0.0
I1.0

网络 2
主轴电动机的制动、换刀控制
I0.2 Q0.0 Q0.4
I0.5

网络 3
进给电动机正转、进给冲动、圆工作台控制
I1.2 I1.2 I1.3 I1.1 I1.6 I0.5 I1.7 Q0.3 Q0.0 Q0.2
I1.4 I1.4 I1.5
I1.1 I0.6 I1.4 I1.5 I1.2 I1.3
I0.6 I1.1

网络 4
进给电动机反转控制
I1.3 I1.3 I1.2 I1.1 I0.6 I0.5 I1.7 Q0.2 Q0.0 Q0.3
I1.5 I1.5 I1.4

网络 5
常速进给
I0.1 Q0.6 Q0.5

网络 6
快速进给控制
I0.1 I0.2 I0.5 I0.6 I1.7 Q0.6

网络 7
冷却液泵控制
I0.3 I0.4 Q0.0 Q0.1
Q0.1

网络 8
照明控制
I0.7 Q1.1

图 7-14　X62W 万能铣床 PLC 改造的梯形图程序

网络1：实现主轴电动机的启动、停止及冲动控制。当按下按钮SB1或SB2（对应输入I0.0）时，主轴电动机将启动；当按下SB5或SB6（对应输入I0.2）时，主轴电动机将停止；当位置开关SQ1（对应输入I1.0）被压下时，主轴电动机将实现点动，即实现主轴的变速冲动控制。主轴电动机与进给电动机实现联锁，即当主轴电动机启动后，进给控制电动机才能启动，而当主轴电动机停止时，进给电动机亦停止。

网络2：实现主轴制动及更换铣刀功能。反映的是KM2与YC1的工作逻辑关系。当需要快速停车时，按下SB5或SB6，主轴电动机及快速进给电动机马上停止，因I0.2常开触点闭合，使得Q0.4有输出，YC1得电抱紧主轴，实现主轴的制动。当需要更换铣刀时，只要旋转开关SA1（对应输入I0.5），主轴电动机和进给电动机将被切断电源，同时主轴将被YC1抱紧，以方便换刀。

网络3：表达工作台向左、前、下3个方向的进给、进给冲动及圆工作台的工作逻辑关系，此时电动机正转。这一逻辑关系相对比较复杂，是PLC程序设计的重点和难点。主要包括4个方面。

一是工作台作向前（或向下）运动的控制：当压下限位开关SQ3（对应输入I1.2），因为SQ5（对应输入点I1.4）、SQ6（对应输入点I1.5）、SA2（对应输入点I0.6）、SA1（对应输入点I0.5）、FR1或FR2（对应输入点I1.6）以及KM4所对应的常闭触点均闭合，故KM3将得电，进给电动机M2启动正转，工作台作向前（或向下）运动。

二是工作台向左运动的控制：当压下限位开关SQ5（对应输入点I1.4），因为SQ3（对应输入点I1.2）、SQ4（对应输入点I1.3）、SQ2（对应输入点I1.1）、SA2（对应输入点I0.6）、SA1（对应输入点I0.5）、FR1或FR2（对应输入点I1.6）以及KM4所对应的常闭触点均闭合，故正向接触器KM3得电，进给电动机M2启动正转，工作台向左运动。

三是进给变速的冲动控制：压下开关SQ2（对应输入点I1.1），因SA2（对应输入点I0.6）、SQ3（对应输入点I1.2）、SQ4（对应输入点I1.3）、SQ5（对应输入点I1.4）、SQ6（对应输入点I1.5）、SA1（对应输入点I0.5）、KM4所对应的常闭触点均闭合，此时接触器KM3得电，进给电动机M2启动正转；当变速盘复位，行程开关SQ2将断开，进给电动机M2将停转。

四是圆工作台的控制：根据X62W万能铣床控制原理可知，圆工作台工作时，SA2-1（对应输入点I0.6）将闭合。此时，按下主轴启动按钮SB1或SB2，接触器KM1得电吸合，主轴电动机M1启动。而行程开关SQ2（对应输入点I1.1）、SQ3（对应输入点I1.2）、SQ4（对应输入点I1.3）、SQ5（对应输入点I1.4）、SQ6（对应输入点I1.5）、SA1（对应输入点I0.5）、KM4所对应的常闭触点均闭合，故接触器KM3将得电，进给电动机M2启动正转，工作台沿一个方向做旋转运动。

该网络中，实现了多处联锁控制：SQ3、SQ5之间实现了联锁，当两个开关都压合时，进给电动机M2将不工作；SA2与SQ3、SQ5之间也实现了联锁，从而保证了圆形工作台工作时不会有进给动作。另外，SQ2、SA2之间实现互锁，即圆形工作台工作时不需要进行变速冲动控制。

网络4：进给电动机反转控制，即实现向右、向上、向后3个方向的进给控制。实现的控制关系如下：

一是工作台作向上（或向后）运动的控制。压下限位开关SQ4（对应输入点I1.3），因为 SQ6（对应输入点 I1.5）、SQ5（对应输入点 I1.4）、SA2（对应输入点 I0.6）、SA1（对应输入点 Q0.5）以及 KM3 所对应的常闭触点均闭合，接触器 KM4 得电，进给电动机 M2 反转。工作台做向上（或向后）运动。

二是工作台作向右运动的控制。压下限位开关 SQ6（对应输入点 I1.5），因为 SQ4（对应输入点 I1.3）、SQ3（对应输入点 I1.2）、SQ2（对应输入点 I1.1）、SA2（对应输入点 I0.6）、SA1（对应输入点 Q0.5）以及 KM3 所对应的辅助常闭触点闭合，接触器 KM4 得电，进给电动机 M2 启动反转，工作台向右移动。

以上 3 个方向的进给同样实现了联锁，保证了同一时刻只有一个方向的进给运动。

网络 5：常速进给输出控制。在正常工作情况下，铣床工作于常速进给状态，当按下快速进给按钮 SB3 或 SB4 时，工作台进入快速进给工作状态时，此时电磁离合器 YC2 断电。

网络 6：工作台快速进给启动控制。可通过操作快速移动按钮 SB3 或 SB4，控制 Q0.5 和 Q0.6 的输出状态，以接通快速电磁离合器 YC3 和切断常速电磁离合器 YC2，再配合各个方向的操纵手柄，实现工作台向相应方向的快速移动。

网络 7：冷却泵电动机 M3 的启停控制电路。由按钮 SB7（对应输入点 I0.3）和 SB8（对应输入点 I0.4）控制，该电路与主轴电动机之间采用顺序控制，即主轴电路启动后，冷却泵才能启动，主轴停止，它随着停止。

网络 8：照明控制。由转换开关 SA4 控制 Q1.1 的输出实现。

这里值得注意的是：对输入常闭触点的编程，要特别仔细，否则将造成编程错误。如图 7-15 所示的 SQ1、SQ2、SQ3、SQ4、FR1、FR2、FR3 均具有常闭触点和常开触点，如果使用它们的常闭触点，则这些常闭触点和 PLC 的公共端 COM 就会接通，在 PLC 内部电源作用下输入继电器线圈也将接通，因此其常闭触点将断开，输出继电器将不会动作。解决这类问题的方法是把常闭触点改为常开触点，这样就可采用常规的方法画梯形图了，采用这种方法比较简单，也不易出错。建议在实际 PLC 系统设计中，数字量的输入端子处尽可能地采用常开触点。

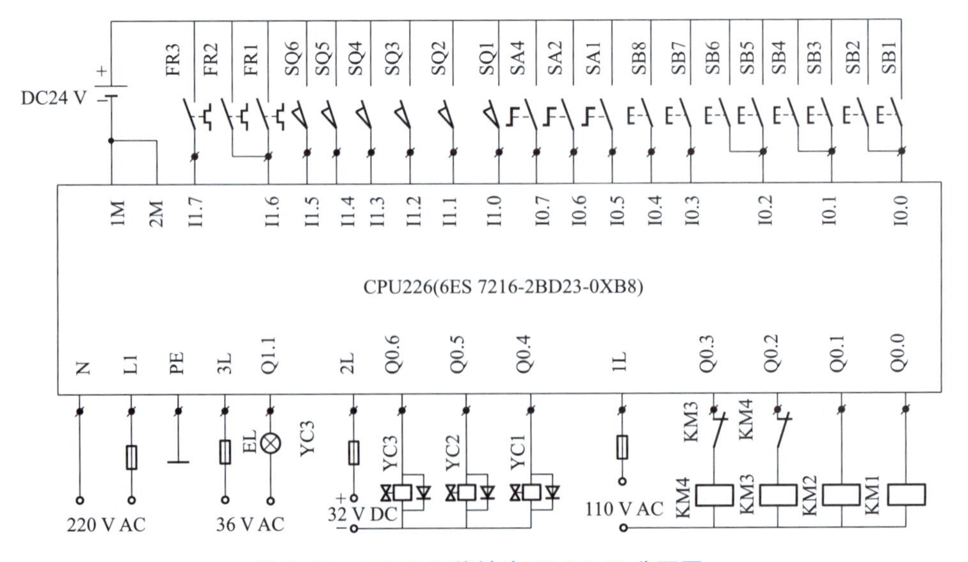

图 7-15　X62W 万能铣床 PLC I/O 分配图

（二）X62W 万能铣床 PLC 改造程序编写

1. PLC 的 I/O 接线图

万能铣床的 I/O 接线配置如图 7-15 所示。

2. 编制梯形图程序

根据图 7-15 所示的万能铣床 PLC I/O 分配图，编制梯形图程序如图 7-14 所示。

四、操作技能考评

通过对本任务相关知识的了解和应用操作实施，对本任务实际掌握情况进行操作技能考评，具体考核要求和考核标准如表 7-5 所示。

表 7-5　任务操作技能考核要求和考核标准

序号	主要内容	考核要求	评分标准	配分	扣分	得分
1	X62W 万能铣床 PLC 改造的基本方法	能够结合 X62W 万能铣床控制系统的 PLC 改造任务，准确阐述机床电气系统进行 PLC 改造的基本方法	概念模糊不清或错误不给分	25		
2	PLC 控制	（1）能够简述 PLC 改造后的输入/输出分别代表哪些电器元件及控制要求 （2）正确连接输入/输出端线及电源线	概念模糊不清或错误不给分；接线错误不给分	25		
3	梯形图编写	正确绘制梯形图，并能够顺利下载	梯形图绘制错误不得分，未下载或下载操作错误不给分	30		
4	PLC 程序运行	（1）能够正确完成系统单机控制 （2）能够正确完成系统联机控制 （3）能够正确完成系统全自动控制	一次未成功扣 5 分，两次未成功扣 10 分，三次以上不给分	20		
备注			指导老师签字 年　月　日			

教 学 小 结

1. 设计一个 PLC 系统首先需要深入了解和分析被控对象的工艺条件和控制要求，然后确定 I/O 点数并选择合适的 PLC，随后进行软件设计并调试。

2. PLC 系统硬件设计包括 PLC 型号的选择及 I/O 口的分配。

3. 机床电气系统进行 PLC 改造设计必须对其原电气控制系统进行详细的分析，并应熟悉其电气控制的具体要求，这样才能确定输入、输出点数，并选用合适的 PLC 来实现相应的控制逻辑。

4. X62W 万能铣床 PLC 改造设计中，元件之间的连接关系，以及各线圈的状态由逻辑程序确定，元件之间不存在直接的串联或并联。

思考与练习

1. 简述 PLC 系统设计的基本步骤。
2. 在 PLC 硬件设计过程中如何分配输入/输出点？
3. 简述机床电气系统进行 PLC 改造的基本方法。
4. 在 PLC 梯形图程序中主轴运动与进给运动的速度冲动控制是如何实现的？
5. 试在 PLC 梯形图程序中指出何处实现了联锁控制。

项目八　桥式起重机电气控制系统

任务一　20/5 t桥式起重机电气控制线路

■ 应知点：

1. 20/5 t桥式起重机的基本结构、运动形式及主要技术参数。
2. 20/5 t桥式起重机电气控制线路的特点及控制要求。
3. 主令控制器控制的线路的基本工作原理及联锁和保护。
4. 凸轮控制器控制的线路的组成、工作原理及保护环节。
5. 20/5 t桥式起重机电气控制线路的工作原理。

■ 应会点：

1. 20/5 t桥式起重机线路工作原理、故障的分析方法及故障的检测流程。
2. 20/5 t桥式起重机的电气控制线路进行安装、调试与检修。

一、任务简述

起重机是一种用来起重与空中搬运重物的机械设备，广泛应用于工矿企业、车站、港口、仓库、建筑工地等部门。它对减轻工人劳动强度、提高劳动生产率、促进生产过程机械化起着重要作用，是现代化生产中不可缺少的装备。

起重机按结构分有桥式、塔式、门式、旋转式和缆索式等，其中以桥式起重机的应用最广。桥式类起重机又分为通用桥式起重机、冶金专用起重机、龙门起重机与缆索起重机等。通用的桥式起重机是机械制造工业中最广泛使用的起重机械，又称“天车”或“行车”，它是一种横架在固定跨间上空用来吊运各种物件的设备。桥式起重机按起吊装置不同，可分为吊钩桥式起重机、电磁盘桥式起重机和抓斗桥式起重机。其中尤以吊钩桥式起重机应用最广。常见的吊钩桥式起重机有5吨、10吨单钩及15/3吨、20/5吨双钩等。20/5 t桥式起重机是一种电动双梁式吊车，广泛用于车间内重物的起吊搬运。

二、相关知识

（一）桥式起重机的基本结构、运动方式和主要技术参数

1. 主要结构及运动形式

起重机虽然种类很多，但在结构上看，都具有提升机构和运行机构。以桥式起重机为例，主要由桥架（大车）、小车及提升机构三部分组成。大车的轨道敷设在沿车间两侧的立柱上，大车可以在轨道上沿车间纵向移动；大车上有小车轨道供小车横向移动，提升机构安装在小车上上下运动。根据工作需要，可安装不同的取物装置，例如吊钩、夹钳、抓斗起重电磁铁等。有的起重机根据需要，可以安装两个提升机构，分为主钩和副钩，主钩用来提升重物，副钩除可提升轻物外，可用来协同主钩倾转和翻倒工件用。但不允许两钩同时提升两个物件，每个吊钩在单独工作时均只能起吊重量不超过额定重量的重物，当两个吊钩同时工作时，物件重量不允许超过主钩起重量。这样，起重机就可以在大车能够行走的整个车间范围内进行起重运输了。20/5 t 桥式起重机外形结构实物图如图 8-1 所示。

图 8-1　20/5 t 桥式起重机外形结构实物图

根据起重机的功能可知，桥式起重机的主要运动有：① 起重机由大车电动机驱动沿车间两边的轨道作纵向的前后运动；② 小车及提升机构由小车电动机驱动沿桥架上的轨道作横向的左右运动；③ 在升降重物时由起重电动机驱动作垂直的上下运动。这样就可实现重物在垂直、横向、纵向三个方向的运动。桥式起重机上各部件分布如图 8-2 所示。

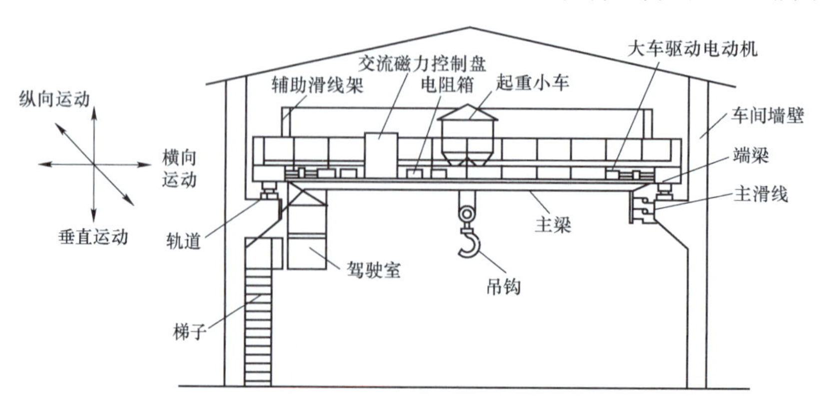

图 8-2　20/5 t 桥式起重机各部件分布图

20/5 t 桥式起重机的型号含义为：20-主钩载重量；5-副钩载重量；t-载重量的单位为吨。

2. 桥式起重机的主要技术参数

桥式起重机的主要技术参数有起重量、跨度、提升高度、移行速度和工作类型。

（1）额定起重量：是指起重机允许吊起的物品连同可分吊具重量的总和，以吨为单位。我国生产的桥式起重机起重量有 5 t，10 t，15/3 t，20/5 t，30/5 t，50/10 t，75/20 t，150/30 t，250/30 t 等。其中，分子为主钩起重量，分母为副钩起重量。

（2）跨度：起重机主梁两端车轮中心线间的距离，即大车轨道中心线间的距离。

（3）提升高度：吊具的上极限位置与下极限位置之间的距离，以米为单位。

（4）工作速度：包括起升速度和及大、小车运行速度。起升速度是指吊物或取物装置在稳定运动状态下，额定载荷时的垂直位移速度。中小型起重机的起升速度一般为 8～20 m/min。大、小车的运行速度为拖动电动机额定转速下运行的速度。小车运行速度一般为 40～60 m/min，大车运行速度一般为 100～135 m/min。

（5）工作类型：起重机按其载重量可分为三级：小型为 2～10 t，中型为 10～50 t，重型为 50 t 以上。按其负载率和繁忙程度可分为：

① 轻级。工作速度较低，使用次数也不多，满载机会比较少，负载持续率约为 15%。如主电室，维修车间用的起重机。

② 中级。经常在不同负载条件下，以中等速度工作，使用不太频繁，负载持续率约为 25%。如一般机械加工和 装配车间用起重机。

③ 重级。经常处于额定负载下工作，使用频繁，负载持续率为 40%以上。如冶金企业铸造车间用的起重机。

④ 特重级。基本上处于额定负载下工作，使用更为频繁，环境温度高，如冶金工艺车间选用的起重机，属于特重级。

（二）桥式起重机的电气控制的特点和要求

1. 起重机的特点

桥式起重机工作环境恶劣，工作性质为短时重复工作制，拖动电动机经常处于起动、制动、调速和反转状态；负载很不规律，经常承受大的过载和机械冲击；要求有一定的调速范围；为此，专门设计制造了 YZR 系列起重及冶金用的三相感应电动机。

（1）电动机按断续工作设计制造，其代号为 S3。在断续工作状态下，用负载持续率 FC%来表示。

$$FC\% = 负载持续时间/周期时间\times 100\%$$

一个周期通常为 10，标准的负载持续率有 15%、25%、40%、60%等几种。

（2）具有较大的起动转矩和最大转矩，适应重载下的起动、制动和反转。

（3）电动机转子制成细长型，转动惯量小，减小起、制动时的能量损耗。

（4）制成封闭型，具有较强的机械结构，有较大的气隙，以适应较多的灰尘和较大机械冲击的工作环境；具有较高的耐热绝缘等级，允许温升较高。

2. 提升机构与移动机构对电力拖动自动控制的要求

为提高起重机的生产效率和生产安全，对起重机提升机构电力拖动自动控制提出如下要求：

（1）具有合理的升降速度。空载最快，轻载稍慢，额定负载时最慢。

（2）具有一定的调速范围，普通起重机的调速范围一般为 3∶1，要求较高时为（5~10）∶1。

（3）提升第一挡作为预备级，以消除传动间隙，拉紧钢丝绳，避免过大的机械冲击。该级起动转矩一般限制在额定转矩的一半以下。

（4）下放重物时，依据负载的大小，拖动电动机可运行在下放电动状态（轻载下放）、倒拉反接制动状态（重载下放）和再生发电制动状态，以满足对不同负载不同下降速度的要求。

（5）为保证安全可靠地工作，必须使用机械抱闸制动实现机械制动，或同时使用电气制动，以减少抱闸磨损。大车和小车的运行机构对电力拖动自动控制的要求比较简单，要求有一定的调速范围，分几挡进行控制；为实现准确停车，采用机械制动。

（三）主令控制器

主令控制器常用来控制频繁操作的多回路控制电路。如起重机械升降控制电路。主令控制器的原理结构图如图 8-3 所示。

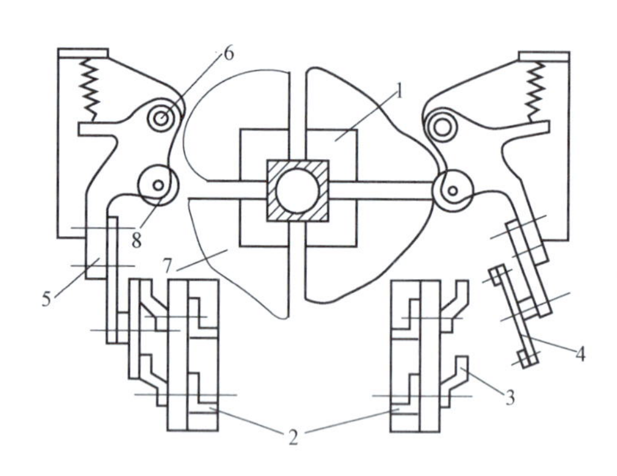

图 8-3　主令控制器的原理结构图

1、7—凸轮块；2—接线柱；3—静触点；4—动触点；5—支杆；6—转动轴；8—小轮

转动手柄时，中间的方轴带动凸轮块 1、7 转动，固定在支杆 5 上的动触点 4 随着支杆 5 绕轴 6 转动，凸轮的凸起部分推压小轮 8 时带动支杆 5 和动触点 4 张开，将电路断开。由于凸轮块具有不同形状，所以转动手柄时触点按一定顺序接通或断开。

1. 主令控制器的类型

主令控制器根据凸轮片的位置是否能调整分为两种类型。调整型主令控制器，凸轮片的位置可以根据触点分合表进行调整；非调整型主令控制器凸轮片只有一个位置不能调整，手柄转换时只能按照触点分合表断开或接通电路。主令控制器的型号和意义：

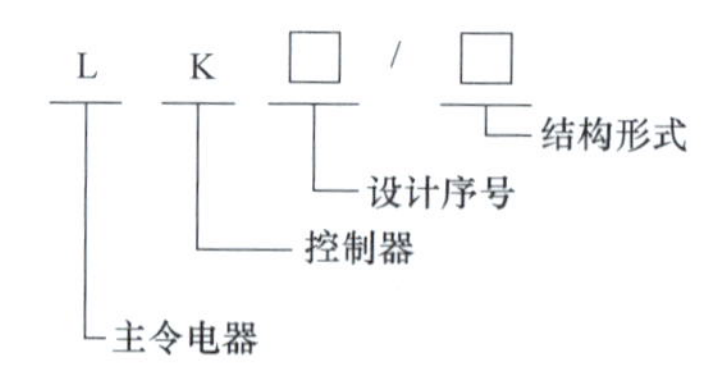

主令控制器在电路中的图形符号和文字符号如图 8-4 所示。图中横线表示控制回路的触点，竖虚线表示指令控制器手柄位置。手柄位置上的小黑点，表示在该位置时能接通的触点，如手柄在 I 的位置时，1 号和 3 号触点接通，其余断开。触点的通断也可以用通断表来表示，表中“x”表示触点闭合，空白表示分断。主令控制器的通断表如图 8-5 所示。

2. 主令控制器的主要参数

（1）额定电压和电流。指主令控制器触点分断或接通状态下的电压和电流值。

（2）约定发热电流。主令控制器在约定使用条件下达到允许的温升时的电流值。

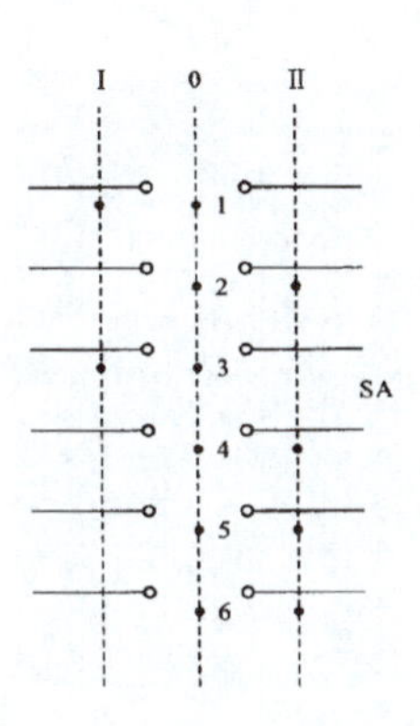

图 8-4　主令控制器的图形符号

触点号	I	0	II
1	×	×	
2		×	×
3	×	×	
4		×	×
5		×	×
6		×	×

图 8-5　主令控制器的通断表

（3）触点的机械寿命。触点不会产生机械故障所允许的通断次数，如 300 百万次。

（4）操作频率。每小时触点允许的通断次数。

（5）控制的电路数。指主令控制器触点控制的回路总数。

（6）通断能力。指一定条件下主令控制器触点能够接通或断开的最大电流。

3. 主令控制器的选择

（1）根据被控制电路的电压和电流选择主令控制器的额定电压和电流及通断能力。主令控制器工作时的电流不能超过约定发热电流，否则会过热烧毁。

（2）根据控制电路的回路数和操作要求选择控制回路数、操作频率、触点寿命等。

（四）凸轮控制器

凸轮控制器靠凸轮运动来使触头动作，主要用于控制绕线电机的起动和调速，它是起重机上重要的电气操作设备之一，用以直接操作与控制电动机的正反转、调速、起动与停止。凸轮控制器主要由手轮、触头系统、凸轮、转轴等组成，KTJ1 系列凸轮控制器结构如图 8-6 所示，共有 12 对触头，其中 9 对常开，3 对常闭。AC1～AC4 的 4 对常开接于主电路，带灭弧罩；AC5～AC9 接转子电阻 R，用于起动或调速；AC10～AC12 接于电动机控制电路起零位保护作用。凸轮转动时凹凸部分，推动滚子使动触头动作，触点闭合或分断。图 8-7 是 KTJ1-50/1 型凸轮控制器的触头分合表，左侧是凸轮控制器的 12 对触头。上面一行阿拉伯数字表示手轮的 11 个位置。手轮所在位置可接通的触点打有“X”，不接通的空白。

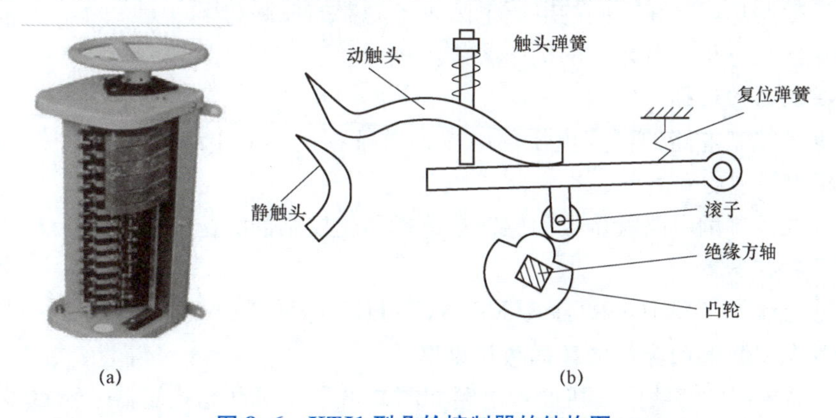

图 8-6　KTJ1 型凸轮控制器的结构图

（a）外形；（b）凸轮工作原理

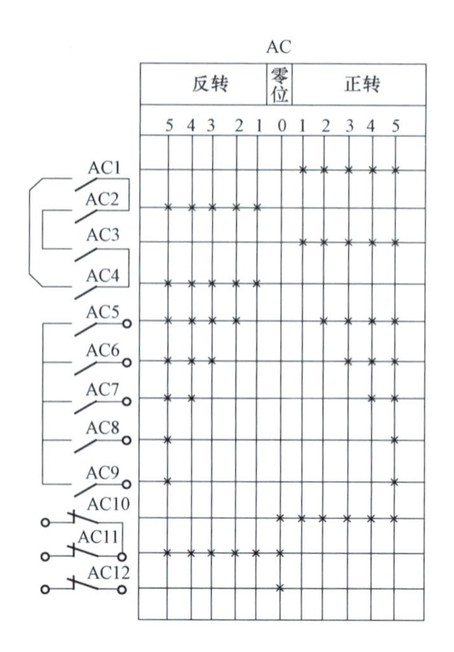

图 8-7　KTJ1 型凸轮控制器的触头分合表

凸轮控制器的型号表示和意义：

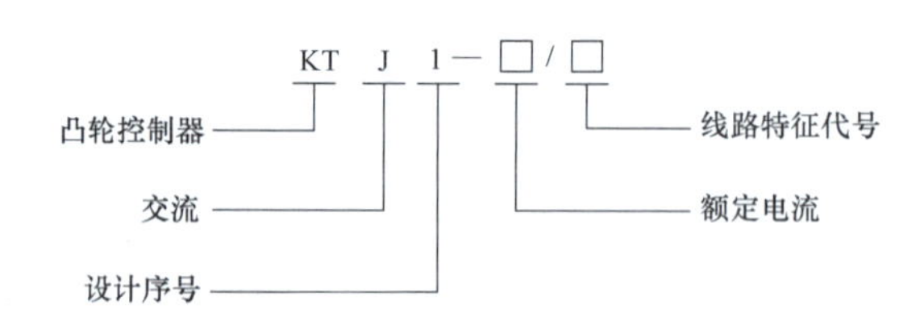

1. 凸轮控制器的主要参数

（1）手柄位置数。手柄位置不同，接通或断开的触点不同。

（2）额定电流。凸轮控制器在不同的工作制中允许的工作电流。

（3）额定控制功率。在不同的电压下凸轮控制器的控制功率。

（4）操作次数。每小时允许的操作次数。

2. 凸轮控制器的选择

（1）根据被控制电路的额定电压、电流，设备容量、工作制选择凸轮控制器的额定电压、电流和额定控制功率。

（2）根据要控制的电路触点数和位置数选择凸轮控制器的位置数。

3. 常用凸轮控制器

常用凸轮控制器有 KTJ1、KTJ10、KTJ14、KTJ15 等系列。

4. 凸轮控制器控制的绕线电动机动作原理

凸轮控制器控制的绕线电动机原理电路如图 8-8 所示。凸轮控制器手轮置零位后，合上断路器 QF，按下启动按钮 SB1，KM 线圈通电并自锁，作好电动机起动前的准备。

正向起动时，搬动 AC 手轮到正向“1”位置，此时 AC1、AC3 和 AC11 闭合，电动机接

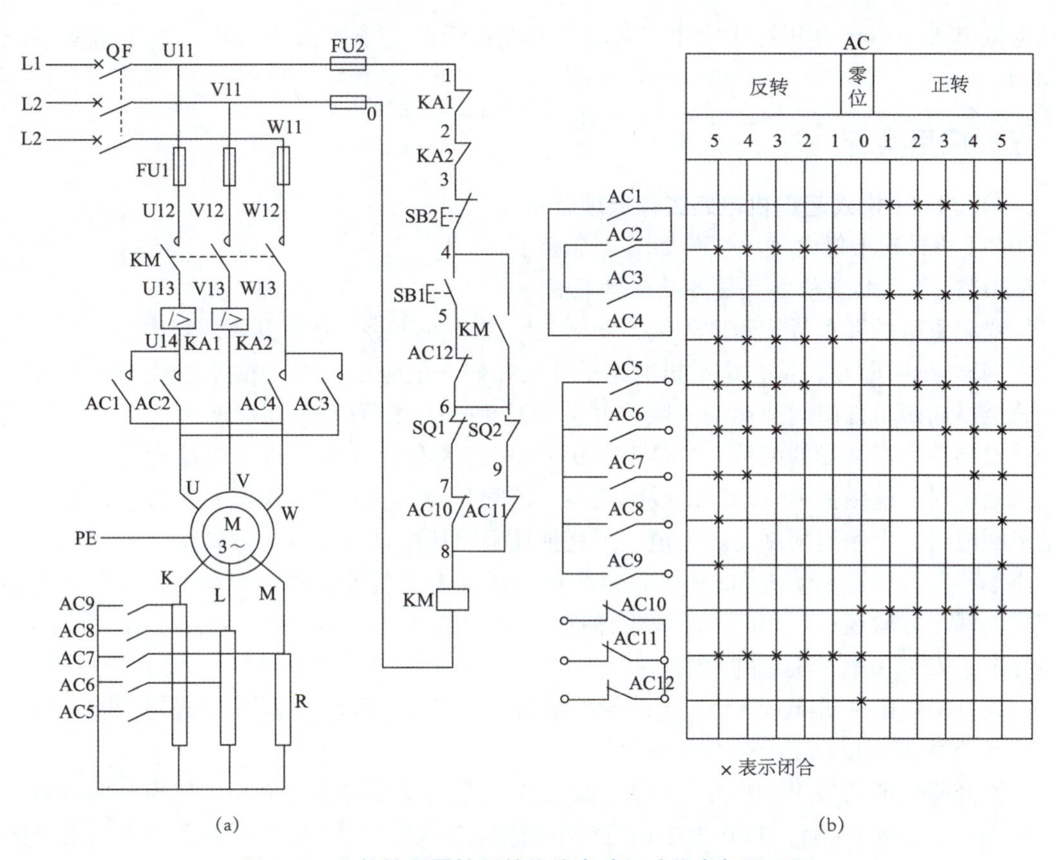

图 8-8　凸轮控制器控制的绕线电动机动作电气原理图

（a）电气原理图；（b）凸轮控制器触头分合表

通电源正向起动，由于 AC5～AC9 全部断开，使电机串入全部起动电阻起动，这时具有小的起动电流和较大的起动转矩。AC 手轮由正向“1”位置转向“2”时，AC1、AC3、AC5 和 AC11 闭合，转子电阻 R 中第一级被切除电动机转矩加大转速提升；AC 手轮由正向“2”位置转向“3”时，AC1、AC3、AC5、AC6 和 AC10 闭和，转子电阻 R 中第一级和第二级被切除电动机在大转矩下正向转动；手柄继续由“3”到“4”到“5”时，依次切除起动电阻，电动机起动完毕进入正常运行状态。

停车时，手轮回到“0”位，电动机停止转动。

反向起动时，搬动 AC 手轮到反向“1”位置，此时 AC2、AC4 和 AC11 闭合，电动机接通电源时交换两相所以反向起动，由于 AC5～AC9 全部断开，使电机串入全部起动电阻起动，具有较小的起动电流和较大的起动转矩。AC 手轮由反向“1”位置转向“2”时，AC2、AC4、AC5 和 AC11 闭合，转子电阻 R 中第一级被切除电动机转矩加大转速提升；AC 手轮由反向“2”位置转向“3”到“4”到“5”时，依次切除起动电阻，电动机起动完毕进入反向正常运行状态。

AC10～AC12 的零位保护作用是：只有手柄在“0”位时，AC10～AC12 全部闭合，按 SB1 时 KM 通电。手柄在其余位置时只有 AC10 或 AC11 中的一对触点接通，此时按 SB1 起动按钮 KM 不能通电。这就保证了电动机只能由凸轮控制器在“0”位时，串入全部起动电阻开始起动，然后通过手柄控制逐级切除起动电阻，进入正常运转状态。零位保护就是必须回到零位串入全部起动电阻开始才能起动，不能在无起动电阻或串入部分起动电阻情况下起动。

三、应用实施

（一）20/5 t 桥式起重机电路工作原理分析

20/5 t 桥式起重机电气原理图如图 8-9 所示。

1. 20/5 t 桥式起重机电气设备及保护装置

桥式起重机的大车桥架跨度较大，两侧装置两个主动轮，分别由两台同型号、同规格的电动机 M3 和 M4 驱动，两台电动机的定子并联在同一电源上，由凸轮控制器 AC3 控制，沿大车轨道纵向两个方向同速运动。限位开关 SQ3 和 SQ4 作为大车前后两个方向的终端限位保护，安装在大车端梁的两侧。YB3 和 YB4 分别为大车两台电动机的电磁抱闸制动器，当电动机通电时，电磁抱闸制动器的线圈获电，使闸瓦与闸轮分开，电动机可以自由旋转；当电动机断电时，电磁抱闸制动器失电，闸瓦抱住闸轮使电动机被制动停转。

小车移动机构由电动机 M2 驱动，由凸轮控制器 AC2 控制，沿固定在大车桥架上的小车轨道横向两个方向运动。YB2 为小车电磁抱闸制动器，限位开关 SQ1、SQ2 为小车终端限位提供保护，安装在小车轨道的两端。

副钩升降由电动机 M1 驱动，由凸轮控制器 AC1 控制。YB1 为副钩电磁抱闸制动器，位置开关 SQ6 为副钩提供上升限位保护。

主钩升降由电动机 M5 驱动，主令控制器 AC4 配合交流电磁控制柜（PQR）完成对主钩电动机 M5 的控制。YB5、YB6 为主钩三相电磁抱闸制动器，位置开关 SQ5 为主钩上升限位保护。

起重机的保护环节由交流保护控制柜（GQR）和交流电磁控制柜（PQR）来实现，各控制电路用熔断器 FU1、FU2 作为短路保护。总电源及各台电动机分别采用过电流继电器 KA0、KA1、KA2、KA3、KA4、KA5 实现过载和过流保护，过电流继电器的整定值一般整定在被保护的电动机额定电流的 2.25~2.5 倍。总电流过载保护的过电流继电器 KA0 串接在公用线的 W12 相中，它的线圈将流过所有电动机定子电流的和，它的整定值一般整定为全部电动机额定电流总和的 1.5 倍。

为了保障维修人员的安全，在驾驶室舱门盖上装有安全开关 SQ7；在横梁两侧栏杆门上分别装有安全开关 SQ8、SQ9；为了在发生紧急情况时操作人员能立即切断电源，防止事故扩大，在保护控制柜上装有一只单刀单掷的紧急开关 QS4。上述各开关在电路中均使用常开触头，与副钩、小车、大车的过电流继电器及总过流继电器的常闭触头相串联，这样，当驾驶室舱门或横梁栏杆门开启时，主接触器 KM 线圈不能获电运行，或在运行中也会断电释放，使起重机的全部电动机都不能启动运转，保证了人身安全。

电源总开关 QS1、熔断器 FU1 与 FU2、主接触器 KM、紧急开关 QS4 以及过电流继电器 KA0~KA5 都安装在保护控制柜中。保护控制柜、凸轮控制器及主令控制器均安装在驾驶室内，以便于司机操作。交流电磁控制柜、绕线转子异步电动机转子串联的电阻箱安装在大车桥架上。起重机的接地保护接于大车轨道上。

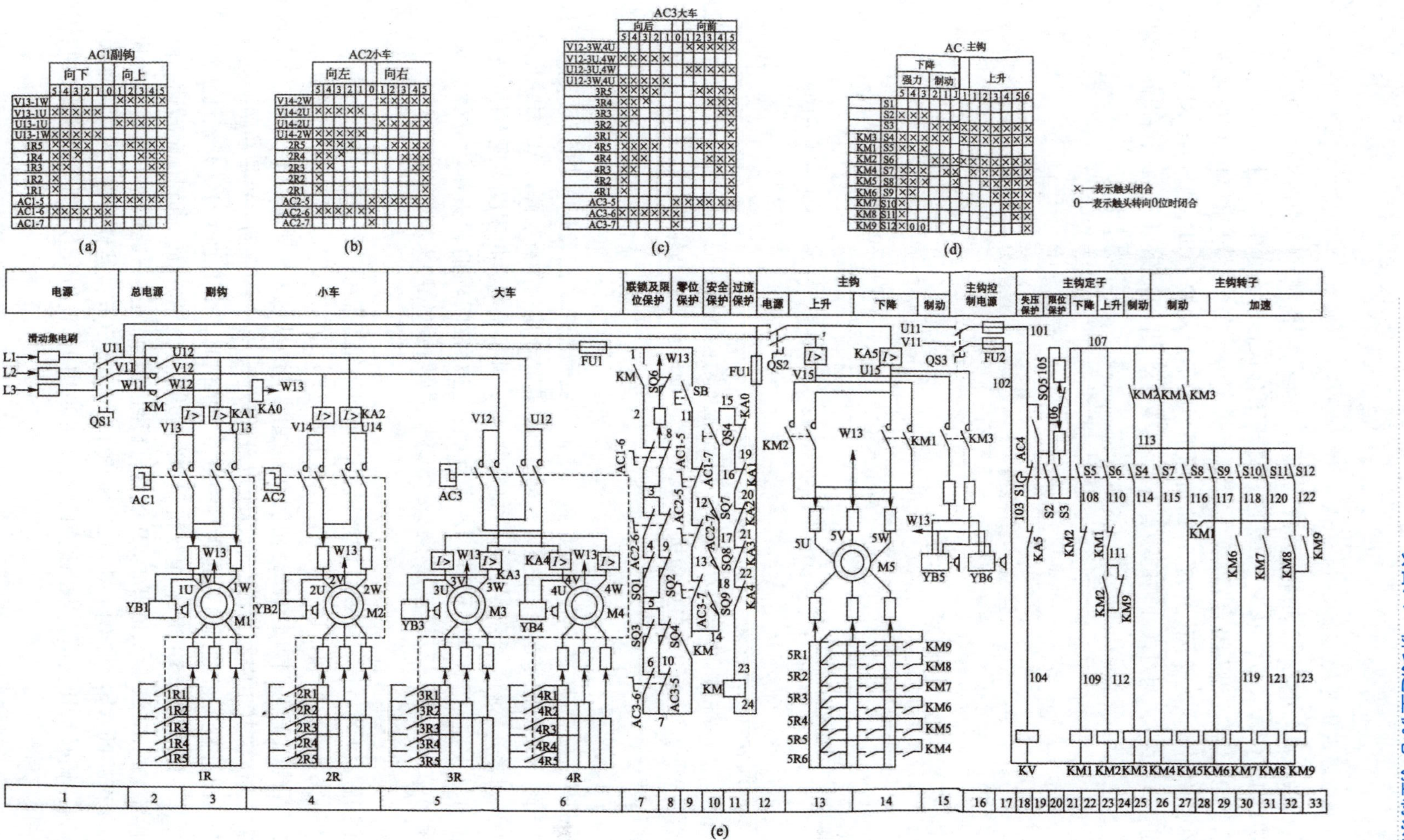

图8-9　20/5 t桥式起重机电气原理图

2. 主接触器 KM 的控制

在启动接触器 KM 之前，应将副钩、小车、大车凸轮控制器的手柄置于“0”位，零位联锁触头 AC1-7、AC2-7、AC3-7（9 区）处于闭合状态；关好横梁栏杆门（SQ8、SQ9 闭合）及驾驶舱门盖（SQ7 闭合），合上紧急开关 QS4。在各过电流继电器没有保护动作（KA0~KA4 常闭触点处于闭合状态）的情况下，按下启动按钮 SB，接触器 KM 线圈得电，主触点闭合（2 区），两对常开辅助触点（7 区、9 区）闭合自锁。KM 线圈得电路径如下：

FU1 → 1 → SB → 11 → AC1-7 → 12 → AC2-7 → 13 → AC3-7 → 14
→ SQ9 → 18 → SQ8 → 17 → SQ7 → 16 → QS4 → 15 → KA0 → 19
→ KA1 → 20 → KA2 → 21 → KA3 → 22 → KA4 → 23 → KM → 24 → FU1

W13 → SQ6 → 8 → AC1-5 ↓
FU1 → 1 → KM → AC1-6 → 3 → [AC2-6 → SQ1 ; AC2-5 → SQ2] → 5 → [SQ3 → AC3-6 ; SQ4 → AC3-5] → 7 → KM
→ SQ9 → 18 → SQ8 → 17 → SQ7 → 16 → QS4 → 15 → KA0~KA4 → 23 → KM → 24 → FU1

KM 线圈闭合自锁路径如下：

KM 吸合，将两相电源（U12、V12）引入各凸轮控制器，另一相电源经总过电流继电器 KA0 后（W13）直接引入各电动机定子接线端。此时由于各凸轮控制器手柄均在零位，电动机不会运转。

3. 副钩控制电路

副钩凸轮控制器 AC1 共有 11 个位置，中间位置是零位，左、右两边各有 5 个位置，用来控制电动机 M1 在不同转速下的正、反转，即用来控制副钩的升、降。AC1 共用了 12 对触头，其中 4 对常开主触头控制 M1 定子绕组的电源，并换接电源相序以实现 M1 的正反转；5 对常开辅助触头控制 M1 转子电阻 1R 的切换；三对常闭辅助触头作为联锁触头，其中 AC1-5 和 AC1-6 为 M1 正反转联锁触头，AC1-7 为零位联锁触头。

（1）副钩上升控制。

在主接触器 KM 线圈获电吸合的情况下，转动凸轮控制器 AC1 的手轮至向上“1”挡，AC1 的主触头 V13-1W 和 U13-1U 闭合，触头 AC1-5 闭合，AC1-6 和 AC1-7 断开，电动机 M1 接通三相电源正转，同时电磁抱闸制动器线圈 YB1 获电，闸瓦与闸轮分开，M1 转子回路中串接的全部外接电阻器 1R 启动，M1 以最低转速、较大的启动力矩带动副钩上升。

转动 AC1 手轮，依次到向上的“2”~“5”挡位时，AC1 的 5 对常开辅助触头（2 区）依次闭合，短接电阻 1R5~1R1，电动机 M1 的提升转速逐渐升高，直到预定转速。由于 AC1 拨置向上挡位，AC1-6 触头断开，KM 线圈自锁回路电源通路只能通过串入副钩上升限位开关 SQ6（8 区）的支路，副钩上升到调整的限位位置时 SQ6 被挡铁分断，KM 线圈失电，切断 M1 电源；同时 YB1 失电，电磁抱闸制动器在反作用弹簧的作用下对电动机 M1 进行制动，实现终端限位保护。

（2）副钩下降控制。

凸轮控制器 AC1 的手轮转至向下挡位时，触头 V13-1U 和 U13-1W 闭合，改变接入电

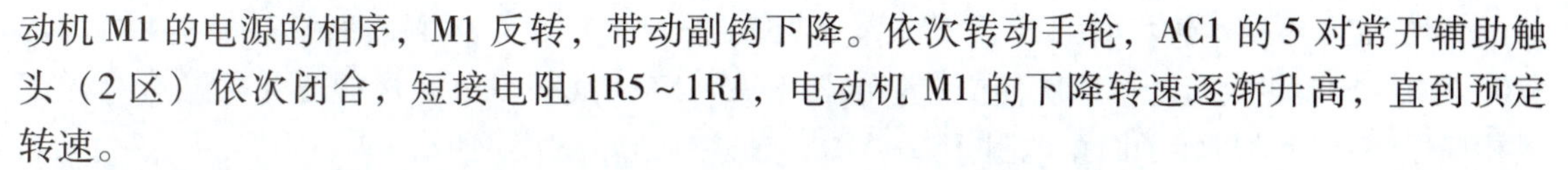

动机 M1 的电源的相序，M1 反转，带动副钩下降。依次转动手轮，AC1 的 5 对常开辅助触头（2 区）依次闭合，短接电阻 1R5～1R1，电动机 M1 的下降转速逐渐升高，直到预定转速。

将手轮依次回拨时，电动机转子回路串入的电阻增加，转速逐渐下降。将手轮转至“0”位时，AC1 的主触头切断电动机 M1 电源，同时电磁抱闸制动器 YB1 也断电，M1 被迅速制动停转。注意，终端限位位置应手动调整、试验，避免发生顶撞事故。

4. 小车控制电路

小车的控制与副钩的控制相似，转动凸轮控制器 AC2 手轮，可控制小车在小车轨道上左右运行。需要注意的是，小车的左右两端装有终端限位保护，限位位置、方向应手动调整和检验，确保正确可靠；小车轨道较短，应控制小车速度，尤其是在吊钩处于下放位置或吊有重物状态下，以防缆绳摔动发生危险。

5. 大车控制电路

大车的控制与副钩和小车的控制相似。由于大车由两台电动机驱动，因此，采用同时控制两台电动机的凸轮控制器 AC3，它比小车凸轮控制器多五对触头，以供短接第二台大车电动机的转子外接电阻。大车两台电动机的定子绕组是并联的，用 AC3 的四对触头进行控制。SQ4、SQ3 分别是大车的前限位和后限位开关。

另外需要注意，两台大车电磁抱闸制动器的抱闸力度应调成一致，短接的电阻保持一致，确保两台大车运行速度、运行方向一致；大修、更换电动机或凸轮控制器时应先调试好两台电动机转向，再将电动机与离合器相连，避免产生相反的扭力矩而发生危险。

6. 主钩控制电路

主钩电动机是桥式起重机容量最大的一台电动机，一般采用主令控制器配合电磁控制柜进行控制，即用主令控制器控制接触器，再由接触器控制电动机。主令控制器类似凸轮控制器，不过它的触头小，操作较灵活，可操作频率高。为提高主钩电动机运行的稳定性，在切除转子外接电阻时，采取三相平衡切除，使三相转子电流平衡。

（1）主钩启动准备。

合上电源开关 QS1（1 区）、QS2（12 区）、QS3（16 区），接通主电路和控制电路电源，将主令控制器 AC4 手柄置于零位，触头 S1（18 区）处于闭合状态，电压继电器 KV 线圈（18 区）得电吸合，其常开触头（19 区）闭合自锁，为主钩电动机 M5 启动控制做好准备。当需要重新起动时，主令控制器 AC4 手柄必须拨回到零位，其他任何位置均不能起动，这就实现了零位保护作用。因此，KV 的作用就是为电路提供失压与欠压保护以及主令控制器的零位保护。

（2）主钩上升控制。

主钩上升与副钩凸轮控制器的上升动作基本相似，但它是由主令控制器 AC4 通过接触器控制的。控制流程如下：

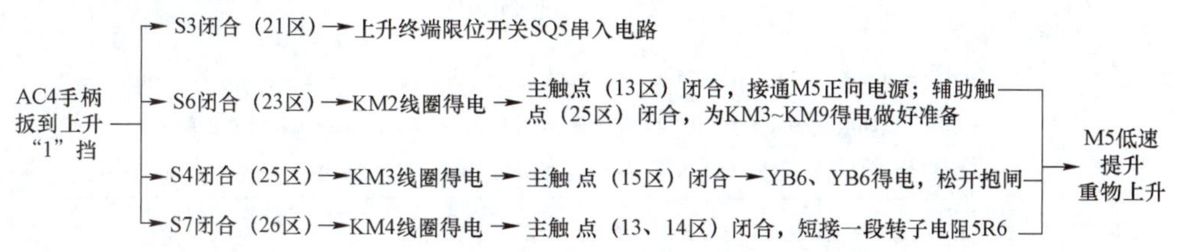

若将 AC4 手柄逐级扳向“2”“3”“4”“5”“6”挡，主令控制器的常开触头 S8、S9、S10、S11、S12 逐次闭合，依次使交流接触器 KM5～KM9 线圈得电，接触器的主触点对称短接相应段主钩电动机转子回路电阻 5R5～5R1，使主钩上升速度逐步增加。

（3）主钩下降控制。

主钩下降有 6 挡位置。“J”“1”“2”挡为制动下降位置，防止在吊有重载下降时速度过快，电动机处于倒拉反接制动运行状态；“3”“4”“5”挡为强力下降位置，主要用于轻负载时快速强力下降。主令控制器在下降位置时，6 个挡次的工作情况如下：

① 制动下降“J”挡：制动下降“J”挡是下降准备挡，虽然电动机 M5 加上正相序电压，由于电磁抱闸未打开，电动机不能启动旋转。该挡停留时间不宜过长，以免电动机烧坏。此时各相关控制部件的状态如下：

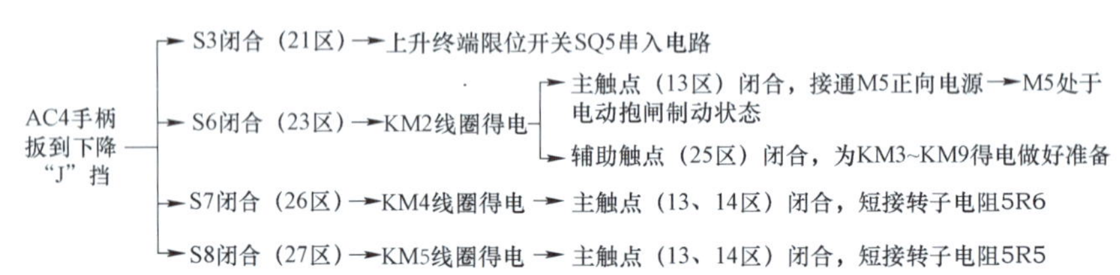

② 制动下降“1”挡：主令控制器 AC4 的手柄扳到制动下降“1”挡，触头 S3、S4、S6、S7 闭合，和主钩上升“1”挡触头闭合一样。此时电磁抱闸器松开，电动机可运转于正向电动状态（提升重物）或倒拉反接制动状态（低速下放重物）。当重物产生的负载倒拉力矩大于电动机产生的正向电磁转矩时，电动机 M5 运转在负载倒拉反接制动状态，低速下放重物；反之，则重物不但不能下降反而被提升，这时必须把 AC4 的手柄迅速扳到制动下降“2”挡。

接触器 KM3 通电吸合后，与 KM2 和 KM1 辅助常开触点（25 区、26 区）并联的 KM3 的自锁触点（27 区）闭合自锁。

③ 制动下降“2”挡：主令控制器触头 S3、S4、S6 闭合，触头 S7 分断，接触器 KM4 线圈断电释放，外接电阻器全部接入转子回路，使电动机产生的正向电磁转矩减小，重负载下降速度比“1”挡时加快。

④ 强力下降“3”挡：下降速度与负载质量有关，若负载较轻（空钩或轻载），电动机 M5 处于反转电动状态；若负载较重，下放重物的速度会很高，可能使电动机转速超过同步转速，电动机 M5 将进入再生发电制动状态。负载越重，下降速度越大，应注意操作安全。当 AC4 从制动下降“2”挡向强力下降“3”挡转换时，KM3 线圈仍通电吸合，电磁抱闸制动器 YB5 和 YB6 保持得电状态，防止换挡时出现高速制动而产生强烈的机械冲击。强力下降“3”挡时各相关控制部件的状态如下：

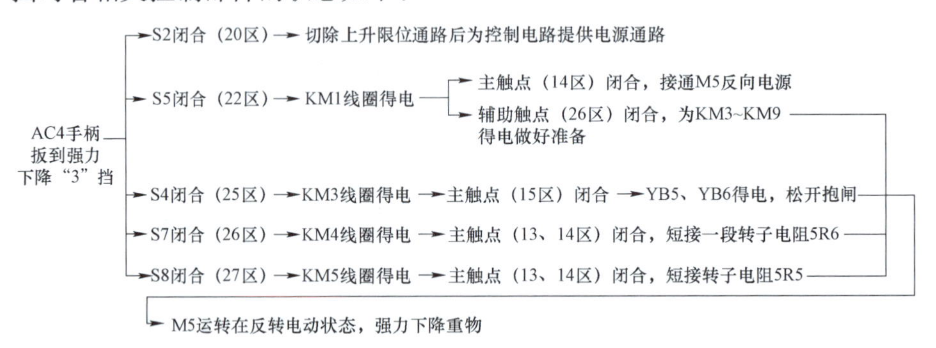

⑤ 强力下降“4”挡：主令控制器 AC4 的触头在强力下降“3”挡闭合的基础上，触头 S9 又闭合，使接触器 KM6（29 区）线圈得电吸合，电动机转子回路电阻 5R4 被切除，电动机 M5 进一步加速反向旋转，下降速度加快。另外 KM6 辅助常开触点（30 区）闭合，为接触器 KM7 线圈获电做好准备。

⑥ 强力下降“5”挡：主令控制器 ACA 的触头在强力下降“4”挡闭合的基础上，又增加了触头 S10、S11、S12 闭合，接触器 KM7 ~ KM9 线圈依次得电吸合，电动机转子回路电阻 5R3、5R2、5R1 依次逐级切除，以避免过大的冲击电流，同时电动机 M5 旋转速度逐渐增加，待转子电阻全部切除后，电动机以最高转速运行，负载下降速度最快。

此挡若下降的负载很重，当实际下降速度超过电动机的同步转速时，电动机将会进入再生发电制动状态，电磁力矩变成制动力矩，由于转子回路未串任何电阻，保证了负载的下降速度不致太快，且在同一负载下“5”挡下降速度要比“4”挡和“3”挡速度低。

再生发电制动后，如果需要降低下降速度，就需要把主令控制器手柄扳回到制动下降位置“1”挡或“2”挡，进行反接制动下降。这时必然要通过强力下降“4”挡和“3”挡，由于“4”挡、“3”挡转子回路串联的电阻增加，根据绕线式电动机的机械特性可知，正在高速下降的负载速度不但得不到控制，反而使下降速度增加，很可能造成恶性事故。为了避免在主令控制器转换过程中或操作人员不小心，误把手柄停在了强力下降“3”挡或“4”挡，导致发生过高的下降速度，在接触器 KM9 电路中用辅助常开触点 KM9（33 区）自锁，同时在该支路中再串联一个常开辅助触点 KM1（28 区），这样可以保证主令控制器手柄由强力下降位置向制动下降位置转换时，接触器 KM9 线圈始终得电，切除所有转子回路电阻。另外，在主令控制器 AC4 触头分合表（见图 8-9-d）中可以看到，强力下降位置“4”挡、“3”挡上有“O”的符号，表示手柄由强力下降“5”挡向制动下降“2”挡回转时，触头 S12 保持接通，只有手柄扳至制动下降位置后，接触器 KM9 线圈才断电。

以上联锁装置保证了在手柄由强力下降位置“5”向制动下降位置转换时，电动机转子回路电阻全部切除，下降速度不会进一步增高。

串接在接触器 KM2 支路中的 KM2 常开触点（23 区）与 KM9 常闭触点（24 区）并联，主要作用是当接触器 KM1 线圈断电释放后，只有在 KM9 线圈断电释放的情况下，接触器 KM2 线圈才允许获电并自锁，保证了只有在转子电路中串接一定外接电阻的前提下，才能进行反接制动，以防止反接制动时造成直接启动而产生过大的冲击电流。因此，桥式起重机在实际生产工作中，操作人员应根据负载的具体情况合理选择不同挡位。

20/5 t 桥式起重机元器件明细见表 8-1。

表 8-1　20/5 t 桥式起重机元器件明细表

代号	元件名称	型号	规格	数量
QS1	电源总开关	HD-9-400/3		1
QS2	主钩电源开关	HD11-200/2	330 A，线圈电压 380 V	1
QS3	主钩控制电源开关	DZ5-50		1
QS4	紧急开关	A-3161		1
SB	启动按钮	LA19-11		1

续表

代号	元件名称	型号	规格	数量
KM	主交流接触器	CJ20-300/3		1
KA0	总过电流继电器	JL4-150/1		1
KA1	副钩过电流继电器	JL4-40		1
KA2～KA4	大、小车过电流继电器	JL4-15		3
KA5	主钩过电流继电器	JL4-150		1
KM1～KM2	主钩正反转交流接触器	CJ20-250/3	250 A，线圈电压 380 V	2
KM3	主钩抱闸接触器	CJ20-75/2	45A，线圈电压 380 V	1
KM4、KM5	反接电阻切除接触器	CJ20-75/3	75 A，线圈电压 380 V	2
KM6～KM9	调速电阻切除接触器	CJ20-75/3	75 A，线圈电压 380 V	4
KV	欠电压继电器	JT4-10P		1
FU1	电源控制电路熔断器	RL1-15/5	15 A，熔体 5 A	2
FU2	主钩控制电路熔断器	RL1-15/10	15 A，熔体 10 A	2
SQ1～SQ4	大、小车限位位置开关	LK4-11		4
SQ5	主钩上升限位位置开关	LK4-31		1
SQ6	副钩上升限位位置开关	LK4-31		1
SQ7	舱门安全开关	LX2-11H		1
SQ8、SQ9	横梁栏杆门安全开关	LX2-111		2
M1	副钩电动机	YZR-200L-8	15 kW	1
M2	小车电动机	YZR-132MB-6	3. 7 kW	1
M3、M4	大车电动机	YZR-160MB-6	7. 5 kW	2
M5	主钩电动机	YZR-315M-10	75 kW	1
AC1	副钩凸轮控制器	KTJ1-50/1		1
AC2	小车凸轮控制器	KTJ1-50/1		1
AC3	大车凸轮控制器	KTJ1-50/5		1
AC4	主钩主令控制器	LK1-12/90		1
YB1	副钩电磁抱闸制动器	MZD1-300	单相 AC380 V	1
YB2	小车电磁抱闸制动器	MZD1-100	单相 AC380 V	1
YB3、YB4	大车电磁抱闸制动器	MZD1-200	单相 AC380 V	2
YB5、YB6	主钩电磁抱闸制动器	MZS1-45H	三相 AC380 V	2
1R	副钩电阻器	2K1-41-8/2		1
2R	小车电阻器	2K1-12-6/1		1
3R、4R	大车电阻器	4K1-22-6/1		2
5R	主钩电阻器	4P5-63-10/9		1

（二）20/5 t 桥式起重机典型故障分析

1. 合上电源总开关 QS1 并按下启动按钮 SB 后，主接触器 KM 不吸合

故障的原因可能是：线路无电压，熔断器 FU1 熔断，紧急开关 QS4 或安全门开关 SQ7、SQ8、SQ9 未合上，主接触器 KM 线圈断路，有凸轮控制器手柄没在零位，或凸轮控制器零位触头 AC1-7、AC2-7、AC3~7 触头分断，过电流继电器 KA0~KA4 动作后未复位。检测步骤流程如图 8-10 所示：

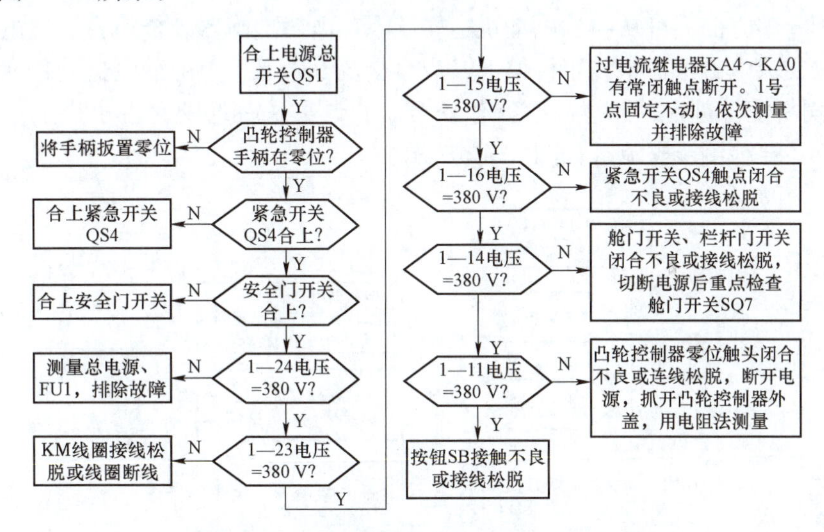

图 8-10　主接触器不吸合检测步骤流程图

2. 按下启动按钮后，交流接触器 KM 不能自锁

故障在 7 区~9 区中的 1~14 号线之间出现断点，而多出现在 7~14 号之间的 KM 自锁触点上，断开总电源，用电阻法测量。

3. 副钩能下降但不能上升

检测判断流程如图 8-11 所示：

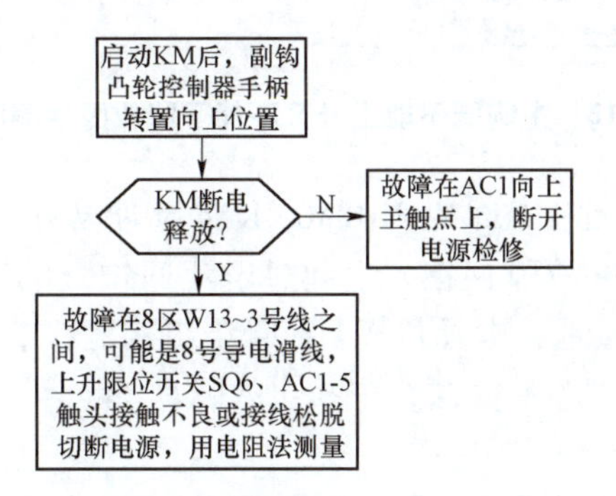

图 8-11　副钩能下降但不能上升检测判断流程图

提示：对于小车、大车向一个方向工作正常，而向另一个方向不能工作的故障，判断方法类似。在检修试车时不能朝一个运行方向试车行程太大，以免又产生终端限位故障。

4. 制动抱闸器噪声大

故障原因可能是：交流电磁铁短路环开路；动、静铁芯端面有油污；铁芯松动或有卡滞现象；铁芯端面不平、变形；电磁铁过载。

提示：主钩电磁抱闸制动器的线圈有三角形连接和星形连接两种，更换时不能接错，线圈头尾错误、接法错误可能使线圈过热烧毁或造成吸力不足使制动器不能打开的故障。

5. 主钩既不能上升又不能下降

故障原因有多方面，可从主钩电动机运转状态、电磁抱闸器吸合声音、继电器动作状态来判断故障。交流电磁保护柜装于桥架上，观察交流电磁保护柜中继电器动作状况，测量需分移与吊 车司机配合进行，注意高空操作安全。测量尽量在驾驶室端子排上测量并判断故障大致位置。主要检测步骤流程如图 8-12 所示。

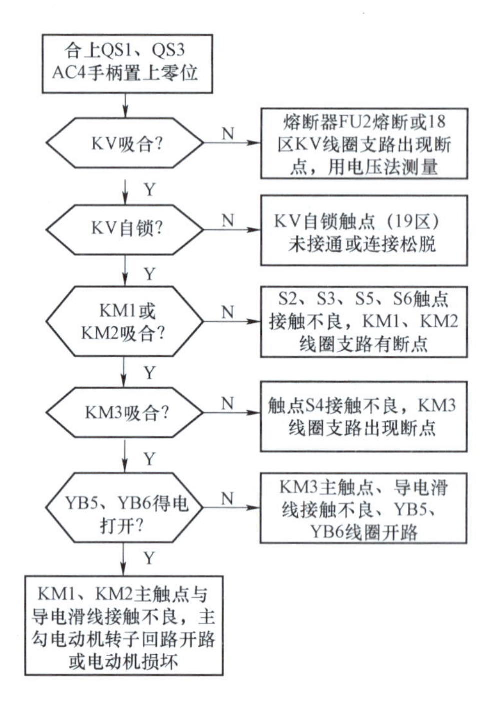

图 8-12　主钩既不能上升又不能下降故障检测流程图

6. 接触器 KM 吸合后，过电流继电器 KA0~KA4 立即动作

故障现象表明有接地短路故障存在，引起过电流保护继电器动作，故障可能的原因有：凸轮控制器 AC1~AC3 电路接地；电动机 M1~M4 绕组接地；电磁抱闸 YB1~YB4 线圈接地。一般采用分段、分区和分别试验的方法，查找出故障具体点。

四、操作技能考评

通过对本任务相关知识的了解和应用操作实施，对本任务实际掌握情况进行操作技能考评，具体考核要求和考核标准如表 8-2 所示。

表 8-2　任务操作技能考核要求和考核标准

序号	主要内容	考核要求	评分标准	配分	扣分	得分
1	20/5 t 桥式起重机的基本知识	（1）能够简述 20/5 t 桥式起重机的主要结构 （2）能够简述 20/5 t 桥式起重机的主要运动形式 （3）能够简述 20/5 t 桥式起重机的供电要求及电力拖动特点 （4）能够简述 20/5 t 桥式起重机的控制要求	叙述内容不清、不达重点均不给分	20		
2	20/5 t 桥式起重机的电气控制线路分析	（1）能够简述 20/5 t 桥式起重机电气控制线路的主要组件 （2）能够简述 20/5 t 桥式起重机电气控制线路的主电路和控制电路的功能，并简述 20/5 t 桥式起重机的控制过程	叙述内容不清、不达重点均不给分	30		
3	20/5 t 桥式起重机电气控制线路的故障分析及检修方法	（1）能简述 20/5 t 桥式起重机常见的故障及检修步骤 （2）能对人为设置“自然”故障点，分组讨论并描述故障现象，分析、确定故障范围，并采用正确的检查和排除故障方法排除故障	叙述内容不清、不达重点均不给分故障诊断错误或未能正确排除扣 15 分	30		
4	元件安装布线	（1）能够按照电路图的要求，正确使用工具和仪表，熟练的安装电气元件 （2）布线要求美观、紧固、实用，无毛刺、端子标识明确	安装出错或不牢固，扣 1 分。损坏元件扣 5 分。布线不规范扣 5 分。	10		
5	通电运行	要求无任何设备故障且保证人身安全的前提下通电运行一次成功	一次试运行不成功扣 2 分，二次试运行不成功扣 5 分，三次以上不得分	10		
备注			指导老师签字 年　月　日			

教学小结

1. 桥式起重机的主要运动有：起重机由大车电动机驱动沿车间两边的轨道作纵向的前后运动；小车及提升机构由小车电动机驱动沿桥架上的轨道作横向的左右运动；在升降重物时由起重电动机驱动做垂直的上下运动。

2. 桥式起重机的工作性质为短时重复工作制，拖动电动机经常处于起动、制动、调速和反转状态，且负载很不规律，经常承受大的过载和机械冲击，并要求有一定的调速范围。

3. 主令控制器常用来控制频繁操作的多回路控制电路。如起重机械升降控制电路。

4. 凸轮控制器主要用于控制绕线电机的起动和调速，它是起重机上重要的电气操作设备之一，用以直接操作与控制电动机的正反转、调速、起动与停止。

5. 20/5 t 桥式起重机具备主令控制器、凸轮控制器及电磁抱闸制动器等电气设备，其保护环节由交流保护控制柜和交流电磁控制柜来实现。

6. 主钩下降共有 6 挡位置，可实现制动下降和强力下降操作。

7. 当出现主接触器 KM 不吸合、交流接触器 KM 不能自锁、主钩不能正常上升或下降故障时，应根据相关流程进行故障诊断。

思考与练习

1. 起重设备采用机械抱闸的优点是什么？

2. 什么是凸轮控制器的零位保护？

3. 绕线转子异步电动机串电阻启动的目的和方法是什么？

4. 桥式起重机为什么多选用绕线转子异步电动机驱动？

5. 桥式起重机在启动前各控制手柄为什么都要置于零位？

6. 简述在主钩控制电路中接触器 KM9 的自锁触点与 KM1 的辅助常开触点串接使用的原因。

7. 简述接触器 KM2 线圈支路中（23 区），KM2 常开触点与 KM9 的辅助常闭触头并联的作用。

8. 在 20/5 t 桥式起重机的电路图中，若合上电源开关 QS1 并按下启动按钮 SB 后，主接触器 KM 不吸合，可能的故障原因有哪些？

任务二　20/5 t 桥式起重机电气控制线路的 PLC 应用改造

■ 应知点：

1. 了解西门子 S7-200 PLC 系统的扩展配置。
2. 了解西门子 USS 协议应用基本概念。
3. 了解 20/5 t 桥式起重机电气控制线路的 PLC 改造方法。
4. 了解起重机变频器调速系统中防止滑钩现象的处理方法。

■ 应会点：

1. 掌握桥式起重机电气控制线路 PLC 改造的 I/O 分配及接线。
2. 掌握桥式起重机电气控制线路 PLC 改造的软件逻辑设计及调试。

一、任务简述

桥式起重机作为物料搬运机械在整个国民经济中有着十分重要的地位。经过几十年的发展，我国桥式起重机制造厂和使用部门在设计、制造工艺、设备使用维修、管理方面，不断积累经验，不断改造，推动了桥式起重机的技术进步。但在实际使用中，结构开裂仍时有发生。究其原因是频繁的超负荷作业及过大的机械振动冲击所引起的机械疲劳。因此，除了机械上改进设计外，改善交流电气传动，减少起制动冲击，也是一个很重要的方面。由于传统桥式起重机的电控系统采用转子回路串接电阻进行有级调速，致使机械冲击频繁，振动剧烈，因此电气控制上应采用平滑的无级调速是解决问题的有效手段。

针对桥式起重机控制系统中存在的上述问题，把 PLC 控制的变频拖动系统应用于桥式起重机控制系统上，使得起重机的整体特性得到较大提高，解决了传统桥式起重机控制系统存在的诸多问题。

二、相关知识

（一）S7-200 的扩展配置

当主机单元模板上的 I/O 点数不够时，或者涉及模拟量控制时，除了 CPU221 外，可以通过增加扩展单元模板的方法，对输入/输出点数进行扩展，这就涉及扩展配置问题。

S7-200 的扩展配置是由 S7-200 的基本单元（CPU222、CPU224 和 CPU226）和 S7-200 的扩展模块组成，如图 8-13 所示。其扩展模块的数量受两个条件约束。一个条件是基本单元能带扩展模块的数量，另一个条件是基本单元的电源承受扩展模块消耗 5V DC 总线电流的能力。

1. S7-200 扩展配置的地址分配原则

S7-200 的扩展配置的地址分配原则有两点：第一是数字量扩展模块和模拟量模块分别编址。数字量输入模块的地址要冠以字母“I”，数字量输出模块的地址要冠以字母“Q”，

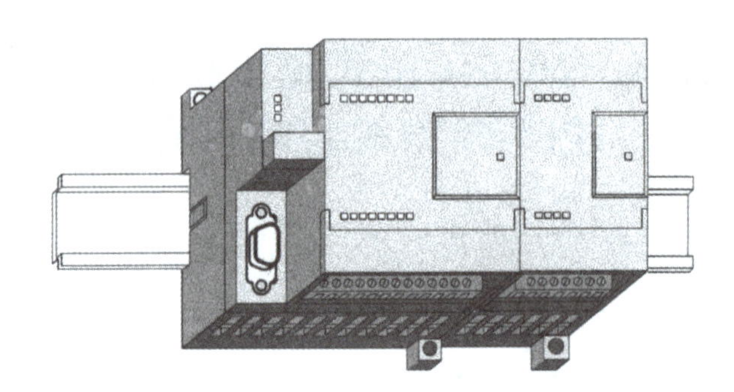

图 8-13　S7-200 的扩展配置

模拟量输入模块的地址要冠以字母“AI”，模拟量输出模块的地址要冠以字母“AQ”；第二是数字量模块的编址是以字节为单位，模拟量模块的编址是以字为单位（即以双字节为单位）。地址分配是从最靠近 CPU 模块的模块开始从左到右按字节递增。输入地址按字节连续递增，输入字节和输出字节可以重号。模拟量模块的地址从最靠近 CPU 模块的模拟量模块开始从左到右地址按字递增，模拟量输入和模拟量输出字可以重号。

2. 由 CPU224 组成的扩展举例

由 CPU224 组成的扩展配置可以由 CPU224 基本单元和最多 7 个扩展模块组成，CPU224 可以同扩展单元提供的 5V DC 电流为 660mA。

如果扩展单元是由 4 个 16 点数字量输入/16 点数字量输出继电器输出的 EM223 模块和 2 个 8 点数字量输入的 EM221 模块构成。CPU224 可以提供 5VDC 电流 660mA。而 4 个 EM223 模块和 2 个 EM221 模块消耗 5VDC 总线电流为 660 mA，可见扩展模块消耗的 5VDC 总电流等于 CPU222 可以提供 5VDC 电流。故这种组态还是可行的。此系统共有 94 点输入，74 点输出。如果扩展模块的连接顺序是从 CPU224 开始分别为 4 个 EM223 模块，而第 5 个和第 6 个模块为 EM221。

CPU224 基本单元的 I/O 地址：

输入点地址为：I0.0~I0.7、I1.0~I1.5。

输出点地址为：Q0.0~Q0.7、Q1.0、Q1.1。

第 1 个扩展模块 EM223 的 I/O 地址：

输入点地址为：I2.0~I2.7、I3.0~I3.7。

输出点地址为：Q2.0~Q2.7、Q3.0~Q3.7。

第 2 个扩展模块 EM223 的 I/O 地址：

输入点地址为：I4.0~I4.7、I5.0~I5.7。

输出点地址为：Q4.0~Q4.7、Q5.0~Q5.7。

第 3 个扩展模块 EM223 的 I/O 地址：

输入点地址为：I6.0~I6.7、I7.0~I7.7。

输出点地址为：Q6.0~Q6.7、Q7.0~Q7.7。

第 4 个扩展模块 EM223 的 I/O 地址：

输入点地址为：I8.0~I8.7、I9.0~I9.7。

输出点地址为：Q8.0~Q8.7、Q9.0~Q9.7。

第5个扩展模块EM221的I/O地址：

输入点地址为：I10.0~I10.7。

第6个扩展模块EM221的I/O地址：

输入点地址为：I11.0~I11.7。

（二）USS协议应用基本概念

在工业控制中，交流电机的拖动控制越来越多地采用变频器完成。由于变频器输出侧的高次谐波成分，在实际工程实施时，变频器与控制核心分装于两个控制柜中。变频器的启动、停止、方向、告警、故障指示以及故障复位通常使用开关量控制，速度控制采用模拟量给定完成，由于受现场的电磁干扰，有时会造成误动作的情况。随着基于现场总线的底层控制网络的发展，许多电气传动的生产厂家推出了具有数据通信功能的产品，一般采用基金会总线、LonWorks、PROFIBUS、CAN等总线等，以方便系统组态，但一般作为附件需要另外购置。大多数厂商采用RS485通信接口，用于系统配置和监控。作为低成本的连接方案，采用基于RS485通信接口对有关拖动设备进行控制，无疑是具有吸引力的选择。

1. USS协议简介

USS协议（Universal Serial Interface Protocol通用串行接口协议）是SIEMENS公司所有传动产品的通用通信协议，它是一种基于串行总线进行数据通信的协议，通信介质采用RS-485屏蔽双绞线，最远通讯距离可达1000m。USS协议是主-从结构的协议，规定了在USS总线上可以有一个主站和最多30个从站；总线上的每个从站都有一个站地址（在从站参数中设定），主站依靠它识别每个从站；每个从站也只对主站发来的报文做出响应并回送报文，从站之间不能直接进行数据通信。另外，还有一种广播通讯方式，主站可以同时给所有从站发送报文，从站在接收道报文并做出相应的响应后可不回送报文。USS通信协议可支持变频器与PC或PLC之间建立通信连接，常适合于规模较小的自动化系统。

2. 使用USS协议的优点

（1）USS协议对硬件设备要求低，减少了设备之间布线的数量。

（2）无须重新布线就可以改变控制功能。

（3）可通过串行接口设置来修改变频器的参数。

（4）可连续对变频器的特性进行监测和控制。

（5）利用S7-200 CPU组成USS通信的控制网络具有较高的性价比。

3. USS通信硬件连接

（1）通信注意事项。

① 条件许可的情况下，USS主站尽量选用直流型的CPU（针对S7-200系列）；

② 一般情况下，USS通讯电缆采用双绞线即可（如常用的以太网电缆），如果干扰比较大，可采用屏蔽双绞线；

③ 在采用屏蔽双绞线作为通讯电缆时，把具有不同电位参考点的设备互连会在互连电缆中产生不应有的电流，从而造成通讯口的损坏。要确保通讯电缆连接的所有设备，或是共用一个公共电路参考点，或是相互隔离的，以防止不应有的电流产生。屏蔽线必须连接到机箱接地点或9针连接的插针1。建议将传动装置上的0V端子连接到机箱接地点。

④ 尽量采用较高的波特率，通信速率只与通讯距离有关，与干扰没有直接关系；

⑤ 终端电阻的作用是用来防止信号反射的，并不用来抗干扰。如果在通讯距离很近，波特率较低或点对点的通讯的情况下，可不用终端电阻。多点通讯的情况下，一般也只需在 USS 主站上加终端电阻就可以取得较好的通讯效果；

⑥ 当使用交流型的 CPU22X 和单相变频器进行 USS 通讯时，CPU22X 和变频器的电源必须接成同相位；

⑦ 建议使用 CPU226（或 CPU224+EM277）来调试 USS 通讯程序；

⑧ 不要带电插拔 USS 通讯电缆，尤其是正在通讯过程中，这样极易损坏传动装置和 PLC 的通讯端口。如果使用大功传动装置，即使传动装置掉电后，也要等几分钟，让电容放电后，再去插拔通讯电缆。

（2）S7-200 与 MM440 变频器的连接。

将 MM440 的通信端子为 P+（29）和 N-（30）分别接至 S7-200 通信口的 3 号与 8 号针即可，S7-200 通信接口的引脚分配如表 8-3 所示。

表 8-3　S7-200 通信接口的引脚分配

连接器	针	PROFIBUS名称	端口0/端口1
1 6 9 5	1	屏蔽	机壳接地
	2	24V返回逻辑地	逻辑地
	3	RS-485信号B	RS-485信号B
	4	发送申请	RTS(TTL)
	5	5V返回	逻辑地
	6	+5V	+5V、100Ω串联电阻
	7	+24V	+24V
	8	RS-485信号A	RS-485信号A
	9	不用	10位协议选择(输入)
	连接器外壳	屏蔽	机壳接地

4. USS 通讯指令简介

使用 USS 指令，首先要安装指令库，正确安装结束后，打开指令树中的“库”项，出现多个 USS 协议指令，且会自动添加一个或几个相关的子程序。USS 协议指令库包括预先组态好的子程序和中断程序，这些子程序和中断程序都是专门为通过 USS 协议与驱动通讯而设计的。通过 USS 指令，就可控制不同的物理驱动（例如变频器），并读/写驱动参数。编程时，在 STEP7-Micro/WIN 指令树的库文件夹中找到这些指令并选择一个 USS 指令，系统会自动增加一个或多个相关的子程序。STEP 7-Micro/WIN 指令库提供了 8 条指令来支持 USS 协议，它们分别是：

（1）USS-INIT 指令。该指令用来使能、初始化或禁物理驱动的通讯。USS-INIT 指令必须无错误地执行后，才能够执行其他的 USS 指令。指令完成后，在继续进行下一个指令之前，其“Done”位立即被置位。

（2）USS_CRTL 指令。USS-CRTL 指令用于控制被激活的物理驱动器，该指令将选择的命令放到通讯缓冲区内，如果某物理驱动器已经被 USS_INIT 指令激活，则此命令中的驱动参数将被发送该物理驱动中。对于每一个驱动只能使用一个 USS_CRTL 指令。

（3）USS_RPM_x 指令。USS_RPM_x 指令是 USS 协议的读指令，共有三个用条：USS_RPM_W 指令，读取一个无符号字类型的参数；USS_RPM_D 指令，读取一个无符号双字类

型的参数；USS_RPM_R 指令，读取一个浮点数类型的参数。对于读指令，同时只能有一个被激活。

（4）USS_WPM_x 指令。USS_WPM_x 指令是 USS 协议的写指令，也有三个用条：USS_WPM_W 指令，写一个无符号字类型的参数；USS_WPM_D 指令，写一个无符号双字类型的参数；USS_WPM_R 指令，写一个浮点数类型的参数。对于写指令，同时只能有一个被激活。

5. 使用 USS 协议的步骤

（1）安装指令库后在 STEP7-Micro/win32 指令树的/指令/库/USS Protocol 文件夹中将出现 8 条指令，用它门来控制变频器的运行和变频器参数的读写操作，这些子程序是西门子公司开发的，用户不需要关注这些指令的内部结构，只需要在程序中调用即可。

（2）调用 USS_INIT 初始化改变 USS 的通讯参数，只需要调用一次即可，在用户程序中每一个被激活的变频器只能用一条 USS_CTRL 指令，可以任意使用 USS_RPM_x 或 USS_WPM_x 指令，但是每次只能激活其中的一条指令。

（3）为 USS 指令库分配 V 存储区。在用户程序中调用 USS 指令后，用鼠标点击指令树中的程序块图标，在弹出的菜单中执行库内存命令，为 USS 指令库使用的 397 个字节的 V 存储区指定起始地址。

（4）用变频器的操作面板设置变频器的通讯参数，使之与用户程序中所用的波特率和从站地址相一致。

三、应用实施

（一）20/5 t 桥式起重机电气控制的 PLC 改造设计

对 20/5 t 桥式起重机进行 PLC 改造设计，具体方案为：拆除原桥式起重机的所有凸轮控制柜、主令控制柜及 3 个电阻箱，增设主副起升控制柜，大小车控制柜及 PLC 控制柜，实现主、副起升，大、小车运行均为变频调速的全变频调速系统。

20/5 t 桥式起重机车由大车运行机构、小车运行机构和升降运行机构所组成。小车运行机构和升降运行机构各为一台电动机驱动，大车运行机构为两台电动机驱动，升降机构有主钩和副钩之分，主钩和副钩各用一台电动机，因此整个起重机电力拖动系统共有 5 台电动机驱动运行。为了保证各机构运行互不影响，提高起重机电力拖动系统的稳定性、可靠性和安全性，保证起重机在起吊时正常工作，采用 4 台变频器拖动，并由 1 台 PLC 进行控制的硬件结构，其电气系统框图如图 8-14 所示。

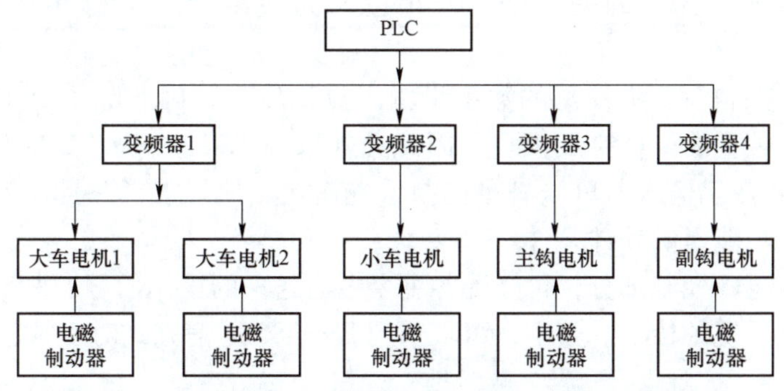

图 8-14　20/5 t 桥式起重机电气控制 PLC 改造系统框图

变频器为电动机提供频率可调节的交流电源，是实现电动机速度调节的关键设备。大车、小车是普通反抗性负载，可以配用普通型或高功能型变频器，而主钩及副钩是位能性负载，应配用可实现四象限运行的矢量控制型变频器。由于大、小车本身有较大的惯性，可能出现电机被倒拖而处于发电状态产生过电压。另外，起重机放下重物时，由于重力作用电动机将处于再生制动状态，拖动系统的动能要反馈到变频器直流电路中，使直流电压不断上升，甚至达到危险的地步。因此，各变频器需配用制动电阻，其作用就是用来消耗再生到直流电路里的能量，使直流电压保持在允许范围内。为了减少对电网的谐波污染，每个变频器均加有输入电抗器，它不仅减少了高次谐波分量，同时也抑制输入电流峰值，有利于提高整流二极管使用寿命。改造后的变频调速系统电气原理图如图 8-15 所示。

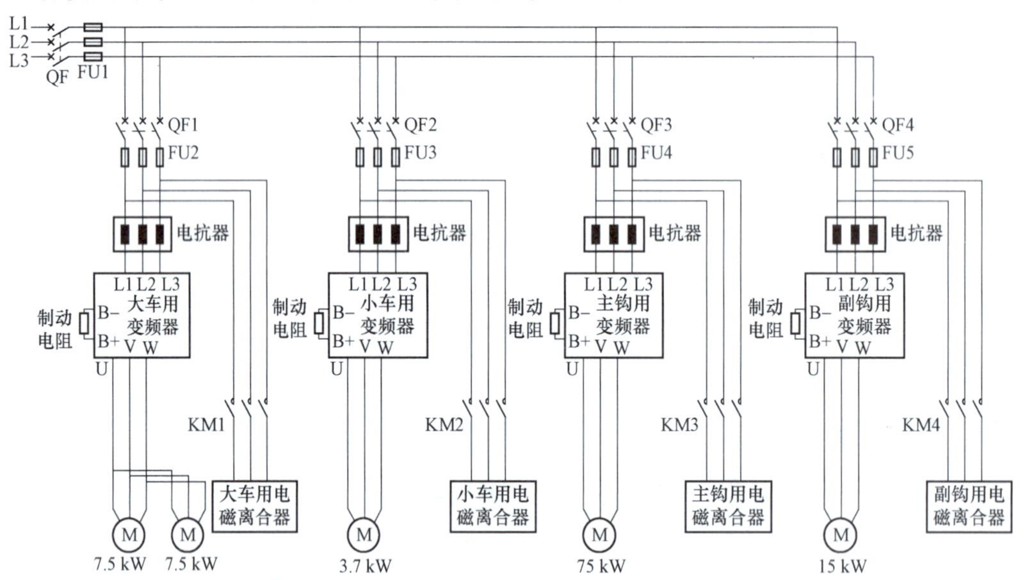

图 8-15　桥式起重机变频调速系统电气原理图

1. 硬件系统配置

（1）PLC 选型。

根据桥式起重机电气控制系统的功能要求，以及其复杂程度，从经济性、可靠性等方面来考虑，选择西门子 S7-200 系列 PLC 作为桥式起重机电气控制系统的控制主机。由于桥式起重机电气控制系统涉及较多的输入/输出端口，但其控制过程相对简单，因此选用了 CPU 226 作为该控制系统的主机，CPU226 主机提供 24 个输入和 16 个输出共 40 个数字 I/O 点。

在桥式起重机控制系统中使用的数字量输入点比较多，因此除了 PLC 主机自带的 I/O 外，还需扩展一定数量的 I/O 扩展模块。因此另外采用了一个 EM221 输入扩展模块，所选扩展模块具有 16 点数字输入，可以满足控制系统输入点的要求，并且输入、输出点均有余量，能为后期扩展功能提供硬件条件。

PLC 完成系统逻辑控制部分，含接受各主令电器送来的操作信号、对变频器的控制及系统的安全保护，是系统的核心。其中，PLC 采用 RS-485 通信方式对变频器实施控制。

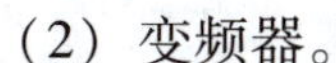

（2）变频器。

在该系统中，采用西门子公司的 MM4 系列变频器，该系列变频器是最常用也是功能较强的一种变频器，主要应用于各种工业、冶金、建筑、水利、纺织、交通等领域，性能良好，价格实惠，是一种性价比较高的变频器。该系列中的 MM440 变频器是一种通用变频器，能适用于一切传动系统，采用了现代先进的矢量控制系统，使得当负载突然增加时仍能保持控制的稳定性。在对变频器进行通信控制之前，需要先对变频器的参数进行设置，主要设置的参数如表 8-4 所示。参数可通过基本操作面板（BOP）进行设置，也可以通过 PC 至变频器的连接组合件，连接到 RS232 接口，通过随机软件 STARTER 调试变频器，实现参数的上传、下载以及参数备份。

表 8-4　西门子 MM440 变频器参数设置表

参数号	参数值	说明
P0005	21	显示实际频率值
P0700	5	COM 链路的 USS 设置
P1000	5	通过 COM 链路的 USS 设定
P2010	6	设置通讯波特率为 9600
P2011	根据编程需要设定	设定 USS 地址
P0300	根据具体电动机设定	电动机类型设定
P0304	根据具体电动机设定	电动机额定电压
P0305	根据具体电动机设定	电动机额定电流
P0307	根据具体电动机设定	电动机额定功率
P0310	根据具体电动机设定	电动机额定频率
P0311	根据具体电动机设定	电动机额定转速

对于在此系统中所选用的四个变频器，都采用通信控制，对于不同的变频器的控制，只需要将这四台变频器进行地址编号，在程序控制当中，通过对不同地址的变频器发送控制命令，实现对不同变频器的控制。对于控制不同的变频器，改变参数 P2011 中的值，即可设定其地址，在此系统中，控制大车变频器的地址为 1，控制小车变频器的地址为 2，主钩变频器地址为 3，副钩变频器地址为 4。

（3）各类按钮及限位开关。

启动按钮采用触点触发式按钮，即按下接通，松开复位；急停按钮使用旋转复位按钮，按下后系统停止，旋转后自动弹起复位。

在此系统中，共用了 8 个限位开关：前进限位开关、后退限位开关、左移限位开关、右移限位开关、主钩上升限位开关和下降限位开关、副钩上升限位开关和下降限位开关。限位开关主要是用来控制设备在运动过程中的停止时刻和位置。

（4）电动机。

采用变频器的交流起重机各电动机，可以使用专用的变频调速起重电机，也可以用起重机原有的线绕转子电动机，即去掉其集电环、碳刷并将其转子回路短接即可。

（5）安保系统。

起重机的保护中有一个重要的手段是电源控制，当出现任何意外时，首先是断开起重机的电源，这时起重机各环节的电磁抱闸发挥制动作用，保障设备及人身安全，这套机制在采用变频器之后仍将保留。另外，由于变频器内部本身具有短路、过压、缺相、失压、过流、超速、接地等各种保护功能，因此改造时可以去掉各热继电器和过流继电器。当变频器出现短路、过流等故障时，变频器给出故障信号输入 PLC，并停止输出，PLC 接到故障信号后，切断变频器电源，控制制动器抱闸，并发出报警信号。

2. PLC 系统 I/O 地址的分配

根据系统的功能要求，对 PLC 的 I/O 进行配置，具体分配介绍如下。

（1）数字量输入部分。

在此控制系统中，所需要的输入量基本上都属于数字量，主要包括各种控制按钮、旋钮和各种限位开关，共有 34 个数字输入量，如表 8-5 所示。

表 8-5　PLC 各输入点的地址分配表

序号	输入器件	地址	序号	输入器件	地址
1	急停按钮	I0. 0	18	大车前进限位开关	I2. 1
2	起动按钮	I0. 1	19	大车后退限位开关	I2. 2
3	大车前进按钮	I0. 2	20	小车左移限位开关	I2. 3
4	大车后退按钮	I0. 3	21	小车右移限位开关	I2. 4
5	大车加速按钮	I0. 4	22	主钩上升限位开关	I2. 5
6	大车减速按钮	I0. 5	23	主钩下降限位开关	I2. 6
7	大车停止按钮	I0. 6	24	大车变频器复位按钮	I2. 7
8	小车左移按钮	I0. 7	25	小车变频器复位按钮	I3. 0
9	小车右移按钮	I1. 0	26	主钩变频器复位按钮	I3. 1
10	小车加速按钮	I1. 1	27	副钩变频器复位按钮	I3. 2
11	小车减速按钮	I1. 2	28	副钩上升按钮	I3. 3
12	小车停止按钮	I1. 3	29	副钩下降按钮	I3. 4
13	主钩上升按钮	I1. 4	30	副钩加速按钮	I3. 5
14	主钩下降按钮	I1. 5	31	副钩减速按钮	I3. 6
15	主钩加速按钮	I1. 6	32	副钩停止按钮	I3. 7
16	主钩减速按钮	I1. 7	33	副钩上升限位开关	I4. 0
17	主钩停止按钮	I2. 0	34	副钩下降限位开关	I4. 1

（2）数字量输出部分。

在这个控制系统中，输出控制的设备很少，只有 4 个控制电磁制动器的接触器，对于各电动机的起动、停止以及正反转，可以通过控制相应的变频器实现，因此输出点使用比较少，只有 4 个输出点，其具体分配如表 8-6 所示。

表 8-6　PLC 各输出点的地址分配表

序号	输入器件	地址	序号	输入器件	地址
1	大车电磁制动器接触器	Q0.0	3	主钩电磁制动器接触器	Q0.2
2	小车电磁制动器控制接触器	Q0.1	4	副钩电磁制动器接触器	Q0.3

3. 软件设计

在完成硬件设计的基础上，就可以根据起重机的控制要求，进行软件设计。软件设计采用自上而下的设计方法，需要先设计出控制系统的功能流程图，然后根据具体的控制要求，逐步细化控制框图，最后完成每个功能模块的设计，然后进行编译、调试、修改过程。

根据系统的控制要求，控制过程全部在人工控制下运行，每个设备可单独运行，也可同时运行。系统可以通过按钮对大车、小车和起重机进行启停控制，并且可以通过按钮增大或减小变频器的频率来改变其速度。

（1）大车控制系统。

人工操作大车的运行、停止、加速及减速，按下启动按钮后，系统开始上电工作，其工作过程主要包括以下几个方面：

① 通过按钮控制大车的运行；

② 通过按钮控制大车的停止；

③ 通过按钮控制大车的加速；

④ 通过按钮控制大车的减速；

⑤ 前进限位开关防止大车向前运行超出范围；

⑥ 后退限位开关防止大车向后运行超出范围。

以上工作过程并不是顺序控制方式，而是按照 PLC 检测到按钮状态进行启停及运转控制，大车控制系统流程图如图 8-16 所示。

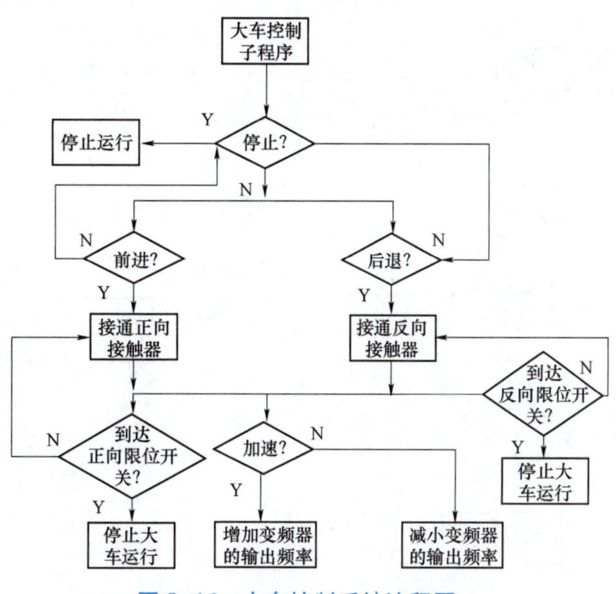

图 8-16　大车控制系统流程图

（2）小车控制系统。

人工操作小车的工作过程与大车控制相似，其控制系统流程图如图 8-17 所示。

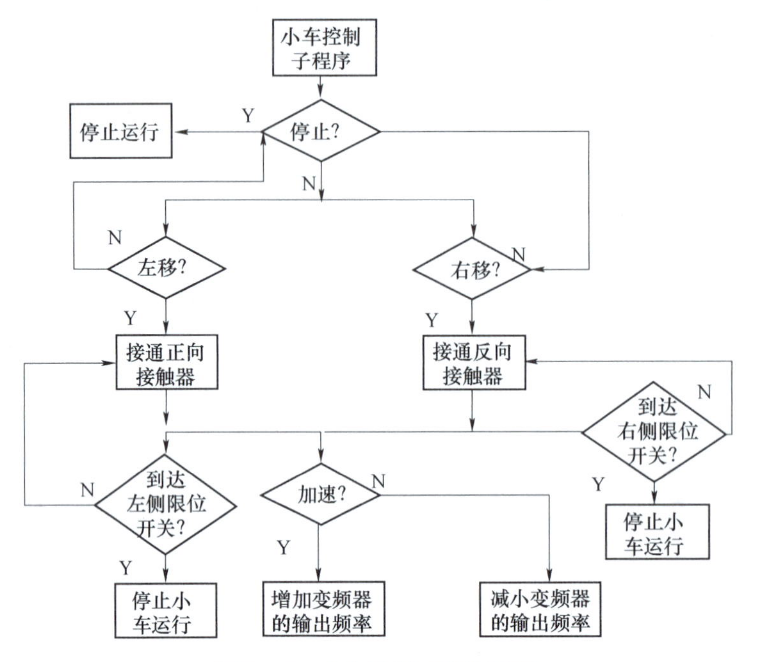

图 8-17　小车控制系统流程图

（3）升降机控制系统。

人工操作升降机（主钩或副钩）的工作过程与大车控制相似，其控制流程图如图 8-18 所示。

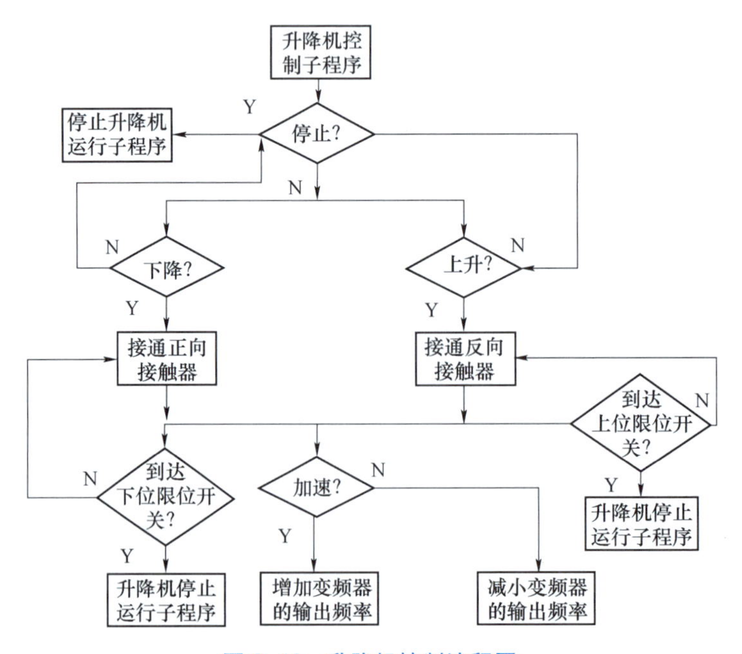

图 8-18　升降机控制流程图

（4）升降机悬停控制系统。

对升降机实施控制的过程中，在电磁制动器抱住之前和松开之后，容易发生重物由停止状态下滑的现象，即溜钩现象。发生此现象的原因就是电磁制动器在通电到断电或者断电到通电是需要时间的，大约为0.6s。解决办法是通过检测变频器的反馈来防止溜钩的发生，下面是两种情况下发生溜钩现象的解决思路：① 重物悬停过程。设定一个停止频率，当变频器的工作频率下降至该频率时，变频器输出一个频率达到的信号，发出启动电磁制动器运行的指令，然后延时一段时间，该时间应略大于电磁制动器完全抱住重物所需时间，使得电磁制动器抱住重物，最后将变频器的频率降低到零；② 重物悬空启动过程。设定一个上升起动频率，当变频器工作频率上升至该频率时，暂停上升，变频器输出一个频率到达的信号，发出停止电磁制动器运行的指令，然后延迟一段时间，该时间略大于电磁制动器完全松开重物所需时间，使得电磁制动器松开重物，变频器工作频率逐渐升高至所需频率。

升降机包括主钩及副钩，其控制方法完全相同，其工作过程主要包括以下几个方面：

① 重物停止时，变频器频率逐渐降低，下降至某设定值后，停止下降，启动定时器；

② 定时到，启动电磁制动器；

③ 电磁制动器启动后，变频器频率降低至0Hz；

④ 重物启动时，变频器频率逐渐升高，上升至某设定值后，停止上升，启动定时器；

⑤ 定时到，停止电磁制动器；

⑥ 电磁制动器停止后，变频器频率逐渐上升，重物在空中启动。

以上工作过程根据重物所处的位置，并按照PLC读取的变频器参数进行控制，升降机悬停控制流程图如图8-19所示。

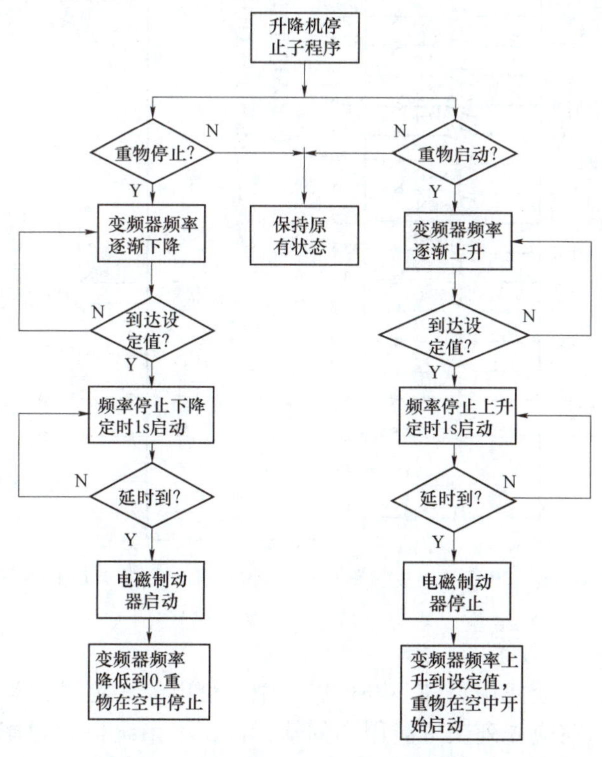

图8-19　升降机悬停控制流程图

（二）20/5 t 桥式起重机 PLC 改造

程序编写

1. PLC 的 I/O 接线图

根据控制系统的功能要求、表 8-7 和表 8-8 所示的 I/O 分配情况以及如图 8-14 所示的硬件结构框图，可设计出改造后桥式起重机控制系统的 PLC 硬件接线图，其接线图如图 8-20 所示。桥式起重机的控制方式是以按钮实现的手动控制方式。

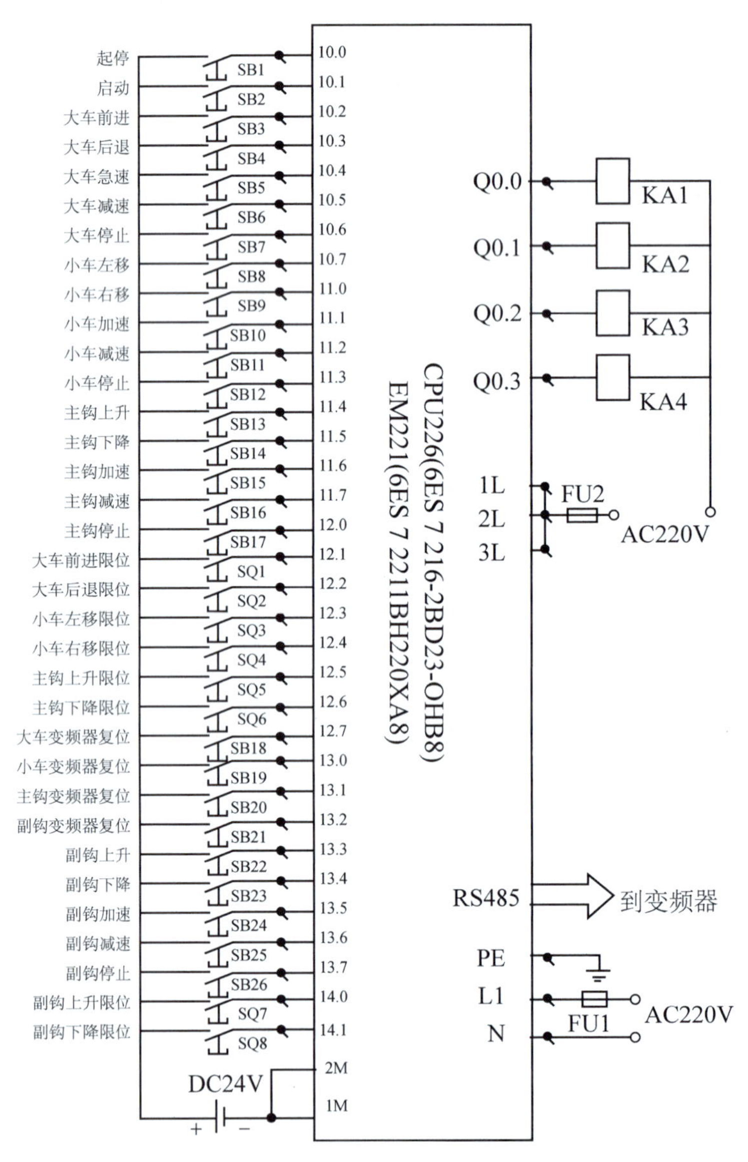

图 8-20　20/5 t 桥式起重机电气控制 PLC 改造 I/O 接线图

2. 各模块梯形图程序设计

在设计程序过程中，会使用到许多寄存器、中间继电器、定时器等软元件，为了便于编程及修改，在程序编写前应先列出可能用到的软元件，本系统控制程序所用软元件如表 8-7 所示。

表 8-7　软元件设置列表

元件	意　义	内　容	备注
M0.0	起重机停止标志		on 有效
M0.1	起重机启动标志		on 有效
M0.3	大车电动机正转标志		on 有效
M0.4	大车电动机反转标志		on 有效
M0.5	大车停止标志		on 有效
M0.6	小车电动机正转标志		on 有效
M0.7	小车电动机反转标志		on 有效
M1.0	小车停止标志		on 有效
M1.1	主钩上升标志		on 有效
M1.2	主钩下降标志		on 有效
M1.3	主钩停止标志		on 有效
M1.4	副钩上升标志		on 有效
M1.5	副钩下降标志		on 有效
M1.6	副钩停止标志		on 有效
M2.0	到主钩下限频率标志		on 有效
M2.1	主钩用电磁制动器启动标志		on 有效
M2.2	送 0Hz 到主钩用变频器标志		on 有效
M2.3	到主钩上限频率标志		on 有效
M2.4	送主钩上限频率标志		on 有效
M2.5	主钩电磁制动器停止标志		on 有效
M3.0	主钩电磁制动器运行标志		on 有效
M4.0	大车变频器 USS_INIT 指令完成标志		on 有效
M4.1	确认大车变频器的响应标志		on 有效
M4.2	指示大车变频器的运行状态标志	on 为运行：off 为停止	
M4.3	指示大车变频器的运行方向标志	on 为逆时针：off 为顺时针	
M4.4	指示大车变频器的禁止位状态标志	on 为被禁止：off 为不禁止	
M4.5	指示大车交频器故障位状态标志	on 为故障：off 为无故障	
M5.0	小车变频器 USS_INIT 指令完成标志		on 有效
M5.1	确认小车变频器的响应标志		on 有效
M5.2	指示小车变频器的运行状态标志	on 为运行：off 为停止	
M5.3	指示小车变频器的运行方向标志	on 为逆时针；off 为顺时针	
M5.4	指示小车变频器的禁止位状态标志	on 为被禁止；off 为不禁止	
M5.5	指示小车变频器故障位状态标志	on 为故障；off 行为无故障	
M6.0	主钩变频器 USS_INIT 指令完成标志		on 有效

续表

元件	意　义	内　容	备注
M6.1	确认主钩变频器的响应标志		on 有效
M6.2	指示主钩变频器的运行状态标志	on 为运行；off 为停止	
M6.3	指示主钩变频器的运行方向标志	on 为逆时针；off 为顺时针	
M6.4	指示主钩变频器的禁止位状态标志	on 为被禁止；off 为不禁止	
M6.5	指示主钩变频器故障位状态标志	on 为故障：off 为无故障	
M7.0	副钩变频器 USS_INIT 指令完成标志		on 有效
M7.1	确认副钩变频器的响应标志		on 有效
M7.2	指示副钩变频器的运行状态标志	on 为运行；off 为停止	
M7.3	指示副钩变频器的运行方向标志	on 为逆时针；off 为顺时针	
M7.4	指示副钩变频器的禁止位状态标志	on 为被禁止；off 为不禁止	
M7.5	指示副钩变频器故障位状态标志	on 为故障：off 为无故障	
M8.0	到副钩下限频率标志		on 有效
M8.1	副钩用电磁制动器启动标志		on 有效
M8.2	送 0Hz 到副钩用变频器标志		on 有效
M8.3	到副钩上限频率标志		on 有效
M8.4	送副钩上限频率标志		on 有效
T37	主钩变频器频率降低定时器		
T38	主钩变频频率升高定时器		
T39	副钩变频器频率降低定时器		
T40	副钩变频频率升高定时器		
VD10	主钩下降频率阈值寄存器		
VD20	主钩上升频率阈值寄存器		
VD30	大车给定频率寄存器		
VD40	小车给定频率寄存器		
VD50	主钩给定频率寄存器		
VD60	主钩频率反馈值寄存器		
VD70	副钩下降频率阈值寄存器		
VD80	副钩上升频率阈值寄存器		
VD90	副钩给定频率寄存器		
VD100	副钩频率反馈值寄存器		
VB400	大车 USS_INIT 指令执行结果		
VB402	大车 USS_CTRL 错误状态字节		
VW404	大车变频器返回的状态字原始值		
VD406	大车全速度百分值的变频速度	范围：-200%～200%	

续表

元件	意　义	内　容	备注
VB500	小车 USS_INIT 指令执行结果		
VB502	小车 USS_CTRL 错误状态字节		
VW504	小车变频器返回的状态字原始值		
VD506	小车全速度百分值的变频速度	范围：-200%~200%	
VB600	主钩 USS_INIT 指令执行结果		
VB602	主钩 USS_CTRL 错误状态字节		
VW604	主钩变频器返回的状态字原始值		
VD606	主钩全速度百分值的变频速度	范围：-200%~200%	
VB700	副钩 USS_INIT 指令执行结果		
VB702	副钩 USS_CTRL 错误状态字节		
VW704	副钩变频器返回的状态字原始值		
VD606	副钩全速度百分值的变频速度	范围：-200%~200%	

（1）初始化控制梯形图。

初始化控制梯形图如图 8-21 所示，其功能是设置升降机构的下降、上升频率阈值，并设置大车、小车、主钩、副钩变频器频率的初始值。

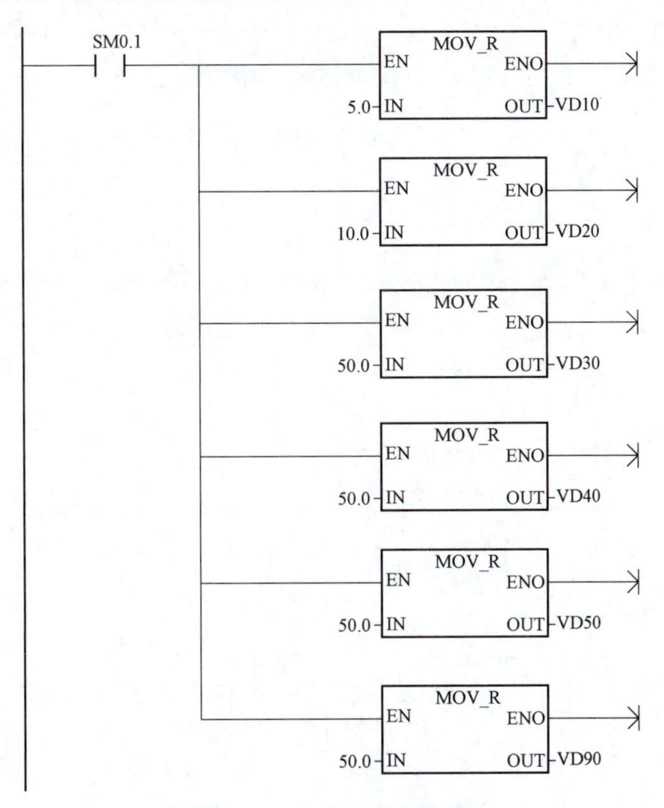

图 8-21　初始化控制梯形图

（2）系统起动、停止控制梯形图。

系统起动、停止控制梯形图如图 8-22 所示。

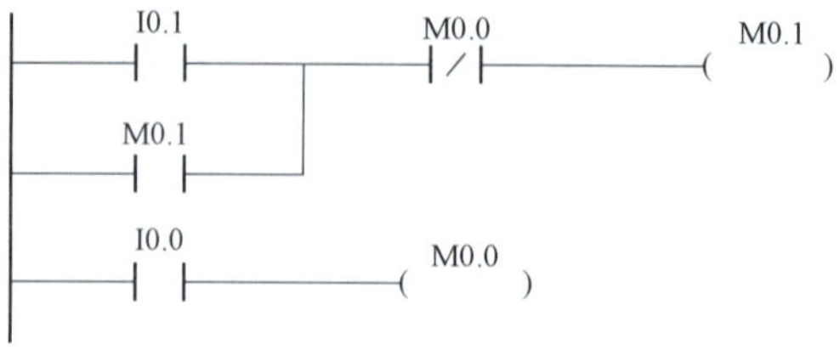

图 8-22　起动、停止控制梯形图

（3）主钩电磁制动器控制梯形图。

主钩电磁制动器控制梯形图如图 8-23 所示。

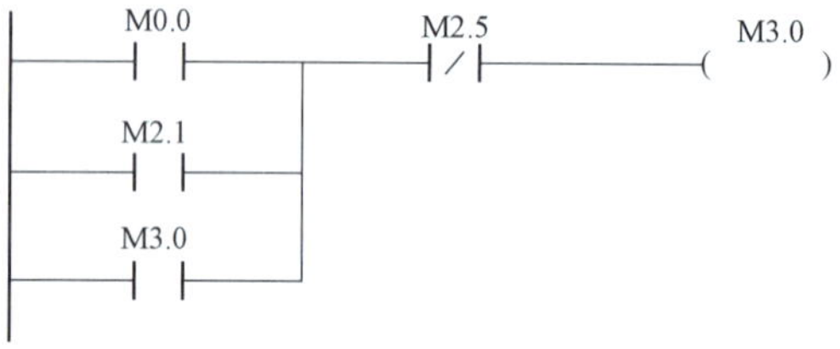

图 8-23　主钩电磁制动器控制梯形图

（4）大车控制梯形图。

大车控制梯形图如图 8-24 所示，加速或减速的幅度值是 5%。

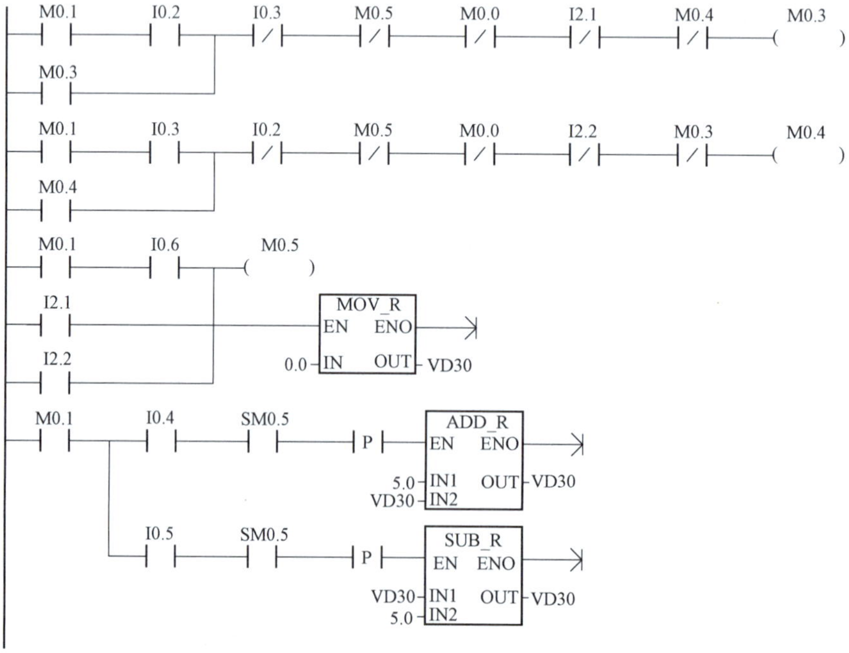

图 8-24　大车控制梯形图

（5）小车控制梯形图。

小车控制梯形图如图 8-25 所示，加速或减速的幅度值是 5%。

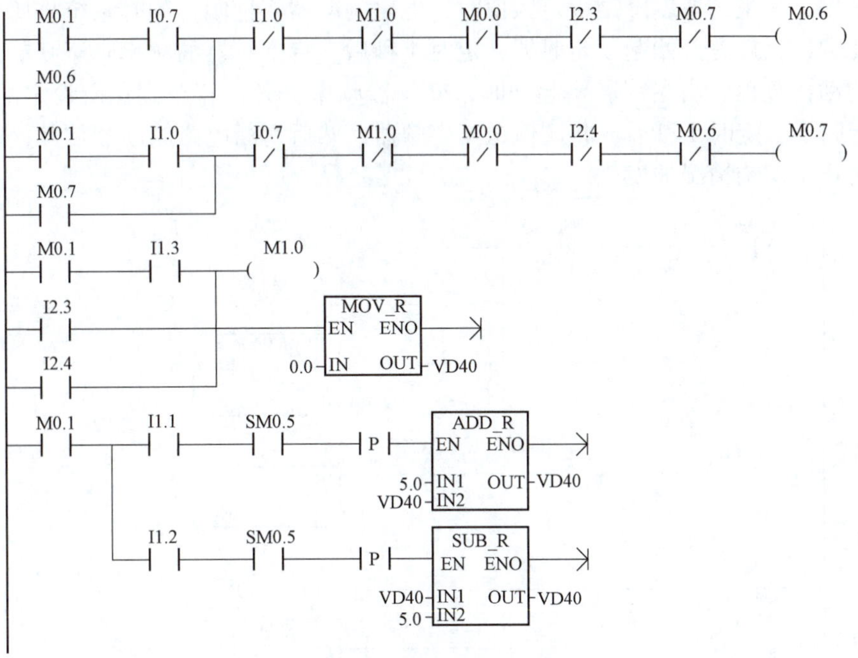

图 8-25　小车控制梯形图程序

（6）主、副钩升降控制梯形图。

主、副钩升降控制梯形图相似，在此仅给出主钩升降控制梯形图，如图 8-26 所示。

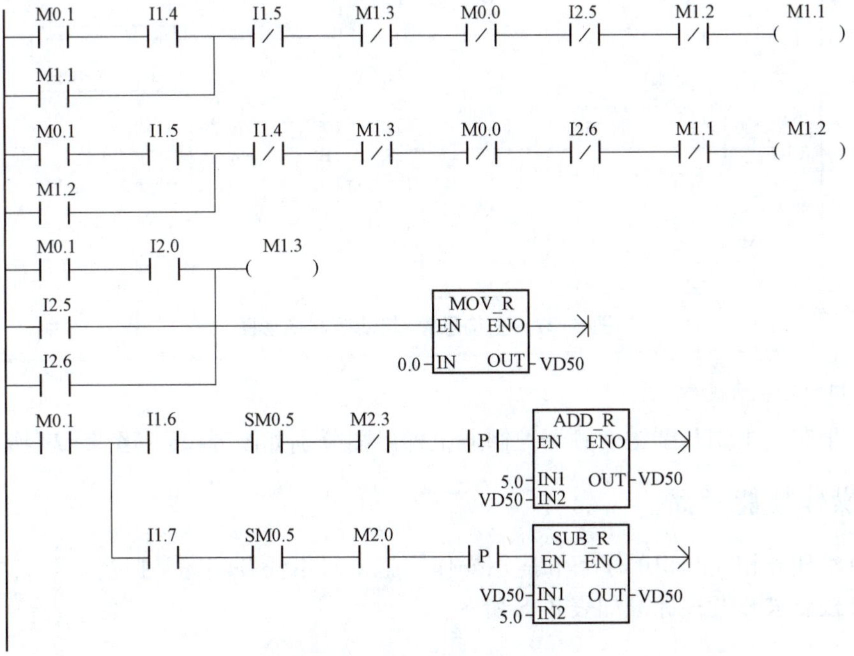

图 8-26　主钩升降控制梯形图

（7）主、副钩悬停/起动控制梯形图

主/副钩悬停/起动控制梯形图相似，在此仅给出主钩悬停/起动控制梯形图，如图 8-27 所示。程序中，当主钩速度降至设定阈值时，电磁制动器将抱闸，同时系统将所设定的下降阈值送至变频器，接着开始起动定时器，定时 1 秒后，将变频器的频率降至 0 赫兹，这就是悬停控制的动作过程。当主钩需要起动时，变频器频率上升，直至到达所设定的上升阈值，此时起动定时器，定时 1 秒后，将阈值送至变频器，然后切断电磁制动器使其松闸，从而实现起动而防止了溜钩情况的发生。

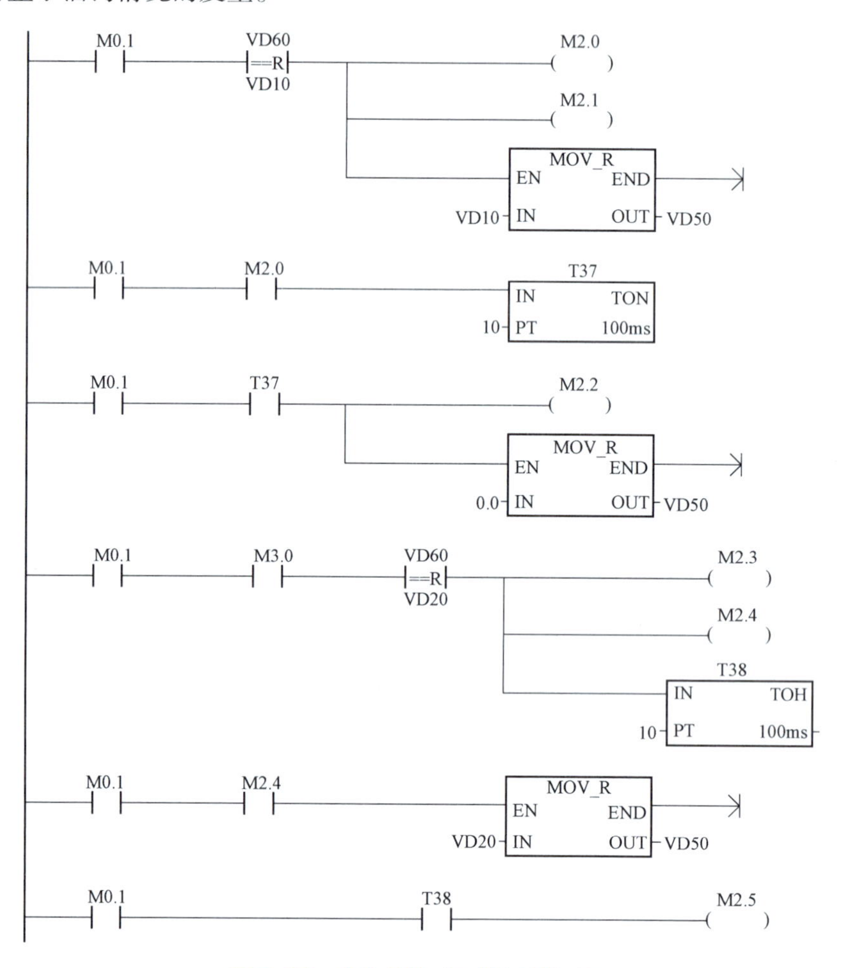

图 8-27　主钩悬停/起动控制梯形图

（8）变频器控制程序。

大车、小车、主钩及副钩变频器控制通讯梯形图分别如图 8-28 和图 8-29 所示。

四、操作技能考评

通过对本任务相关知识的了解和应用操作实施，对本任务实际掌握情况进行操作技能考评，具体考核要求和考核标准如表 8-8 所示。

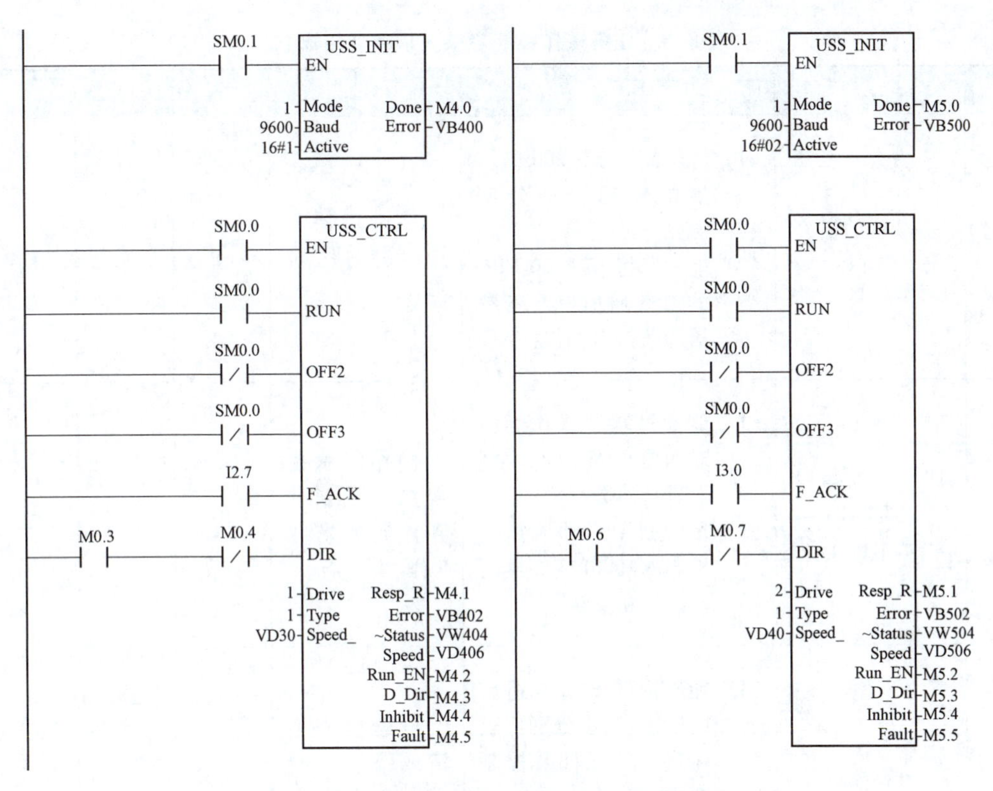

图 8-28　大车、小车变频器控制通讯梯形图

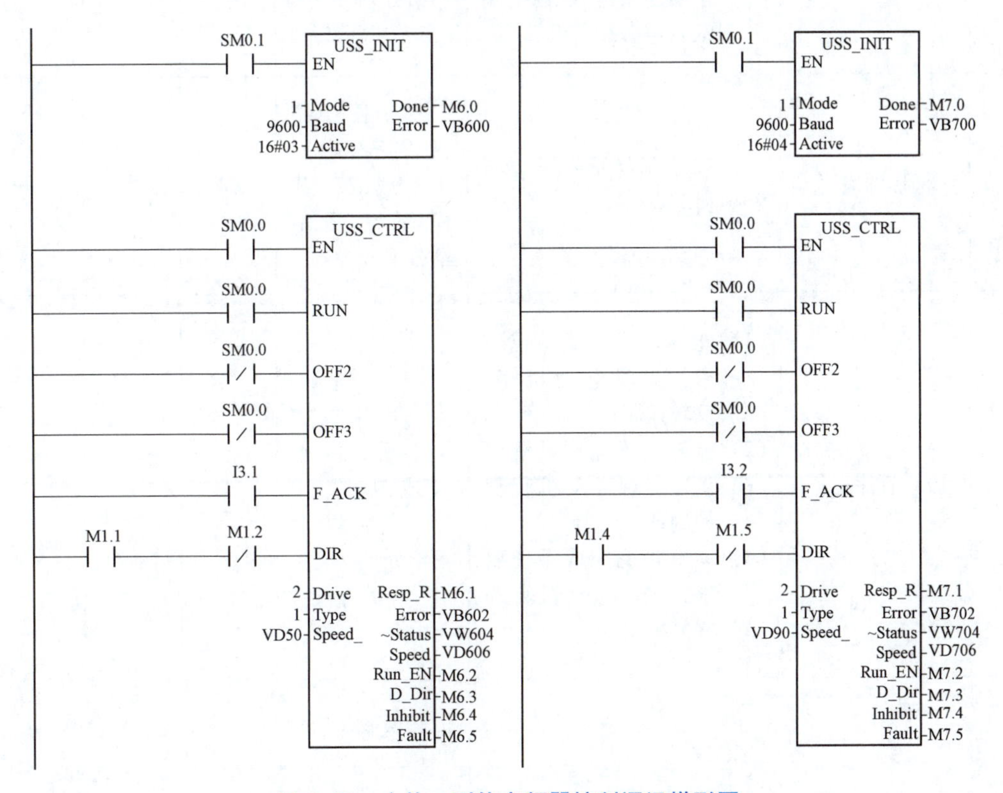

图 8-29　主钩、副钩变频器控制通讯梯形图

表 8-8　任务操作技能考核要求和考核标准

序号	主要内容	考核要求	评分标准	配分	扣分	得分
1	S7-200 的相关知识	（1）能够简述 S7-200 的扩展配置的地址分配原则； （2）能正确将 S7-200 CPU 的 USS 通信口与变频器通信接口相连接	概念模糊不清或错误不给分	20		
2	西门子 MM440 变频器的基本操作	（1）能通过基本操作面板对西门子 MM440 变频器进行参数配置； （2）能通过 USS 协议指令控制 MM440 变频器的起、停和反转	操作步骤错误扣 5 分未达到控制要求扣 5 分	10		
3	PLC 控制	（1）能够简述 PLC 改造后的输入/输出分别代表哪些电气元件及控制要求； （2）正确连接输入/输出端线及电源线	概念模糊不清或错误不给分。接线错误不给分	20		
4	梯形图编写	正确绘制梯形图，并能够顺利下载	梯形图绘制错误不得分，未下载或下载操作错误不给分	30		
5	PLC 程序运行	（1）能够正确完成系统要求，实现电动机正、反转控制； （2）能够正确完成系统要求，实现电动机行程控制； （3）能够正确完成系统要求，实现电动机自动往复控制	一次未成功扣 5 分，两次未成功扣 10 分，三次以上不给分	20		
备注			指导老师签字 年　月　日			

教学小结

1. S7-200 的扩展配置的地址分配原则有两点：第一是数字量扩展模块和模拟量模块分别编址。第二是数字量模块的编址是以字节为单位，模拟量模块的编址是以字为单位（即以双字节为单位）。

2. USS 协议是主-从结构的协议，规定了在 USS 总线上可以有一个主站和最多 30 个从站；总线上的每个从站都有一个站地址（在从站参数中设定），主站依靠它识别每个从站；每个从站也只对主站发来的报文做出响应并回送报文，从站之间不能直接进行数据通信。

3. 西门子变频器在使用之前需要进行相应的参数设置，只有参数配置正确，才可实现对其实施控制。

4. 对升降机实施控制的过程中，在电磁制动器抱住之前和松开之后，容易发生重物由停止状态下滑的现象，即溜钩现象。解决办法是通过检测变频器的反馈来防止溜钩的发生。

5. 通过 USS 指令可以利用变频器来控制电动机的起动、停止及正反转。

思考与练习

1. S7-200 的扩展配置的地址是如何分配的？试举例说明。
2. 试说明 USS 通讯的结构方式及其优点。
3. 试述起重机系统中电动机采用转子串电阻调速的缺点。
4. 试述起重机系统中电动机采用变频器调速的优点。
5. 请根据软元件设置列表中的定义编写出副钩悬停/起动控制的梯形图。

第三部分

应用能力　PLC 控制系统的综合应用

项目九　西门子 S7-200 系列 PLC 在一般控制系统中的应用

任务一　三路抢答器 PLC 控制系统的设计

■ 应知点：

1. 了解 S7-200 系列 PLC 逻辑取及线圈驱动指令的使用。
2. 了解 S7-200 系列 PLC 触点串联、并联指令的使用。
3. 了解 S7-200 系列 PLC 电路块串联、并联指令的使用。

■ 应会点：

1. 掌握电气控制中“自锁”控制规律在梯形图程序设计中的应用。
2. 掌握电气控制中“互锁”控制规律在梯形图程序设计中的应用。

一、任务简述

某三路抢答器有 3 个抢答席和 1 个主持人席，每个抢答席上各有 1 个抢答按钮和 1 盏抢答指示灯。其控制要求如下：参赛者在允许抢答时，第一个按下抢答按钮的参赛者的抢答席上的指示灯将会亮，且释放抢答按钮后，指示灯仍然亮；此后另外两个抢答席上即使再按各自的抢答按钮，其指示灯也不会亮。这样主持人就可以轻易地知道是谁第一个按下抢答器的。该题抢答结束后，主持人按下主持席上的复位按钮后，指示灯熄灭，则又可以进行下一题的抢答比赛。

二、相关知识

在前面已初步了解一些基本指令的基础上，下面将进一步介绍本任务需要用到的位操作指令的详细内容和用法。

1. 逻辑取（LD/LDN）及线圈驱动指令（=）

1）指令功能

LD（Load）：常开触点逻辑运算的开始。对应梯形图则为在左侧母线或线路分支点处初始装载一个常开触点。

LDN（Load Not）：常闭触点逻辑运算的开始（即对操作数的状态取反），对应梯形图则为在左侧母线或线路分支点处初始装载一个常闭触点。

=（Out）：输出指令，对应梯形图则为线圈驱动。

装载及线圈驱动指令的使用说明如下：

① LD、LDN 的操作数：I，Q，M，SM，T，C，S。

② =：线圈输出指令，可用于输出继电器、辅助继电器、定时器及计数器等，但不能用于输入继电器，一个程序中同一输出触点只能用一次，否则有逻辑错误。

③“=”指令的操作数：Q，M，SM，T，C，S。

2）指令格式

指令格式如图 9-1 所示。

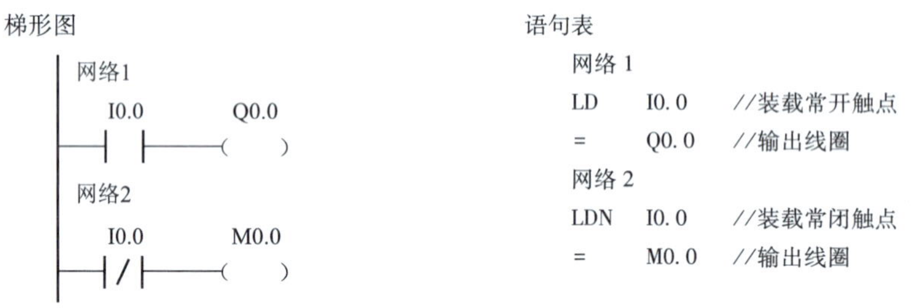

图 9-1　LD/LDN、OUT 指令的使用

2. 触点串联指令（A/AN）

1）指令功能

A（And）：与操作，在梯形图中表示串联连接单个常开触点。

AN（And Not）：与非操作，在梯形图中表示串联连接单个常闭触点。

触点串联指令使用说明如下：

① A、AN 指令：是单个触点指令，可连续使用。

② A、AN 的操作数：I，Q，M，SM，T，C，S。

2）指令格式

指令格式如图 9-2 所示。

梯形图

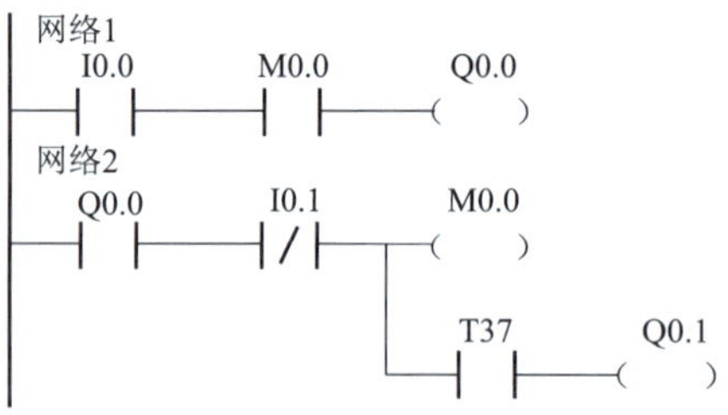

网络1　I0.0　M0.0　Q0.0

网络2　Q0.0　I0.1　M0.0　T37　Q0.1

语句表

```
网络 1
LD   I0.0   //装载常开触点
A    M0.0   //串联常开触点
=    Q0.0   //输出线圈
网络 2
LD   Q0.0   //装载常开触点
AN   I0.1   //串联常闭触点
=    M0.0   //输出线圈
A    T37    //串联常开触点
=    Q0.1   //输出线圈
```

图 9-2　A/AN 指令的使用

3. 触点并联指令（O/ON）

1）指令功能

O（Or）：或操作，在梯形图中表示并联连接一个常开触点。

ON（Or Not）：或非操作，在梯形图中表示并联连接一个常闭触点。

触点并联指令使用说明如下：

（1）O、ON 指令：是单个触点并联指令，可连续使用。

（2）O、ON 的操作数：I，Q，M，SM，T，C，S。

2）指令格式

指令格式如图 9-3 所示。

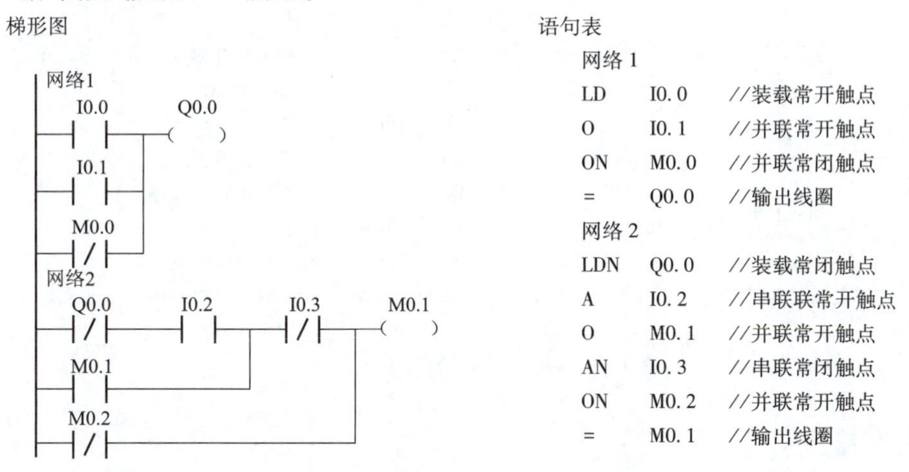

图 9-3　O/ON 指令的使用

4. 电路块的串联指令（ALD）

1）指令功能

ALD（And Load）：块“与”操作，用于并联电路块的串联连接。

并联电路块的串联连接指令说明如下：

（1）并联电路块与前面的电路串联时，使用 ALD 指令。电路块的起点用 LD 或 LDN 指令，并联电路块结束后，使用 ALD 指令与前面的电路块串联。

（2）ALD 无操作数。

2）指令格式

指令格式如图 9-4 所示。

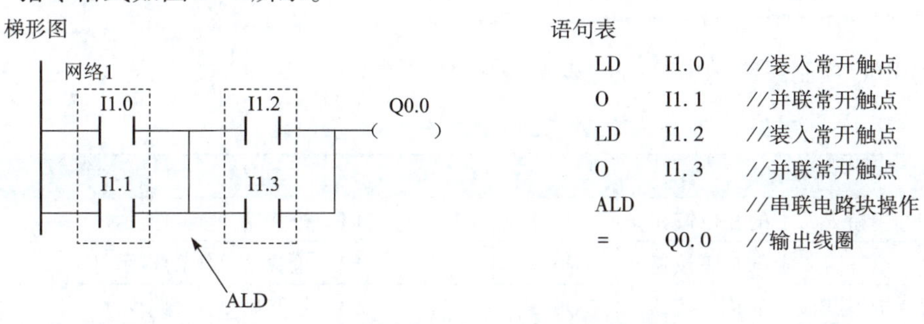

图 9-4　ALD 指令使用

5. 电路块的并联指令（OLD）

1）指令功能

OLD（Or Load）：块“或”操作，用于串联电路块的并联连接。

串并联电路块的并串联连接指令说明如下：

（1）串联电路块与上面的电路并联时，使用 OLD 指令。电路块的起点用 LD 或 LDN 指令，串联电路块结束后，使用 OLD 指令与前面的电路块并联。

（2）OLD 无操作数。

2）指令格式

指令格式如图 9-5 所示。

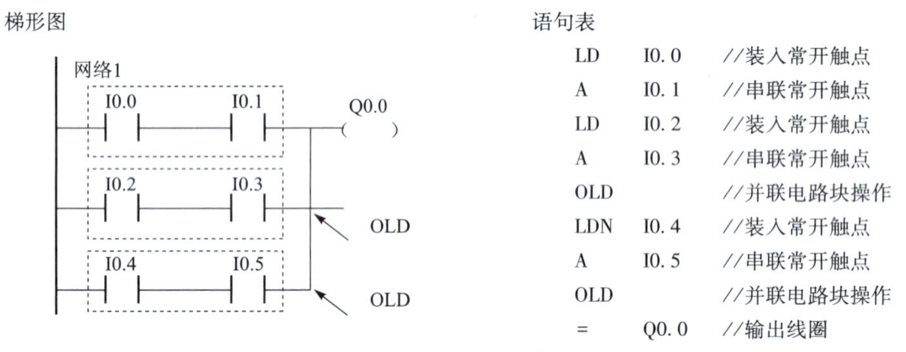

图 9-5　OLD 指令的使用

三、应用实施

抢答器系统是由 PLC 作为中央控制器，加上抢答按钮及指示灯和线路等组成。主要分为若干位选手和主持人两部分控制环节。每位选手面前有一个按钮用于抢答，并且有一盏指示灯表示谁先抢到问题。有的抢答器还是用蜂鸣器或者数码显示管来显示先抢到问题的那位选手。而主持人面前有一个复位按钮，用于当上一轮抢答结束后，无论哪位选手抢到问题，复位系统至初始状态，为下一轮抢答开始做准备。

1. PLC 的选型

从上面的分析可知本控制系统有 4 路输入信号，包括 3 位选手的抢答按钮 SB1、SB2、SB3 和 1 位主持人复位按钮 SB0。有 3 路输出信号，即作为控制对象的 3 盏抢答指示灯 L1、L2、L3。输入输出信号均为开关量。所以控制系统可选用 CPU224，集成 14 输入/10 输出共 24 个数字量 I/O 点，满足控制要求，而且还有一定的余量。

2. I/O 分配表

三路抢答器 PLC 控制系统的 I/O 分配表见表 9-1。

表 9-1　三路抢答器 PLC 控制系统的 I/O 分配表

输　入		输　出	
I0.0	SB0　主持人席上的复位按钮	Q0.1	L1　抢答席 1 上的指示灯
I0.1	SB1　抢答席 1 上的抢答按钮	Q0.2	L2　抢答席 2 上的指示灯
I0.2	SB2　抢答席 2 上的抢答按钮	Q0.3	L3　抢答席 3 上的指示灯
I0.3	SB3　抢答席 3 上的抢答按钮		

3. PLC 外部接线图

三路抢答器 PLC 控制系统的外部接线如图 9-6 所示。

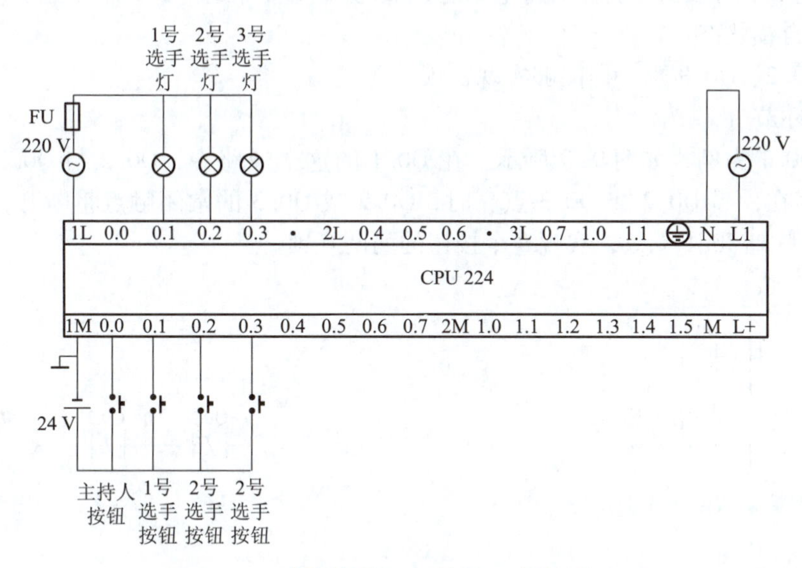

图 9-6　三路抢答器 PLC 控制系统的外部接线

4. 程序设计

抢答器的程序设计如图 9-7 所示。

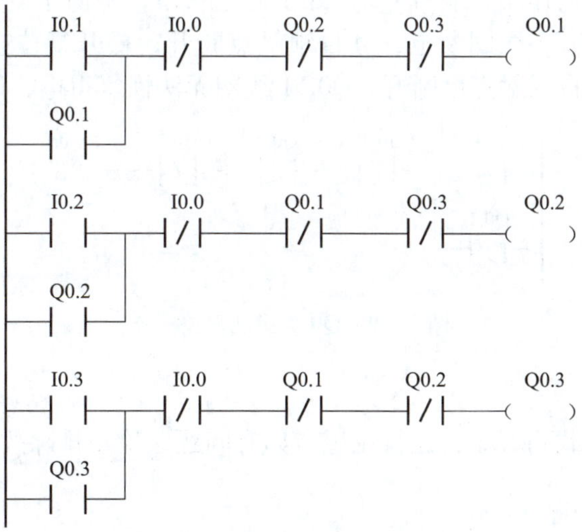

图 9-7　抢答器程序梯形图

抢答器的程序设计的要点有两处：一是如何实现抢答器指示灯的“自锁”功能，即当某一抢答席抢答成功后，即使释放其抢答按钮，其指示灯仍然亮，直至主持人进行复位才熄灭；二是如何保证一位选手抢答后，其他两位选手后抢无效（不会亮灯），即“互锁”功能，同时由于是 3 个人抢答，所以要“两两互锁”。

1） 自锁环节

以 Q0.1 为例，如图 9-8 所示，当 I0.1 接通通电后，由图 9-7 可得 Q0.1 通电，随后，即使 I0.1 断开，由于 Q0.1 仍保持得电状态，故与 I0.1 并联的 Q0.1 开关处于接通状态，因此 Q0.1 进入自锁状态。

同理，Q0.2、Q0.3 也一样能够实现自锁。

2） 互锁环节

继续以 Q0.1 为例，如图 9-9 所示，在 Q0.1 的这个通路中，Q0.2 与 Q0.3 以常闭触点的形式串联存在，当 Q0.2 或 Q0.3 点亮时，Q0.2 或 Q0.3 的常闭触点将断开，从而使得此条通路断开，按钮 I0.1 无效，实现 3 个按钮的两两互锁。

图 9-8　Q0.1 实现自锁　　图 9-9　Q0.1、Q0.2、Q0.3 实现互锁

3） 复位环节

在本例中，主持人可以通过操作按钮，实现抢答器指示灯的复位，这一操作实现方法如下：

以 Q0.1 为例，如图 9-10 所示，将 I0.0 作为一常闭触点与互锁进行串联，倘若 Q0.1 处于断电状态，则不起任何作用，倘若 Q0.1 处于通电状态，则由于复位按钮被按下后，I0.0 常闭触点断开，使得 Q0.1 线圈断电，其自锁触点断开；松开复位按钮，I0.0 常闭触点恢复闭合，但由于 Q0.1 自锁触点已断开，Q0.1 线圈无法恢复得电，即实现复位操作。

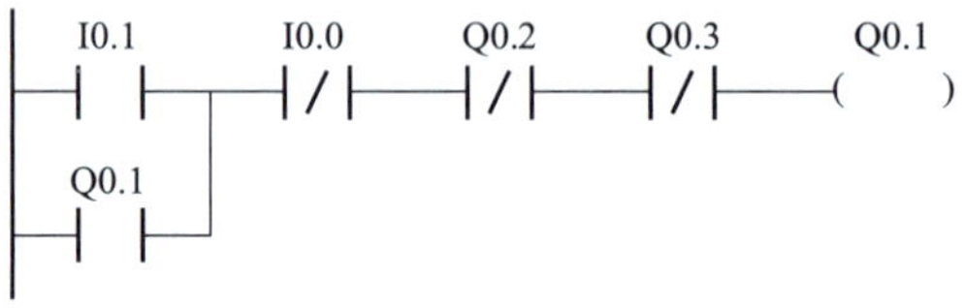

图 9-10　Q0.1 实现复位操作

5. 程序调试

检查完后将程序下载到 PLC，运行调试，如有问题，检查排除故障。

四、操作技能考评

通过对本任务相关知识的了解和应用操作实施，对本任务实际掌握情况进行操作技能考评，具体考核要求和考核标准如表 9-2 所示。

表 9-2　任务操作技能考核要求和考核标准

序号	主要内容	考核要求	评分标准	配分	扣分	得分
1	外围接线	正确进行 I/O 分配，并能正确进行 PLC 外围接线	（1）I/O 分配错误，每处扣 5 分，最多扣 25 分 （2）PLC 端口使用错误，每处扣 5 分，最多扣 25 分	50		
2	编写程序并下载、调试	（1）能正确编写梯形图程序 （2）能正确地写出相对应的语句表程序 （3）能熟练地将程序下载到 PLC 中，并能快速、正确地调好程序	（1）梯形图程序错误，扣 20 分 （2）语句表程序错误，扣 20 分 （3）不能将程序下载到 PLC 中，扣 10 分	50		
备注			指导老师签字 年　月　日			

教学小结

本任务主要是让同学们熟悉和掌握 PLC 编程中的位操作类指令，位操作指令是 PLC 常用的基本指令，主要包括对单个触点的操作和对多个触点形成的电路块的操作，有串联与并联两种类型，对应于逻辑上的“与”逻辑关系和“或”逻辑关系。位操作指令能够实现基本的位逻辑运算和控制。

思考与练习

1. 设计一个三人表决器，要求表决结果与多数人意见相同。

2. 试用 PLC 实现如图 9-11 所示楼梯照明系统中，人在楼梯底和楼梯顶处都可以控制楼梯灯的点亮和熄灭。

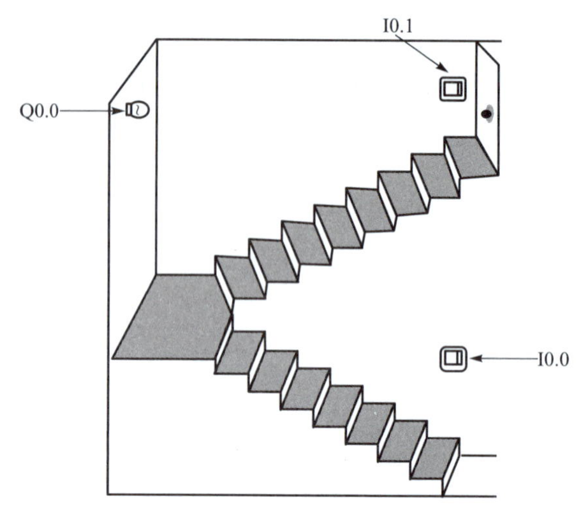

图 9-11　楼梯照明系统示意图

任务二　水塔水位自动控制系统的设计

■ 应知点：

1. 了解 S7-200 PLC 置位复位指令的使用。
2. 了解 S7-200 PLC 边沿脉冲指令的使用。

■ 应会点：

掌握用时序图对 PLC 程序进行分析的能力。

一、任务简述

水塔与水池的工作方式：

如图 9-12 所示，当水池水位低于下限水位 S4 时，电磁阀 Y 打开给水池注水；当水池水位高于上限水位 S3 时，电磁阀 Y 关闭。

当水塔水位低于下限水位 S2 时，水泵 M 工作，抽取水池中的水，向水塔供水；当水塔水位高于上限水位 S1 时，水泵 M 停止工作。

当水塔水位低于下限水位 S2，但同时水池水位也低于其下限水位 S4 时，水泵 M 不启动。

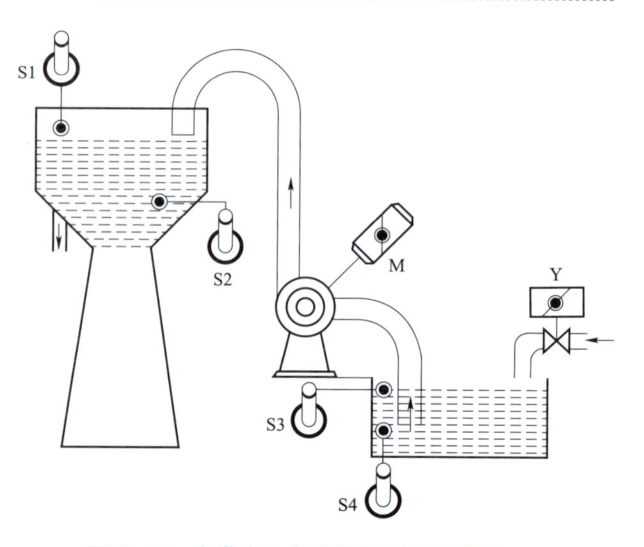

图 9-12　水塔水位自动控制系统示意图

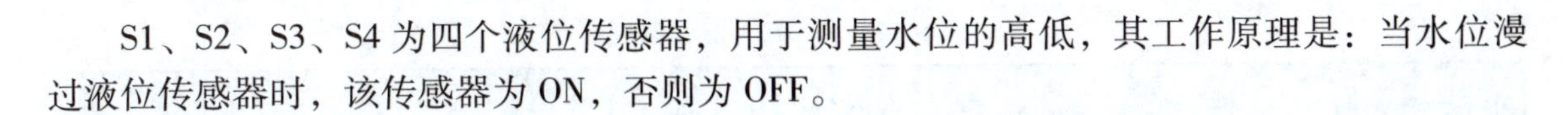

S1、S2、S3、S4 为四个液位传感器，用于测量水位的高低，其工作原理是：当水位漫过液位传感器时，该传感器为 ON，否则为 OFF。

二、相关知识

在前面我们已初步了解了一些基本的操作指令，下面我们将进一步介绍本任务需要用到的指令的详细内容和用法。

1. 置位/复位指令（S/R）

（1）指令功能。

置位指令 S（Set）：使能输入有效后从起始位 S-bit 开始的 N 个位置“1”并保持。

复位指令 R（Reset）：使能输入有效后从起始位 R-bit 开始的 N 个位清“0”并保持。

（2）指令格式如表 9-3 所示，用法如图 9-13 所示。

表 9-3　S/ R 指令格式

STL	LAD
S S-bit，N	S-bit —（ S ） N
R R-bit，N	R-bit —（ R ） N

时序分析如图 9-14 所示。

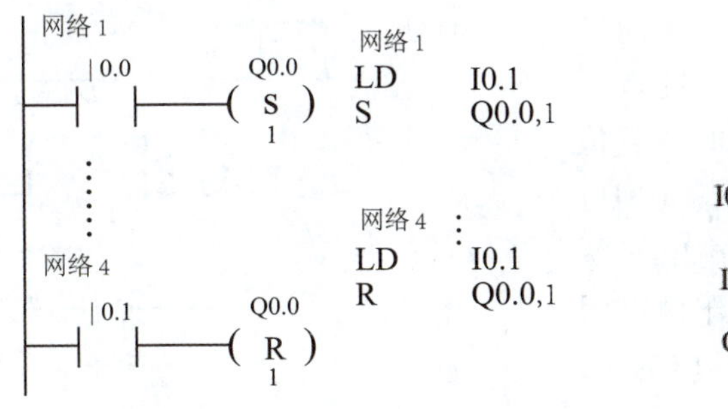

图 9-13　S/R 指令的使用

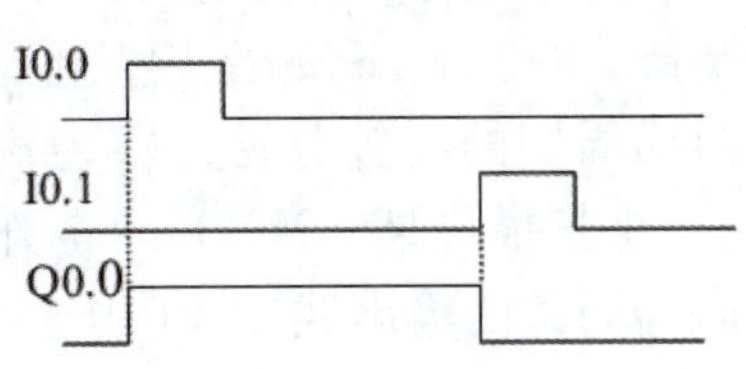

图 9-14　S/R 指令的时序图

2. 边沿触发指令（EU/ED）

（1）指令功能

EU（Edge Up）指令：在 EU 指令前有一个上升沿时（OFF→ON）产生一个宽度为一个扫描周期的脉冲，驱动其后输出线圈。

ED（Edge Down）指令：在 ED 指令前有一个下降沿时（ON→OFF）产生一个宽度为一个扫描周期的脉冲，驱动其后输出线圈。

（2）指令格式如表 9-4 所示，用法如图 9-15 所示。

表 9-4　EU/ED 指令格式

STL	LAD	操作数
EU（Edge Up）	┤P├	无
ED（Edge Down）	┤N├	无

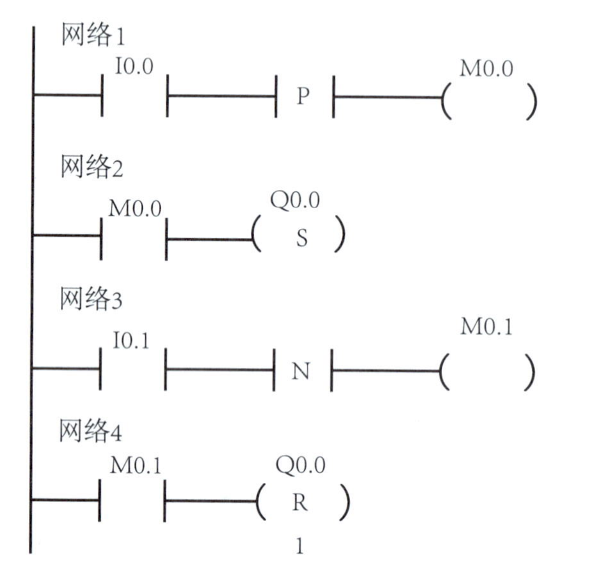

网络1
LD　I0.0　//装入常开触点
EU　　//正跳变
=　M0.0　//输出线圈
网络2
LD　M0.0　//装入常开触点
S　Q0.0, 1　//输出置位
网络3
LD　I0.1　//装入常开触点
ED　　//负跳变
=　M0.1 //输出线圈
网络4
LD　M0.1 //装入常开触点
R　Q0.0, 1 //输出复位

图 9-15　EU/ED 指令的梯形图程序和语句表

时序分析见图 9-16：

程序分析如下：I0.0 的上升沿，经触点（EU）产生一个扫描周期的时钟脉冲，驱动输出线圈 M0.0 导通一个扫描周期，M0.0 的常开触点闭合一个扫描周期，使输出线圈 Q0.0 置位为 1，并保持。I0.1 的下降沿，经触点（ED）产生一个扫描周期的时钟脉冲，驱动输出线圈 M0.1 导通一个扫描周期，M0.1 的常开触点闭合一个扫描周期，使输出线圈 Q0.0 复位为 0，并保持。

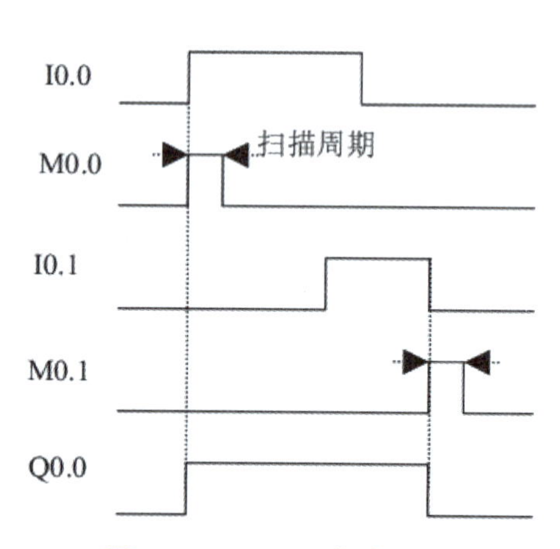

图 9-16　EU/ED 指令时序分析

三、应用实施

该任务的设计难点在于要区分蓄水和用水两个过程中水位的变化。对于水池而言，电磁阀打开是蓄水，水泵打开则是用水；对于水塔而言，水泵打开则是蓄水，而水塔用的水减少则是因为用户使用或自然蒸发所致。对于这两个过程中，一定要把握好对电磁阀和水泵的启动、停止条件的判断。对于水位基于上限位和下限位之间时，究竟是继续蓄水还是不启动蓄水，则要看是处在哪个过程中，即要明确水位变化的方向。

1. PLC 的选型

从上面的分析可知系统有 4 路输入信号，包括水池和水塔的上下限位开关。有 2 路输出信号，用于水池蓄水的电磁阀和给水池抽水给水塔蓄水的水泵电机。输入输出均为开关量。所以控制系统可选用 CPU224，集成 14 输入/10 输出共 24 个数字量 I/O 点，满足控制要求，而且还有一定的余量。

2. I/O 地址分配

水塔水位自动控制系统的 I/O 地址分配见表 9-5。

表 9-5　水塔水位自动控制系统的 I/O 地址分配表

I/O 地址	说明
I0. 1	水塔水位上限 S1，当水位高于此传感器时，I0. 1 状态为 On
I0. 2	水塔水位下限 S2，当水位高于此传感器时，I0. 2 状态为 On
I0. 3	水池水位上限 S3，当水位高于此传感器时，I0. 3 状态为 On
I0. 4	水池水位下限 S4，当水位高于此传感器时，I0. 4 状态为 On
Q0. 1	电磁阀 Y
Q0. 2	水泵电机 M

3. PLC 外部接线图

水塔水位自动控制系统的外部接线图如图 9-17 所示。

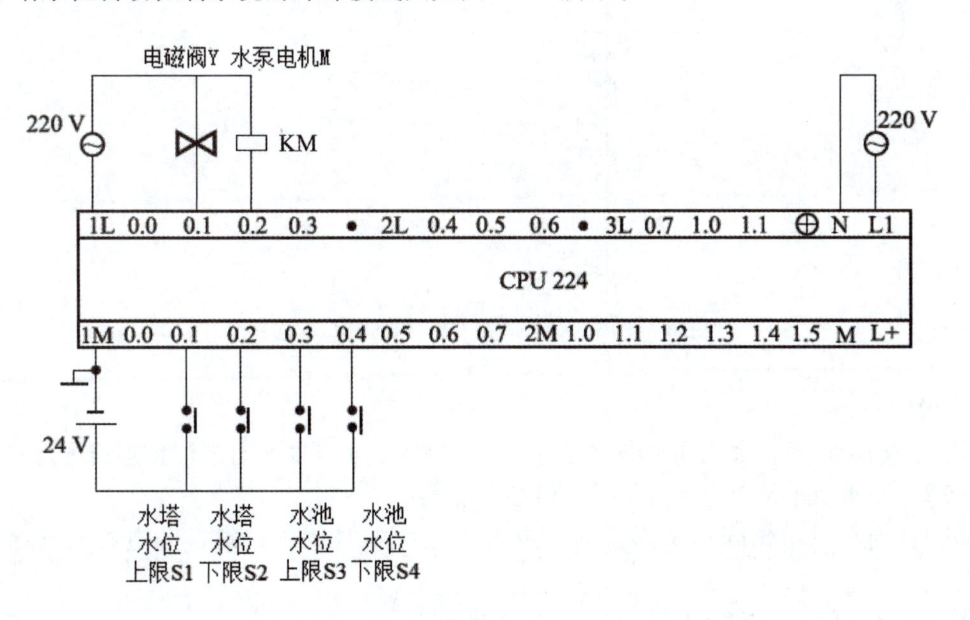

图 9-17　水塔水位自动控制系统的外部接线图

4. PLC 程序

水塔水位自动控制系统的梯形图程序见图 9-18。

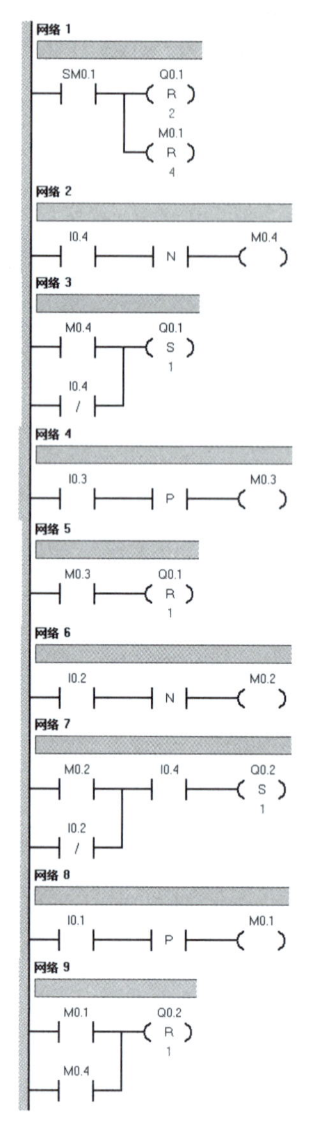

图 9-18　水塔水位自动控制系统的 PLC 梯形图

程序说明：

网络 1：初始状态，水池和水塔内皆为空，电磁阀、水泵及所有液位传感器都为 OFF；

网络 2：当水池水位降至下限位时，S4 发出信号；

网络 3：当水池水位降至下限位时，或者水池中本身无水，则打开电磁阀 Y 给水池注水；

网络 4：当水池水位升至上限位时，S3 发出信号；

网络 5：当水池水位升至上限位时，关闭电磁阀，停止给水池注水；

网络 6：当水塔水位降至下限位时，S2 发出信号；

网络 7：当水塔水位降至下限位时，或者水塔中本身就没有水，则启动水泵 M 从水池中抽水，但前提是水池中有水（水池水位必须在下限位以上）；

网络 8：当水塔水位升至上限位时，S1 发出信号；

网络 9：当水塔水位升至上限位，或者水池中本身无水，水泵都停止工作。

5. 程序调试

检查完后将程序下载到 PLC，运行调试，如有问题，检查排除故障。

四、操作技能考评

通过对本任务相关知识的了解和应用操作实施，对本任务实际掌握情况进行操作技能考评，具体考核要求和考核标准如表 9-6 进行。

表 9-6　任务操作技能考核要求和考核标准

序号	主要内容	考核要求	评分标准	配分	扣分	得分
I1	外围接线	正确进行 I/O 分配，并能正确进行 PLC 外围接线	（1）I/O 分配错误，每处扣 5 分 （2）PLC 端口使用错误，每处扣 5 分	50		
I2	编写程序并下载、调试	（1）能正确编写梯形图程序，并能写出相对应的语句表程序 （2）能够对程序进行时序分析 （3）能熟练地将程序下载到 PLC 中，并能快速、正确地调好程序	（1）梯形图或语句表错误，扣 10 分 （2）时序分析错误，扣 5 分 （3）不能将程序下载到 PLC 中，扣 10 分	50		
备注			指导老师签字 年　月　日			

教学小结

本任务，我们掌握了置位、复位指令的使用，在上一任务中，我们学习了梯形图中的“自锁”这一典型环节，请同学们对比这两者有何异同。

边沿脉冲指令在 PLC 程序设计中的应用颇多，目前我们掌握了两种边沿脉冲指令，一种是针对上升沿产生一个扫描周期的脉冲，另一种是针对前面逻辑运算结果的下降沿产生一个扫描周期的脉冲，两者都可以用来获取启动和停止信号，运用在不同的场合。因此，时序分析在本任务显得非常重要，希望同学们更要学会作时序图来对 PLC 程序进行分析，熟练地掌握时序分析法，可以为今后进行 PLC 的程序设计打下基础。

思考与练习

1. 如图 9-19 所示，设计一个二分频程序。

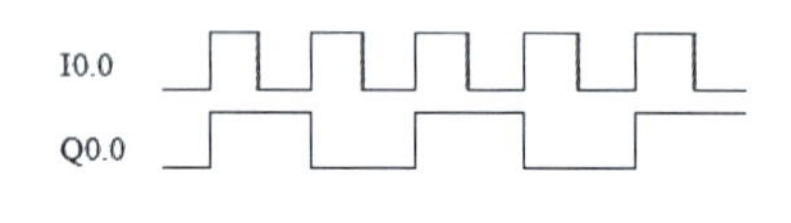

图 9-19　二分频时序图

2. 设计一个汽车库自动门控制系统，其示意图如图 9-20 所示。具体控制要求是：当汽车到达车库门前，超声波开关接收到来车的信号，门电动机正转，门上升，当门升到顶点碰到上限开关，门停止上升，汽车驶入车库后，光电开关发出信号，门电动机反转，门下降，当下降到下限开关后门电动机停止。试画出 PLC 的 I/O 接线图、设计出梯形图程序并加以调试。

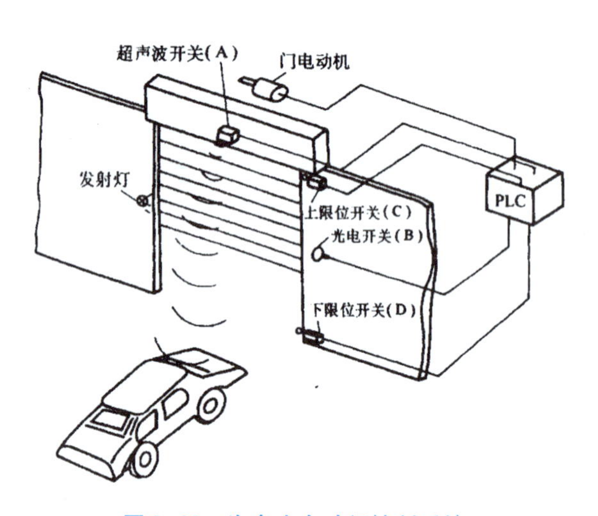

图 9-20　汽车库自动门控制系统

3. 地下停车场的进出入车道为单车道，需设置红绿交通灯来管理车辆的进出（如图 9-21 所示）。红灯表示禁止车辆进出，而绿灯表示允许车辆进出。当有车从一楼出入口处进入地下室，一楼和地下室出入口处的红灯都亮，绿灯熄灭，此时禁止车辆从地下室和一楼出入口处进出，直到该车完全通过地下室出入口处（车身全部通过单行车道），绿灯才变亮，允许车辆从一楼或地下室出入口处进出。同样，当有车从地下室处出入口离开进入一楼时，也是必须等到该车完全通过单行车道出，才允许车辆从一楼或地下室出入口处进出。PLC 初启动时，一楼和地下室出入口处交通灯初始状态为：绿灯亮，红灯灭。

图 9-21　地下停车场出入口进出管制的示意图

任务三　十字路口交通灯 PLC 控制系统的设计

■ **应知点：**

了解 S7-200 PLC 定时器指令的使用。

■ **应会点：**

掌握根据时序图设计 PLC 梯形图程序的能力。

一、任务简述

交通灯控制要求：

该交通灯系统设有启动、停止和屏蔽开关，其中屏蔽开关接通时，交通灯系统仍然运行，但没有输出信号，作为系统的内部测试使用。

当触发启动信号后，南北方向红灯亮时，东西方向绿灯亮，当东西方向绿灯亮到设定时间时（10s），绿灯闪烁三次，闪烁周期为 1s，然后黄灯亮 2s，当东西方向黄灯熄灭后，南北方向绿灯亮，东西方向红灯亮，当南北方向绿灯亮到设定时间时（10s），绿灯闪烁三次，闪烁周期为 1s，然后黄灯亮 2s，当南北方向黄灯熄灭后，再转回南北方向红灯亮，东西方向绿灯亮……周而复始，不断循环，如图 9-22 所示。

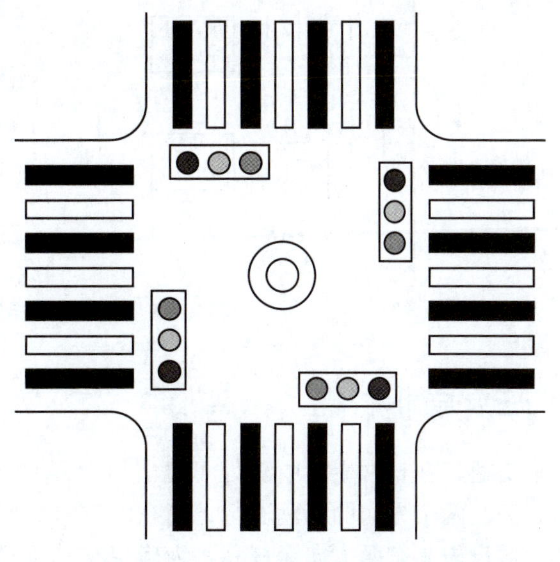

图 9-22　十字路口交通灯控制示意图

二、相关知识

在前面已初步了解一些基本指令，在本任务中，采用时序图对一个控制系统进

行时序分析，通过找出各个输出信号的起止时刻，将各个控制对象用一张时序图表示出来，如图 9-23 所示，由于涉及时间参量，所以在进行系统设计时要用到 S7-200 系列 PLC 的定时器指令。这些指令在前面已经介绍过，本任务就不再介绍，现举两个实例加以说明。

1. 定时器指令应用举例

（1）用接在 I0.0 输入端的光电开关检测传送带上通过的产品，有产品通过时 I0.0 为 ON，如果在 10s 内没有产品通过，由 Q0.0 发出报警信号，用 I0.1 输入端外接的开关解除报警信号。对应的梯形图如图 9-24 所示。

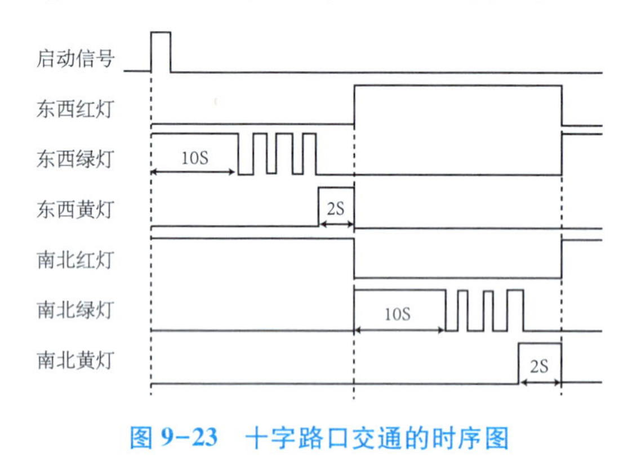

图 9-23　十字路口交通的时序图

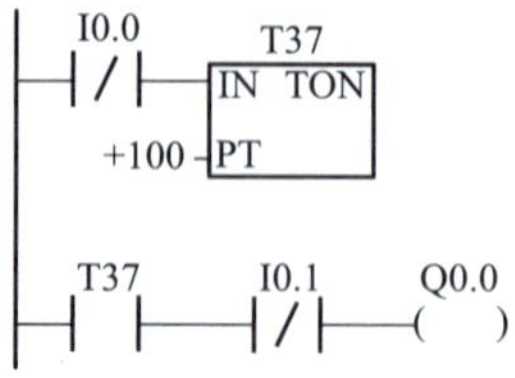

图 9-24　产品检测梯形图

（2）在报警、娱乐场合，闪烁电路随处可见，图 9-25 就是一个典型的闪烁电路的例子。程序及时序分析如图 9-25 所示。程序分析如下：I0.0 的常开触点接通后，T37 的 IN 输入端为 1 状态，T37 开始计时。2s 后定时时间到，T37 的常开触点接通，使 Q0.0 变为 ON，同时 T38 开始计时。3s 后 T38 的定时时间到，它的常闭触点断开，使 T37 的 IN 输入端变为 0 状态，T37 的常开触点断开，Q0.0 变为 OFF，同时使 T38 的 IN 输入端变为 0 状态，其常闭触点接通，T37 又开始定时，以后 Q0.0 的线圈将这样周期性地“通电”和“断电”，直到 I0.0 变为 OFF，Q0.0 线圈“通电”时间等于 T38 的设定值，“断电”时间等于 T37 的设定值。

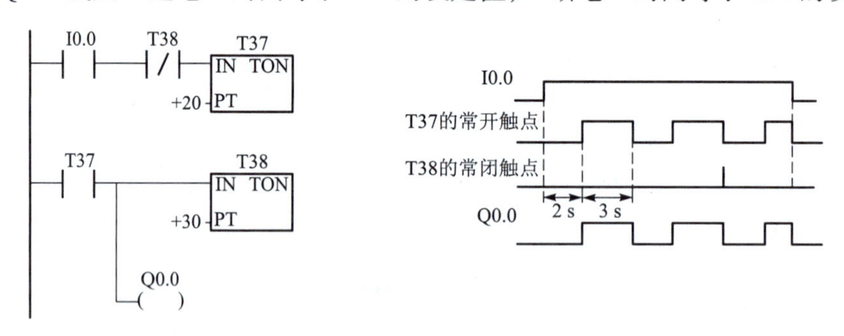

图 9-25　闪烁电路梯形图程序及时序图

三、应用实施

交通灯在日常生活中随处可见。以简单的十字路口交通灯为例，为安全有效地控制东西、南北两个方向的车辆通行，当东西方绿灯亮时，南北方向必然是红灯亮。按照此控制规律，假设先是东西方向绿灯亮，为确保交通安全，1s 后东西方向车灯亮，允许东西方向车

辆通过，当东西方向绿灯时间快到的时候，先是绿灯闪烁几次，然后黄灯亮作为过渡，最后红灯亮禁止通行，同时南北方向绿灯亮起。

1. PLC 的选型

从上面的分析可知本控制系统有 3 路输入信号，分别为交通灯控制系统的启动按钮。有 6 路输出信号，包括南北方向的红灯、绿灯和黄灯，以及东西方向的红灯、绿灯和黄灯。输入输出信号均为开关量。所以控制系统可选用 CPU224，集成 14 输入/10 输出，共 24 个数字量 I/O 点，满足控制要求，而且还有一定的余量。

2. PLC 的 I/O 分配

十字路口交通灯的 PLC 控制系统的 I/O 地址分配如表 9-7 所示。

表 9-7　十字路口交通灯的 PLC 控制系统的 I/O 地址分配表

输入 I 区		输出 Q 区		定时器 T 区	
I0. 0	启动开关	Q0. 0	东西红灯	T37	东西绿灯平光计时
I0. 1	停止开关	Q0. 1	东西绿灯	T38	东西绿灯闪光计时
I0. 2	屏蔽开关	Q0. 2	东西黄灯	T39	东西黄灯计时
		Q0. 3	南北红灯	T40	东西绿灯闪光信号源
		Q0. 4	南北绿灯	T41	东西绿灯闪光信号配合
		Q0. 5	南北黄灯	T42	南北绿灯平光计时
				T43	南北绿灯闪光计时
				T44	南北黄灯计时
				T45	南北绿灯闪光信号源
				T56	南北绿灯闪光信号配合

3. PLC 外部接线图

十字路口交通灯的 PLC 控制系统的外部接线如图 9-26 所示。

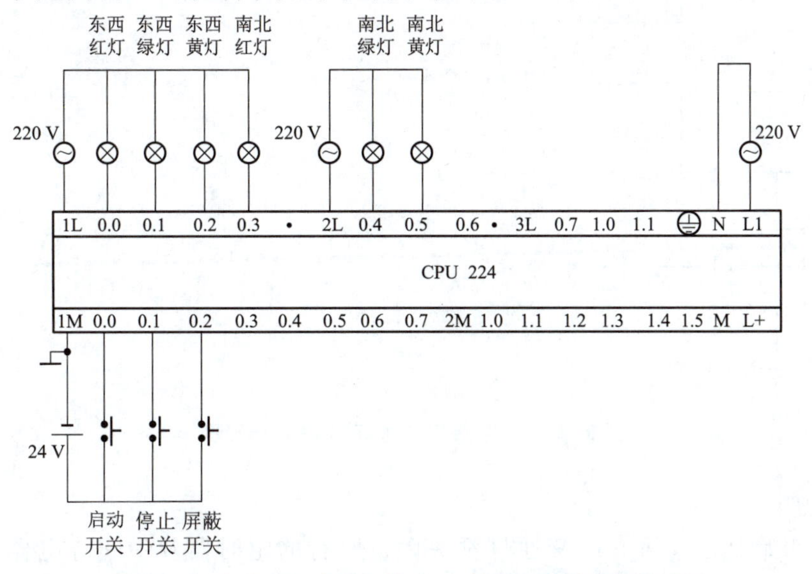

图 9-26　十字路口交通灯的 PLC 控制系统的外部接线图

4. 梯形图程序

十字路口交通灯的 PLC 控制系统的梯形图程序如图 9-27 所示。

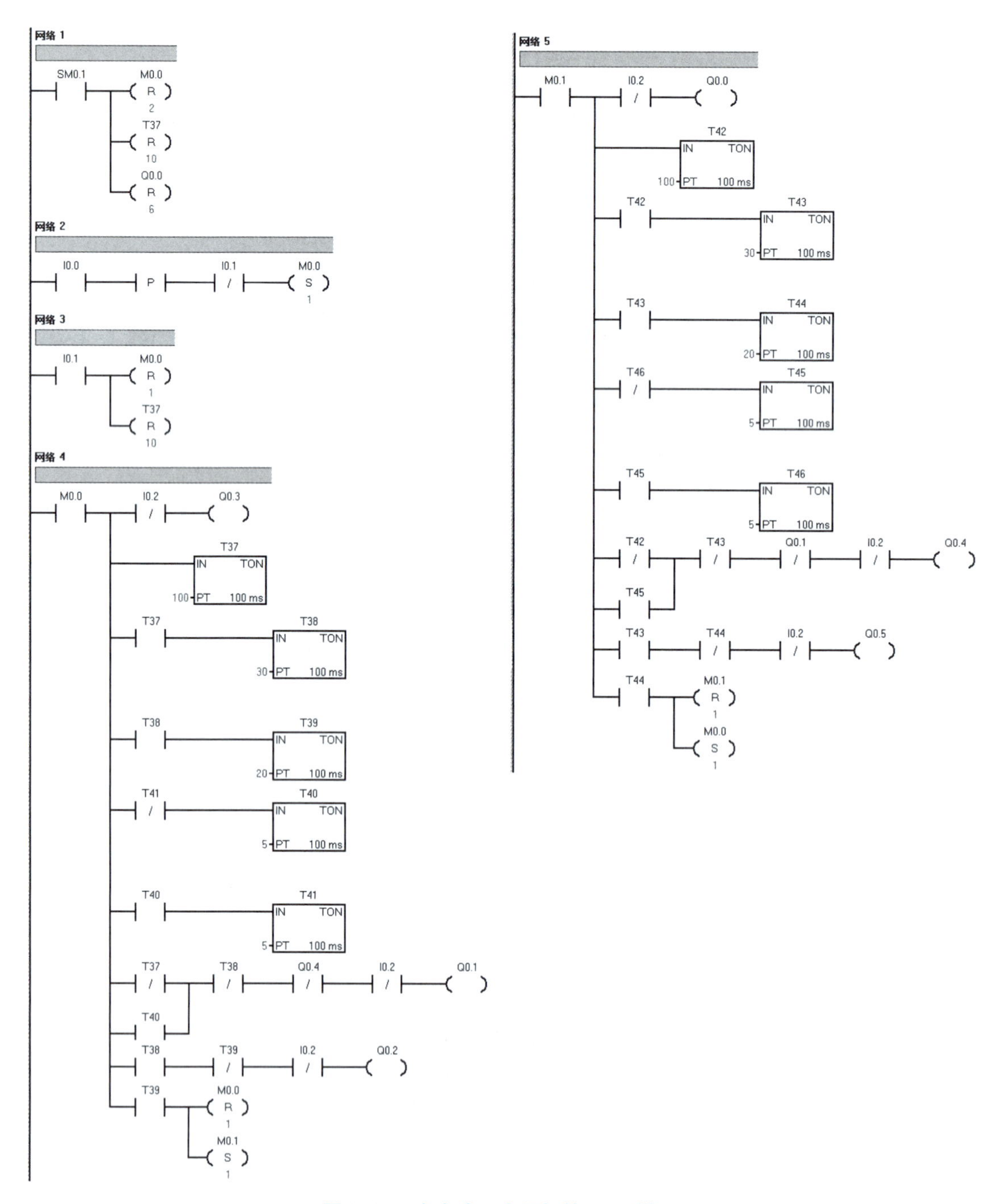

图 9-27 十字路口交通灯的 PLC 梯形图

梯形图说明：

网络 1：初始状态，所有的交通灯都关闭，所有的定时器及中间继电器都处于复位状态。

网络 2：当启动信号上升沿到来，且停止开关未断开，则启动交通灯系统。

网络 3：若停止信号到来，则关闭交通灯系统，并复位所有定时器。

网络 4：M0.0 为交通灯半周期控制标志位，当启动信号到来时，首先是南北红灯点亮，并启动 T37 为东西绿灯计时，屏蔽信号可屏蔽交通灯的输出；10s 后启动 T38 为东西绿灯闪烁计时，东西绿灯闪烁三次，共耗时 3s；3s 后东西黄灯亮 2s；T40 和 T41 组成绿色闪烁子程序，目的是产生周期为 1s，亮、灭各 0.5s 的振荡输出；T37 作为绿灯长亮信号，T40 作为绿灯闪烁时长信号，T38 作为绿灯熄灭信号，Q0.4 为东西、南北绿灯的互锁；T38 为黄灯长亮信号，T39 为黄灯熄灭信号；当东西方黄灯熄灭后，进入交通灯的另外半个周期。

网络 5：M0.1 为交通灯另外半周期的控制信号，此半周期与网络 4 是完全对称的，只需要将“东西”和“南北”颠倒过来即可。

5. 梯形图程序调试

检查完后将程序下载到 PLC，运行调试，如有问题，检查排除故障。

四、操作技能考评

通过对本任务相关知识的了解和应用操作实施，对本任务实际掌握情况进行操作技能考评，具体考核要求和考核标准如表 9-8 所示。

表 9-8　任务操作技能考核要求和考核标准

序号	主要内容	考核要求	评分标准	配分	扣分	得分
1	外围接线	正确进行 I/O 分配，并能正确进行 PLC 外围接线	(1) I/O 分配错误，每处扣 5 分，最多扣 25 分 (2) PLC 端口使用错误，每处扣 5 分，最多扣 25 分	50		
2	编写梯形图并调试程序	(1) 能根据要求熟练画出时序图，并能根据时序图正确编写梯形图 (2) 能熟练地写出语句表程序 (3) 能熟练地将程序下载到 PLC 中，并能快速、正确地调好程序	(1) 时序图错误，扣 10 分 (2) 梯形图或语句表不正确，扣 10 分 (3) 不能将程序下载到 PLC 中，扣 10 分	50		
备注			指导老师签字 年　月　日			

教学小结

定时器是 PLC 中最常用的元器件之一。用好定时器对 PLC 程序设计非常重要。西门子 S7-200 系列 PLC 中常用的定时器主要有 TON、TOF 和 TONR，前两种分别对应继电器控制系统中的通电延时型定时器和断电延时型定时器，第三种是 PLC 特有的保持型定时器。在包含定时器的 PLC 程序中，作时序图非常重要，不仅可以根据梯形图画出时序图（即时序分析），还可以根据时序图反过来设计梯形图程序。根据时序图设计梯形图的关键在于，如果准确地找出各线圈的可靠的开启和关断条件从而据此编写出其程序。

思考与练习

1. 如图 9-28 所示，设计一个皮带运输机传输系统。

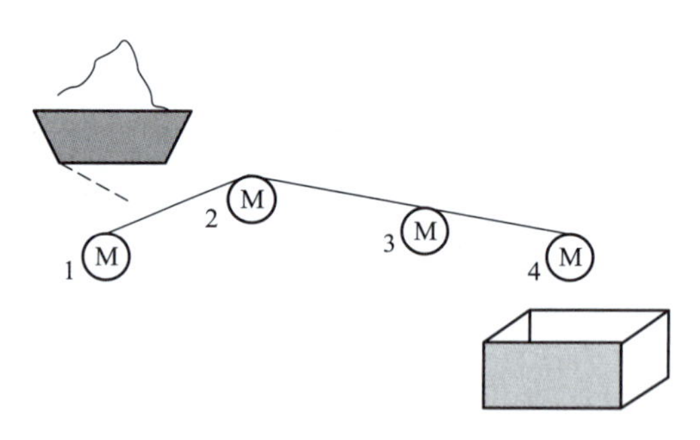

图 9-28　皮带运输机系统示意图

要求：有一个用 4 条皮带运输机构成的传输系统，分别用 4 台电动机 M1、M2、M3、M4 带动，控制要求如下：

（1）启动：M4→M3→M2→M1（间隔 5 s）

（2）停止：M1→M2→M3→M4（间隔 5 s）

（3）当某条皮带运输机发生故障时，该皮带运输机及其前面的皮带运输机立即停止，而该皮带运输机后面的机器待料运完后才停止。例如，M2 出故障，M2、M1 立即停，经 5 s 延时后，M3 停，再经 5 s，M4 停。

2. 设某工件加工过程分为 4 道工序完成，共需 30s，其时序图要求如图 9-29 所示。控制开关接通时，按时序循环运行；控制开关断开时，停止运行。而且每次接通控制开关均从第一道工序开始。编制满足上述控制要求的梯形图程序。

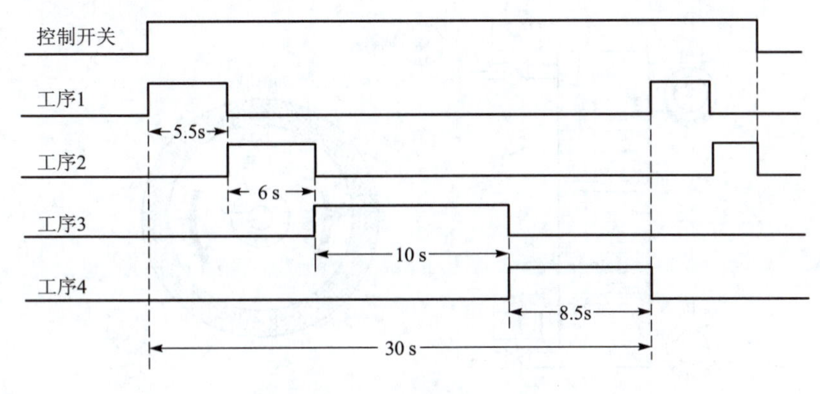

图 9-29　4 道工序控制时序图

任务四　全自动洗衣机 PLC 控制系统的设计

■ 应知点：

了解 S7-200PLC 计数器指令的使用。

■ 应会点：

掌握根据工程状态设计 PLC 梯形图程序的能力。

一、任务简述

全自动洗衣机的工作方式：

（1）按启动按钮，首先进水电磁阀打开，进水指示灯亮。

（2）当水位到达上限时，进水指示灯灭，搅拌轮正反轮流搅拌，各两次。

（3）等待几秒钟，排水阀打开，排水指示灯亮，而后甩干桶灯亮了又灭。

（4）当水位降至下限时，排水指示灯灭，进水指示灯亮。

（5）重复两次（1）~（4）的过程。

（6）水位第三次降至下限时，蜂鸣器报警 5s 后，整个过程结束。

操作过程中，如果按下停止按钮，可随时终止洗衣机的运行。手动排水按钮是独立操作命令，手动排水的前提是水位没有降至下限位，如图 9-30~图 9-31 所示。

二、相关知识

1. 计数器指令介绍

计数器利用输入脉冲上升沿累计脉冲个数。计数器当前值大于或等于预置值时，状态位置 1。

S7-200 系列 PLC 有三类计数器：CTU-加计数器，CTUD-加/减计数器，CTD-减计数器。

（1）计数器指令格式如表 9-9 所示。

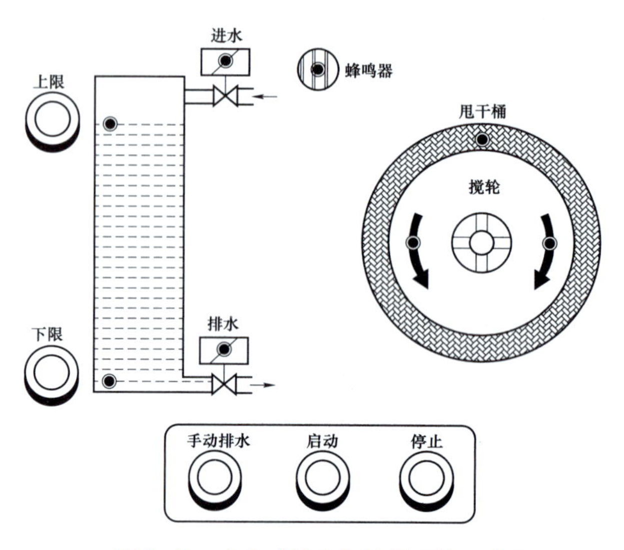

图 9-30　全自动洗衣机控制系统示意图

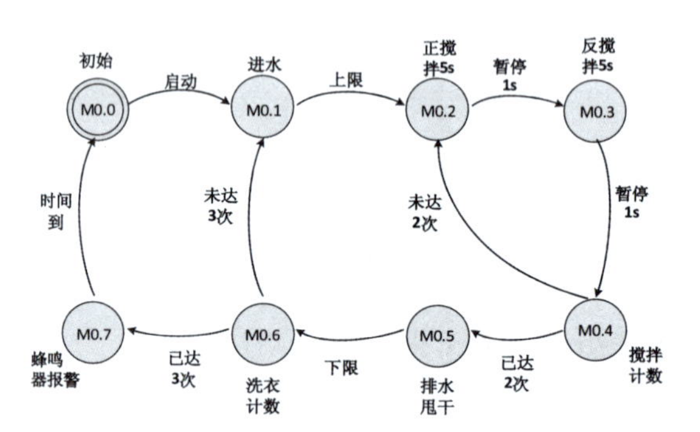

图 9-31　全自动洗衣机的状态转移图

表 9-9　计数器指令格式

<table>
<tr><th>STL</th><th>LAD</th><th>指令使用说明</th></tr>
<tr><td>CTU　Cxxx，PV</td><td>????
CU　CTU
R
????-PV</td><td rowspan="3">（1）梯形图指令符号中：CU 为加计数脉冲输入端；CD 为减计数脉冲输入端；R 为加计数复位端；LD 为减计数复位端；PV 为预置值。
（2）Cxxx 为计数器的编号，范围为：C0～C255。
（3）PV 预置值最大范围：32767；PV 的数据类型：INT；PV 操作数为：VW，T，C，IW，QW，MW，SMW，AC，AIW，K。
（4）CTU/CTUD/CD 指令使用要点：STL 形式中 CU，CD，R，LD 的顺序不能错；CU，CD，R，LD 信号可为复杂逻辑关系。</td></tr>
<tr><td>CTD　Cxxx，PV</td><td>????
CD　CTD
LD
????-PV</td></tr>
<tr><td>CTUD　Cxxx，PV</td><td>????
CU　CTUD
CD
R
????-PV</td></tr>
</table>

（2）计数器工作原理分析。

① 加计数器指令（CTU）：当 CU 端有上升沿输入时，计数器当前值加 1。当计数器当前值大于或等于设定值（PV）时，该计数器的状态位置 1，即其常开触点闭合。计数器仍计数，但不影响计数器的状态位。直至计数达到最大值（32767）。当 R=1 时，计数器复位，即当前值清零，状态位也清零。

② 加/减计数器指令（CTUD）：当 CU 端（CD 端）有上升沿输入时，计数器当前值加 1（减 1）。当计数器当前值大于或等于设定值时，状态位置 1，即其常开触点闭合。当 R=1 时，计数器复位，即当前值清零，状态位也清零。加减计数器计数范围：-32768~32767。

③ 减计数器指令（CTD）：当复位 LD 有效时，LD=1，计数器把设定值（PV）装入当前值存储器，计数器状态位复位（置 0）。当 LD=0，即计数脉冲有效时，开始计数，CD 端每来一个输入脉冲上升沿，减计数的当前值从设定值开始递减计数，当前值等于 0 时，计数器状态位置位（置 1），停止计数。

2. 计数器指令举例

加减计数器指令应用示例，程序及运行时序如图 9-32 所示。

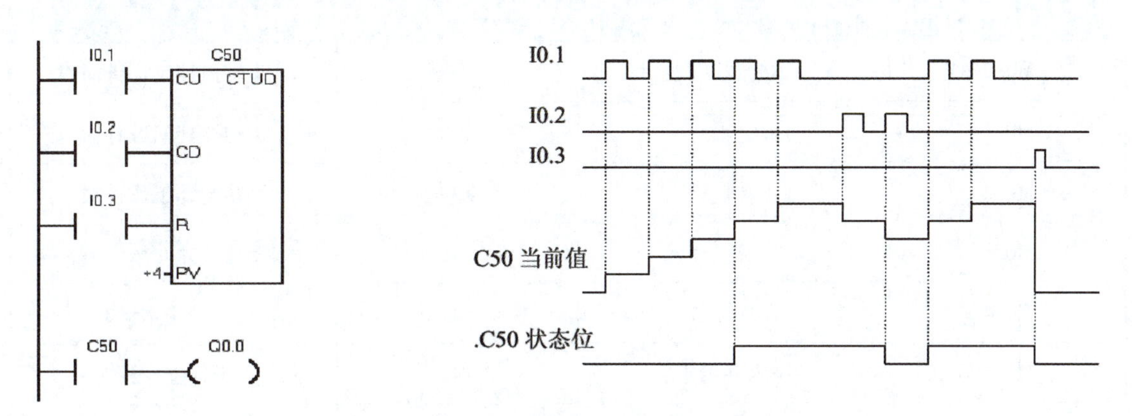

图 9-32　加/减计数器指令应用示例

三、应用实施

工业洗衣机适用于洗涤各种棉织、毛纺、麻类、化纤混纺等衣物织品，在服装厂、水洗厂、工矿企业、学校、宾馆、酒店、医院等的洗衣房具有广泛应用，是减轻劳动强度，提高工作效率，降低能耗的理想设备。从世界上第一台洗衣机问世，工业洗衣机就相伴而生。就像整个工业革命带来的巨变一样，今天越来越自动化的洗涤机械使当年用手搓洗的生活改头换面。

1. PLC 选型

从上面的分析可知本控制系统有 5 路输入信号，为两个液位传感器和三个控制按钮。有 6 路输出信号，包括两个电磁阀、三个接触器和一个蜂鸣器。输入输出信号均为开关量。所以控制系统可选用 CPU224，集成 14 输入/10 输出共 24 个数字量 I/O 点，满足控制要求，而且还有一定的余量。

2. PLC 的 I/O 分配

全自动洗衣机的 PLC 控制系统的 I/O 地址分配见表 9-10。

表 9-10 全自动洗衣机的 PLC 控制系统的 I/O 地址分配表

输入 I 区		输出 Q 区	
I0.0	启动按钮	Q0.0	进水指示灯
I0.1	停止按钮	Q0.1	排水指示灯
I0.2	上限位传感器	Q0.2	正搅拌指示灯
I0.3	下限位传感器	Q0.3	反搅拌指示灯
I0.4	手动排水按钮	Q0.4	甩干桶指示灯
		Q0.5	蜂鸣器指示灯
辅助 M 区		定时器 T 区	
M0.0	初始状态	T37	正转搅拌工作计时
M0.1	进水	T38	正转搅拌间歇计时
M0.2	正转搅拌	T39	反转搅拌工作计时
M0.3	反转搅拌	T40	反转搅拌间歇计时
M0.4	搅拌计数	T41	甩干前排水计时
M0.5	排水并甩干	T42	甩干桶工作计时
M0.6	洗衣计数	T43	蜂鸣器报警计时
M0.7	蜂鸣器		
M1.0、M1.1	甩干桶工作控制		
		计数器 C 区	
		C0	搅拌计数器
		C1	洗衣计数器

3. PLC 外部接线图

全自动洗衣机的 PLC 控制系统的外部接线图如图 9-33 所示。

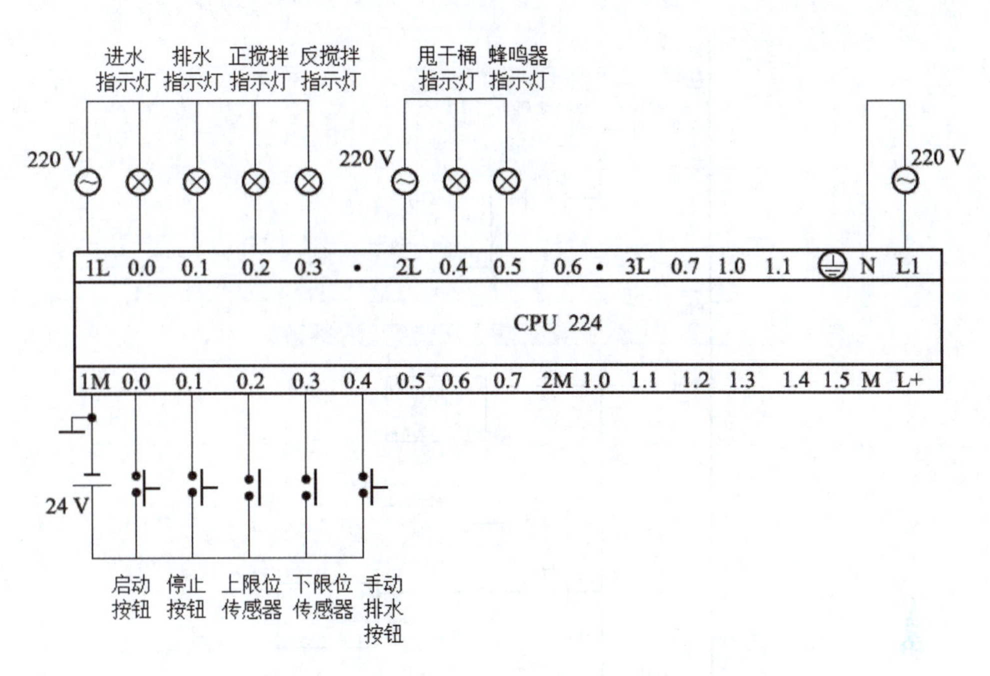

图 9-33　全自动洗衣机的 PLC 控制系统的外部接线图

4. 梯形图程序

全自动洗衣机的 PLC 控制系统的梯形图程序见图 9-34。

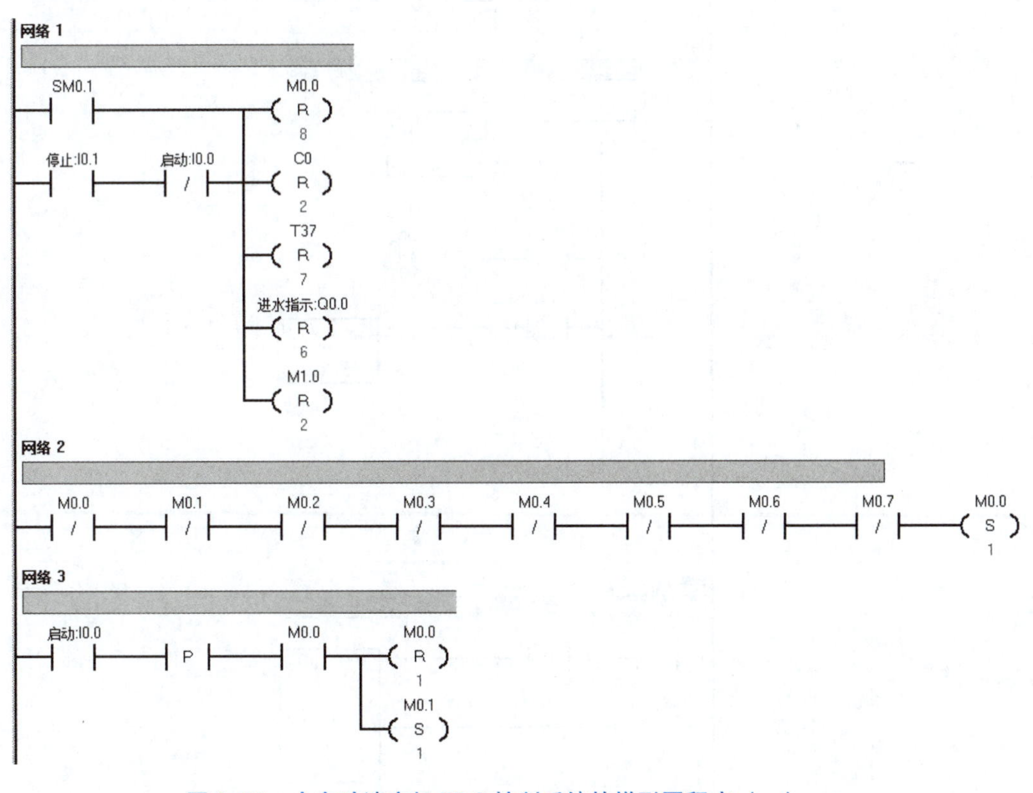

图 9-34　全自动洗衣机 PLC 控制系统的梯形图程序（一）

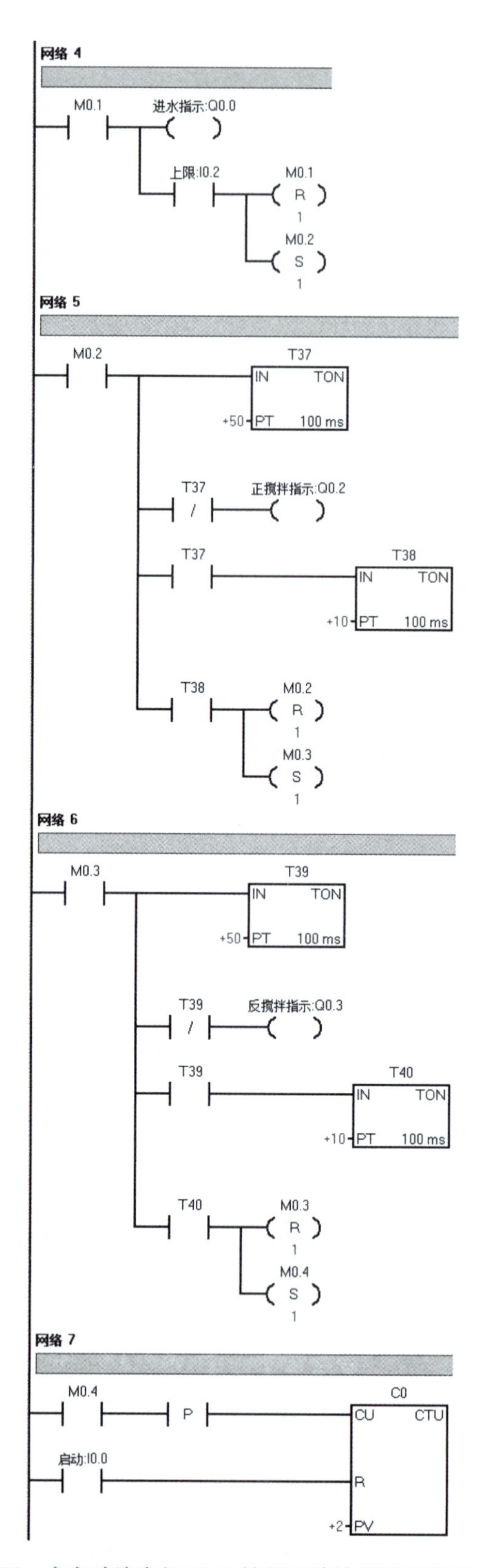

图 9-34　全自动洗衣机 PLC 控制系统的梯形图程序（二）

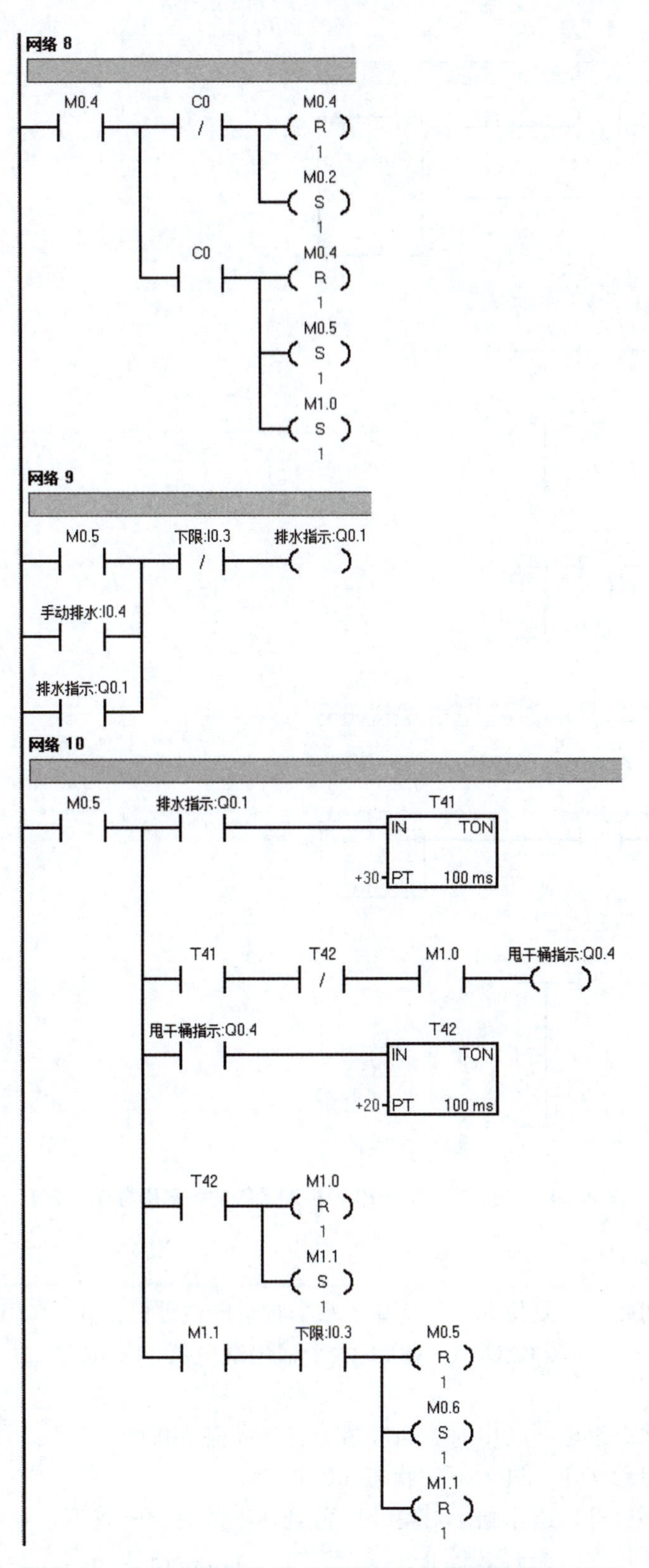

图 9-34　全自动洗衣机 PLC 控制系统的梯形图程序（三）

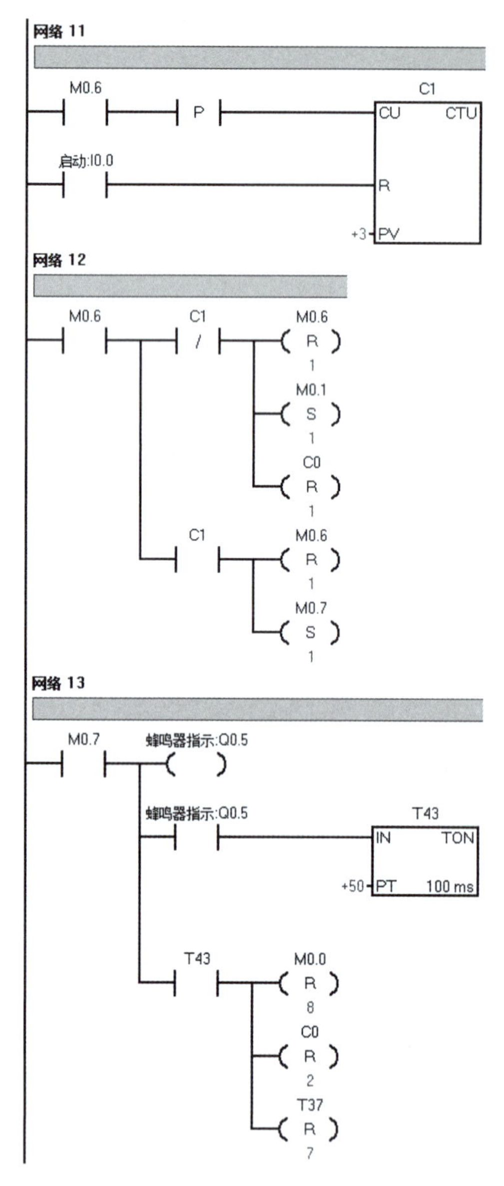

图 9-34　全自动洗衣机 PLC 控制系统的梯形图程序（四）

梯形图程序说明：

网络 1：PLC 初始化，复位 M0.0～M0.7 八个状态继电器，复位 C0、C1 两个计数器，复位 T37～T43 七个定时器，复位 Q0.0～Q0.5 六个输出继电器，复位 M1.0、M1.1 两个辅助继电器。

网络 2：所有状态继电器失电时，自动进入初始状态 M0.0。

网络 3：按下启动按钮，进入下一状态 M0.1。

网络 4：进水阀打开，进水指示灯亮，水位到达上限时，转入下一状态 M0.2。

网络 5：正转搅拌 5s，暂停，停止 1s，转入下一状态 M0.3。

网络 6：反转搅拌 5s，暂停，停止 1s，转入下一状态 M0.4。

网络 7：对搅拌次数进行计数。

网络 8：若搅拌次数未达到 2 次，则重新进入状态 M0.2，继续正、反转搅拌；若搅拌次数达到 2 次，则进入下一状态 M0.5。

网络 9：手动排水过程。若水位为降至下限，则可以使用手动排水。

网络 10：自动排水过程。先排水 3s，然后甩干桶启动，甩干桶工作 2s，2s 后继续排水直至下限。水位达到下限后，转入下一状态 M0.6。

网络 11：对洗衣次数进行计数。

网络 12：若洗衣次数未达到 3 次，则返回状态 M0.1，重复（1）~（4）的过程；若达到 3 次，则转入下一状态 M0.7。

网络 13：蜂鸣器报警 5s，时间到洗衣过程结束。

5. 梯形图程序调试

检查完后将程序下载到 PLC，运行调试，如有问题，检查排除故障。

四、操作技能考评

通过对本任务相关知识的了解和应用操作实施，对本任务实际掌握情况进行操作技能考评，具体考核要求和考核标准如表 9-11 所示。

表 9-11　任务操作技能考核要求和考核标准

序号	主要内容	考核要求	评分标准	配分	扣分	得分
1	外围接线	正确进行 I/O 分配，并能正确进行 PLC 外围接线	（1）I/O 分配错误，每处扣 5 分 （2）PLC 端口使用错误，每处扣 5 分	50		
2	编写梯形图并调试程序	（1）能根据要求熟练画出时序图，并能根据时序图正确编写梯形图 （2）能熟练的写出语句表程序 （3）能熟练地将程序下载到 PLC 中，并能快速、正确的调好程序	（1）时序图错误，扣 10 分 （2）梯形图或语句表不正确，扣 10 分 （3）不能将程序下载到 PLC 中，扣 10 分	50		
备注			指导老师签字 年　　月　　日			

教学小结

计数器是 PLC 中最常用的元器件之一。计数器用于累计计数输入端接收到的由断开到接通的脉冲个数。计数器可提供无数对常开和常闭触点供编程使用，其设定值由程序赋予。它用于记录信号从 OFF 到 ON 变化的次数。它有线圈，有接点（标志位），还有寄存器（存放计数器现值）。有两种计数，一为单向计数，另一为可逆（双向）计数。计数器的结构与定时器基本相同，每个计数器有一个 16 位的当前值寄存器用于存储计数器累计的脉冲数，另有一个状态位表示计数器的状态，若当前值寄存器累计的脉冲数大于等于设定值时，计数器的状态位被置“1”，该计数器的常开触点闭合。

思考与练习

1．组合吊灯问题

要求：用一个按钮控制组合吊灯三挡亮度的控制功能如图 9-35 所示，试编写梯形图程序实现。

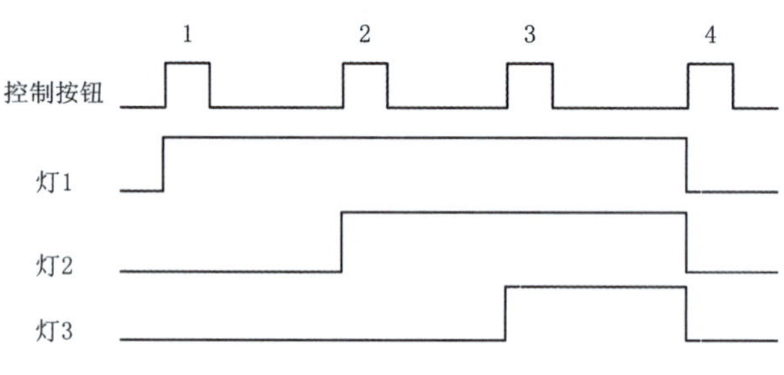

图 9-35　组合吊灯控制时序图

项目十　西门子 S7-200 系列 PLC 在工业控制系统中的应用

任务一　液体混合装置 PLC 控制系统的设计

■ 应知点：

1. 了解 S7-200 系列 PLC 顺序功能图的绘制规则。
2. 了解从顺序功能图转换为梯形图的方法。

■ 应会点：

1. 掌握采用顺序功能图将实际问题进行抽象描述的能力。
2. 掌握将顺序功能图进一步转换为梯形图程序的能力。

一、任务简述

在工业生产中，经常需要将不同的液体按一定比例进行混合。如何应用 PLC 技术构成液体混合控制系统是一项很有实际意义的设计研制课题，如图 10-1 所示。开始时容器是空的，各阀门均关闭，各传感器均为 OFF 状态。控制要求如下：按下启动按钮，进液电磁阀 Y1 为 ON，开始注入液体 A，当液面到达中液位 L2 的高度时，停止注入液体 A。同时进液电磁阀 Y2 为 ON，开始注入液体 B，当液面升高到高液位 L1 的高度时，停止注入液体 B，开启搅拌机 M，搅拌 60s，停止搅拌。同时出液电磁阀 Y3 为 ON，开始放出液体。当液面下降至低液位 L3 的高度，再经 5s 停止放空液体。从而完成一个周期的工作。同时进液电磁阀 Y1 打开，注入液体 A，开始下一周期循环。若中途按下停止按钮，当前工作周期的操作结

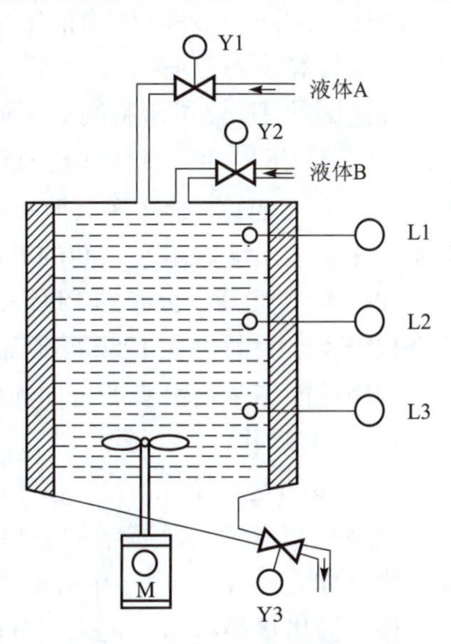

图 10-1　液体混合装置控制系统

束后，才停止工作，返回并停留在初始状态。

二、相关知识

从本任务开始，将采用顺序控制设计法来设计一个 PLC 控制系统，较之前面所采用的经验设计法、时序图设计法不同，顺序控制设计法采用一种特殊的设计语言——顺序功能图来进行控制系统的抽象描述，在本任务中，首先给大家介绍顺序控制法，然后学习一种流行的 PLC 编程语言——顺序功能图，最后学会如何从顺序功能图转换为最终的梯形图程序。

1. 顺序控制法简介

用经验设计法设计梯形图时，没有一套固定的方法和步骤可以遵循，具有很大的试探性和随意性，对于不同的控制系统，没有一种通用的容易掌握的设计方法。在设计复杂系统的梯形图时，需要用大量的中间单元来完成记忆、联锁和互锁等功能，由于需要考虑的因素很多，它们往往又交织在一起，分析起来非常困难，并且很容易遗漏一些应该考虑的问题。修改某一局部电路时，很可能会“牵一发而动全身”，对系统的其他部分产生意想不到的影响，因此梯形图的修改也很麻烦，往往花了很长的时间还得不到一个满意的结果。而且，用经验法设计出的梯形图往往很难阅读，给系统的维修和改进带来了很大的困难。

所谓顺序控制设计法，就是按照生产工艺预先规定的顺序，在各个输入信号的作用下，根据内部状态和时间的顺序，在生产过程中各个执行机构自动有秩序地进行操作。使用顺序控制设计法时首先根据系统的工艺过程，画出顺序功能图，然后根据顺序功能图编写梯形图程序。有的 PLC 为用户提供了顺序功能图语言，在编程软件中生成顺序功能图后便完成了编程工作。

2. 顺序功能图

顺序功能图（Sequential Function Chart，也称状态转移图或功能表图）是描述控制系统的控制过程、功能和特性的一种流程图，也是设计 PLC 的顺序控制程序的有力工具。

顺序功能图并不涉及所描述的控制功能的具体技术，它是一种通用的技术语言，可以供进一步设计和不同专业的人员之间进行技术交流之用。

在法国的 TE 公司研制的 Grafect 的基础上，1978 年法国公布了用于工业过程文件编制的法国标准 AFCET。第二年法国公布了功能图（Function Chart）的国家标准 RAFCET，它提供了所谓的步（Step）和转换（Transition）这两种简单的结构，这样可以将系统划分为简单的单元，并定义出这些单元之间的顺序关系。

1994 年 5 月 IEC 公布的 PLC 标准（IEC 61131）中，顺序功能图被确定为 PLC 位居首位的编程语言。我国也在 1986 年颁布了顺序功能图的国家标准 GB 6988. 6—86。

顺序功能图主要由步、有向连线、转换、转换条件和动作组成。

1）步与动作

（1）步的基本概念。

顺序控制设计法最基本的思想是将系统的一个工作周期划分为若干个顺序相连的阶段，这些阶段称为步（Step），并用编程元件（如位存储器 M 或顺序控制继电器 S）来代表各步。步是根据输出量的状态变化来划分的，在任何一步之内，各输出量的 ON/OFF 状态不变，但是相邻两步输出量总的状态是不同的。步的这种划分方法使代表各步的编程元件的状态与各输出量的状态之间有着极为简单的逻辑关系。

顺序控制设计法用转换条件控制代表各步的编程元件，让它们的状态按一定的顺序变化，然后用代表各步的编程元件去控制 PLC 的各输出位。

图 10-2 所示的波形图给出了锅炉的鼓风机和引风机的控制要求。按下启动按钮 I0.0 后，应先开引风机，延时 12s 后再开鼓风机。按下停止按钮 I0.1 后，应先停鼓风机，10s 后再停引风机。

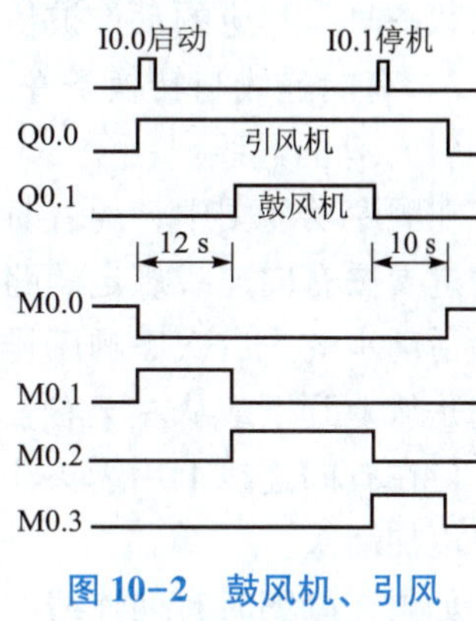

图 10-2　鼓风机、引风机的时序图

根据 Q0.0 和 Q0.1 ON/OFF 状态的变化，显然一个工作期间可以分为 3 步，分别用 M0.1～M0.3 来代表这 3 步，另外还应设置一个等待启动的初始步 M0.0。图中描述该系统的顺序功能图，图中用矩形方框表示步，方框中可以用数字表示该步的编号，也可以用代表该步的编程元件的地址作为步的编号，如 M0.1 等，这样在根据顺序功能图设计梯形图时较为方便。

（2）初始步。

与系统的初始状态相对应的步称为初始步，初始状态一般是系统等待启动命令的相对静止的状态。初始步用双线方框表示，每一个顺序功能图至少应该有一个初始步。

（3）与步对应的动作或命令。

可以将一个控制系统划分为被控系统和施控系统。例如，在数控车床系统中，数控装置是施控系统，而车床是被控系统。对于被控系统，在某一步中要完成某些“动作”（Action）；对于施控系统，在某一步中则要向被控系统发出某些“命令”（Command）。为了叙述方便，下面将命令或动作统称为动作，并用矩形框中的文字或符号表示，该矩形框应与相应的步的符号相连。

如果某一步有几个动作，可以用如图 10-3 所示的画法来表示，但是并不隐含这些动作之间的任何顺序。说明命令的语句应清楚地表明该命令是存储型的还是非存储型的。例如，某步的存储型命令“打开 1 号阀并保持”，是指该步活动时 1 号阀打开，该步不活动时继续打开；非存储型命令“打开 1 号阀”，是指该步活动时打开，不活动时关闭。

图 10-3 中在连续的 3 步内输出位 Q0.0 均为 1 状态，为了简化顺序功能图和梯形图，可以在第 2 步将 Q0.0 置位，返回初始步后将 Q0.0 复位，如图 10-4 所示。

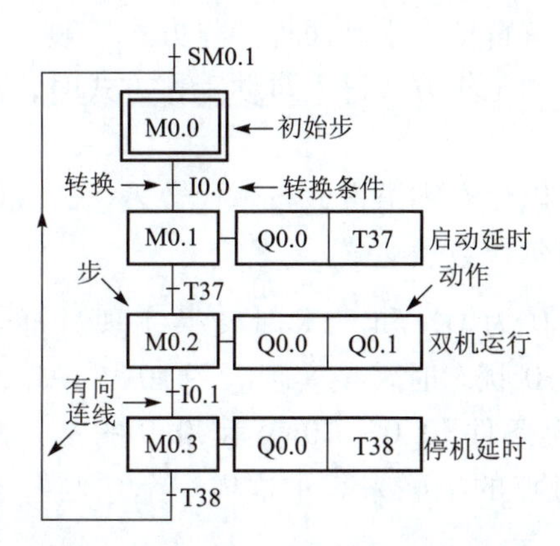

图 10-3　鼓风机、引风机的顺序功能图

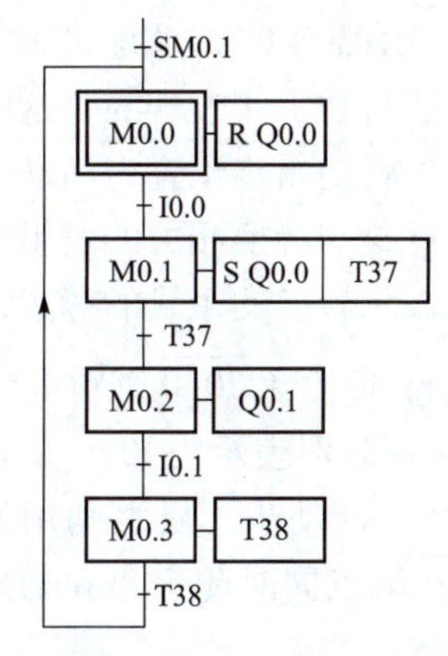

图 10-4　用置位/复位指令表示存储型动作

（4）活动步。

当系统正处于某一步所在的阶段时，该步处于活动状态，称该步为“活动步”。步处于活动状态时，相应的动作被执行；处于不活动状态时，相应的非存储型动作被停止执行。

2）有向连线与转换条件

（1）有向连线。

在顺序功能图中，随着时间的推移和转换条件的实现，将会发生步的活动状态的进展，这种进展按有向连线规定的路线和方向进行。在画顺序功能图时，将代表各步的方框按它们成为活动步的先后次序顺序排列，并用有向连线将它们连接起来。步的活动状态习惯的进展方向是从上到下或从左至右，在这两个方向有向连线上的箭头可以省略。如果不是上述的方向，应在有向连线上用箭头注明进展方向。在可以省略箭头的有向连线上，为了更易于理解也可以加箭头。

如果在画图时有向连线必须中断（如在复杂的图中或用几个图来表示一个顺序功能图时），应在有向连线中断之处标明下一步的标号和所在的页数。

（2）转换。

转换用有向连线上与有向连线垂直的短画线来表示，转换将相邻两步分隔开。步的活动状态的进展是由转换的实现来完成的，并与控制过程的发展相对应。

（3）转换条件。

使系统由当前步进入下一步的信号称为转换条件，转换条件可以是外部的输入信号，如按钮、指令开关、限位开关的接通或断开等；也可以是 PLC 内部产生的信号，如定时器、计数器常开触点的接通等，转换条件还可能是若干个信号的与、或、非逻辑组合。

顺序功能图中的启动按钮 I0.0 和停止按钮 I0.1 的常开触点、定时器延时接通的常开触点是各步之间的转换条件。图中有两个 T37，它们的意义完全不同。与步 M0.1 对应的方框相连的动作框中的 T37 表示 T37 的线圈应在步 M0.1 所在的阶段“通电”，在梯形图中，T37 的指令框与 M0.1 的线圈并联。转换旁边的 T37 对应于 T37 延时接通的常开触点，它被用来作为步 M0.1 和 M0.2 之间的转换条件。

在顺序功能图中，只有当某一步的前级步是活动步时，该步才有可能变成活动步。如果用没有断电保持功能的编程元件代表各步，进入 RUN 工作方式时，它们均处于 OFF 状态，必须用初始化脉冲 SM0.1 的常开触点作为转换条件，将初始步预置为活动步，否则因为顺序功能图中没有活动步，系统将无法工作。如果系统有自动、手动两种工作方式，顺序功能图是用来描述自动工作过程的，这时还应在系统由手动工作方式进入自动工作方式时，用一个适当的信号将初始步预置为活动步。

转换条件是与转换相关的逻辑命题，转换条件可以用文字语言、布尔代数表达式或图形符号标注在表示转换的短线的旁边，使用最多的是布尔代数表达式。

转换条件 I0.0 和 $\overline{\text{I0.0}}$ 分别表示当输入信号 I0.0 为 ON 和 OFF 时转换实现。符号 ↑I0.0 和 ↓I0.0 分别表示当 I0.0 从 0→1 状态和从 1→0 状态时转换实现。图 10-5 中用高电平表示步 12 为活动步，反之则用低电平表示。转换条件 I0.0 · C0 表示 I0.0 的常开触点与 C0 的常开触点同时闭合，在梯形图中则用两个触点的串联来表示这样一个“与”逻辑关系。

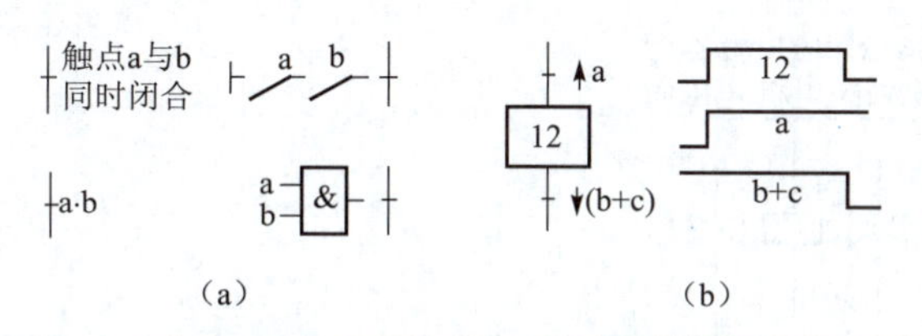

图 10-5　转换条件表示图

（a）转换条件的图形符号表示；（b）转换条件的电平表示

三、应用实施

液体混合装置在许多化工企业中经常见到，目的是通过参与一定比例的若干种液体得到一个混合液以供工业上使用，整个过程由机器自动完成。这套装置主要由若干电磁阀和液位传感器组成。电磁阀包括进液阀和出液阀。液位传感器根据不同的需要设置在不同的高度，以实现液体容积的控制。液位传感器的工作原理是：当没有液体时，液位传感器无信号，处于 OFF 状态，当液面淹没液位传感器时，液位传感器变为 ON。根据实际情况需要，液体混合装置中还需要搅拌机甚至电阻丝加热。搅拌机由时间参量控制，而电阻丝加热可以通过温度传感器控制。

1. PLC 的选型

从上面的分析可知本控制系统有 5 路输入信号，分别为高、中、低 3 个位置的液位传感器以及启动、停止两个按钮信号。有 4 路输出信号，包括 3 个电磁阀，其中两个进液阀和一个出液阀，以及一个控制搅拌电动机的接触器。输入输出信号均为开关量。所以控制系统可选用 CPU224，集成 14 输入/10 输出，共 24 个数字量 I/O 点，满足控制要求，而且还有一定的余量。

2. I/O 分配

液体混合装置 PLC 控制系统的 I/O 地址分配如表 10-1 所示。

表 10-1　液体混合装置 PLC 控制系统的 I/O 地址分配表

输　入		输　出	
地址	元件说明	地址	元件说明
I0. 0	中液位传感器 L2	Q0. 0	液体 A 进液电磁阀 Y1
I0. 1	高液位传感器 L1	Q0. 1	液体 B 进液电磁阀 Y2
I0. 2	低液位传感器 L3	Q0. 2	搅匀电动机接触器
I0. 3	启动按钮	Q0. 3	混合液 C 出液电磁阀 Y3
I0. 4	停止按钮		

3. PLC 外部接线图

液体混合装置 PLC 控制系统的外部接线如图 10-6 所示。

4. 顺序功能图

液体混合装置 PLC 控制系统的顺序功能图如图 10-7 所示。

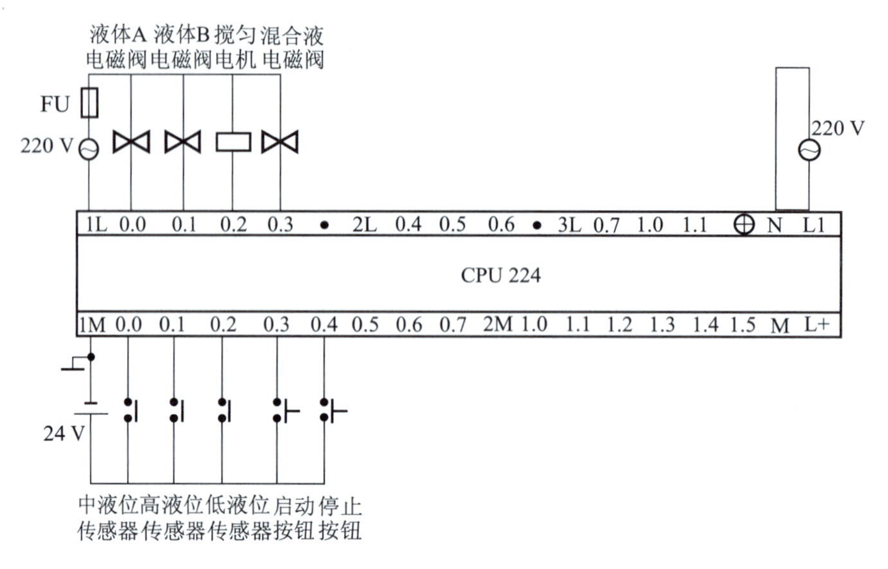

图 10-6　液体混合装置的 PLC 控制系统的外部接线

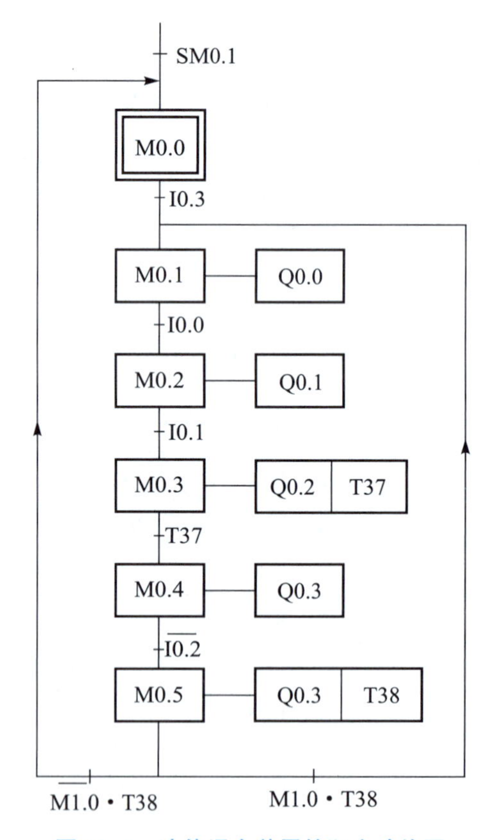

图 10-7　液体混合装置的顺序功能图

5. 梯形图程序

液体混合装置 PLC 控制系统的梯形图程序如图 10-8 所示。

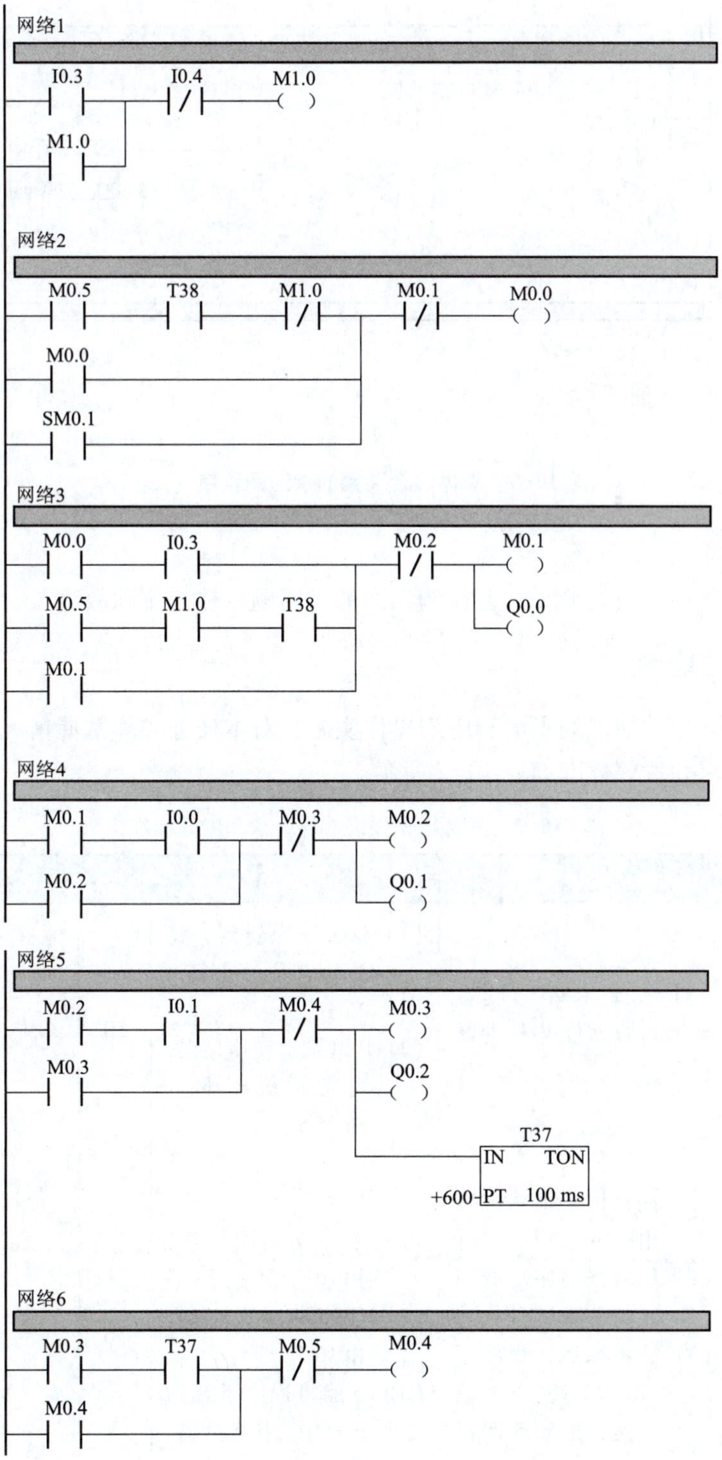

网络1

I0.3　I0.4　M1.0

M1.0

网络2

M0.5　T38　M1.0　M0.1　M0.0

M0.0

SM0.1

网络3

M0.0　I0.3　M0.2　M0.1

M0.5　M1.0　T38　Q0.0

M0.1

网络4

M0.1　I0.0　M0.3　M0.2

M0.2　Q0.1

网络5

M0.2　I0.1　M0.4　M0.3

M0.3　Q0.2

T37

IN　TON

+600-PT　100 ms

网络6

M0.3　T37　M0.5　M0.4

M0.4

图 10-8　液体混合装置的梯形图程序（一）

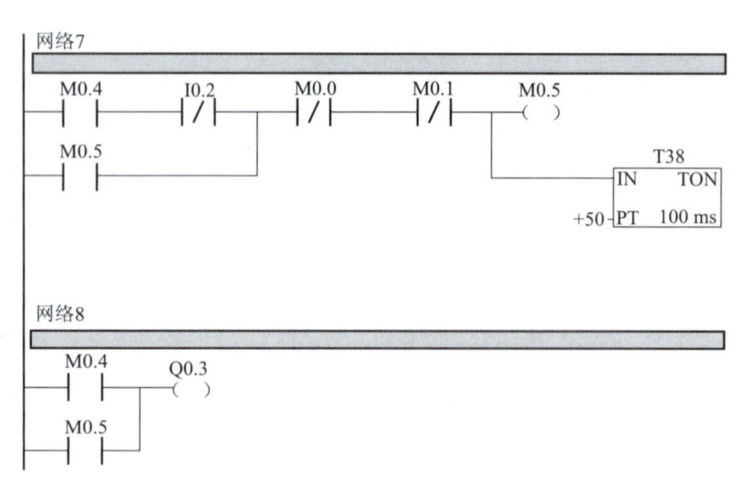

图 10-8　液体混合装置的梯形图程序（二）

6. 程序调试

检查完后将程序下载到 PLC，运行调试，如有问题，检查排除故障。

四、操作技能考评

通过对本任务相关知识的了解和应用操作实施，对本任务实际掌握情况进行操作技能考评，具体考核要求和考核标准如表 10-2 所示。

表 10-2　任务操作技能考核要求和考核标准

序号	主要内容	考核要求	评分标准	配分	扣分	得分
1	外围接线	正确进行 I/O 分配，并能正确进行 PLC 外围接线	（1）I/O 分配错误，每处扣 5 分，最多扣 25 分 （2）PLC 端口使用错误，每处扣 5 分，最多扣 25 分	50		
2	编写梯形图程序并调试	（1）能根据要求熟练画出顺序功能图 （2）能根据顺序功能图正确编写梯形图 （3）能熟练地将程序下载到 PLC 中，并能快速、正确地调好程序	（1）顺序功能图错误，扣 10 分 （2）程序调试不正确，扣 10 分 （3）不能将程序下载到 PLC 中，扣 5 分	50		
备注			指导老师签字 年　月　日			

教学小结

1. 顺序控制设计法最基本的思想是将系统的一个工作周期划分为若干个顺序相连的阶段，这些阶段称为步。

2. 步是根据 PLC 输出状态的变化来划分的，在任何一步之内，各输出状态不变，但是相邻步之间输出状态是不同的。

3. 使系统由当前步转入下一步的信号称为转换条件。转换条件可能是外部输入信号，也可能是 PLC 内部产生的信号。

4. 在顺序功能图中，步的活动状态的进展是由转换的实现来完成的。转换实现必须同时满足两个条件：

（1）该转换所有的前级步都是活动步。

（2）相应的转换条件得到满足。

思考与练习

1. 什么是顺序控制法？它与经验设计法有什么不同？

2. 在顺序控制法中，步的划分依据是什么？

3. 在设计顺序功能图时要注意哪些问题？

4. 如果在混合液体进行搅拌之前先加热，加热到一定温度后再进行搅拌，请问这个控制系统该如何修改，请分别写出硬件部分和软件部分的修改方案。

5. 画出如图 10-9 所示波形的顺序功能图。

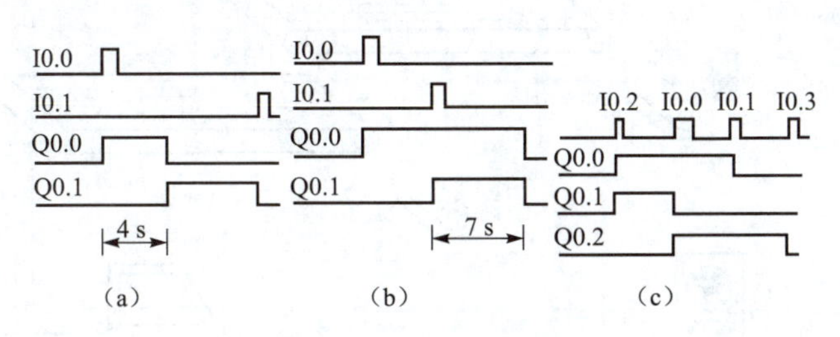

图 10-9　时序波形图

任务二　自动送料装卸系统的设计

■ 应知点：

了解顺序控制继电器指令的使用。

■ 应会点：

掌握使用顺序控制继电器指令进行程序设计的方法。

一、任务简述

图10-10所示为自动送料装车系统示意图。其工作方式如下：

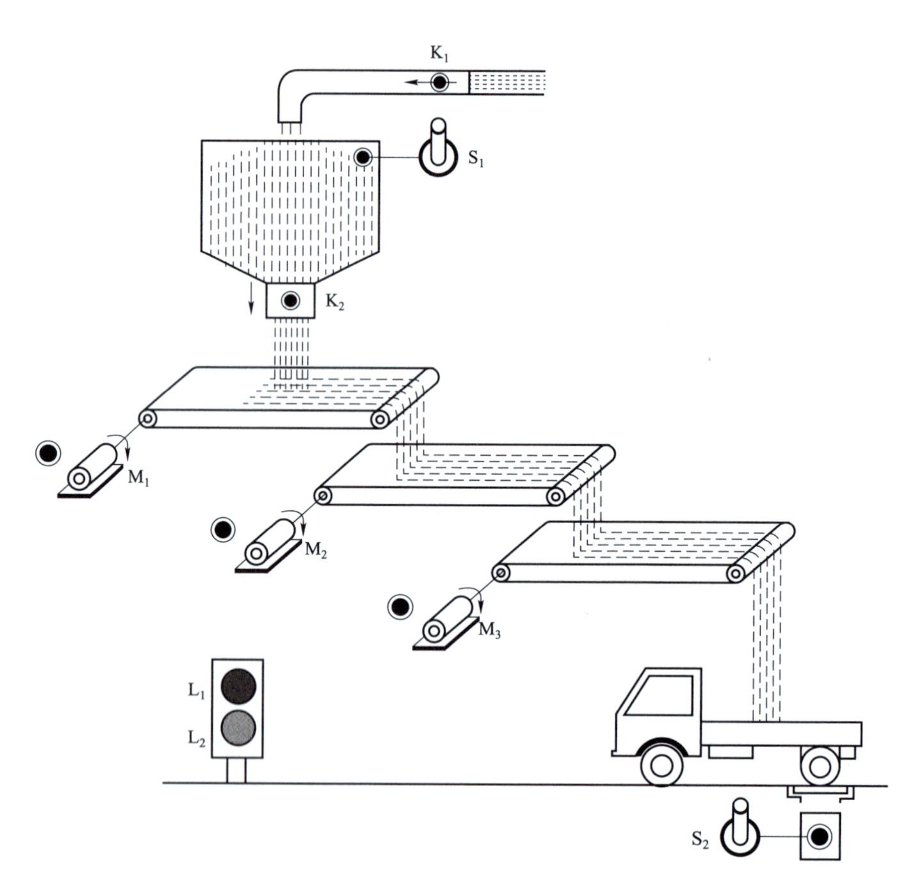

图10-10　自动送料装车系统示意图

初始状态，红灯L2灭，绿灯L1亮，表示允许汽车进来装料。料斗出料阀门K2，传送带电机M1、M2、M3皆为OFF。当汽车到来时（用S2开关接通表示），L2亮，L1灭，电机

M3 先运行，电机 M2 在 M3 启动 3 s 后开始运行，电机 M1 在 M2 启动 3 s 后开始运行。再等待 3 s 后，K2 打开出料。当汽车装满后（用 S2 断开表示），K2 关闭，等待 3 s 后，电机 M1 停止，电机 M2 在 M1 停止 3 s 后停止，电机 M3 在 M2 停止 3 s 后停止。L1 亮，L2 灭，表示汽车可以开走。S1 是料斗中料位检测开关，其闭合表示料满，出料阀 K2 可以打开，其分断表示料斗未满，此时进料阀 K1 打开，而 K2 关闭。

二、相关知识

在上一个任务中我们已经掌握了顺序控制法和顺序功能图对一个复杂的 PLC 控制系统进行设计，S7-200 系列 PLC 还专门提供了一类用于顺序控制系统设计的指令，即顺序控制继电器指令，在本次任务中，我们将学习顺序控制继电器指令及其程序设计。

1. 顺序控制继电器指令

用梯形图或语句表方式编写程序固然广为电气技术人员接受，但对于一个复杂的控制系统，尤其是顺序控制程序，由于内部的连锁、互动关系极其复杂，其梯形图往往长达数百行，通常要由熟练的电气工程师才能编制出这样的程序。另外，如果在梯形图上不加注释，则这种梯形图的可读性也会大大降低。

近年来. 许多新生产的 PLC 在梯形图语言之外加上了顺序控制指令，采用一般编程语言，用于编制复杂的顺序控制程序。利用这种编程方法，使初学者也很容易偏写出复杂的顺序控制程序. 即便是熟练的电气工程师用这种方法后也能大大提高工作效率。另外这种方法也为调试、试运行带来许多方便。

S7-200CPU 含有 256 个顺序控制继电器用于顺序控制。S7-200 包含顺序控制指令。它可以模仿控制进程的步骤，对程序逻辑分块。可以将程序分成单个流程的顺序步骤，也可同时激活多个流程。可以使单个流程有条件地分成多支单个流程，也可以使多个流程有条件地重新汇集成单个流程。从而对一个复杂的工程可以十分方便地编制控制程序。

S7-200 的顺序控制包括三个指令：即顺控开始指令（SCR），顺控转换指令（SCRT）和顺控结束指令（SCRE）。顺控程序段是从 SCR 开始到 SCRE 结束。

1）顺控开始指令

顺控开始指令的表示：顺控开始指令由顺控开始指令助记符（SCR）和顺控继电器 Sn 组成，其中 n 为顺控继电器的位号。其梯形图和语句表表示如图 10-11（a）所示。

顺控开始指令的操作：当顺控继电器 Sn=1 时，启动 SCR n 段的顺控程序，顺控程序从标记 SCR n 开始，到 SCRE 指令终止。在执行到 SCR n 之前一定要使 Sn 置位才能进到 SCR n 顺控程序段。顺控程序段一定要从 SCR n 开始。

数据范围：n=0. 0~31. 7

图 10-11　SCR 指令的梯形图及语句表格式

2）顺控转换指令

顺控转换指令的表示：顺控转换指令由顺控转换指令助记符（SCRT）和顺控继电器 Sn 组成，其中 n 为顺控继电器的位号。其梯形图和语句表表示如图 10-11（b）所示。

顺控转换指令的操作：在执行到 SCRE 之前，顺序控制转换（SCRT）指令确定要启动的下一个 SCR 位（将要设定的下 n 位）。事实上在执行 SCRT 指令，就终结了前一个 SCR 程序段（即本段的 Sn 被复位），而启动下一 SCR 程序段（即下一段顺控继电器被置位）。只等执行到 SCRE 指令时就过渡到下一个顺控程序段。

数据范围：n=0.0~31.7。

3）顺控结束指令

顺控结束指令的表示：顺控结束指令由顺控结束指令助记符（SCRE）构成。其梯形图和语句表表示如图 10-11（c）所示。

顺控结束指令的操作：执行到 SCRE 意味着本 SCR n 程序段的结束。紧接着要执行下一个（或几个）等于 1 的顺控继电器开始的顺控程序段，一个顺控程序段要用 SCRE 结束。

理解 SCR 指令：

顺序控制为应用程序设计提供组织操作或顺序进入程序段的一项技术。用户程序的分段区域允许更简单地进行编程及监控。对于顺序控制指令，由 SCR 与 SCRE 指令之间的全部逻辑组成 SCR 段，能否执行顺控程序段取决于 S n 的值。SCRT 指令设定 S 位，启动下一个 SCR 段，并复位本部分的 S 位。

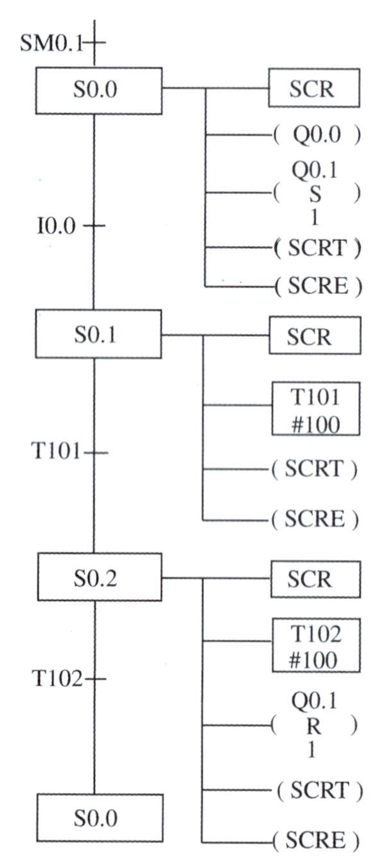

图 10-12 状态转移图应用范例

不能在多个程序内使用相同的 S 位。例如，如果在主程序内使用 S0.1，则不能再在子程序内使用。

不能在 SCR 段内使用 JMP 及 LBL 指令。这意味着不允许转入、转内或转出 SCR 段。可以围绕 SCR 段使用跳转及标签指令。

不能在 SCR 段内使用 FOR，NEXT，或 END 指令。

2. 状态转移图

S7-200 的顺序控制继电器（S）的状态在顺序控制过程中反映了各个顺控程序段是否应该被执行。从这个意义上讲顺序控制继电器的状态代表了工程中各个工作过程的状态，而工程状态的变化也就是顺序控制继电器状态的转移。状态转移图可以很方便地把工程状态用顺序控制继电器的状态描述出来，因而它也很容易地转换成梯形图或语句表程序。

状态转移图应用实例见图 10-12。图中，当 S0.0=1 时，系统进入 S0.0 顺控程序段。在这一程序段中，使 Q0.0 输出 1，使 Q0.1 置位。当 I0.1=1 时，状态由 S0.0 转为 S0.1。由状态转移图过渡到

梯形图或语句表程序是很方便的。从图中可以看到一个 SCR 顺控程序段起始于 SCR 指令，终止于 SCRE 指令。在执行到 SCRE 之前一定要有顺控转移指令 SCRT。还应该注意到，在一个顺控程序段中用 OUT 指令的输出只能在本程序段内保持，为了在本程序段也能保持的输出，应该使用置位指令 S。还应该注意到顺控转移条件（I0.1）和顺控转移指令（SCRT）的编程方法及语句的位置。

三、应用实施

自动送料装卸系统的关键是如何控制三级传送带的运行和停止。三级传送带的启动必须是最下面的最先启动，最上面的最后启动，而停止则反过来。这就是所谓的“顺序启动，逆序停止”，所不同的是，这次是以时间为参量，实现自动控制。

1. PLC 选型

从上面的分析可知本控制系统有 2 路输入信号，即两个限位开关。有 7 路输出信号，包括两个指示灯、两个电磁阀和三个接触器（分别控制三级传送带的电动机）。输入输出信号均为开关量。所以控制系统可选用 CPU224，集成 14 输入/10 输出共 24 个数字量 I/O 点，满足控制要求，而且还有一定的余量。

2. I/O 编址

自动送料装车系统的 I/O 地址分配见表 10-3。

表 10-3　自动送料装车系统的 I/O 地址分配表

输入		输出	
I0.0	料斗上限位开关 S1	Q0.0	进料阀 K1
I0.1	汽车位置检测开关 S2	Q0.1	出料阀 K2
		Q0.2	第 1 级传送带拖动电机 M1
		Q0.3	第 2 级传送带拖动电机 M2
		Q0.4	第 3 级传送带拖动电机 M3
		Q0.5	绿灯 L1
		Q0.6	红灯 L2

3. PLC 外部接线图

自动送料装车 PLC 控制系统的外部接线图见图 10-13。

4. 顺序功能图

自动送料装车 PLC 控制系统的顺序功能图见图 10-14。

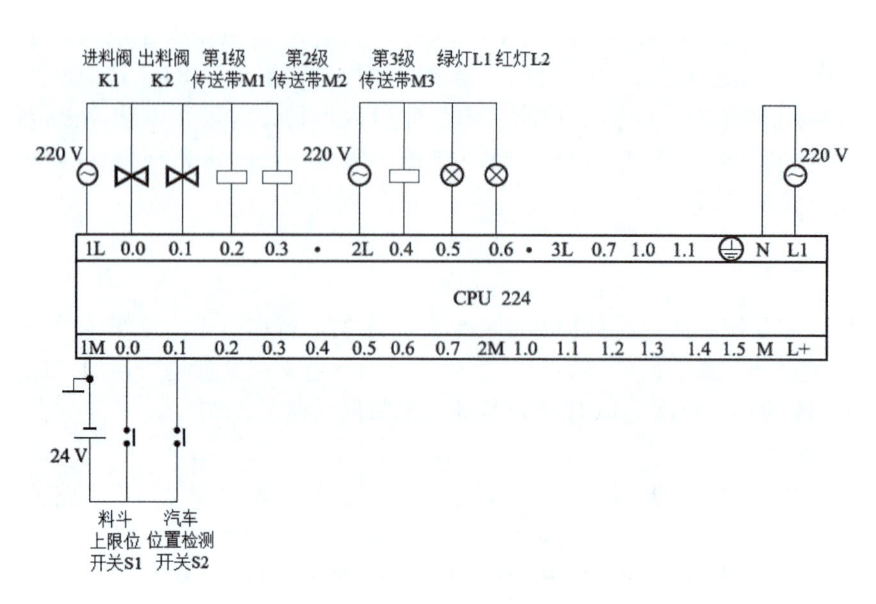

图 10-13　自动送料装车 PLC 控制系统的外部接线图

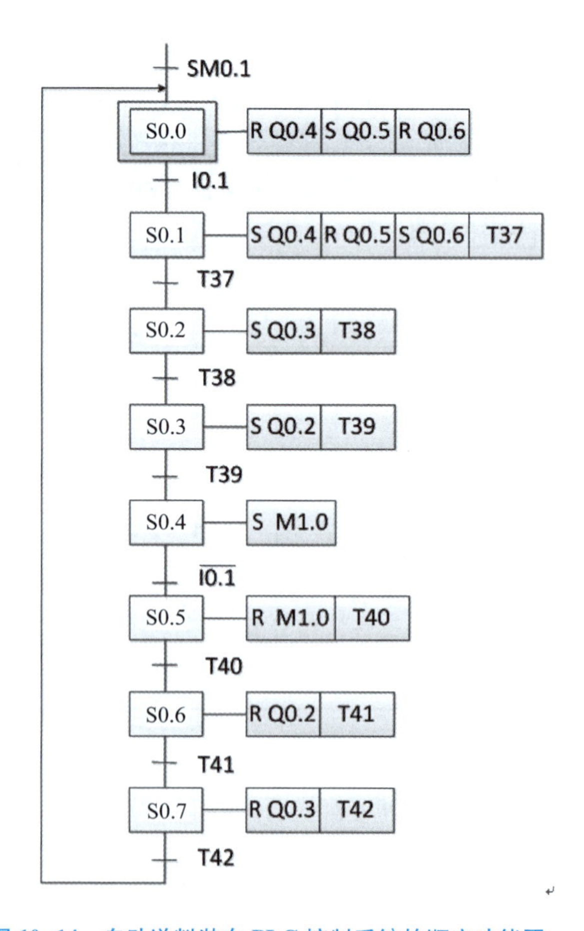

图 10-14　自动送料装车 PLC 控制系统的顺序功能图

5. 梯形图程序

自动送料装车系统的梯形图程序如图 10-15 所示。

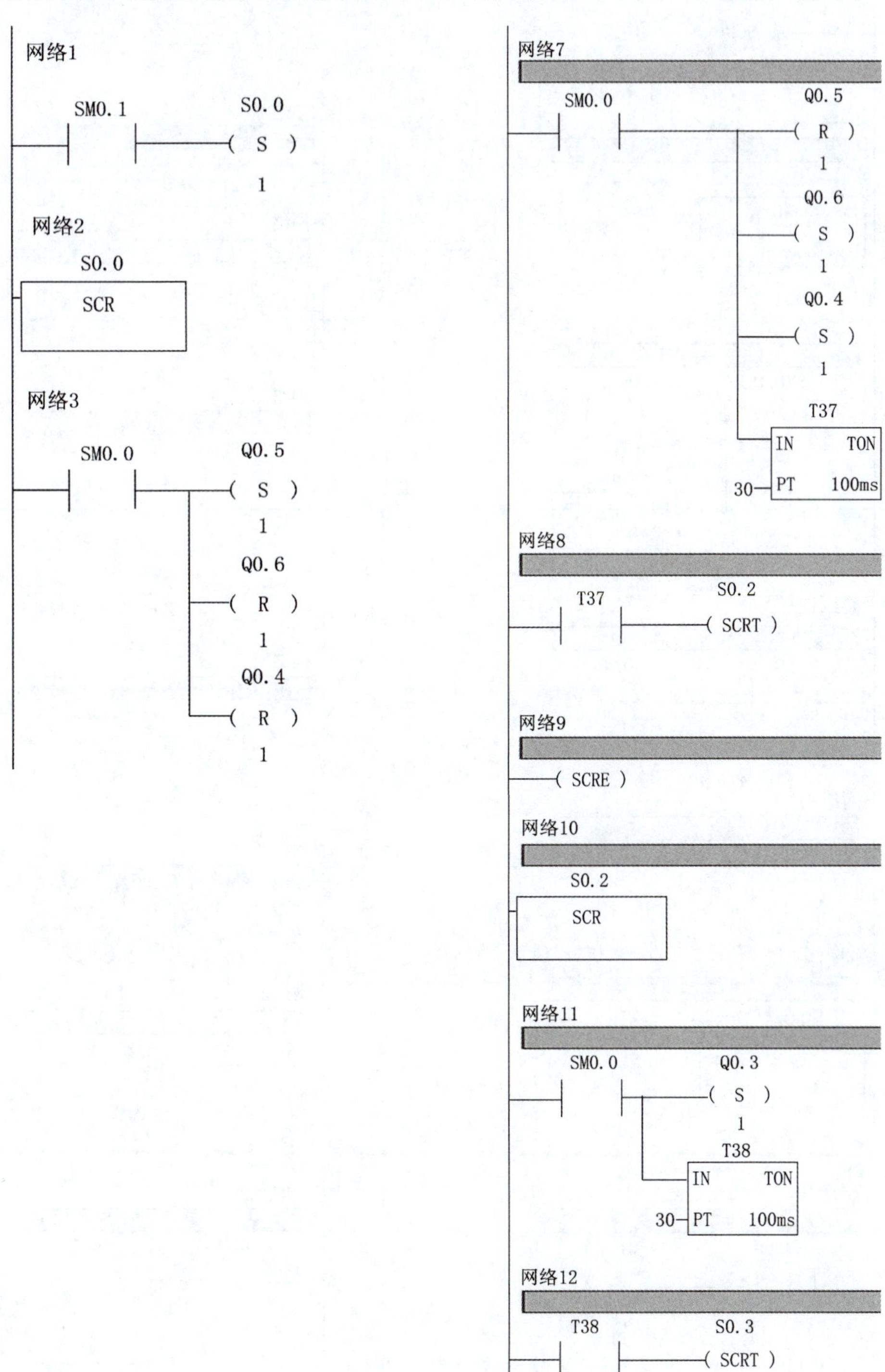

图 10-15　自动送料装车 PLC 控制系统的梯形图（一）

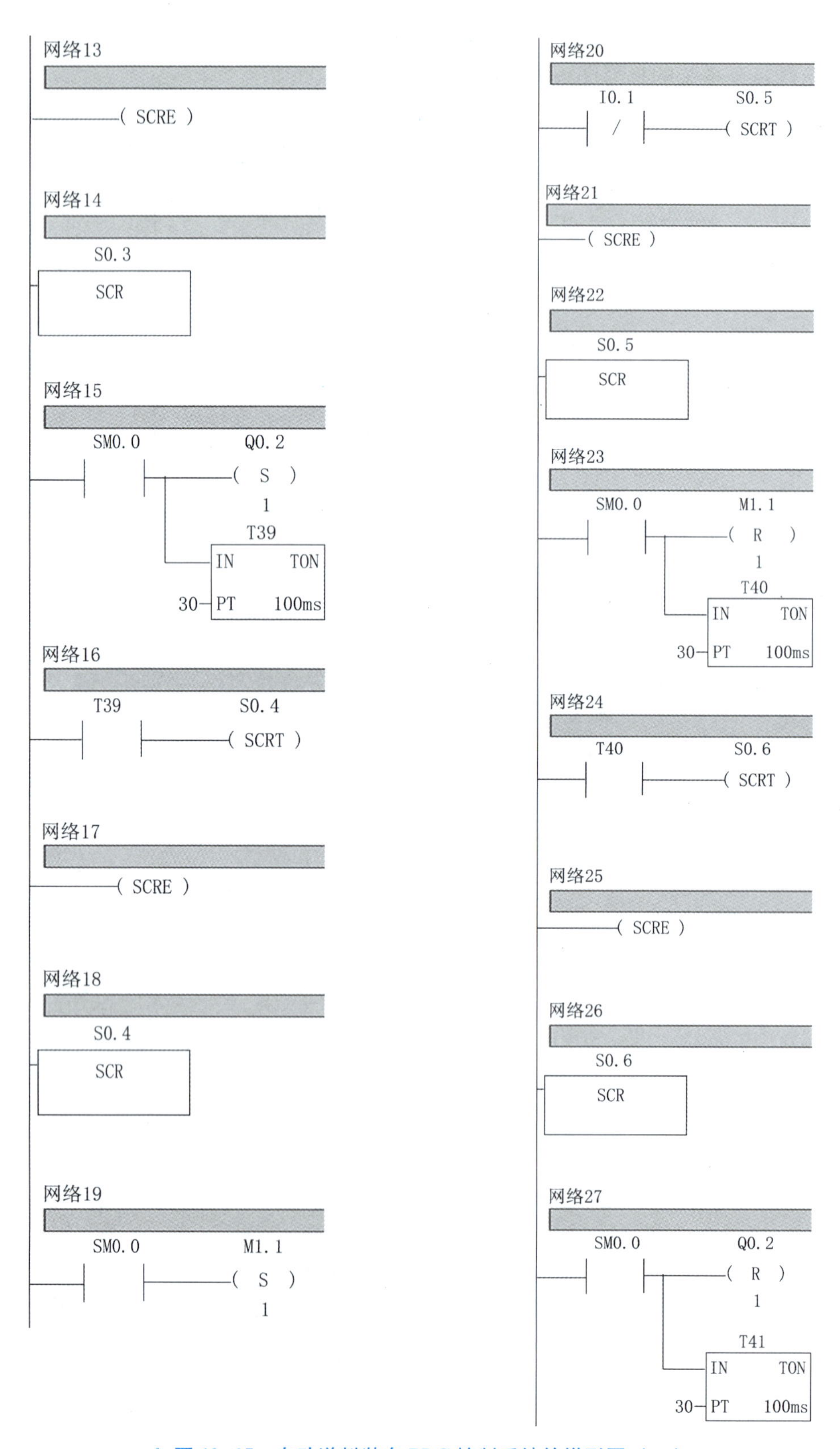

图 10-15　自动送料装车 PLC 控制系统的梯形图（二）

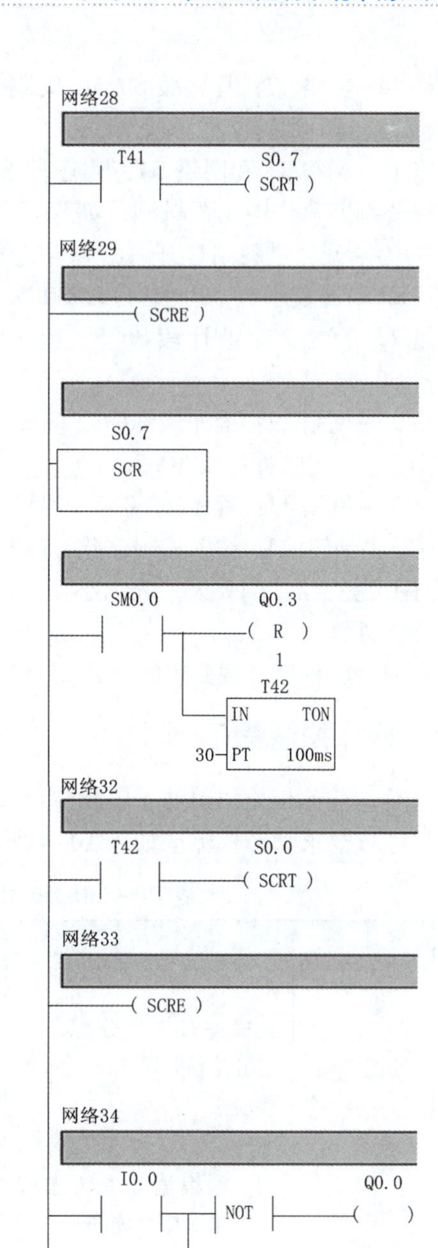

图 10-15　自动送料装车 PLC 控制系统的梯形图（三）

程序说明：

网络 1~网络 5：程序段 S0.0，初始状态，绿灯 L1 亮，红灯 L2 灭，允许小车进来装料，当限位开关 S2 发出信号（S2 闭合表示）时，转向程序段 S0. 1。

网络 6~网络 9：程序段 S0.1，绿灯 L1 灭，红灯 L2 点亮，表示小车正在装料，第三级传送带 M3 先运行，同时开始计时，3 秒钟时间一到转向程序段 S0.2。

网络 10~网络 13：程序段 S0.2，间隔 3 s 后，第二级传送带 M2 再运行，同时开始计时，3 s 时间一到转向程序段 S0.3。

网络 14~网络 17：程序段 S0.3，间隔 3 s 后，第一级传送带 M1 最后运行，同时开始计时，3 秒钟时间一到转向程序段 S0.4。

网络 18~网络 21 和网络 34：程序段 S0.4，间隔 3 s 后，料斗出料阀打开，开始装料。此时首先要判断料斗中是否料满，如果已满，S1 闭合，出料阀打开，给小车装料；如果未满，S1 即为断开，进料阀打开，给料斗进料，此时出料阀是关闭的，当小车装满后，S2 发出信号（S2 断开表示），转向程序段 S0.5。

网络 22~网络 25：程序段 S0.5，料斗出料阀先关闭，同时开始计时，3 秒钟时间一到转向程序段 S0.6。

网络 26~网络 29：程序段 S0.6，间隔 3 s 后，第一级传送带 M1 先关闭，同时开始计时，3 秒钟时间一到转向程序段 S0.7。

网络 30~网络 33：程序段 S0.7，间隔 3 s 后，第二级传送带 M2 再关闭，同时开始计时，3 秒钟时间一到转向程序段 S0.0，此时的状态和初始状态相似，即第三级传送带 M3 最后关闭，绿灯 L1 亮，红灯 L2 灭，表示小车可以开走。

6. 程序调试

检查完后将程序下载到 PLC，运行调试，如有问题，检查排除故障。

四、操作技能考评

通过对本任务相关知识的了解和应用操作实施，对本任务实际掌握情况进行操作技能考评，具体考核要求和考核标准如表 10-4 所示。

表 10-4　任务操作技能考核要求和考核标准

序号	主要内容	考核要求	评分标准	配分	扣分	得分
1	外围接线	正确进行 I/O 分配，并能正确进行 PLC 外围接线	（1）I/O 分配错误，每处扣 5 分 （2）PLC 端口使用错误，每处扣 5 分	50		
2	编写梯形图并调试程序	（1）能根据要求熟练画出顺序功能图。 （2）并能根据顺序功能图正确编写梯形图。 （3）能熟练地将程序下载到 PLC 中，并能快速、正确的调好程序	（1）顺序功能图错误，扣 10 分 （2）梯形图程序不正确，扣 10 分 （3）不能将程序下载到 PLC 中，扣 5 分	50		
备注			指导老师签字 年　月　日			

教学小结

在工程上，用梯形图或语句表的一般指令编程，程序简洁但需要一定的编程技巧，特别是对于一个工艺过程比较复杂的控制系统，如一些顺序控制过程，各过程之间的逻辑关系复杂，会给编程带来较大的困难。此时。若利用顺序功能图（SFC-Sequential Function Chart）语言来编制顺序控制程序会比较简单。各种型号的 PLC 的编程软件，一般都为用户提供了一些顺序控制指令。S7-200 系列 PLC 的编程软件有三条顺序控制继电器指令，结合顺序控制继电器 S（称状态元件），即可用功能图的方法进行编程。

思考与练习

1. 图 10-16 中是某剪板机的示意图，其工作过程如下：开始时压钳和剪刀在上限位置，限位开关被压下，压钳限位开关（I0.0）和剪刀限位开关（I0.1）的状态为 ON。按下起动按钮（I1.0 为 ON），工作过程如下：首先板料右行（Q0.0 为 ON）至右限位开关 I0.3 动作，然后压钳下行（Q0.1 为 ON 并保持），压紧板料后，压力继电器 I0.4 为 ON，压钳保持压紧，剪刀开始下行（Q0.2 为 ON）。剪断板料后，I0.2 变为 ON，压钳和剪刀同时上行（Q0.3 和 Q0.4 为 ON，Q0.1 和 Q0.2 为 OFF），它们分别碰到各自的上限位开关 I0.0 和 I0.1 后，分别停止上行。当压钳和剪刀都停止上行后，开始下一周期的工作，剪完 10 块料后停止工作并停在初始状态。

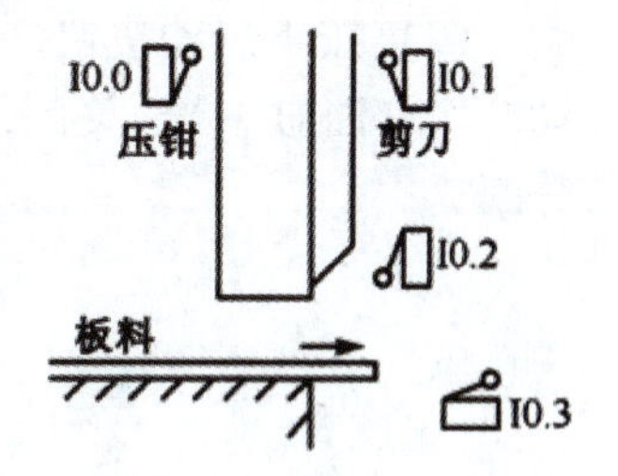

图 10-16　剪板机示意图

2. 根据要求设计钻床加工圆盘状零件 PLC 程序。

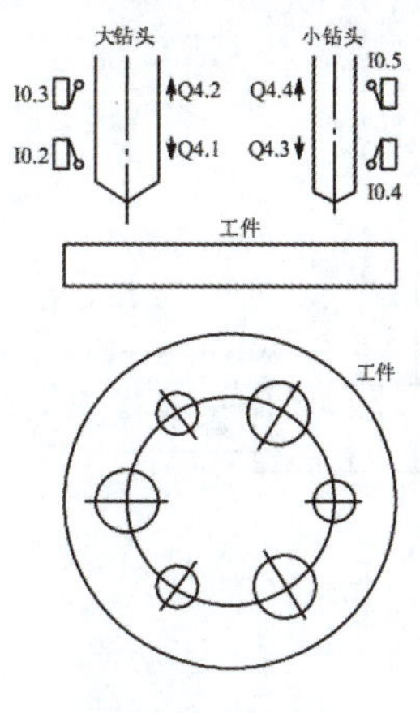

图 10-17　钻床加工圆盘状零件示意图

控制要求：某专用钻床用来加工圆盘状零件上均匀分布的 6 个孔如图 10-17 所示。开始自动运行时两个钻头在最上面的位置，限位开关 I0.3 和 I0.5 均为 ON。操作人员放好工件后，按下启动按钮 I0.0，Q0.0 变为 ON，工件被夹紧，夹紧后压力继电器 I0.1 为 ON，Q0.1 和 Q0.3 使两只钻头同时开始工作，分别钻到由限位开关 I0.2 和 I0.4 设定的深度时，Q0.2 和 Q0.4 使两只钻头分别上行，升到由限位开关 I0.3 和 I0.5 设定的起始位置时，分别停止上行，设定值为 3 的计数器 C0 的当前值加 1。两个都上升到位后，若没有钻完 3 对孔，C0 的常闭触点闭合，Q0.5 使工件旋转 120。旋转到位时限位开关 I0.6 为 ON，旋转结束后又开始钻第 2 对孔。3 对孔都钻完后，计数器的当前值等于设定值 3，C0 的常开触点闭合，Q0.6 使工件松开，松开到位时，限位开关 I0.7 为 ON，系统返回初始状态。

任务三　自动成型机PLC控制系统的设计

■ 应知点：

1. 了解S7-200PLC数据传送指令的使用；
2. 了解S7-200PLC递增、递减指令的使用。

■ 应会点：

掌握使用功能指令进行PLC程序设计的能力。

一、任务简述

图10-8所示为自动成型机示意图，其工作方式如下：

（1）初始状态：当原料放入成型机时，各油缸的状态为原始位置，对应的电磁阀Y1、Y2、Y4关闭，电磁阀Y3工作，位置开关S1、S3、S5分断，S2、S4、S6闭合；

（2）按下启动按钮，Y2工作，上油缸的活塞向下运动，使S4分断，当S3闭合时，启动左、右油缸，Y3关闭，Y1、Y4工作，A活塞向右运动，C活塞向左运动，使S2、S6分断；

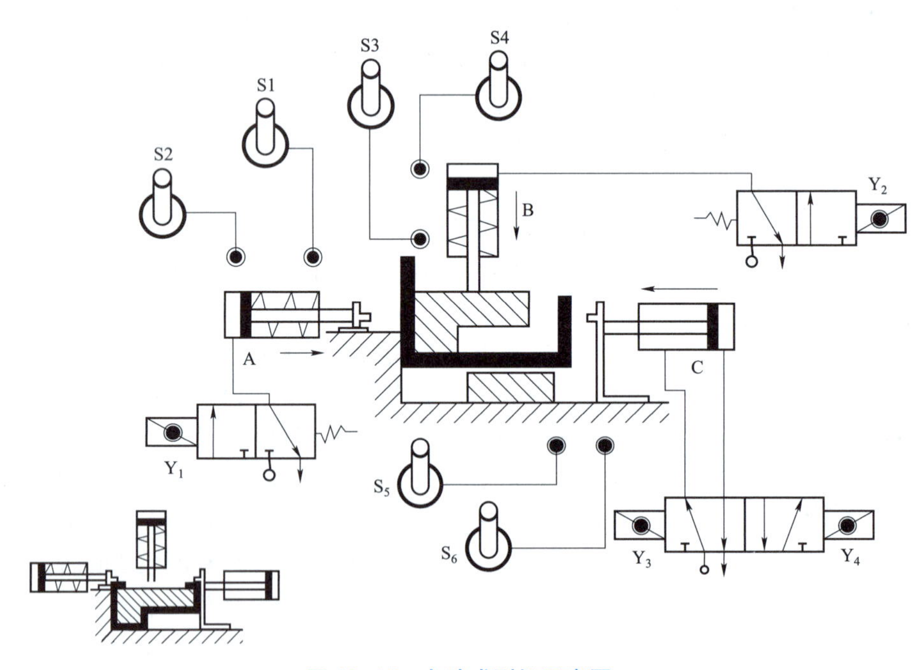

图10-18　自动成型机示意图

（3）当左右油缸的活塞达到终点，此时S1、S5闭合，原料已成型，然后各油缸开始退回原位，A、B、C油缸返回，Y1、Y2、Y4关闭，Y3工作，使S1、S3、S5分断；

（4）当 A、B、C 油缸回到原位，S2、S4、S6 闭合时，取出成品；

（5）放入原料后，按启动按钮可以重新开始工作。

二、相关知识

在前面我们已初步了解一些基本逻辑指令的基础上，下面我们将进一步介绍本任务需要用到的功能指令的详细内容和用法。

1. 数据传送指令

（1）指令功能。

数据传送指令 MOV，用来传送单个的字节、字、双字、实数。

（2）指令格式如表 10-5 所示。

表 10-5　数据传送指令格式

LAD	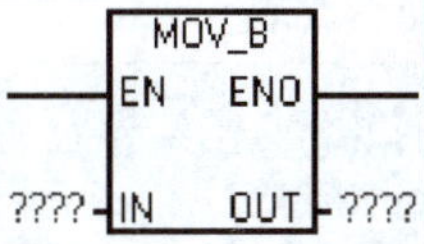 MOV_B EN ENO ????-IN OUT-????	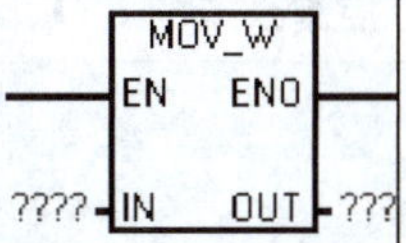 MOV_W EN ENO ????-IN OUT-???	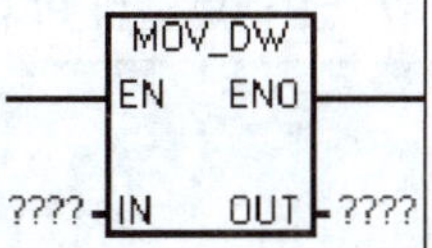 MOV_DW EN ENO ????-IN OUT-????	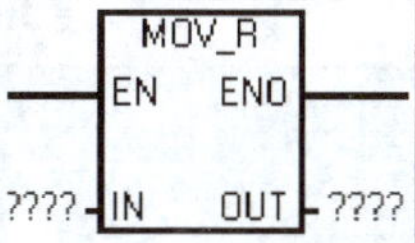 MOV_R EN ENO ????-IN OUT-????
STL	MOVB IN，OUT	MOVW IN，OUT	MOVD IN，OUT	MOVR IN，OUT
类型	字节	字、整数	双字、双整数	实数
功能	使能输入有效时，即 EN=1 时，将一个输入 IN 的字节、字/整数、双字/双整数或实数送到 OUT 指定的存储器输出。在传送过程中不改变数据的大小。传送后，输入存储器 IN 中的内容不变。			

2. 递增递减指令

（1）指令功能。

递增、递减指令用于对输入无符号数字节、符号数字、符号数双字进行加 1 或减 1 的操作。

（2）指令格式如表 10-6 所示。

表 10-6　递增、递减指令格式

LAD	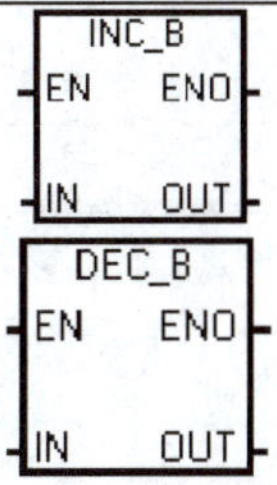 INC_B EN ENO IN OUT DEC_B EN ENO IN OUT		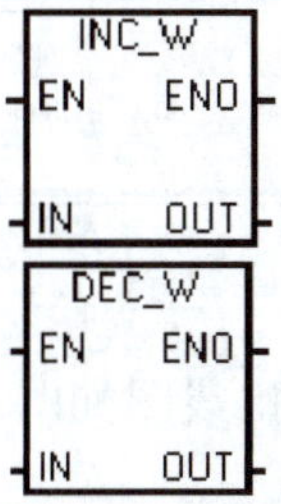 INC_W EN ENO IN OUT DEC_W EN ENO IN OUT		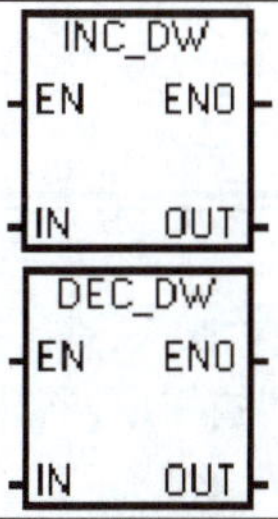 INC_DW EN ENO IN OUT DEC_DW EN ENO IN OUT	
STL	INCB OUT	DECB OUT	INCW OUT	DECW OUT	INCD OUT	DECD OUT
功能	字节加 1	字节减 1	字加 1	字减 1	双字加 1	双字减 1

三、应用实施

根据控制要求，自动成型机的工作过程可以分为 4 个步骤：①初始状态，②上油缸活塞向下运动，③左油缸活塞向右运动，右油缸活塞向左运动，④油缸返回。因此采用 MB0 的低 4 位，即 M0.0~M0.3 来代表这 4 步。

1. PLC 的选型

从上面的分析可知系统有 7 路输入信号，包括一个启动按钮和六个位置检测开关。有 4 路输出信号，为四个电磁阀。输入输出均为开关量。所以控制系统可选用 CPU224，集成 14 输入/10 输出共 24 个数字量 I/O 点，满足控制要求，而且还有一定的余量。

2. I/O 地址分配

自动成型机 PLC 控制系统的 I/O 地址分配见表 10-7。

表 10-7　自动成型机 PLC 控制系统的 I/O 地址分配表

输入		输出	
I0.0	启动按钮	Q0.0	电磁阀 Y1
I0.1	位置开关 S1	Q0.1	电磁阀 Y2
I0.2	位置开关 S2	Q0.2	电磁阀 Y3
I0.3	位置开关 S3	Q0.3	电磁阀 Y4
I0.4	位置开关 S4		
I0.5	位置开关 S5		
I0.6	位置开关 S6		

3. PLC 外部接线图

自动成型机 PLC 控制系统的外部接线图如图 10-19 所示。

4. PLC 程序

自动成型机 PLC 控制系统的梯形图程序见图 10-20。

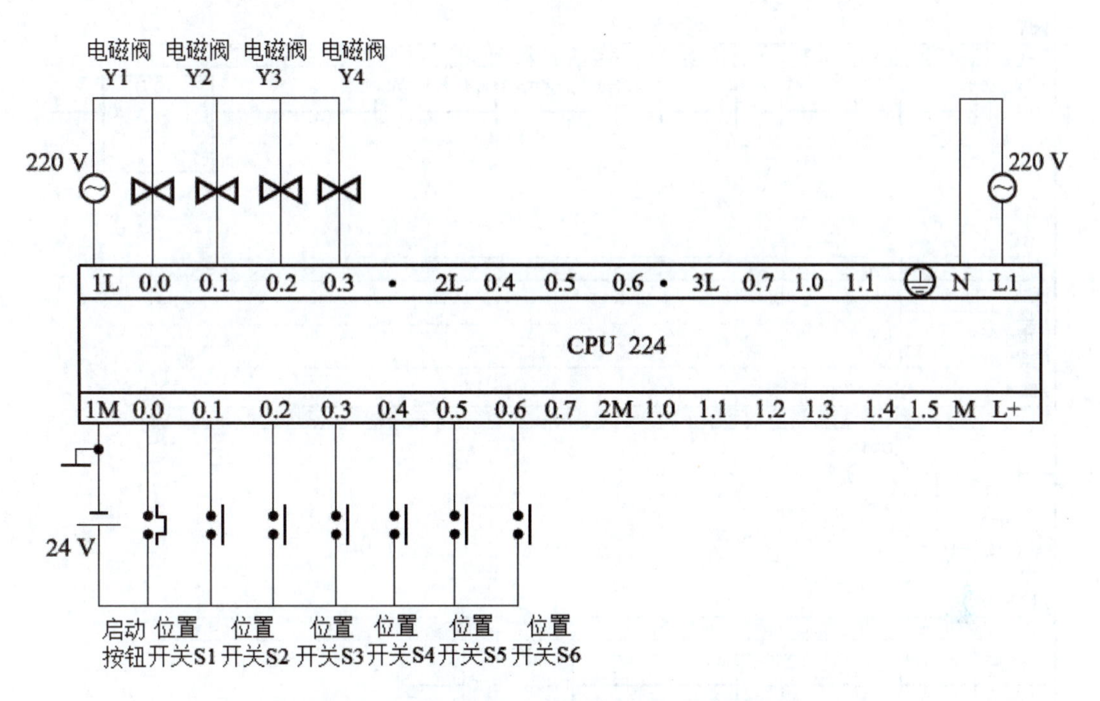

图 10-19　自动成型机 PLC 控制系统的外部接线图

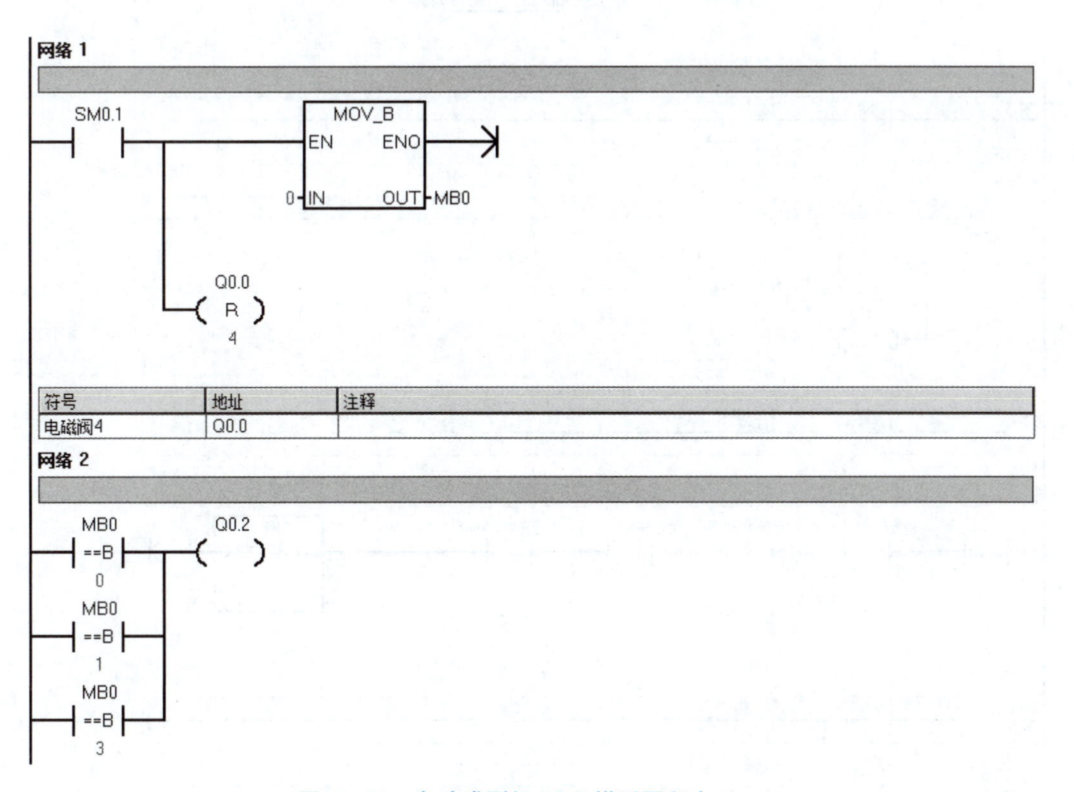

图 10-20　自动成型机 PLC 梯形图程序（一）

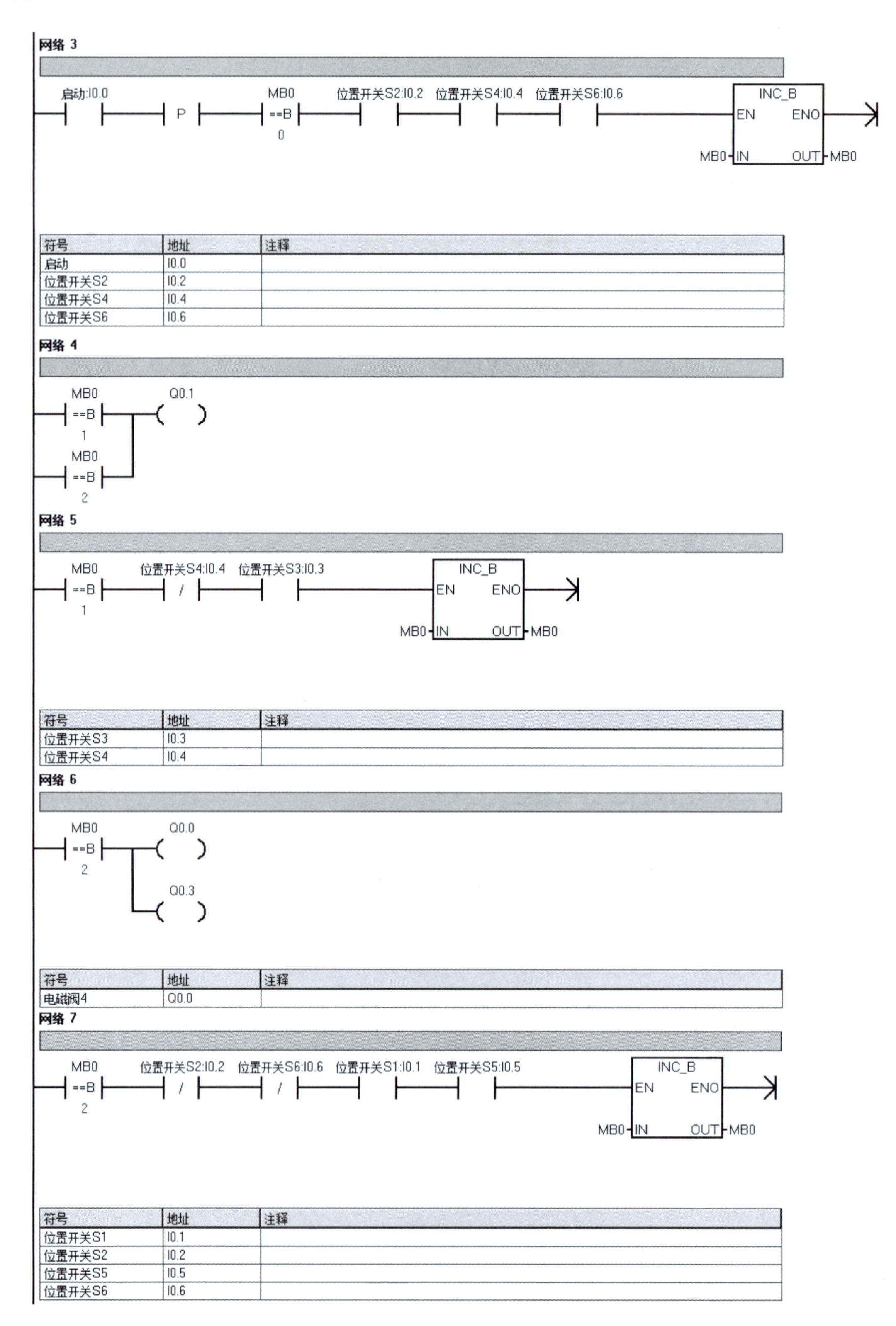

符号	地址	注释
启动	I0.0	
位置开关S2	I0.2	
位置开关S4	I0.4	
位置开关S6	I0.6	

符号	地址	注释
位置开关S3	I0.3	
位置开关S4	I0.4	

符号	地址	注释
电磁阀4	Q0.0	

符号	地址	注释
位置开关S1	I0.1	
位置开关S2	I0.2	
位置开关S5	I0.5	
位置开关S6	I0.6	

图 10-20　自动成型机 PLC 梯形图程序（二）

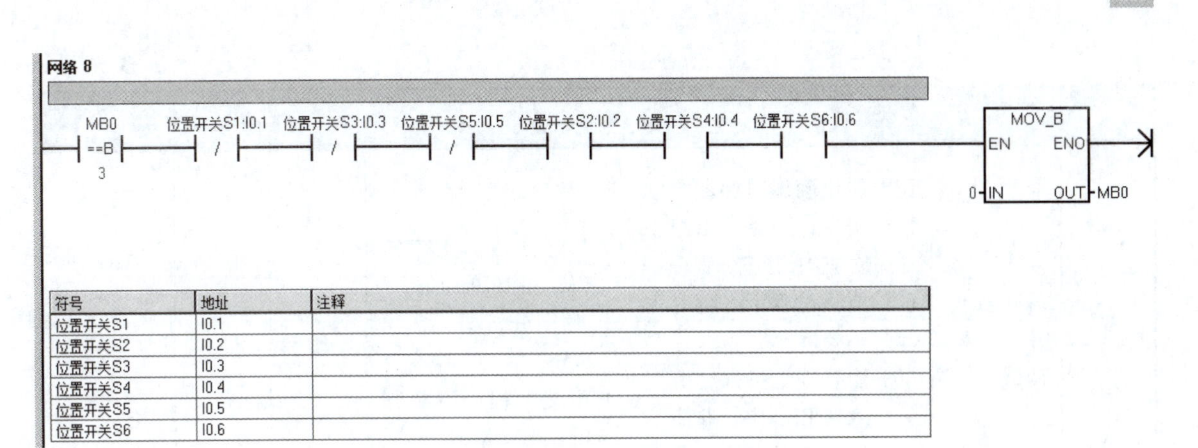

符号	地址	注释
位置开关S1	I0.1	
位置开关S2	I0.2	
位置开关S3	I0.3	
位置开关S4	I0.4	
位置开关S5	I0.5	
位置开关S6	I0.6	

图 10-20　自动成型机 PLC 梯形图程序（三）

程序说明：

网络 1：上电伊始，复位各步及各个电磁阀。

网络 2：初始步（第一步），电磁阀 Y3 工作。

网络 3：第一步与第二步之间的转换，当 S2、S4、S6 处于闭合状态，且按下启动按钮，则由初始步转向第二步。

网络 4：第二步，电磁阀 Y2 工作，上油缸的活塞向下运动。

网络 5：第二步与第三步之间的转换，当 S4 分断且 S3 闭合时，则由第二步转向第三步。

网络 6：第三步，电磁阀 Y1、Y4 工作，A 活塞向右运动，C 活塞向左运动。

网络 7：第三步与第四步之间的转换，当 S2、S6 分断且 S1、S5 闭合时，则由第三步转向第四步。

网络 8：返回初始步，当原料已成型，各油缸开始退回原位。

5. 程序调试

检查完后将程序下载到 PLC，运行调试，如有问题，检查排除故障。

四、操作技能考评

通过对本任务相关知识的了解和应用操作实施，对本任务实际掌握情况进行操作技能考评，具体考核要求和考核标准如表 10-8 所示。

表 10-8　任务操作技能考核要求和考核标准

序号	主要内容	考核要求	评分标准	配分	扣分	得分
1	外围接线	正确进行 I/O 分配，并能正确进行 PLC 外围接线	(1) I/O 分配错误，每处扣 5 分 (2) PLC 端口使用错误，每处扣 5 分	50		

续表

序号	主要内容	考核要求	评分标准	配分	扣分	得分
2	编写程序并下载、调试	（1）能正确编写梯形图程序，并能写出相对应的语句表程序 （2）能够对程序进行时序分析 （3）能熟练地将程序下载到 PLC 中，并能快速、正确的调好程序	（1）梯形图或语句表错误，扣 10 分 （2）时序分析错误，扣 5 分 （3）不能将程序下载到 PLC 中，扣 10 分	50		
备注			指导老师签字 年　月　日			

教学小结

本任务，我们第一次接触到 S7-200PLC 的功能指令，功能指令与基本逻辑指令的不同在于，基本逻辑指令主要由触点和线圈组成，而功能指令一般以指令盒的形式出现。在仅含基本逻辑指令的梯形图中，我们关心“能量流”的传递方向，而在含有功能指令的梯形图中，我们还要关心“数据流”的传递方向，这是理解功能指令的关键。

思考与练习

1. 根据图 10-21 所示小车自动往返示意图，设计 PLC 程序。小车一个工作周期的动作要求如下：

（1）按下启动按钮 SB（I0.0），小车电机正转（Q1.0），小车第一次前进，碰到限位开关 SQ1（I0.1）后小车电机反转（Q1.1），小车后退。

（2）小车后退碰到限位开关 SQ2（I0.2）后，小车电机 M 停转。停 5s 后，第二次前进，碰到限位开关 SQ3（I0.3），再次后退。

（3）第二次后退碰到限位开关 SQ2（I0.2）时，小车停止。

大小球分拣传送机械示意图如图 10-22 所示，图中的左上角为机械原点，其动作顺序为：下降→吸球→上升→右行→下降→释放→上升→左行返回。另外，机械臂下降（设定下降时间为 2s）时，当电磁铁压着大球时，下限开关 LS2 断开，压着小球时 LS2 接通。

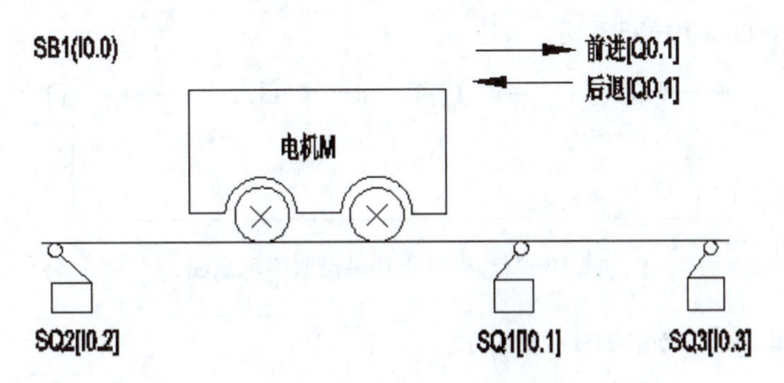

图 10-21　小车自动往返示意图

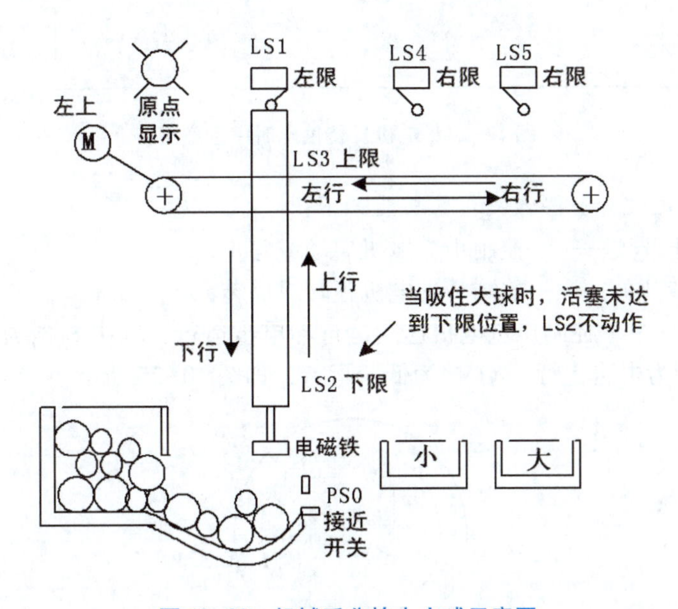

图 10-22　机械手分拣大小球示意图

任务四　步进电机 PLC 控制系统的设计

■ **应知点：**

了解 S7-200PLC 移位指令的使用。

■ **应会点：**

掌握多种工作方式的 PLC 控制系统的编程方法。

一、任务简述

1. 步进电机控制要求如下：

步进电机的控制方式是采用四相双四拍的控制方式，每步旋转 15°，每周走 24 步。电机正转时的供电时序如图 10-23 所示。

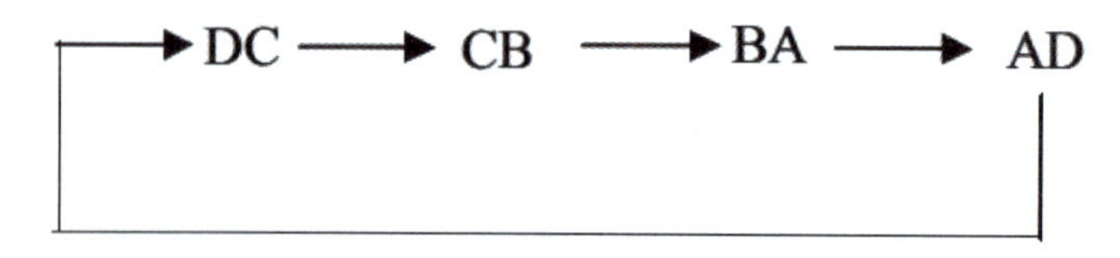

图 10-23　电机正转供电时序示意图

电机反转时供电时序如图 10-24 所示。

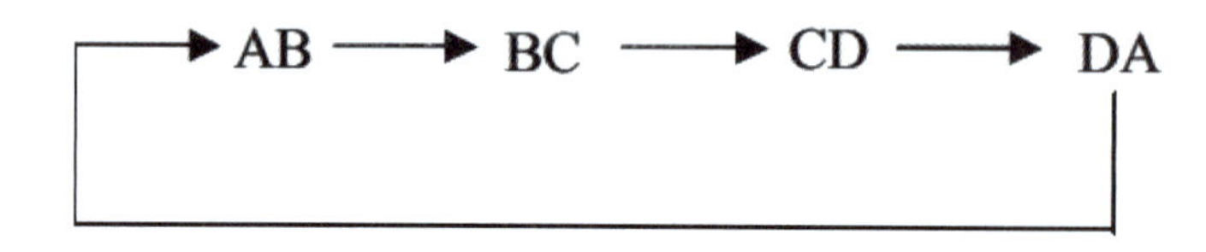

图 10-24　电机反转供电时序示意图

2. 步进电机单元设有一些开关，其功能如下：

（1）启动/停止开关———控制步进电机启动或停止；

（2）正转/反转开关———控制步进电机正转或反转；

（3）速度开关———控制步进电机连续运行和单步运行，其中 S 挡为单步运行。N3 挡为高速运行。N2 挡为中速运行。N1 挡为低速运行，如图 10-25 所示。

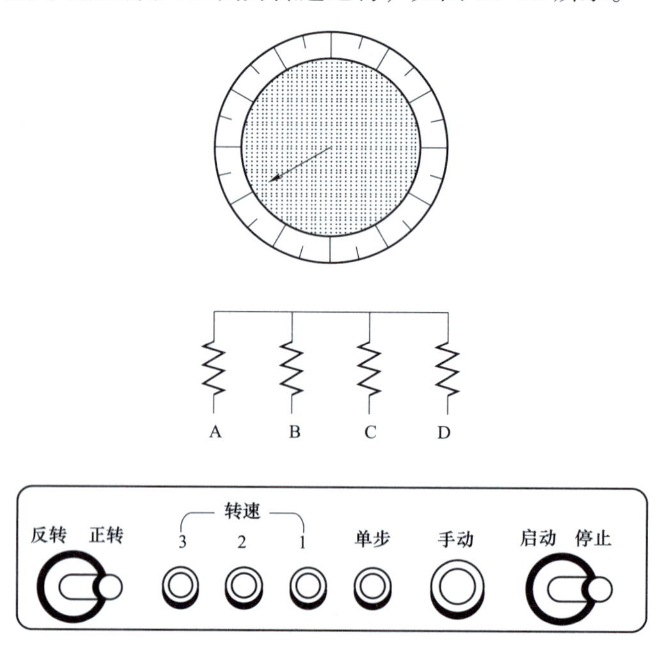

图 10-25　步进电机的控制示意图

二、相关知识

在上一个任务中，我们学习了数据传送指令和递增、递减指令两类功能指令的用法，本

任务中我们进一步学习一类新的功能指令———移位指令。

移位指令分为左、右移位和循环左、右移位及寄存器移位指令三大类。前两类移位指令按移位数据的长度又分字节型、字型、双字型 3 种。

1. 左、右移位指令

（1）左移位指令（SHL）

使能输入有效时，将输入 IN 的无符号数字节、字或双字中的各位向左移 N 位后（右端补 0），将结果输出到 OUT 所指定的存储单元中，如果移位次数大于 0，最后一次移出位保存在“溢出”存储器位 SM1.1。如果移位结果为 0，零标志位 SM1.0 置 1。

（2）右移位指令（SHR）

使能输入有效时，将输入 IN 的无符号数字节、字或双字中的各位向右移 N 位后，将结果输出到 OUT 所指定的存储单元中，移出位补 0，最后一移出位保存在 SM1.1。如果移位结果为 0，零标志位 SM1.0 置 1。指令格式见表 10-9。

表 10-9　左、右移位指令格式

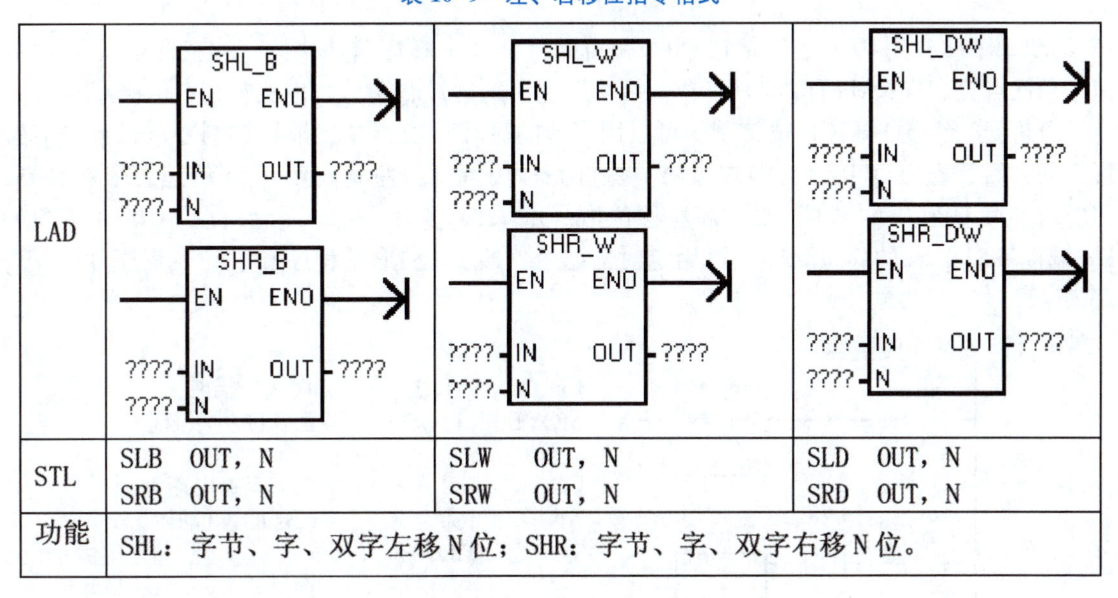

LAD	SHL_B: EN ENO; ????-IN OUT-????; ????-N SHR_B: EN ENO; ????-IN OUT-????; ????-N	SHL_W: EN ENO; ????-IN OUT-????; ????-N SHR_W: EN ENO; ????-IN OUT-????; ????-N	SHL_DW: EN ENO; ????-IN OUT-????; ????-N SHR_DW: EN ENO; ????-IN OUT-????; ????-N
STL	SLB　OUT，N SRB　OUT，N	SLW　OUT，N SRW　OUT，N	SLD　OUT，N SRD　OUT，N
功能	SHL：字节、字、双字左移 N 位；SHR：字节、字、双字右移 N 位。		

2. 循环左、右移位指令

循环移位将移位数据存储单元的首尾相连，同时又与溢出标志 SM1.1 连接，SM1.1 用来存放被移出的位。

（1）循环左移位指令（ROL）

使能输入有效时，将 IN 输入无符号数（字节、字或双字）循环左移 N 位后，将结果输出到 OUT 所指定的存储单元中，移出的最后一位的数值送溢出标志位 SM1.1。当需要移位的数值是零时，零标志位 SM1.0 为 1。

（2）循环右移位指令（ROR）

使能输入有效时，将 IN 输入无符号数（字节、字或双字）循环右移 N 位后，将结果输出到 OUT 所指定的存储单元中，移出的最后一位的数值送溢出标志位 SM1.1。当需要移位的数值是零时，零标志位 SM1.0 为 1。表 10-10 为循环左、右移位指令格式。

表 10-10　循环左、右移位指令格式

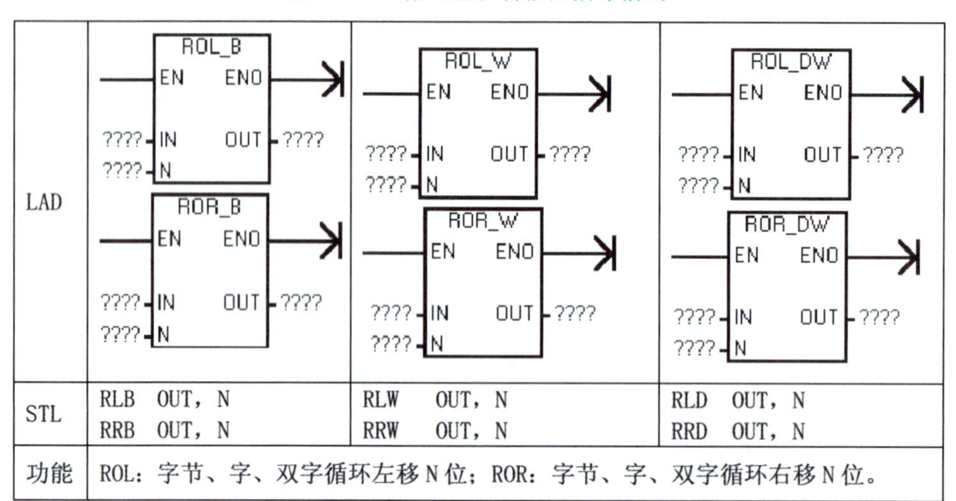

LAD	ROL_B: EN ENO, ????-IN OUT-????, ????-N ROR_B: EN ENO, ????-IN OUT-????, ????-N	ROL_W: EN ENO, ????-IN OUT-????, ????-N ROR_W: EN ENO, ????-IN OUT-????, ????-N	ROL_DW: EN ENO, ????-IN OUT-????, ????-N ROR_DW: EN ENO, ????-IN OUT-????, ????-N
STL	RLB　OUT，N RRB　OUT，N	RLW　OUT，N RRW　OUT，N	RLD　OUT，N RRD　OUT，N
功能	ROL：字节、字、双字循环左移 N 位；ROR：字节、字、双字循环右移 N 位。		

【例 10-1】：用 I0.0 控制接在 Q0.0～Q0.7 上的 8 个彩灯循环移位，从左到右以 0.5s 的速度依次点亮，保持任意时刻只有一个指示灯亮，到达最右端后，再从左到右依次点亮。

分析：8 个彩灯循环移位控制，可以用字节的循环移位指令。根据控制要求，首先应置彩灯的初始状态为 QB0＝1，即左边第一盏灯亮；接着灯从左到右以 0.5s 的速度依次点亮，即要求字节 QB0 中的“1”用循环左移位指令每 0.5s 移动一位，因此须在 ROL-B 指令的 EN 端接一个 0.5s 的移位脉冲（可用定时器指令实现）。梯形图程序和语句表程序如图 10-26 所示。

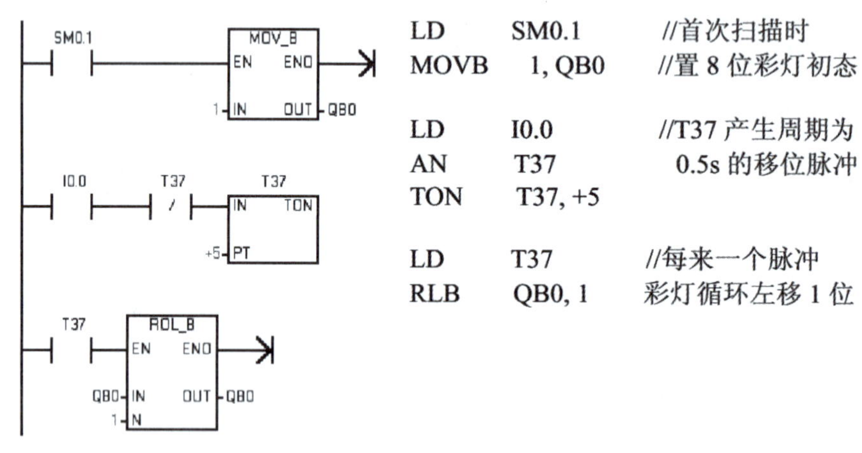

图 10-26　彩灯循环移位梯形图程序

3. 移位寄存器指令（SHRB）

移位寄存器指令是可以指定移位寄存器的长度和移位方向的移位指令。其指令格式如图 10-27 所示。移位寄存器指令 SHRB 将 DATA 数值移入移位寄存器。

梯形图中，EN 为使能输入端，连接移位脉冲信号，每次使能有效时，整个移位寄存器移动 1 位。DATA 为数据输入端，连接移入移位寄存器的二进制数值，执行指令时将该位的值移入寄存器。S_ BIT 指定移位寄存器的最低位。N 指定移位寄存器的长度和移位方向，移位寄存器的最大长度为 64 位，N 为正值表示左移位，输入数据（DATA）移入移位寄存器的最低位（S_ BIT），并移出移位寄存器的最高位。移出的数据被放置在溢出内存位（SM1.1）中。N 为负值表示右移位，输入数据移入移位寄存器的最高位中，并移出最低位（S_ BIT）。移出的数据被放置在溢出内存位（SM1.1）中。

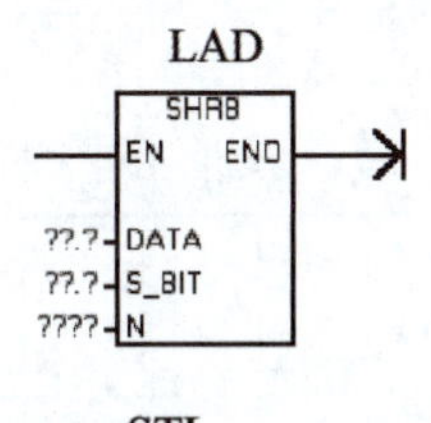

STL

SHRB　DATA，S-BIT，N

图 10-27　移位寄存器指令格式

三、应用实施

根据控制要求，每一步要求两相绕组同时供电，因此需要辅助继电器 M 配合使用，根据速度的选择，需要为高、中、低挡速度产生不同的时序脉冲，因此各需要两个定时器组成振荡电路。

1. PLC 的选型

从上面的分析可知系统有 7 路输入信号，包括两个切换开关（正/反、启/停）、两个按钮（手动、单步）和三个挡位开关。有 4 路输出信号，为 A、B、C、D 四相绕组。输入输出均为开关量。所以控制系统可选用 CPU224，集成 14 输入/10 输出共 24 个数字量 I/O 点，满足控制要求，而且还有一定的余量。

2. I/O 地址分配

步进电机 PLC 控制系统的 I/O 地址分配见表 10-11。

表 10-11　步进电机 PLC 控制系统的 I/O 地址分配表

输入		输出	
I0.0	正反转切换开关	Q0.0	A 相
I0.1	速度 3 挡	Q0.1	B 相
I0.2	速度 2 挡	Q0.2	C 相
I0.3	速度 1 挡	Q0.3	D 相
I0.5	手动按钮		
I0.6	启动停止切换开关		
I0.7	单步按钮		

3. PLC 外部接线图

步进电机 PLC 控制系统的外部接线图如图 10-28 所示。

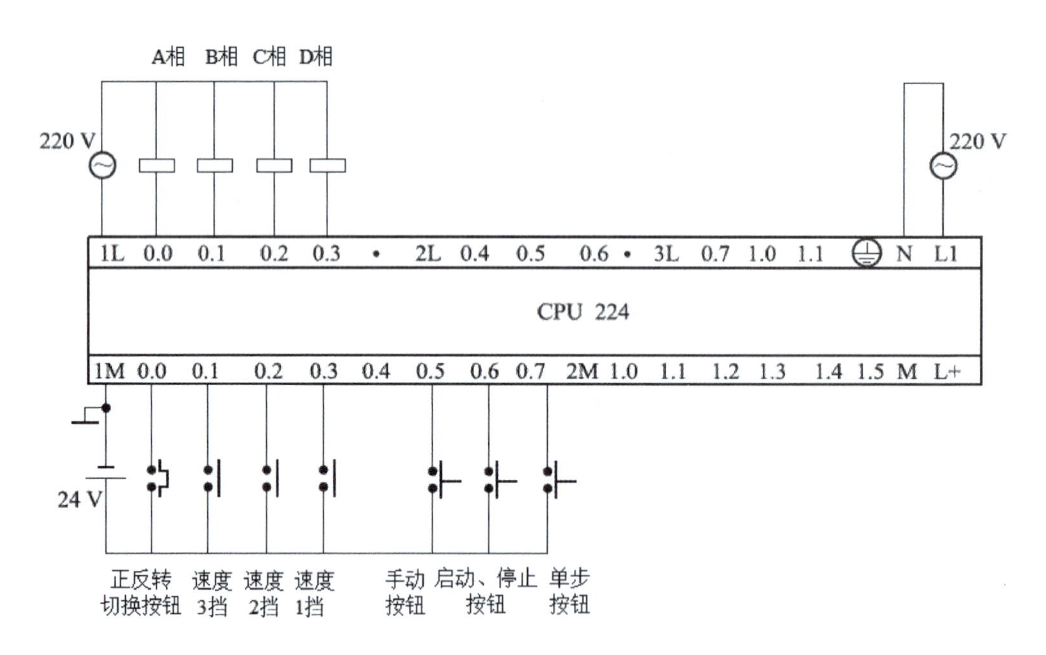

图 10-28 步进电机 PLC 控制系统的外部接线图

4. PLC 程序

步进电机 PLC 控制系统的梯形图程序见图 10-29。

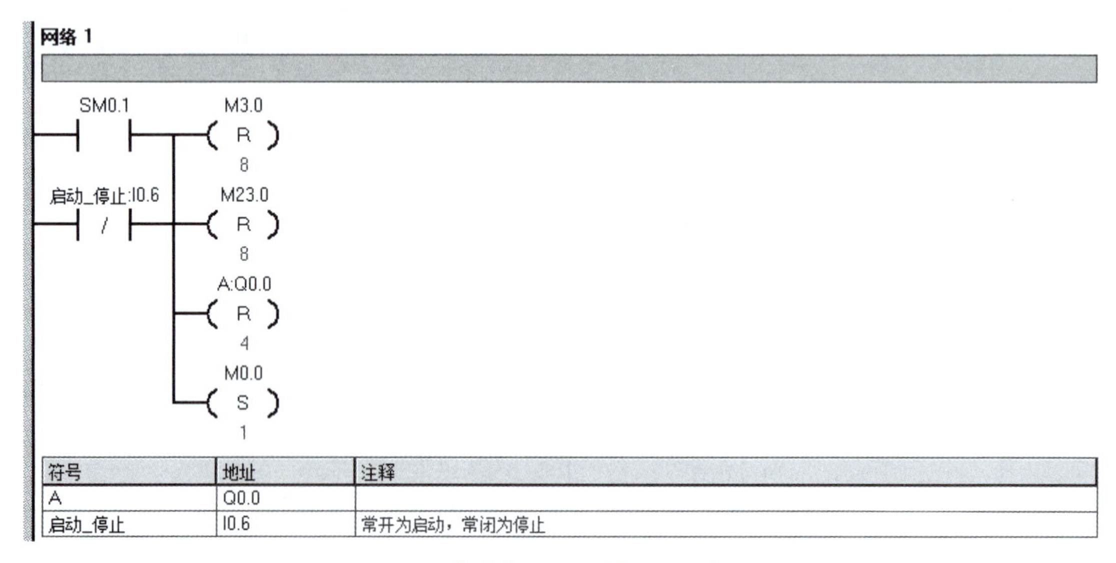

符号	地址	注释
A	Q0.0	
启动_停止	I0.6	常开为启动，常闭为停止

图 10-29 步进电机 PLC 梯形图程序（一）

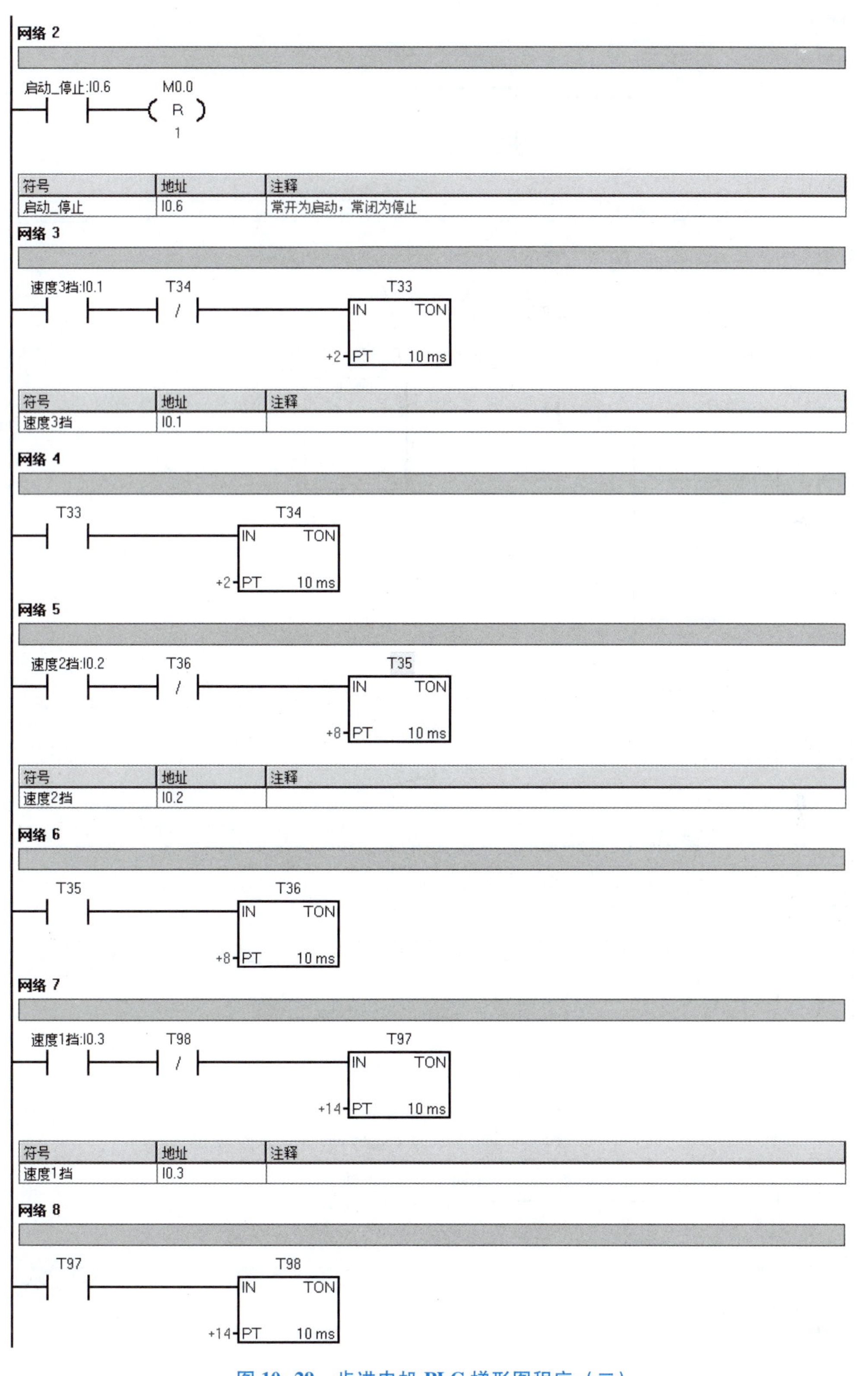

图 10-29　步进电机 PLC 梯形图程序（二）

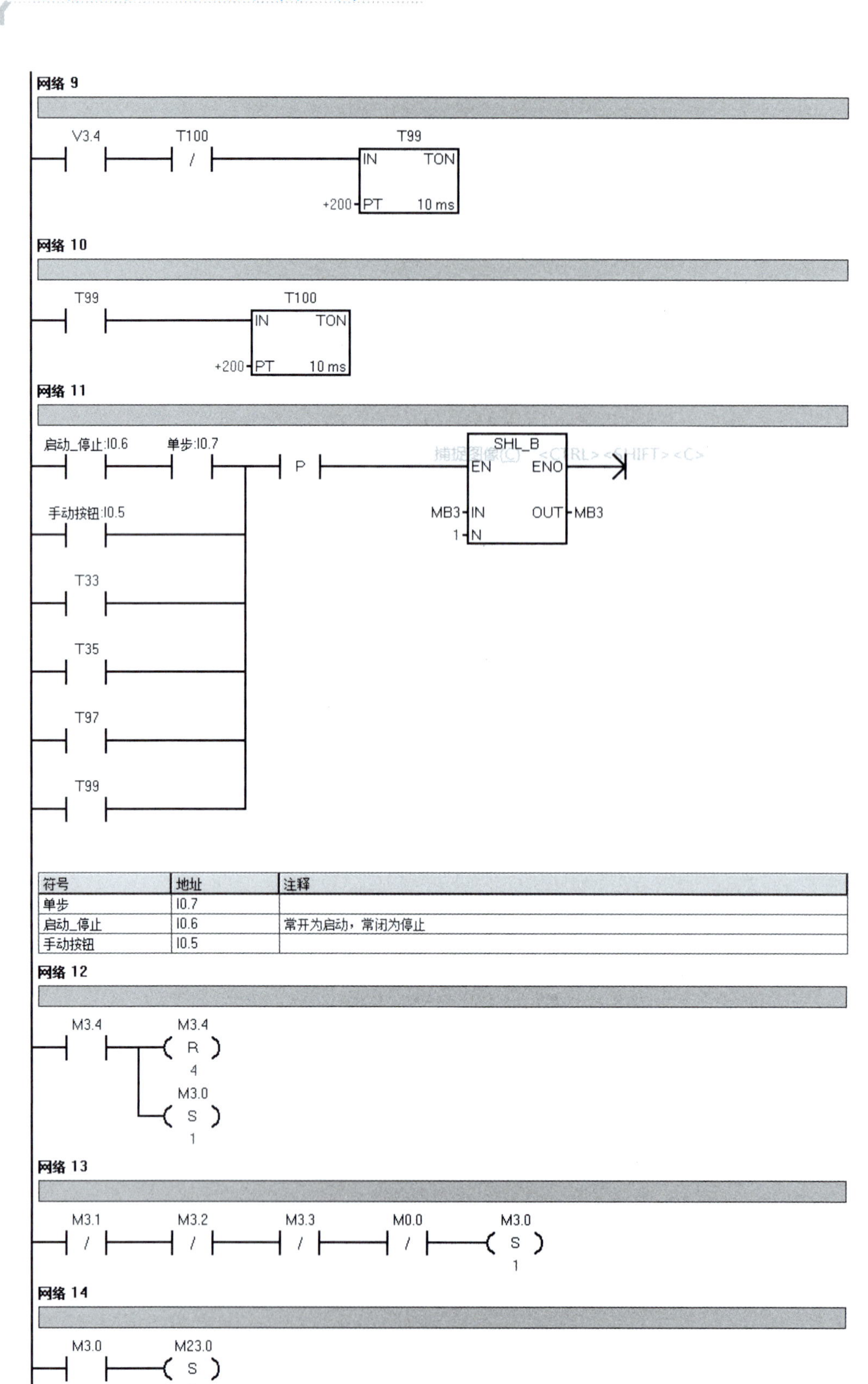

符号	地址	注释
单步	I0.7	
启动_停止	I0.6	常开为启动，常闭为停止
手动按钮	I0.5	

图 10-29　步进电机 PLC 梯形图程序（三）

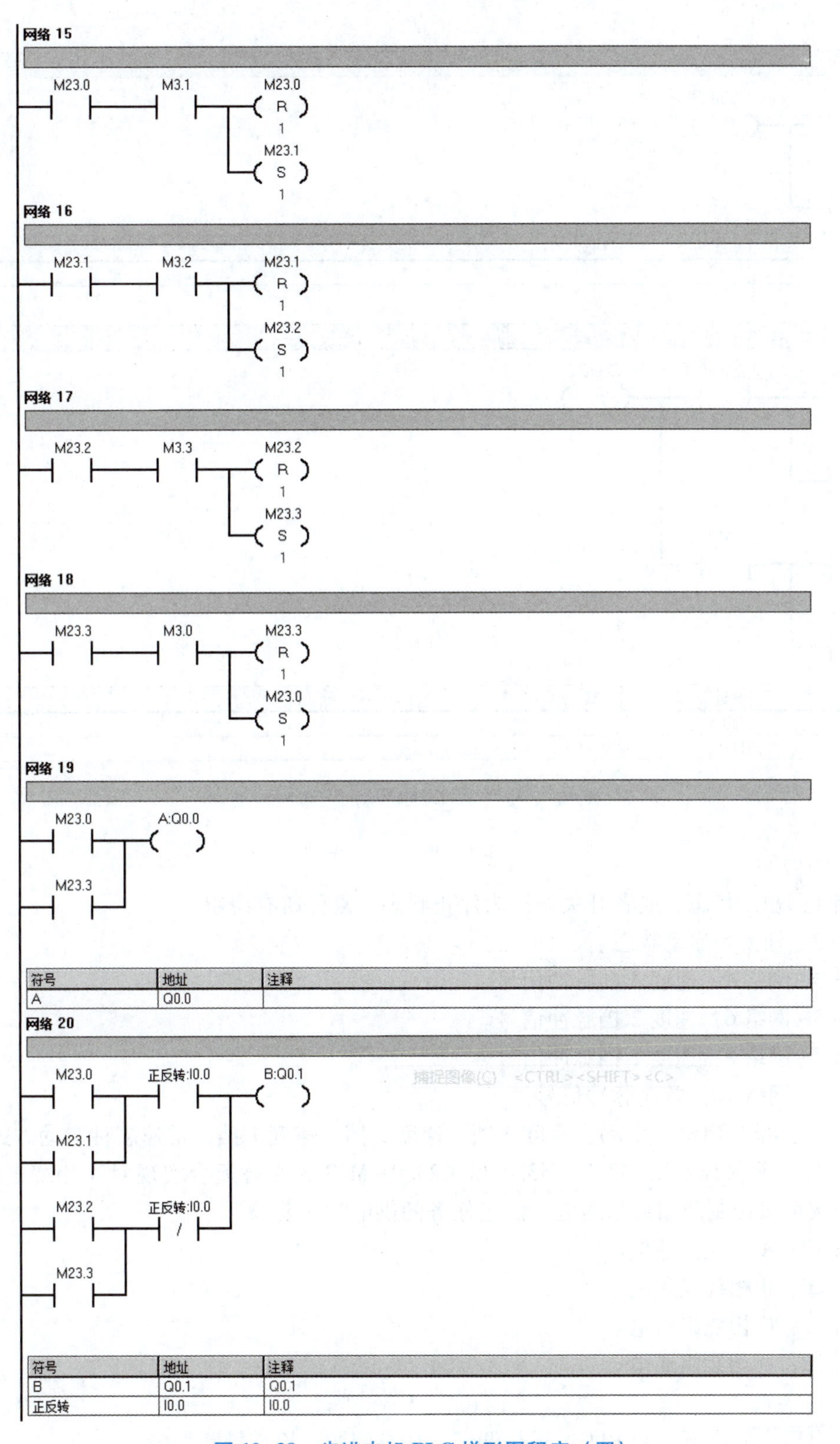

符号	地址	注释
A	Q0.0	

符号	地址	注释
B	Q0.1	Q0.1
正反转	I0.0	I0.0

图 10-29　步进电机 PLC 梯形图程序（四）

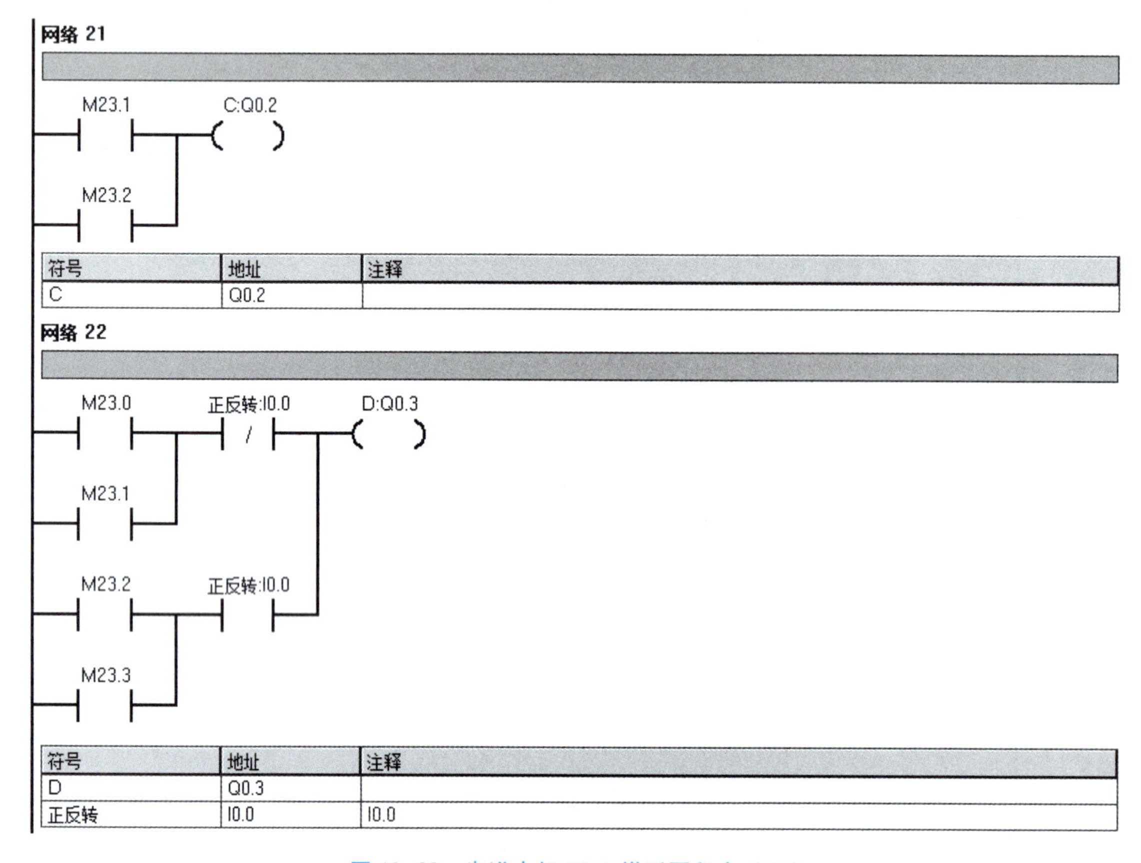

符号	地址	注释
C	Q0.2	

符号	地址	注释
D	Q0.3	
正反转	I0.0	I0.0

图 10-29　步进电机 PLC 梯形图程序（五）

梯形图说明：

网络 1：初始状态，或者开关切换为停止状态，复位所有绕组。

网络 2：切换为启动状态。

网络 3～网络 4：速度 3 挡脉冲信号。

网络 5～网络 6：速度 2 挡脉冲信号。

网络 7～网络 8：速度 1 挡脉冲信号。

网络 9～网络 10：常速脉冲信号。

网络 11：单步启动、手动、速度 3 挡、速度 2 挡、速度 1 挡、常速多种启动方式。

网络 12～网络 18：用 M3.0～M3.4 和 M23.0～M23.3 交替配合实现对 4 相绕组的控制，使得每一次可以控制两相绕组通电，满足任务的供电时序要求。

网络 19：A 相绕组通电。

网络 20：B 相绕组通电。

网络 21：C 相绕组通电。

网络 22：D 相绕组通电。

5. 程序调试

检查完后将程序下载到 PLC，运行调试，如有问题，检查排除故障。

四、操作技能考评

通过对本任务相关知识的了解和应用操作实施，对本任务实际掌握情况进行操作技能考评，具体考核要求和考核标准如表 10-12 所示。

表 10-12　任务操作技能考核要求和考核标准

序号	主要内容	考核要求	评分标准	配分	扣分	得分
1	外围接线	正确进行 I/O 分配，并能正确进行 PLC 外围接线	(1) I/O 分配错误，每处扣 5 分 (2) PLC 端口使用错误，每处扣 5 分	50		
2	编写程序并下载、调试	(1) 能正确编写梯形图程序，并能写出相对应的语句表程序 (2) 能够对程序进行时序分析 (3) 能熟练地将程序下载到 PLC 中，并能快速、正确的调好程序	(1) 梯形图或语句表错误，扣 10 分 (2) 时序分析错误，扣 5 分 (3) 不能将程序下载到 PLC 中，扣 10 分	50		
备注			指导老师签字 年　月　日			

教学小结

移位指令是 PLC 的一条重要指令，可用于步进顺序控制，利用这种顺序控制方式可实现其他一些控制功能，比如上例中的彩灯循环控制。

本任务中，设计的一些常用的程序段，如两个定时器实现的振荡输出电路，以及采用辅助继电器的编程方法，读者应该加以深入领会和掌握。

思考与练习

1. 某轮胎内胎硫化机 PLC 控制系统的顺序功能图如图 10-30 所示，一个工作周期由初始、合模、反料、硫化、放汽和开模这 6 步组成，它们与 S0.0～S0.5 相对应。请根据顺序功能图用 SCR 指令写出梯形图程序。

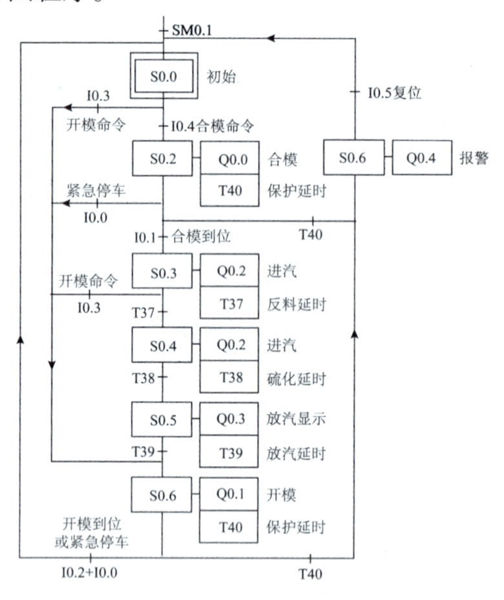

图 10-30　某轮胎内胎硫化机 PLC 控制系统的顺序功能图

2. 设计一个钻孔动力头控制程序。

控制要求：这是某一冷加工自动线有一个钻孔动力头，如图 10-31 所示，动力头的加工过程如下：开始时，动力头在原位，加上启动信号（SB）接通电磁阀 YV1，动力头快进；动力头碰到限位开关 SQ1 后，接通电磁阀 YV1、YV2，动力头由快进转为工进；动力头碰到限位开关 SQ2 后，开始延时，时间为 10s；当延时时间到，接通电磁阀 YV3，动力头快退；动力头回原位后，停止。

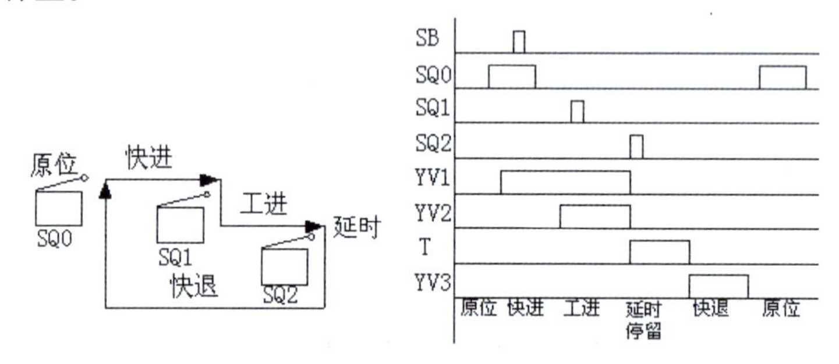

图 10-31　钻孔动力头控制示意图及工作时序图

附录 A　电气图形符号一览表

图形符号及说明	图形符号	图形符号及说明	图形符号
直流电（DC）		单极断路器（QF）	
交流电（AC）		三极断路器（QF）	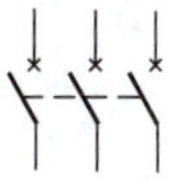
交直流电	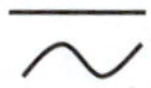	隔离开关（QS）	
正、负极	+、-	三极隔离开关（QS）	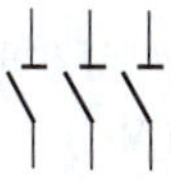
端子（X）		负荷开关（QS）	
端子板（XT）	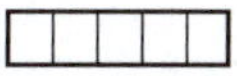	三极负荷开关（QS）	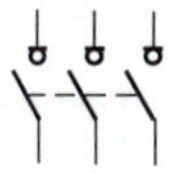
可拆卸的端子（X）		电感器（L）	
接地（E）		带铁芯的电感器（L）	

续表

图形符号及说明	图形符号	图形符号及说明	图形符号
保护接地（PE）		双绕组变压器（T）	
接机壳或接地板（E）	或	有铁芯的双绕组变压器（T）	
插座（XS）		一个绕组有中间抽头的变压器（T）	
插头（XP）		电容器（C）	
滑动连接器（E）		极性电容器（C）	+
电阻器（R）		断路器（QF）	
电位器（RP）		交流发电机（GA）	G
交流电动机（MA）	M	旋转按钮（SB）	
三相笼型异步电机（MC）	M 3~	行程开关常开触点（SQ）	
三相绕线型异步电机（MW）	M 3~	行程开关常闭触点（SQ）	
直流发电机（GD）	G	常开按钮（SB）	E
直流电动机（MD）	M	常闭按钮（SB）	E
直流伺服电机（SM）	SM	复合按钮（SB）	E
交流伺服电机（SM）	SM	手动开关（SB）	

续表

图形符号及说明	图形符号	图形符号及说明	图形符号
直流测速发电机（TG）	TG	接触器线圈（KM）	
交流测速发电机（TG）	TG ~	接触器常开主触点（KM）	
熔断器（FU）		接触器辅助常开触点（KM）	
电磁铁（YA）		接触器辅助常闭触点（KM）	
电磁制动器（YB）		电铃（B）	
热元件（FR）		蜂鸣器（B）	
中间继电器线圈（KA）		中间继电器常开触点（KA）	
中间继电器常闭触点（KA）		电流表（PA）	A
热继电器常开触点（FR）		电压表（PV）	V
热继电器常闭触点（FR）		电度表（PJ）	kwh
时间继电器通电延时闭合的常开触点（KT）	或	时间继电器通电延时线圈（KT）	
时间继电器通电延时断开的常闭触点（KT）	或	时间继电器断电延时线圈（KT）	

续表

图形符号及说明	图形符号	图形符号及说明	图形符号
时间继电器断电延时闭合常闭触点（KT）	或	指示灯（HL）	⊗
时间继电器断电延时断开常开触点（KT）	或	照明灯（EL）	⊗
瞬时闭合的常开触点（KT）		压敏电阻（RV）	U
瞬时断开的常闭触点（KT）		压电晶体（B）	
过流继电器线圈（KA）	$I>$	半导体二极管（VD）	
欠压继电器线圈（KV）	$U<$	发光二极管（V）	
PNP 型晶体三极管		光电二极管	
NPN 型晶体三极管		稳压二极管	
全波桥式整流器		变容二极管	
扬声器		放大器（A）	

附录 B　S7-200 系列 PLC 指令表及功能介绍

布尔指令		数学、增减指令	
指令	功能	指令	功能
LD　N LDI　N LDN　N LDNI　N	装载 立即装载 取反后装载 取反后立即装载	+I IN1，OUT +D IN1，OUT +R IN1，ONT	整数、双整数、实数加法 IN1+OUT=OUT
A　N AI　N AN　N ANI　N	与 立即与 取反后与 取反后立即与	-I　IN2，OUT -D　IN2，OUT -R　IN2，ONT	整数、双整数、实数减法 OUT-IN2=OUT
O　N OI　N ON　N ONI　N	或 立即或 取反后或 取反后立即或	MUL　IN1，OUT *I　IN1，OUT *D　IN1，OUT *R　IN1，ONT	整数完全乘法 整数、双整数、实数乘法 IN1 * OUT=OUT
LDBx　IN1，IN2	装载字节比较的结果 IN1（x：<，<=，=，>=，>，<>）IN2	DIV　IN2，OUT /I　IN2，OUT /D　IN2，OUT /R　IN2，ONT	整数完全除法 整数、双整数、实数除法 OUT/IN2=OUT
ABx　IN1，IN2	与字节比较的结果 IN1（x：<,<=,=,>=,>,<>）IN2	SQRT　IN，OUT LN　IN，OUT EXP　IN，OUT SIN　IN，OUT COS　IN，OUT TAN　IN，OUT	平方根 自然对数 自然指数 正弦 余弦 正切

续表

布尔指令		数学、增减指令	
指令	功能	指令	功能
OBx IN1，IN2	或字节比较的结果 IN1(x：<,<=,=,>=,>,<>)IN2	INCB OUT INCW OUT INCD OUT	字节、字和双字增 1
LDW x IN1，IN2	装载字比较的结果 IN1（x：<，<=，=，>=，>，<>） IN2	DECB OUT DECW OUT DECD OUT	字节、字和双字减 1
AW x IN1，IN2	与字比较的结果 IN1(x:<,<=,=,>=,>,<>)IN2	PID TABLE，LOOP	PID 回路
OW x IN1，IN2	或字比较的结果 IN1(x:<,<=,=,>=,>,<>)IN2	定时器和计数器指令	
LDD x IN1，IN2	装载双字比较的结果 IN1（x：<，<=，=，>=，>，<>)IN2	TON Txxx，PT TOF Txxx，PT TONR Txxx，PT	接通延时定时器 断开延时定时器 有记忆接通延时定时器
AD x IN1，IN2	与双字比较的结果 IN1（x：<，<=，=，>=，>，<>)IN2	CTU Cxxx，PV CTD Cxxx，PV CTUD Cxxx，PV	增计数 减计数 增/减计数
OD x IN1，IN2	或双字比较的结果 IN1（x：<，<=，=，>=，>，<>)IN2	实时时钟指令	
LDR x IN1，IN2	装载实数比较的结果 IN1（x：<，<=，=，>=，>，<>)IN2	TODR T TODW T	读实时时钟 写实时时钟
AR x IN1，IN2	与实数比较的结果 IN1（x：<，<=，=，>=，>，<>)IN2	程序控制指令	

续表

布尔指令		数学、增减指令	
指令	功能	指令	功能
OR x　IN1，IN2	或实数比较的结果 IN1（x：<，< =，=，> =，>，<>）IN2	END	程序的条件结束
NOT	堆栈取反	STOP	切换到 STOP 模式
EU ED	检测上升沿 检测下降沿	WDR	定时器监视（看门狗）复位（300ms）
= N = IN	赋值 立即赋值	JMP　N LBL　N	跳到定义的符号 定义一个跳转的符号
S S_BIT，N R S_BIT，N SI S_BIT，N RI S_BIT，N	置位一个区域 复位一个区域 立即置位一个区域 立即复位一个区域	CALL N［N1,....］ CRET	调用子程序［N1,...］ 从子程序条件返回
		FOR INDX，INIT NEXT FINAL	FOR/NEXT 循环
		LSCR　N SCRT　N SCRE	顺控继电器段的启动、转换和结束
传送、移位、循环和填充指令		表、查找和转换指令	
MOVB IN，OUT MOVW IN，OUT MOVD IN，OUT MOVR IN，OUT BIR IN，OUT BIW IN，OUT	字节、字、双字和实数传送 立即读取物理出入点字节 立即写物理输出点字节	ATT TABLE，DATA	把数据加到表中
		LIFO TABLE，DATA FIFO TABLE，DATA	从表中取数据，后入先出 从表中取数据，先入先出
BMB IN，OUT，N BMW IN，OUT，N BMD IN，OUT，N	字节、字和双字块传送	FND=TBL，PATRN，INDX FND <>TBL，PATRN，INDX FND<TBL，PATRN，INDX FND>TBL，PATRN，INDX	根据比较条件在表中查找数据
		BCDI　OUT IBCD　OUT	BCD 码转换成整数 整数转换成 BCD 码

续表

<table>
<tr><th colspan="2">布尔指令</th><th colspan="2">数学、增减指令</th></tr>
<tr><th>指令</th><th>功能</th><th>指令</th><th>功能</th></tr>
<tr><td>SWAP　IN</td><td>交换字节</td><td rowspan="2">BTI　IN，OUT
ITB　IN，OUT
ITD　IN，OUT
DTI　IN，OUT</td><td rowspan="2">字节转换成整数
整数转换成字节
整数转换成双整数
双整数转换成双整数</td></tr>
<tr><td>SHRB　DATA，
S_BIT，N</td><td>移位寄存器</td></tr>
<tr><td>SRB OUT，N
SRW OUT，N
SRD OUT，N</td><td>字节、字和双字右移 N 位</td><td rowspan="2">DTR　IN. OUT
TRUNC　IN. OUT
ROUND　IN. OUT</td><td rowspan="2">双字转换成整数
实数转换成双整数
实数转换成双整数</td></tr>
<tr><td>SLB　OUT，N
SLW　OUT，N
SLD　OUT，N</td><td>字节、字和双字左移 N 位</td></tr>
<tr><td>RRB　OUT，N
RRW　OUT，N
RRD　OUT，N</td><td>字节、字和双字循环右移 N 位</td><td>ATH IN，OUT，LEN
HTA IN，OUT，LEN
ITA IN，OUT，FM
DTA IN，OUT，FM
RTA IN，OUT，FM</td><td>ASCII 码转换成十六进制数
十六进制数转换成 ASCII 码
整数转换成 ASCII 码
双整数转换成 ASCII 码
实数转换成 ASCII 码</td></tr>
<tr><td>RLB　OUT，N
RLW　OUT，N
RLD　OUT，N</td><td>字节、字和双字循环左移 N 位</td><td>DE COIN，OUT
ENCO IN，OUT</td><td>译码
编码</td></tr>
<tr><td>FILL IN，OUT，N</td><td>用指定的元素填充存储器空间</td><td>SEG IN，OUT</td><td>段码</td></tr>
<tr><td colspan="2">逻辑操作指令</td><td colspan="2">中断指令</td></tr>
<tr><td>ALD
OLD</td><td>触点组串联
触点组并联</td><td>CRETI</td><td>从中断条件返回</td></tr>
<tr><td>LPS
LRD
LPP
LDS</td><td>推入堆栈
读栈
出栈
装入堆栈</td><td>EN1
DISI</td><td>允许中断
禁止中断</td></tr>
</table>

续表

布尔指令		数学、增减指令	
指令	功能	指令	功能
AENO	对 ENO 进行与操作	ATCH INT，EVENT DTCH EVENT	建立中断事件与中断程序的连接 解除中断事件与中断程序的连接
ANDB IN1，OUT ANDW IN1，OUT ANDD IN1，OUT	字节、字、双字逻辑与	通信指令	
ORB　IN1，OUT ORW　IN1，OUT ORD　IN1，OUT	字节、字、双字逻辑或	XMT TABLE，PORT RCV TABLE，PORT	自由端口发送信息 自由端口接收信息
XORB IN1，OUT XORW IN1，OUT XORD IN1，OUT	字节、字、双字逻辑异或	NETR TABLE，POPT NETW TABLE，POPT GPA ADDR，POPT SPA ADDR，POPT	网络读 网络写 获取口地址 设置口地址
		高速指令	
INVB　OUT INVW　OUT INVD　OUT	字节、字、双字取反	HDEF HSC，Mode	定义高速计数器模式
		HSC N	激活高速计数器
		PLS Q	脉冲输出

附录 C　S7-1200 系列 PLC 功能特点及指令简介

S7-1200 系列 PLC 是西门子公司生产的一款小型可编程控制器，具有结构紧凑、功能强大、组态灵活、价格低廉的特点，能很好地满足各种各类中小型自动化控制系统的需求，被广泛应用于钢铁、石油、化工、电力、机械、汽车、轻纺、交通运输等各个行业。

1. S7-1200 PLC 基本硬件结构

S7-1200 系列 PLC 硬件结构主要由微处理器（CPU）模块、输入/输出（I/O）模块、存储器、信号板、信号模块、通信模块、电源等组成，其外形如图 1 所示，各模块基本功能介绍如下：

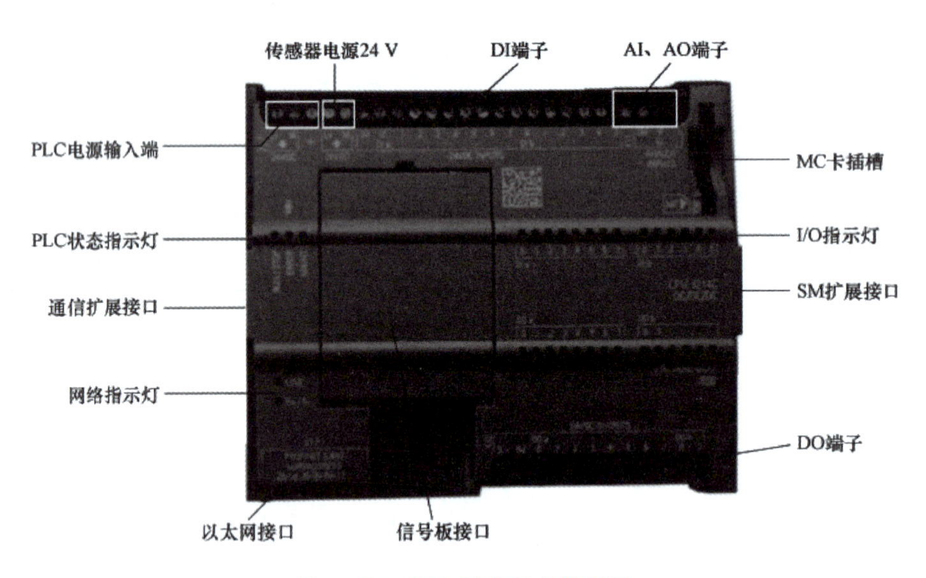

图 1　S7-1200 系列 PLC 外形图

（1）微处理器（CPU）模块

S7-1200 系列有五种不同的 CPU 模块：CPU1211C、CPU1212C、CPU1214C、CPU1215C 和 CPU1217C。其中的每一种模块都可以进行扩展，以此满足各种控制系统的需要。在不影响控制器实际大小的情况下，可在任何一种 CPU 模块右侧连结信号板及信号模块，轻松扩展数字量或模拟量 I/O 容量。CPU1212C 可连接 2 个信号模块，CPU1214C、CPU1215C 和

CPU1217C 可连接 8 个信号模块。S7-1200 CPU 控制器的左侧可连接多达 3 个通讯模块，便于实现端到端的串行通讯。

（2）输入/输出（I/O）模块

输入/输出（I/O）模块又分为数字量（又称为开关量）模块（DI 及 DQ 模块）和模拟量模块（AI 及 AQ 模块），它们统称为信号模块（SM）。当集成在控制器本体的 I/O 点数不够用时，可以扩展信号模块，安装在 CPU 模块的右侧，扩展能力最强的 CPU 可扩展 8 个信号模块，增加的数字量和模拟量输入、输出点数最高可达 256 个。

数字量输入模块用来接收从按钮、限位开关、光电开关等传来的数字量输入信号。模拟量输入模块用来接收电位器、测速发电机及各种传感器提供的连续变化的模拟量信号。数字量输出模块用来控制接触器、电磁阀、指示灯、数字显示装置及报警装置等输出设备，模拟量输出模块用来控制电动调节阀、变频器等执行机构。

（3）内存

可为用户程序和数据提供多达 50 KB 的集成工作内存。同时提供多达 2 MB 的集成加载内存和 2 KB 的集成记忆内存。通过选用 SIMATIC 存储卡可轻松转移程序供多个 CPU 使用。该存储卡也可用于存储其它文件或更新控制器系统固件。

（4）信号板（SB）

信号板设计是 S7-1200 PLC 的一个亮点，可将信号板连接至 CPU，来增加数字量或模拟量点数，同时不影响其实际尺寸大小。

（5）PROFINET 接口

S7-1200 PLC 集成的 PROFINET 接口可用于 PLC 与编程软件的通信连接、PLC 与触摸屏/上位机等人机界面（HMI）之间的通信连接，以及 PLC 与 PLC 之间的以太网通信等。这个端口除了支持 S7 协议之外，还支持 TCP/IP 协议、UDP 协议、ISO_ on_ TCP 协议、MODBUS TCP 等通信协议。另外，该接口支持使用开放以太网协议的第三方设备，且具有自动纠错功能的 RJ45 连接器，并提供 10/100 兆比特/秒的数据传输速率。

（6）通信模块

S7-1200 系列 PLC 最多可扩展 3 个通信模块，并安装在 CPU 的左侧，可以使用点对点通信模块、PROFIBUS 模块、GPRS 远程通信模块等。

2. S7-1200 PLC 编程软件

S7-1200 PLC 支持梯形图（LAD）、功能块（FBD）及 SCL 语言编程。通常使用的编程软件是 TIA 博图。TIA 博图（Totally Integrated Automation Portal），即全集成自动化系统，是西门子新一代全集成工业自动化的工程技术软件，可以用来对 PLC、HMI、变频器和伺服控制器进行组态、编程和调试。

TIA 博图包含了诸多软件系统，主要有 SIMATIC Step7 用于控制器（PLC）与分布式设备的组态和编程；SIMATIC WinCC 用于 HMI 的组态；SIMATIC Safety 用于安全控制器（Safety PLC）的组态和编程；SINAMICS Startdrive 用于驱动设备的组态与配置；SIMOTION Scout 用于运动控制的配置、编程与调试。

TIA 博图软件安装顺序：先安装 STEP7+Wincc Professional V15（PLC 编程软件），再安装 PLCSIM_ V15（PLC 仿真软件），最后安装 Startdrive（变频器软件）。

3. S7-1200 系列基本指令及说明

S7-1200 PLC 具有丰富的指令系统，按其功能大致分为三大类：基本指令、扩展指令和全局库指令。由于篇幅有限，难以全部赘述，仅介绍部分基本指令以示了解指令功能涵义。

沿指令	
LAD	指令功能说明
"IN" P "M_BIT"	扫描操作数的信号上升沿； 在触点分配的 " IN" 位上检测到正跳变（0->1）时，该触点的状态为 TRUE。该触点逻辑状态随后与能流输入状态组合以设置能流输出状态。P 触点可以放置在程序段中除分支结尾外的任何位置。
"IN" N "M_BIT"	扫描操作数的信号下降沿； 在触点分配的 " IN" 位上检测到负跳变（1->0）时，该触点的状态为 TRUE。该触点逻辑状态随后与能流输入状态组合以设置能流输出状态。N 触点可以放置在程序段中除分支结尾外的任何位置。
"OUT" (P) "M_BIT"	在信号上升沿置位操作数； 在进入线圈的能流中检测到正跳变（0->1）时，分配的位 " OUT" 为 TRUE。能流输入状态总是通过线圈后变为能流输出状态。P 线圈可以放置在程序段中的任何位置。
"OUT" (N) "M_BIT"	在信号下降沿置位操作数； 在进入线圈的能流中检测到负跳变（1->0）时，分配的位 " OUT" 为 TRUE。能流输入状态总是通过线圈后变为能流输出状态。N 线圈可以放置在程序段中的任何位置。
P_TRIG CLK Q "M_BIT"	扫描 RLO（逻辑运算结果）的信号上升沿； 在 " CLK" 能流输入中检测到正跳变（0->1）时，Q 输出能流或者逻辑状态为 TRUE。P_ TRIG 指令不能放置在程序段的开头或结尾。
N_TRIG CLK Q "M_BIT"	扫描 RLO（逻辑运算结果）的信号下降沿； 在 " CLK" 能流输入中检测到负跳变（1->0）时，Q 输出能流或者逻辑状态为 TRUE。N_ TRIG 指令不能放置在程序段的开头或结尾。

续表

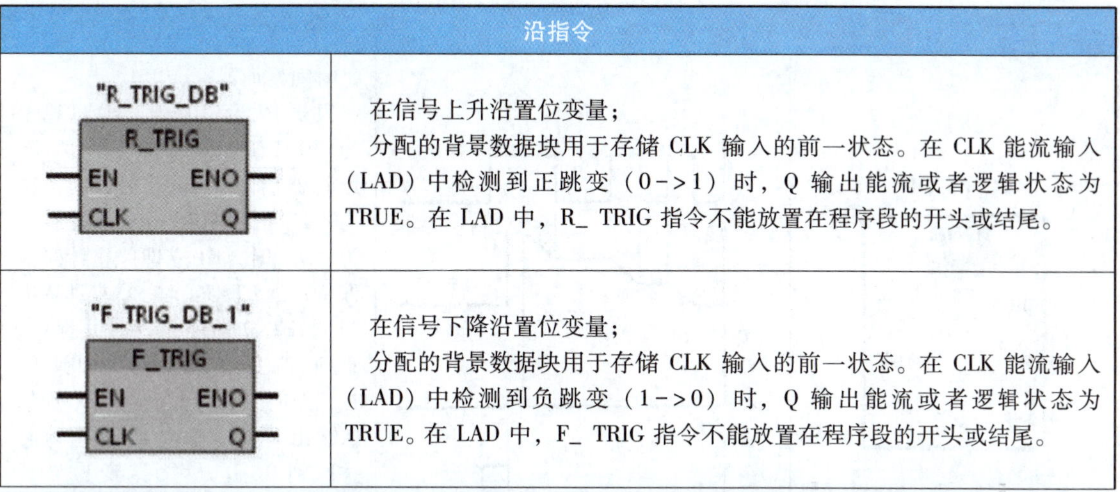

沿指令	
"R_TRIG_DB" R_TRIG EN ENO CLK Q	在信号上升沿置位变量； 分配的背景数据块用于存储 CLK 输入的前一状态。在 CLK 能流输入（LAD）中检测到正跳变（0->1）时，Q 输出能流或者逻辑状态为 TRUE。在 LAD 中，R_ TRIG 指令不能放置在程序段的开头或结尾。
"F_TRIG_DB_1" F_TRIG EN ENO CLK Q	在信号下降沿置位变量； 分配的背景数据块用于存储 CLK 输入的前一状态。在 CLK 能流输入（LAD）中检测到负跳变（1->0）时，Q 输出能流或者逻辑状态为 TRUE。在 LAD 中，F_ TRIG 指令不能放置在程序段的开头或结尾。

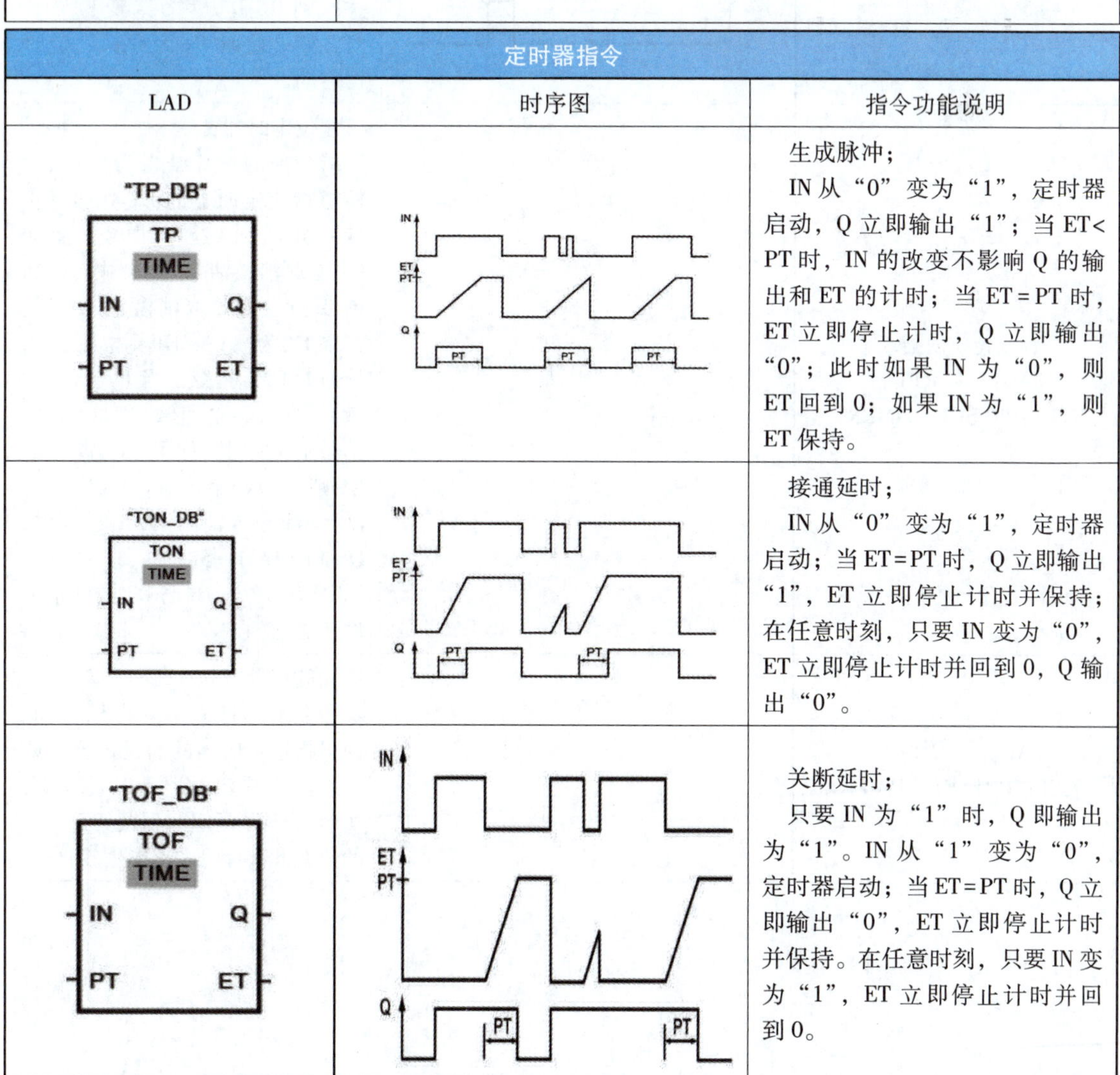

定时器指令		
LAD	时序图	指令功能说明
"TP_DB" TP TIME IN Q PT ET	IN ET PT Q PT PT PT	生成脉冲； IN 从“0”变为“1”，定时器启动，Q 立即输出“1”；当 ET<PT 时，IN 的改变不影响 Q 的输出和 ET 的计时；当 ET=PT 时，ET 立即停止计时，Q 立即输出“0”；此时如果 IN 为“0”，则 ET 回到 0；如果 IN 为“1”，则 ET 保持。
"TON_DB" TON TIME IN Q PT ET	IN ET PT Q PT PT	接通延时； IN 从“0”变为“1”，定时器启动；当 ET=PT 时，Q 立即输出“1”，ET 立即停止计时并保持；在任意时刻，只要 IN 变为“0”，ET 立即停止计时并回到 0，Q 输出“0”。
"TOF_DB" TOF TIME IN Q PT ET	IN ET PT Q PT PT	关断延时； 只要 IN 为“1”时，Q 即输出为“1”。IN 从“1”变为“0”，定时器启动；当 ET=PT 时，Q 立即输出“0”，ET 立即停止计时并保持。在任意时刻，只要 IN 变为“1”，ET 立即停止计时并回到 0。

续表

定时器指令		
"TONR_DB" TONR TIME IN Q R ET PT	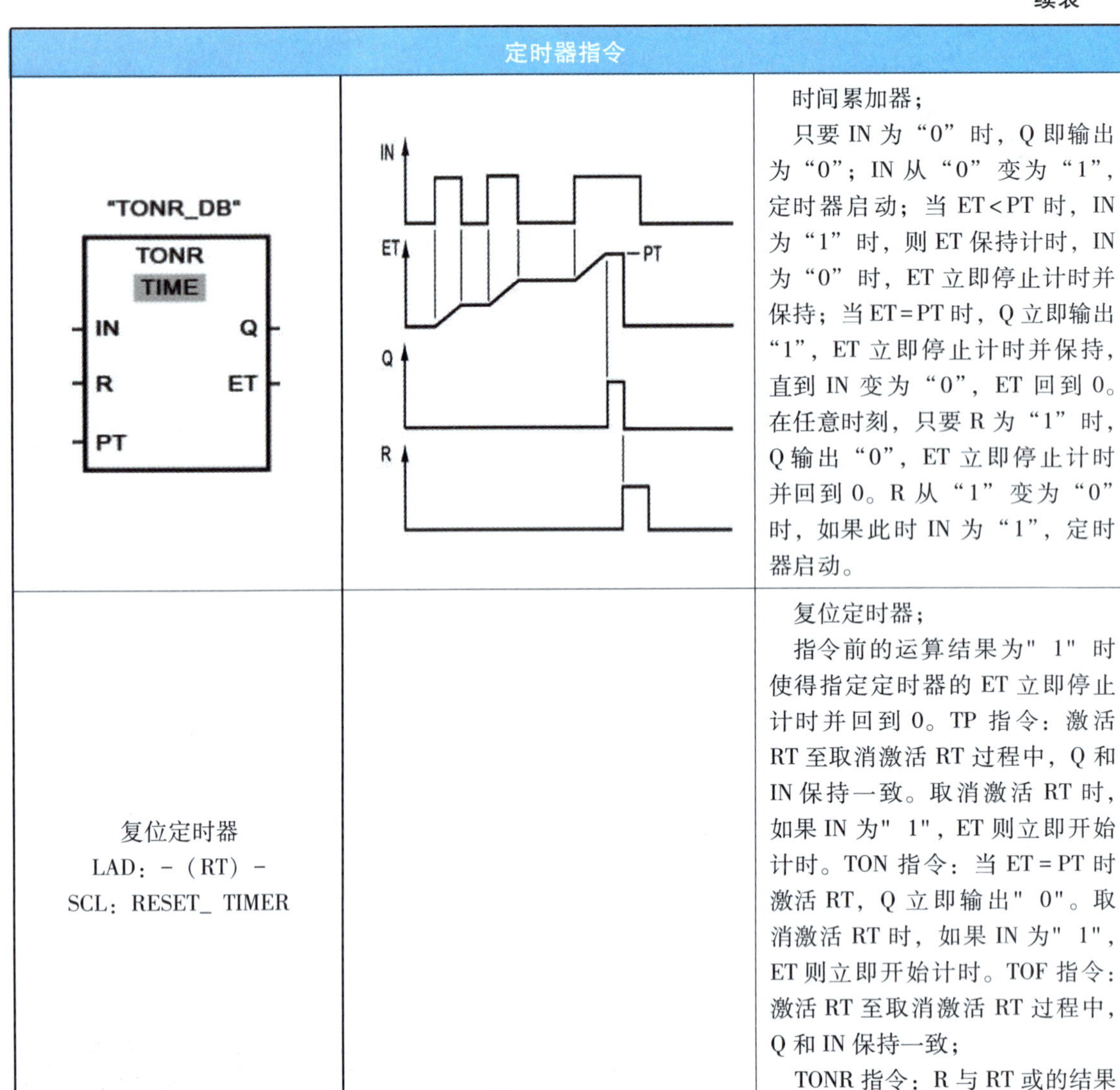	时间累加器； 只要 IN 为“0”时，Q 即输出为“0”；IN 从“0”变为“1”，定时器启动；当 ET<PT 时，IN 为“1”时，则 ET 保持计时，IN 为“0”时，ET 立即停止计时并保持；当 ET=PT 时，Q 立即输出“1”，ET 立即停止计时并保持，直到 IN 变为“0”，ET 回到 0。在任意时刻，只要 R 为“1”时，Q 输出“0”，ET 立即停止计时并回到 0。R 从“1”变为“0”时，如果此时 IN 为“1”，定时器启动。
复位定时器 LAD：–（RT）– SCL：RESET_ TIMER		复位定时器； 指令前的运算结果为" 1" 时使得指定定时器的 ET 立即停止计时并回到 0。TP 指令：激活 RT 至取消激活 RT 过程中，Q 和 IN 保持一致。取消激活 RT 时，如果 IN 为" 1"，ET 则立即开始计时。TON 指令：当 ET = PT 时激活 RT，Q 立即输出" 0"。取消激活 RT 时，如果 IN 为" 1"，ET 则立即开始计时。TOF 指令：激活 RT 至取消激活 RT 过程中，Q 和 IN 保持一致； TONR 指令：R 与 RT 或的结果取代之前的 R。
LAD：–（PT）– SCL：PRESET_ TIMER		加载持续时间； 指令前的运算结果为" 1" 时使得指定定时器的新设定值立即生效。（在定时器计时过程中，实时修改方框定时器的 PT 引脚的值在此次计时中不能生效）

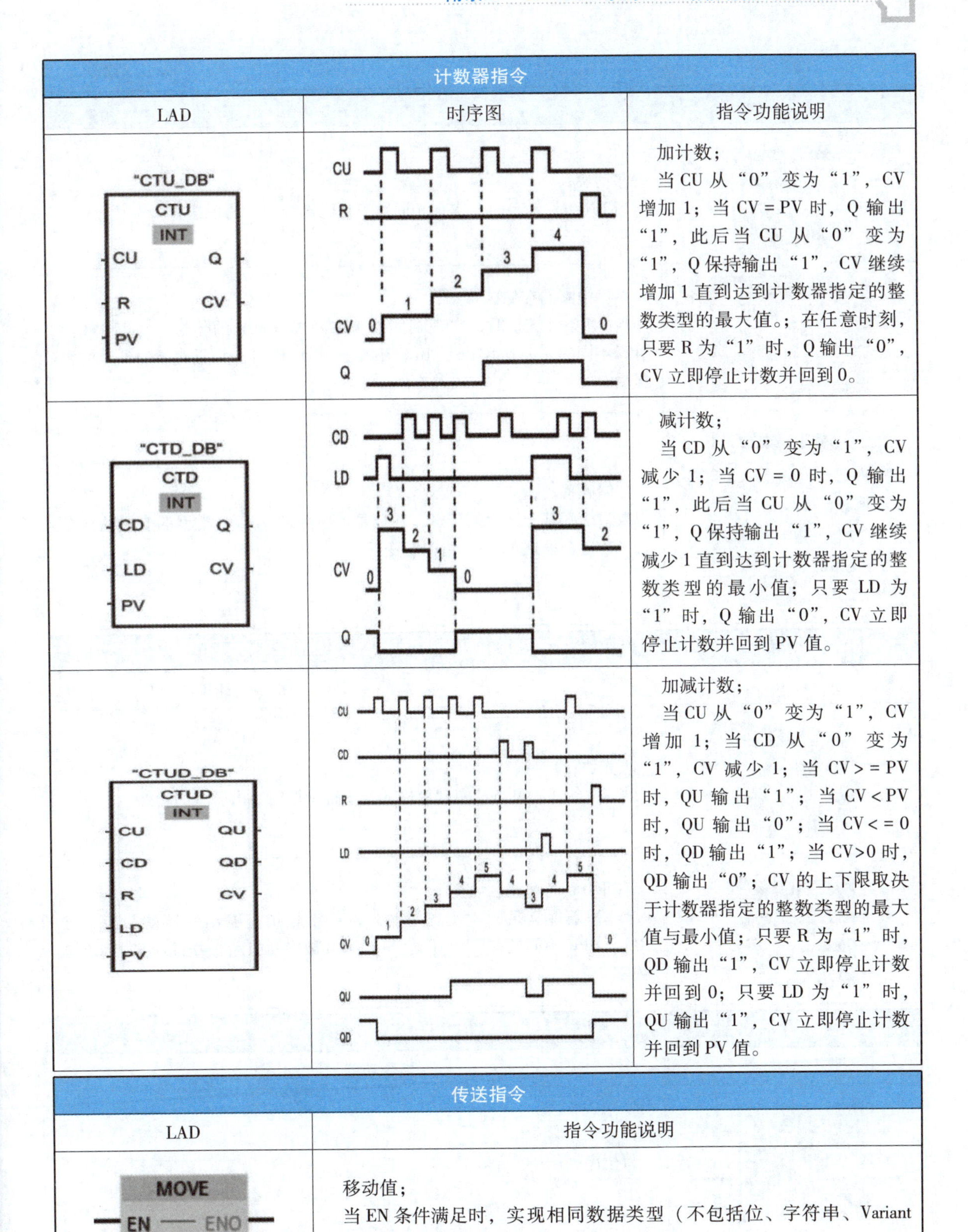

计数器指令		
LAD	时序图	指令功能说明
"CTU_DB" CTU INT CU Q R CV PV	CU R CV Q 0 1 2 3 4 0	加计数； 当 CU 从“0”变为“1”，CV 增加 1；当 CV = PV 时，Q 输出“1”，此后当 CU 从“0”变为“1”，Q 保持输出“1”，CV 继续增加 1 直到达到计数器指定的整数类型的最大值。；在任意时刻，只要 R 为“1”时，Q 输出“0”，CV 立即停止计数并回到 0。
"CTD_DB" CTD INT CD Q LD CV PV	CD LD CV Q 0 3 2 1 0 3 2	减计数； 当 CD 从“0”变为“1”，CV 减少 1；当 CV = 0 时，Q 输出“1”，此后当 CU 从“0”变为“1”，Q 保持输出“1”，CV 继续减少 1 直到达到计数器指定的整数类型的最小值；只要 LD 为“1”时，Q 输出“0”，CV 立即停止计数并回到 PV 值。
"CTUD_DB" CTUD INT CU QU CD QD R CV LD PV	CU CD R LD CV QU QD 0 1 2 3 4 5 4 3 4 5 0	加减计数； 当 CU 从“0”变为“1”，CV 增加 1；当 CD 从“0”变为“1”，CV 减少 1；当 CV > = PV 时，QU 输出“1”；当 CV < PV 时，QU 输出“0”；当 CV < = 0 时，QD 输出“1”；当 CV>0 时，QD 输出“0”；CV 的上下限取决于计数器指定的整数类型的最大值与最小值；只要 R 为“1”时，QD 输出“1”，CV 立即停止计数并回到 0；只要 LD 为“1”时，QU 输出“1”，CV 立即停止计数并回到 PV 值。

传送指令	
LAD	指令功能说明
MOVE EN ENO IN OUT1	移动值； 当 EN 条件满足时，实现相同数据类型（不包括位、字符串、Variant 类型）的变量间的传送。

续表

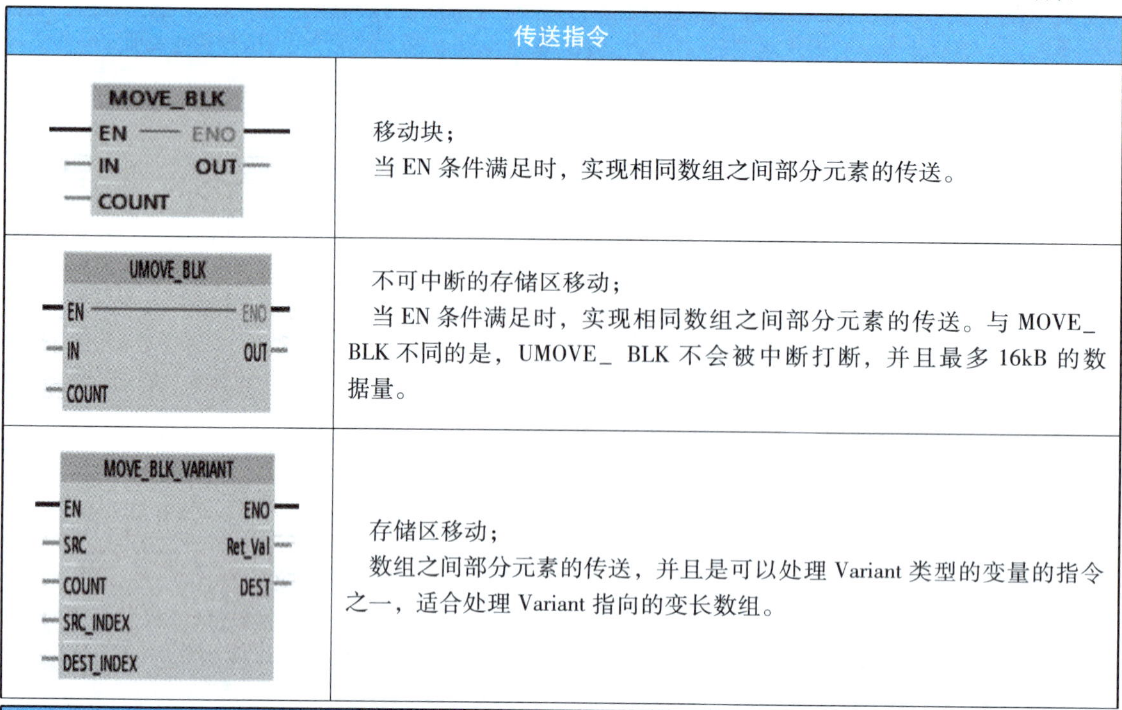

传送指令	
MOVE_BLK EN ENO IN OUT COUNT	移动块； 当 EN 条件满足时，实现相同数组之间部分元素的传送。
UMOVE_BLK EN ENO IN OUT COUNT	不可中断的存储区移动； 当 EN 条件满足时，实现相同数组之间部分元素的传送。与 MOVE_ BLK 不同的是，UMOVE_ BLK 不会被中断打断，并且最多 16kB 的数据量。
MOVE_BLK_VARIANT EN ENO SRC Ret_Val COUNT DEST SRC_INDEX DEST_INDEX	存储区移动； 数组之间部分元素的传送，并且是可以处理 Variant 类型的变量的指令之一，适合处理 Variant 指向的变长数组。

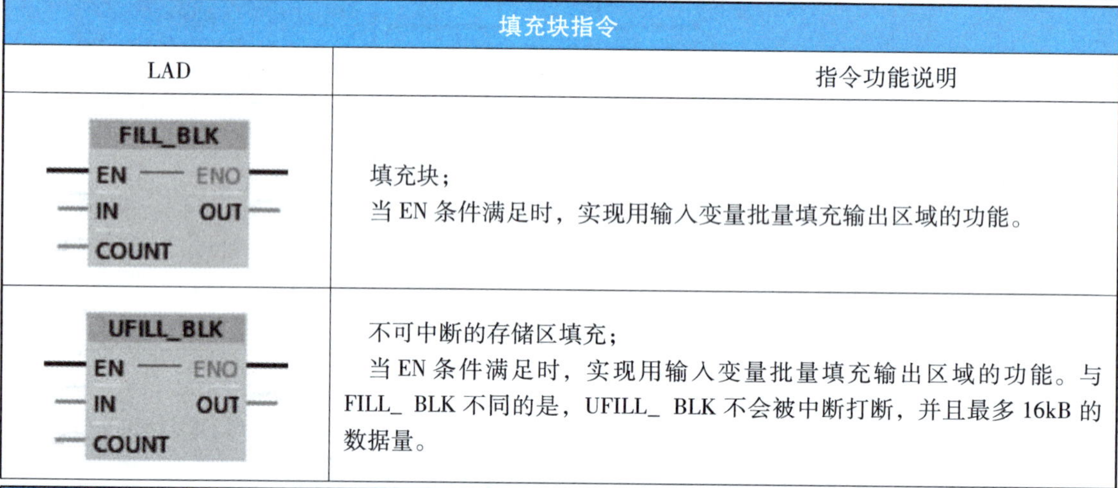

填充块指令	
LAD	指令功能说明
FILL_BLK EN ENO IN OUT COUNT	填充块； 当 EN 条件满足时，实现用输入变量批量填充输出区域的功能。
UFILL_BLK EN ENO IN OUT COUNT	不可中断的存储区填充； 当 EN 条件满足时，实现用输入变量批量填充输出区域的功能。与 FILL_ BLK 不同的是，UFILL_ BLK 不会被中断打断，并且最多 16kB 的数据量。

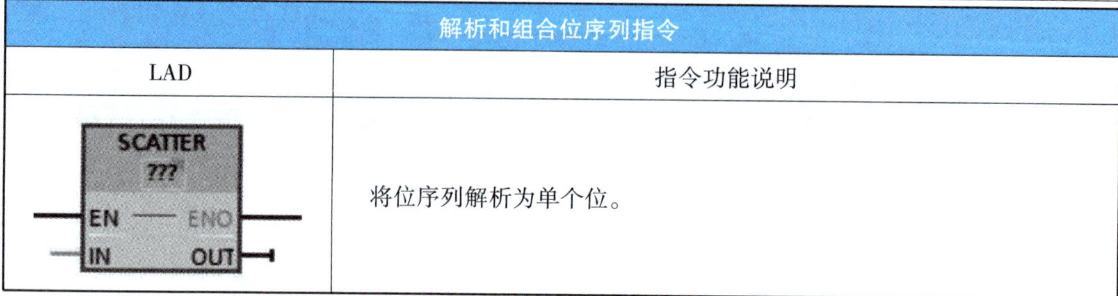

解析和组合位序列指令	
LAD	指令功能说明
SCATTER ??? EN ENO IN OUT	将位序列解析为单个位。

续表

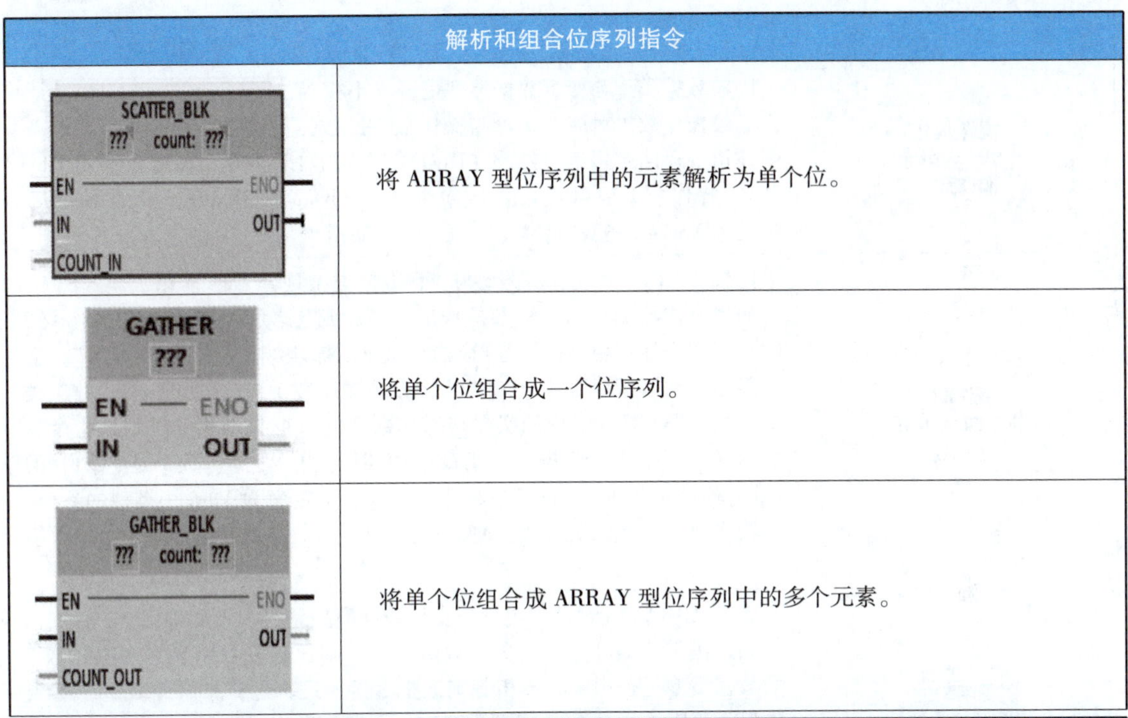

解析和组合位序列指令	
SCATTER_BLK ??? count: ??? EN ENO IN OUT COUNT_IN	将 ARRAY 型位序列中的元素解析为单个位。
GATHER ??? EN ENO IN OUT	将单个位组合成一个位序列。
GATHER_BLK ??? count: ??? EN ENO IN OUT COUNT_OUT	将单个位组合成 ARRAY 型位序列中的多个元素。

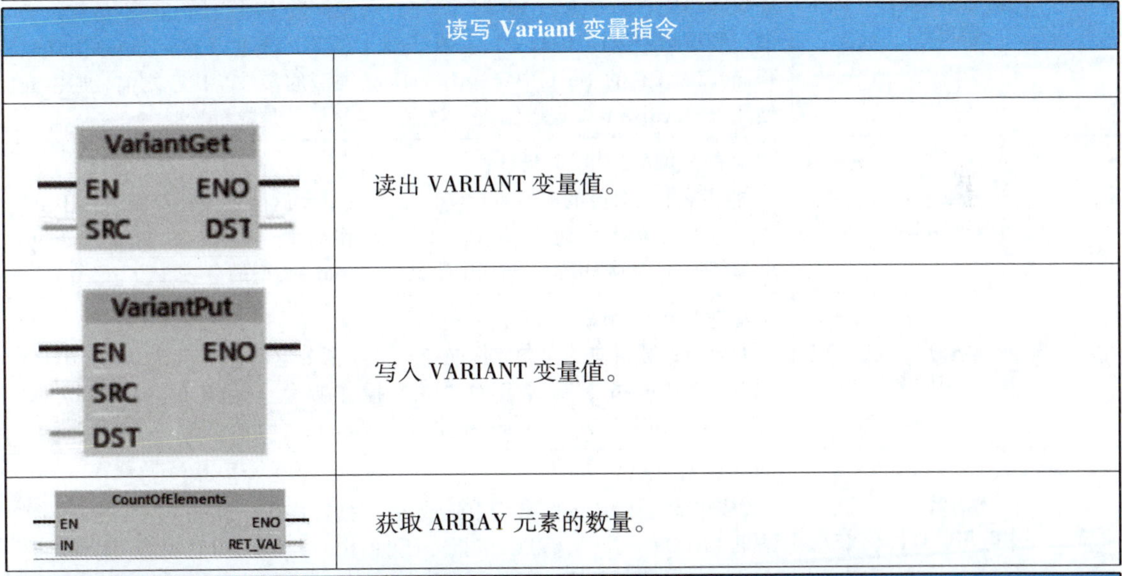

读写 Variant 变量指令	
VariantGet EN ENO SRC DST	读出 VARIANT 变量值。
VariantPut EN ENO SRC DST	写入 VARIANT 变量值。
CountOfElements EN ENO IN RET_VAL	获取 ARRAY 元素的数量。

比较变量指令	
LAD	指令功能说明
操作数1 -|EQ_Type|- 操作数2	比较数据类型与变量数据类型是否“相等”； 比较操作数 1 对应的实参与操作数 2 的数据类型是否相等，相等则该指令返回逻辑运算结果（RLO）“1”。如果不相等则该指令返回 RLO “0”。操作数 1 是 FC/FB 的 Input/Output/InOut/Temp 以及 OB 的 Temp 中定义为 Variant 类型的参数。

续表

比较变量指令	
操作数1 ┤NE_Type├ 操作数2	比较数据类型与变量数据类型是否“不相等”； 比较操作数 1 对应的实参与操作数 2 的数据类型是否不相等，不相等则该指令返回逻辑运算结果（RLO）“1”。如果相等则该指令返回 RLO “0”。操作数 1 是 FC/FB 的 Input/Output/InOut/Temp 以及 OB 的 Temp 中定义为 Variant 类型的参数。
操作数1 ┤EQ_ElemType├ 操作数2	比较 ARRAY 元素数据类型与变量数据类型是否“相等”； 如果操作数 1 对应的实参是数组类型，则比较其数组元素与操作数 2 的数据类型是否相等，相等则该指令返回逻辑运算结果（RLO）“1”，如果不相等则该指令返回 RLO “0”；如果操作数 1 对应的实参不是数组类型，并且操作数 1 对应的实参与操作数 2 的数据类型相等，则该指令返回 RLO “1”，其余情况，该指令返回 RLO “0”。操作数 1 是 FC/FB 的 Input/Output/InOut/Temp 以及 OB 的 Temp 中定义为 Variant 类型的参数。比较之前，通常先使用 IS_ ARRAY 检查操作数 1 对应的实参是否是数组类型。
操作数1 ┤NE_ElemType├ 操作数2	比较 ARRAY 元素数据类型与变量数据类型是否“不相等”； 如果操作数 1 对应的实参是数组类型，则比较其数组元素与操作数 2 的数据类型是否相等，不相等则该指令返回逻辑运算结果（RLO）“1”，如果相等则该指令返回 RLO “0”。如果操作数 1 对应的实参不是数组类型，则该指令返回 RLO “1”。操作数 1 是 FC/FB 的 Input/Output/InOut/Temp 以及 OB 的 Temp 中定义为 Variant 类型的参数。比较之前，通常先使用 IS_ ARRAY 检查操作数 1 对应的实参是否是数组类型。
操作数 ┤IS_NULL├	检查 EQUALS NULL 指针； 如果操作数对应的实参有指向变量，该指令返回逻辑运算结果（RLO）“0”，否则该指令返回 RLO “1”。操作数是 FC/FB 的 Input/Output/InOut/Temp 以及 OB 的 Temp 中定义为 Variant 类型的参数。
操作数 ┤NOT_NULL├	检查 UNEQUALS NULL 指针； 如果操作数对应的实参有指向变量，该指令返回逻辑运算结果（RLO）“1”，否则该指令返回 RLO “0”。操作数是 FC/FB 的 Input/Output/InOut/Temp 以及 OB 的 Temp 中定义为 Variant 类型的参数。
操作数 ┤IS_ARRAY├	检查 ARRAY； 如果操作数对应的实参为数组或者 P#指针格式，该指令返回逻辑运算结果（RLO） “1”，否则该指令返回 RLO “0”。操作数是 FC/FB 的 Input/Output/InOut/Temp 以及 OB 的 Temp 中定义为 Variant 类型的参数。

序列和反序列化指令	
LAD	指令功能说明
Deserialize EN ENO SRC_ARRAY Ret_Val POS DEST_VARIABLE	反序列化。

续表

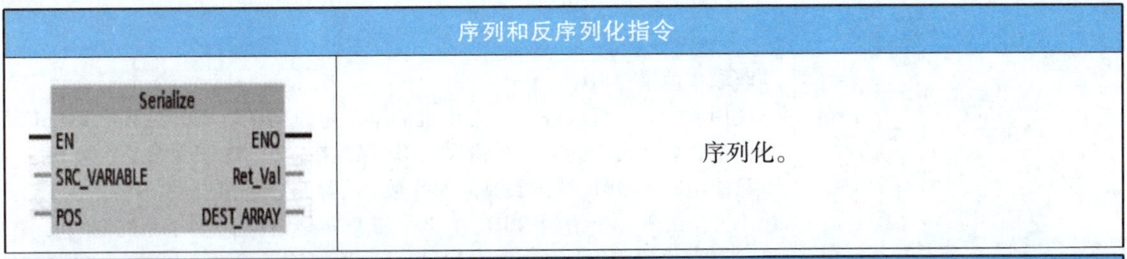

序列和反序列化指令	
Serialize EN ENO SRC_VARIABLE Ret_Val POS DEST_ARRAY	序列化。

移位和循环指令	
LAD	指令功能说明
SHR ??? EN ENO IN OUT N	右移； 将输入 IN 中操作数的内容按位向右移位，并在输出 OUT 中查询结果。参数 N 用于指定将指定值移位的位数。无符号值（如：UInt，Word）移位时，用零填充操作数左侧区域中空出的位。如果指定值有符号（如：Int），则用符号位的信号状态填充空出的位。可以从指令框的“???”下拉列表中选择该指令的数据类型。
SHL ??? EN ENO IN OUT N	左移； 将输入 IN 中操作数的内容按位向左移位，并在输出 OUT 中查询结果。参数 N 用于指定将指定值移位的位数。用零填充操作数右侧部分因移位空出的位。可以从指令框的“???”下拉列表中选择该指令的数据类型。
ROR ??? EN ENO IN OUT N	循环右移； 将输入 IN 中操作数的内容按位向右循环移位，并在输出 OUT 中查询结果。参数 N 用于指定循环移位中待移动的位数。用移出的位填充因循环移位而空出的位。可以从指令框的“???”下拉列表中选择该指令的数据类型。
ROL ??? EN ENO IN OUT N	循环左移； 将输入 IN 中操作数的内容按位向左循环移位，并在输出 OUT 中查询结果。参数 N 用于指定循环移位中待移动的位数。用移出的位填充因循环移位而空出的位。可以从指令框的“???”下拉列表中选择该指令的数据类型。

获取错误指令	
LAD	指令功能说明
GetError EN ENO ERROR	获取本地错误信息； 使用该指令，可以查询块内出现的错误。如果在块执行期间出现错误，则发生的第一个错误的详细信息将保存在输出 ERROR 中。消除第一个错误后，该指令会在 Error 处输出下一个错误的信息。仅当使能输入 EN 的信号状态为“1”且显示了错误信息时，才置位“获取本地错误信息”指令的使能输出 ENO。

续表

获取错误指令	
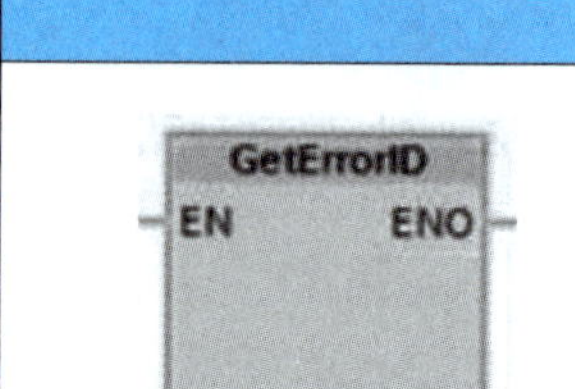	获取本地错误 ID； 使用该指令，可以查询块内出现的错误。如果在块执行过程中系统信号出错，会将发生的第一个错误的 ID 保存在输出 ID 的变量中。ID 输出中只能指定 WORD 数据类型的操作数。消除第一个错误后，该指令才会输出发生的下一个错误的 ID。仅当“获取本地错误 ID”指令的输入的信号状态为“1”且显示了错误信息时，才置位该指令的输出。
RUNTIME 指令	
LAD	指令功能说明
RUNTIME EN ENO MEM Ret_Val	测量程序运行时间； 可以使用该指令来测量 S7-1200 CPU 中整个程序执行周期或单个块的运行时间，也可以测量信号接通或间隔时间。

参 考 文 献

[1] 胡汉文．电气控制与 PLC 应用 [M]. 北京：人民邮电出版社，2009.
[2] 王永华．现代电气控制与 PLC 应用技术 [M]. 北京：北京航空航天大学出版社，2008.
[3] 华满香．电气控制与 PLC 应用 [M]. 北京：人民邮电出版社，2009.
[4] 曹翾．电气控制技术与 PLC 应用 [M]. 北京：高等教育出版社，2008.
[5] SIMENS 公司 STEP 7-Micro/WIN 软件用户使用参考手册 [G]. 2004，6.
[6] 黄中玉．PLC 应用技术 [M]. 北京：人民邮电出版社，2009.
[7] 瞿彩萍．PLC 应用技术 [M]. 北京：人民邮电出版社，2006.
[8] 阮友德．电气控制与 PLC 实训教程 [M]. 北京：人民邮电出版社，2006.
[9] 阮友德．电气控制与 PLC [M]. 北京：人民邮电出版社，2009.
[10] SIMENS 公司 MICROMASTER 440 通用型变频器使用大全 [G]. 2003，12.
[11] 殷洪义．PLC 原理与实践 [M]. 北京：清华大学出版社，2008.
[12] 向晓汉．电气控制与 PLC 技术 [M]. 北京：人民邮电出版社．2009.
[13] 廖常初．PLC 编程及应用 [M]. 北京：机械工业出版社．2005.